U0302944

国家科学技术学术著作出版基金资助出版

"十三五"国家重点出版物出版规划项目·重大出版工程

高超声速出版工程

高速飞行器等离子体鞘套
电磁波传播理论与通信技术

李小平　刘彦明　谢　楷　等著

科学出版社

北京

内 容 简 介

本书系统阐述等离子鞘套电磁研究的基本概念、基础理论和方法、数学模型和算法、实验方法和结果,全书共分为8章,主要内容包括:等离子鞘套电波传播、通信研究发展趋势;等离子体物理模型、参数特征和模拟方法;等离子体电磁数学模型、电磁波传播计算方法;典型频段电磁波在等离子鞘套中传播特性;临近空间飞行器等离子鞘套复杂电磁环境的信道建模方法、信道模型及信道探测方法;动态等离子鞘套测控通信信号的传输特性和自适应通信技术;等离子鞘套下天线特性及补偿技术;等离子鞘套电磁抑制方法。

本书适合于从事临近空间高超声速飞行器电磁研究、测控通信、电子系统设计等的科技人员阅读,也可作为等离子物理、电磁波传播、信息通信和实验技术等相关学科研究生、教师的参考教材。

图书在版编目(CIP)数据

高速飞行器等离子体鞘套电磁波传播理论与通信技术 /
李小平等著. — 北京:科学出版社,2018.9
　"十三五"国家重点出版物出版规划项目　重大出版
工程　高超声速出版工程
　ISBN 978-7-03-058380-2

Ⅰ.①高…　Ⅱ.①李…　Ⅲ.①高速度–飞行器–再入
等离子体鞘套–电磁波传播–研究　Ⅳ.①V47

中国版本图书馆 CIP 数据核字(2018)第 165633 号

责任编辑:徐杨峰
责任印制:黄晓鸣 / 封面设计:殷　靓

科　学　出　版　社　出版

北京东黄城根北街 16 号
邮政编码:100717
http: // www. sciencep. com

南京展望文化发展有限公司排版
广东虎彩云印刷有限公司印刷
科学出版社发行　各地新华书店经销

*

2018 年 9 月第　一　版　开本:B5(720×1 000)
2024 年 9 月第二次印刷　印张:24 1/4　插页:4
字数:483 000
定价:158.00 元
(如有印装质量问题,我社负责调换)

作者简介

李小平，1961年生，陕西西安人，博士，西安电子科技大学空间科学与技术学院教授、博士生导师。曾任重大专项基础理论研究项目技术首席，高超声速飞行器重大专项测控与通信领域专家，现任军委科技委科技创新特区项目专家、陕西省测控领域学科带头人、空间科学与技术学院执行院长。近年来，主持自然科学基金重大科研仪器研制专项、科技部"973"课题、国家重大专项、"863"项目等科学研究项目近30项。在动态等离子鞘套信息传输理论方法、等离子鞘套与电磁波作用机理及
传播特性、信号分析与智能信息处理等研究方向取得了系列创新成果。在国内外期刊发表SCI检索论文近40余篇，授权专利30余项，获得部委级科技进步奖2项。

刘彦明，1966年生，陕西绥德人，博士，西安电子科技大学空间科学与技术学院教授、博士生导师。近年来，主持自然科学基金重大科研仪器研制专项、科技部"973"项目、国防"973"课题、国家重大专项、"863"项目、"十一五""十二五"预研等科学研究项目20余项，在临近空间飞行器测控通信技术、空间信息网、空间物理等领域获得了丰硕的科研成果，具有创新性。出版
通信及网络方面专著8本，在国内外权威刊物发表论文50余篇，其中被SCI检索30余篇，已授权专利30余项，获得部委级科技进步奖2项。

　　谢楷，1983年生，江西人，博士，西安电子科技大学空间科学与技术学院教授、博士生导师。主要从事临近空间高速飞行器等离子鞘套下测控通信技术、微弱信号检测、科学仪器设计与实验等研究，入选教育部首批"全国万名优秀创新创业导师人才库"。主持国家重大专项课题、国防"973"课题、自然科学基金、预研基金等科学研究项目10余项，作为骨干参与科技部"973"、国防"863"等国家级科研项目。发表40余篇SCI检索论文，获授权发明专利25项，部分科研成果投入应用并获得了良好效益。

高超声速出版工程

专家委员会

顾　问

王礼恒　　张履谦

主任委员

包为民

副主任委员

杜善义　　吕跃广

委　员
（按姓名汉语拼音排序）

艾邦成　　包为民　　陈连忠　　陈伟芳　　陈小前
邓小刚　　杜善义　　李小平　　李仲平　　吕跃广
孟松鹤　　闵昌万　　沈　清　　谭永华　　汤国建
王晓军　　尤延铖　　张正平　　朱广生　　朱恒伟

高超声速出版工程·高超声速信息与测控系列

编写委员会

主　编

吕跃广

副主编

李小平

编委

（按姓名汉语拼音排序）

谌　明　葛　宁　郭立新　韩一平

李　彬　李小平　刘彦明　吕跃广

任光亮　王　新　于哲峰

丛书序

飞得更快一直是人类飞行发展的主旋律。

1903年12月17日，莱特兄弟发明的飞机腾空而起，虽然飞得摇摇晃晃犹如蹒跚学步的婴儿，但拉开了人类翱翔天空的华丽大幕；1949年2月24日，Bumper-WAC从美国新墨西哥州白沙发射场发射升空，上面级飞行速度超越马赫数5，实现人类历史上第一次高超声速飞行。从学会飞行，到跨入高超声速，人类用了不到五十年，蹒跚学步的婴儿似乎长成了大人，但实际上，迄今人类还没有实现真正意义的商业高超声速飞行，我们还不得不忍受洲际旅行十多小时甚至更长飞行时间的煎熬。试想一下，当我们将来可以在两小时内抵达全球任意城市的时候，这个世界将会变成什么样！这并不是遥不可及的梦！

到今天，人类进入高超声速领域快70年了，无数科研人员为之奋斗终生。从空气动力学、控制、材料、防隔热到动力、测控、系统集成等众多与高超声速飞行相关的学术和工程领域内，一代又一代科研和工程技术人员传承创新，为人类的进步努力奋斗，共同致力于推动人类飞得更快这一目标。量变导致质变，仿佛是天亮前的那一瞬，又好像是蝶即将破茧而出，几代人的奋斗把高超声速推到了嬗变前的临界点上，相信高超声速飞行的商业应用已为期不远！

高超声速飞行的应用和普及必将颠覆人类现在的生活方式，极大地拓展人类文明，并有力地促进人类社会、经济、科技和文化的发展。这一伟大的事业，需要更多的同行者和参与者！

书是人类进步的阶梯。

实现可靠的长时间高超声速飞行堪称人类在求知探索的路上最为艰苦卓绝的一次前行，将披荆斩棘走过的路夯实、巩固成阶梯，以便于后来者跟进、攀登，意义深远。

以一套丛书，将高超声速基础研究和工程技术方面取得阶段性成果和宝贵经验固化下来，建立基础研究与高超声速技术应用的桥梁，为广大研究人员和工程技术人员提供一套科学、系统、全面的高超声速技术参考书，可以起到为人类文明探索、前进构建阶梯的作用。

2016年，科学出版社就精心策划并着手启动了"高超声速出版工程"这一非常符合时宜的事业。我们围绕"高超声速"这一主题，邀请国内优势高校和主要科研院所，组织国内各领域知名专家，结合基础研究的学术成果和工程研究实践，系统梳理和总结，共同编写了"高超声速出版工程"丛书，丛书突出高超声速特色，体现学科交叉融合，确保了丛书的系统性、前瞻性、原创性、专业性、学术性、实用性和创新性。

该套丛书记载和传承了我国半个多世纪尤其是近十几年高超声速技术发展的科技成果，凝结了航天航空领域众多专家学者的智慧，既可为相关专业人员提供学习和参考，又可作为工具指导书。期望本套丛书能够为高超声速领域的人才培养、工程研制和基础研究提供有益的指导和帮助，更期望本套丛书能够吸引更多的新生力量关注高超声速技术的发展，并投身于这一领域，为我国高超声速事业的蓬勃发展做出力所能及的贡献。

是为序！

2017年10月

序　言

　　临近空间高超声速飞行器以其巨大的科技、经济价值及军事应用潜力成为新时代的关注焦点，其发展牵引气动、结构、材料、控制、测控通信等领域重大基础问题和技术革新。特别是以高超声速飞行产生于包覆飞行器表面的等离子鞘套会引起电信号的大幅衰减、严重时发生通信中断，引起所谓的"黑障"现象。"黑障"是临近空间飞行器发展面临的重大技术挑战，也是航天飞机、载人飞船等各类航天器重返大气层伴随的共性问题。

　　等离子鞘套是具有高碰撞、高动态、宽参数、非均匀等离子体特征的一种复杂的准电中性电磁介质，与电磁波的作用机制丰富而多样，其中对电磁波吸收、反射和散射效应导致通信和探测信号畸变、信道传输特性改变等，是困扰航天界70多年的未解难题。传统上缓解等离子体影响、提高通信能力的技术手段不仅工程受限，且对于长时间在临近空间高速飞行的连续可靠通信效果有限。更加全面认知等离子鞘套的电磁环境、探索可以利用的信道资源、提出适应等离子鞘套的信息传输理论与新方法，是目前领域的前沿研究方向。

　　本书全面系统地介绍了"黑障"通信研究领域的发展及现状，着重突出作者团队近年来在本领域的创新研究成果，内容涵盖等离子鞘套形成机理与模拟产生、电波传播理论方法和数值计算、等离子鞘套信道建模和适应性通信技术三大部分，具有理论研究和实验紧密结合、技术突破和应用相互牵引、电子信息和物理学科融合的主要特点，是国内有关"黑障"通信领域集理论、实验、技术和应用的第一本系统学术专著。

　　本书作者团队在临近空间高速飞行器等离子鞘套电磁特性方面开展了十几年系统研究。研究得到了科技部、国家自然基金委、航天科技等持续资助，特别在国家"973"项目"临近空间高速飞行器等离子鞘套信息传输理论"支持下，深入开展等离子鞘套动态特性的形成机理与数值模拟、动态等离子鞘套电波传播与作用机理、信道模型及可靠信息传输研究，研究涉及等离子物理、空气动力学、电磁场与电磁波、信息与通信系统等多学科交叉，具有创新性且处于国内领先水平。

　　本书的出版将对"黑障"问题的研究和突破起到直接的推动作用，对临近空间飞行器等离子鞘套电磁研究具有重要的理论意义和应用价值，对于从事相关研究、设计和工程技术人员，是一本有价值的参考书籍。

2018年6月

前　言

在追求更快、更高和更远的飞行征程中,人们解决了音障,克服了热障,又遇到了困扰半个多世纪的世界性难题——"黑障"。"黑障"是飞行器/航天器在临近空间以高超声速飞行时出现的一种通信中断现象,即飞行器与地面指挥中心完全失去了联系,成为"断了线的风筝"!

引起"黑障"的原因是飞行器/航天器在临近空间以高超声速飞行时,产生了一种包覆于飞行器表面的等离子鞘套。等离子鞘套对飞行器测控通信信号产生类似金属的屏蔽效应,严重时会造成导航、数传、遥测、遥控和安控信号传输中断,导致飞行器与外界无法通信。

全书共分为8章:第一章为概述,从"黑障"现象引出涉及的学术领域研究进展,总结相关理论和技术发展趋势;第二章介绍等离子体特性的物理模型和主要参数特征,重点论述一种新的环形扩散辉光放电等离子鞘套模拟方法,实现了持续时间长、大面积均匀、参数可控的等离子体模拟实验装置;第三章介绍等离子与电磁波作用的主要物理过程,阐述等离子体电磁过程的单粒子模型、磁流体模型、动力论模型和宏观介质模型,系统论述电磁波传播计算方法,描述一定条件下等离子体电磁波传播特性和实验结果;第四章论述了LF-HF频段和微波毫米波电磁波在等离子鞘套中传播特性的等效模型和计算方法,描述等离子鞘套对电波传播特性的影响规律;第五章针对临近空间飞行器复杂电磁环境和等离子体鞘套的多尺度时变物理特征,详细论述自适应非平稳信道建模方法、等离子鞘套信道模型及动态等离子体鞘套信道探测方法;第六章深入分析动态等离子鞘套下测控通信信号的传输特性,论述基于驻波检测的等离子鞘套自适应通信技术和调相信号自适应判决方法;第七章论述等离子鞘套下天线电磁计算模型、数值计算方法和再入全程等离子鞘套覆盖下天线特性，阐述天线阻抗自适应补偿技术及实验验证过程；第八章介绍抑制等离子鞘套影响的磁窗、电磁二维窗、时变电磁场方法，分析抑制效果并介绍电磁抑制方向技术发展趋势。

本书瞄准"黑障"问题，系统阐述等离子鞘套电磁研究理论，重点对团队近年来所取得的研究成果进行详细介绍。本书内容范围从等离子鞘套形成机理到等离子鞘套参数特征、从等离子鞘套数值模拟到地面产生模拟、从等离子鞘套与电磁波相互作用机理到电磁波传播模型、从等离子鞘套信号传输特性到信道模型、从等离子鞘套通信适应性技术与天线补偿到缓减"黑障"的电磁抑制方法等，全方位多视角论述了相关基础理论、关键技术与实验方法，力求系统深入、全面完整、数据丰富，语言浅显易懂，内容循序渐进，适合于从事等离子物理、电磁波传播、通信技术和模拟实验相关领域的科技人员和研究生参考阅读。

本书写作团队近年来承担国家重点基础研究计划项目"临近空间高速飞行器等离子鞘套下信息传输理论基础"、国家科技重大专项"临近空间高速飞行器等离子鞘套下通信技术基础研究"等。本书结合团队最新研究成果，由李小平和刘彦明组织团队力量、统稿全书、共同编著。第一章由李小平和谢楷撰写，第二章由谢楷撰写，第三章由李小平和白博文撰写，第四章由刘彦明和刘东林撰写，第五章由刘彦明和石磊撰写，第六章由杨敏撰写，第七章由白博文撰写，第八章由刘东林撰写。

在项目研究和书稿撰写过程中，"973"首席吕跃广院士、专家组组长包为民院士给予了极大的支持和指导，在此表示衷心的感谢。书稿还包含了课题组博士生的大量工作，如刘智惟、周辉、姚博等，在此表示感谢。书稿工作得到了中国航天科技集团、清华大学、浙江大学、中国空气动力研究与发展中心等单位的大力支持和帮助，同时参考了国内外大量文献，在此一并表示诚挚的感谢。

由于研究涉及多个学科领域，属于探索性、前沿性及交叉研究领域，作者的水平有限，难免存在许多不足之处，恳请广大读者批评指正。

作 者

2018年4月15日

高超声速出版工程

目 录

第二章　　等离子体鞘套的形成机理与地面模拟技术

20

第三章　　等离子体电磁波传播理论

85

第四章　电磁波在等离子体鞘套中的传播特性

第七章　等离子体鞘套下天线特性及补偿方法

第八章　等离子体鞘套电磁调控削弱方法

第一章

概　　述

1.1　"黑障"问题

　　各类飞行器(返回式航天器、再入飞行器、临近空间飞行器等)在大气层中高超声速飞行时,飞行器周围的气体会被高速飞行产生的超音速激波加热。当速度达到 $10Ma$ 以上时,由于黏性流和激波的作用,飞行器表面附近的空气分子会因剧烈热运动而被电离(温度可达上千甚至数千摄氏度),激发含有等离子体的高温激波层,形成包裹飞行器的"等离子体鞘套"。等离子体鞘套内含有自由电子,具有导电性质,是一种类似金属的介质,会对电磁波产生吸收、反射和散射等作用,使通信信号产生衰减,同时使天线的阻抗特性发生改变、方向图畸变。这些效应将会导致通信质量恶化,严重时将导致通信链路中断,形成所谓的"黑障"现象[1-5]。

　　"黑障"现象几乎伴随着各种类型的高超声速飞行器,例如航天飞机再入返回时,存在 16 min 左右的"黑障"时间,洲际弹道导弹再入时"黑障"持续 4～10 min,神舟 5 号飞船再入过程中"黑障"持续 4 min 左右[6],以及临近空间高超声速飞行器在飞行过程中可能会持续伴随"黑障"现象。图 1.1 是我国神舟飞船再入过程和美国试验高超声速飞行器在临近空间内产生的等离子体鞘套示意图。

　　研究表明,"黑障"现象产生的本质原因是等离子体鞘套对电磁波的衰减以及对天线系统的影响,导致进入接收机信号的信噪比过低,接收机无法对信号进行检测和提取,造成信号传输的中断,其影响可以归纳为以下三个主要方面。

　　① 影响电磁波传播特性。等离子体内部含有大量的自由电子,对电磁波产生强烈的反射、散射、吸收衰减作用,造成信号透过等离子体鞘套后的功率衰减。当电磁波斜入射等离子体时,还将引起去极化效应,导致电磁波与接收系统的极

（a）神舟飞船 （b）美国HTV飞行器

图1.1 飞行器等离子体鞘套示意图

化失配,带来额外的极化失配衰减。

② 改变天线特性。等离子体鞘套作为一种有耗色散介质,覆盖在飞行器天线附近,使得天线阻抗相较于自由空间时发生较大的变化,导致天线和馈电系统的阻抗失配,产生大量的反射损耗,降低天线的有效辐射能力,并同时使天线方向图恶化。

③ 引起通信信号恶化。近几年来,认识到等离子体鞘套内部具有复杂的流动耦合特性,等离子分布的时空变化,会给通过等离子体鞘套的电磁波带来连续的幅-相随机变化,即对通信信号产生额外的寄生调制效应。

以上三方面的影响在实际中是紧密耦合的。在早期研究中曾经将它们视为独立的影响因素,近年来将其结合起来开展了许多综合交叉研究,例如将天线、电波衰减、极化失配和链路大气沉降粒子衰减紧密联系在一起,获得飞行器链路的综合衰减。又如在发现动态等离子体寄生调制效应的基础上,结合等离子体鞘套的流场动态特性,发展出等离子体鞘套信道及通信适应性技术等研究方向。

在"黑障"问题抑制方面,从20世纪70年代起,研究者们提出了十余种不同的缓解方法和技术,主要采用抑制等离子体中的电子密度、增大通信系统的功率裕量、改变测控系统工作频率等方法,但这些方法都具有很多缺点,例如亲电子物质的喷射装置及强磁场产生装置,所需的空间与载荷过大,严重影响飞行器的总体结构设计;提高工作频率虽然可以减小等离子体鞘套引起的信号衰减,但是作用有一定限度,且受雨衰等影响难以确保稳定且可靠的通信链路。因此,探索抑制"黑障"问题仍是目前国内外的研究重点。

综上所述,全面地研究等离子体鞘套对电磁波传播特性(包括幅度、相位、极化)的影响,系统地分析再入全程中等离子体鞘套对飞行器天线性能的影响,揭示等离子体鞘套对飞行器测控通信系统的影响机理,研制面向等离子体鞘套下信息传输研究的实验设备,提出在等离子体鞘套环境下通信的新原理和新方法,以及探索抑制"黑障"的新思路,具有十分重要的意义。

1.2 等离子体鞘套电波传播与通信技术研究进展

1.2.1 等离子体鞘套下电磁波传播理论研究进展

等离子体鞘套与电磁波作用及其相关的问题是一个历史悠久的话题,自20世纪60年代至今国内外均保持着连续不断地关注。总体上主要关注等离子与电磁波的作用机理、等离子体对天线影响、等离子体电波传播理论及计算方法,还包括研究如何改善电波传播特性,例如等离子体与强电磁场的非线性作用、磁化等离子电波传播特性等方面。等离子体鞘套中的电磁问题已经超出了单纯的电波传播的范畴,涉及多个领域的交叉融合。

早期研究主要关心电波在等离子中的衰减特性,包括VHF～Ka以及更高频段电磁波垂直入射或斜入射等离子体鞘套时的衰减系数和反射系数、磁化/有碰撞等离子对电波传播的影响等[7-14]。其核心理论是等效介质理论,将等离子视为有耗、色散的复介电系数介质,再由经典的传播理论(如麦克斯韦方程)进行解析或迭代计算。其中,最为著名的是诺贝尔物理学奖得主维塔利·金茨堡所作的工作,金茨堡在分析等离子介电特性的基础上,通过求解亥姆霍兹方程(Helmholtz equation),得到了不同条件下电磁波在等离子体中的传播特性。金茨堡的工作主要是针对电离层等离子体,但其所奠定的理论基础,为后世各领域等离子与电磁波相互作用的研究打下了坚实的基础[15]。在同一时期,文献[16]推导出了电磁波在电子密度具有单指数分布的等离子体中传播的解析计算公式,并给出了电磁波反射和透射系数的级数表达形式。这些早期的研究工作被后续的研究者们借鉴和发展,并被引入到等离子体鞘套电磁波传播特性的研究中。至20世纪末,文献[17]提出了电磁波在分层等离子体中传播的解析法,通过分层介质模型来近似处理连续非均匀等离子体,分析了电子密度和碰撞频率对电磁波透射和反射的影响。我国的科研工作者也对等离子体鞘套中电磁波传播特性进行了一系列的研究。从20世纪80年代起,文献[18]对电磁波在电子密度具有双指数和正态分布的等离子体鞘套中的传播特性进行了解析推导;文献[13]采用分层等离子体模型的方法,对等离子体鞘套中电磁波透射和反射特性的计算方法进行了推导。这些工作奠定了国内等离子体鞘套电磁波传播特性研究的基础。

随着对等离子体鞘套研究的深入,逐步认识到了等离子体鞘套具有明显的动态特性,等离子体鞘套的参数动态分布特性与姿态变化、湍流、压力脉动、烧蚀剥落等众多随机因素及多因素的紧耦合有关。对动态等离子体电磁波传播的研究,最早始于文献[19]对电磁波在色散时变介质中传播的研究,通过求解电磁波在时变介质中的时域标量波动方程,研究了脉冲波在空间均匀分布而介电特性随时间突然变化或者按照某个函数连续变化的等离子介质内的传播特性,并指出电磁波的波阵面受时变介质影响发生了畸变。文献[20]建立了电磁波入射半空间无限大均匀分布而介电特性呈阶跃时变和连续时变介质的边界条件,进一步推导出了时变色散介质中电磁波场强的时变表达式。文献[21]考虑波源在等离子体内部并根据电磁波在等离子体发生突变时传播常数保持守恒的规律,通过拉普拉斯变换求解电磁波在突然产生的非磁化均匀线性等离子体中的场强方程,研究表明平面波分裂为两个新电磁波,并且频率发生漂移,同时得到了相速、幅度和群时延变化特性,这种现象随后被Kuo实验证明。1993年,文献[22]用几何光学近似法(WKB方法)研究了电磁波在快速产生的磁化等离子体中的传播。2006年,Joshi的实验结果证明了快速产生的等离子体会使入射电磁波的频率发生漂移。电磁波在动态时变等离子体传播中将产生分解和频率漂移现象。

上述对时变等离子体的研究都是基于等离子动态变化规律已知,然而临近空间高速飞行器的等离子体鞘套动态性是一个极其复杂的随机过程,利用已有方法还无法准确描述动态等离子体鞘套中的电磁波传播特性。受限于对动态性的认识不足以及流场计算和实验测量条件,等离子体鞘套动态性对电磁波传播特性的影响研究几乎空白。等离子体鞘套是一种随机连续非均匀色散介质,因此,随机介质中的波传播理论将是动态等离子体鞘套电磁波传播机理研究的主要手段,并且随机特征等离子体的描述、动态等离子体的电波传播统计学特性、动态散射特性等都是新的研究点。

1.2.2 等离子体鞘套下电波传播计算方法进展

1. 基于几何光学原理的传播特性近似求解方法

WKB方法是由Gans为解释光波在对流层折射的相位积分近似而提出,后由Wentzel、Kramers和Brillouin三人对方法进行改进而得名。WKB方法将在介质中传播的电磁波近似看作像光线一样的射线,其在不同介质的交界面处遵从几何光学的斯涅尔定律,是一种经典的近似求解波动方程的方法。当介质的电磁特性在空间上的变化率较小时,用WKB方法可以简单有效地得到电磁波的传播特性。文献[23]将WKB方法应用到电磁波在等离子体中衰减特性的研究中,根据WKB方法获得了电磁波在时变等离子体中的衰减特性。文献[24]在研究等离子体中的静电波传播矢量的分布特性时,采用WKB方法得到了大量研究结果。此外,国内也有不少研究者采用WKB方法对不同等离子体中电磁波的传播特性进行了研究。例如,文献[25]研究了电磁波在等离子体中传播的幅频特性。文献[26]研究了非磁化等离子体中电磁波的双程吸收特性。这些研究工作为等离子体鞘套与电磁波的相互作用研究积累了宝贵的经验。

2. 针对色散介质的时域有限差分方法

时域有限差分方法(finite difference time domain method,简称FDTD方法)是用来计算结构复杂等离子体鞘套中电磁波传播特性的主要方法。该方法将连续的时间和空间离散化,通过有限差分来近似计算电磁波随时空的变化,具有适应复杂形状和非均匀分布的介质中电磁波特性计算的优点。在高速计算配合下,时域有限差分方法为解决各种等离子体环境中电磁波传播特性提供了有力支持。文献[27]首先提出了时域有限差分方法的概念。20世纪90年代,为了适应等离子体对电磁场计算的需求,许多基于Yee所提出的FDTD的改进型计算方法被提出。文献[28]在推导出适用于等离子体介质的递推公式的基础上,首次将FDTD方法应用于等离子体电磁波传播问题的研究中。文献[29]提出了辅助差分方程时域有限差分方法(auxiliary difference equation FDTD,ADE-FDTD)。ADE-FDTD通过将电流密度离散化,从而省去了对递推卷积公式的推导,可用于计算瞬态电磁波在等离子体中的传播问题。文献[30]对递归卷积时域有限差分方法(recursive convolution FDTD,RC-FDTD)进行了改进,在采用分段线性近似的方法来改善FDTD递推求和公式精度的基础上,提出了分段线性递归卷积时域有限差分方法(piecewise linear RC-FDTD,PLRC-FDTD)。文献[31]将电流密度表示为电场的卷积来改进FDTD方法的计算精度和计算效率,在此基础上提出了电流密度卷积时域有限差分方法(JE convolution FDTD,JEC-FDTD)。国内也对时域有限差分方法进行了不少改进,以适应等离子体电磁波传播问题研究的需要。文献[32]提出了分段线性电流密度递归卷积时域有限差分方法(piecewise linear JE recursive convolution FDTD,PLJERC-FDTD)。文献[33]提出了滑动窗时域有限差分方法(moving window FDTD,MW-FDTD)。此外,还有很多在FDTD基础上的改进型算法,这些方法为等离子体鞘套电磁波传播问题的研究提供了有效的计算手段。

3. 磁化等离子体的电波传播特性

在天线窗位置施加强磁场,被认为是最具工程应用可能性的缓解"黑障"方法之一,因此磁化等离子中的电波传播特性也一直被广泛关注[34-38],主要包括均匀/非均匀等离子在均匀/非均匀磁化状态下的电波传播特性、极化特性等。近年来,还认识到非均匀磁场在等离子体中可能会引起阻带效应[39],即形成一个较宽的传播阻滞频带,影响磁窗的通频带特性,因此对磁场分布的优化、阻带效应的缓解,也成为近期关注的方向之一。

1.2.3　等离子体鞘套下通信技术研究进展

早期国内外等离子体鞘套对信号特性影响的研究主要集中在幅度衰减方面,近几年的研究表明,等离子体的变化和动态特性不仅会影响幅度,还会对信号产生幅相调制、时频扩展等效应[40],这些效应引发了信号质量的恶化,也是影响信息传输的重要因素。因此,等离子体鞘套不仅涉及电磁波传播问题,还和信道特性和与之相适应的通信技术的发展密切相关。

在等离子体鞘套动态性及其对信号的影响方面,早在20世纪70年代,国外在RAM-C遥测载飞数据中就已经发现了幅度和相位的抖动变化,幅度抖动可达25 dB,相位抖动偏移严重时可达200°。1999年,林肯实验室和密歇根大学[41]研究了动态时变等离子体引起信号发生幅度和相位调制的物理机理,利用等离子推进器产生的等离子体尾焰,对幅度相位调制进行了测量,验证了其理论的正确性。2006年,文献[42]针对再入过程中湍流的高速流场,研究了等离子体鞘套的湍流对电磁波传播的影响,认识到当等离子体鞘套边界层发生湍流时,等离子体的各项参数均是随时间变化的,这种时变等离子体会引起电磁波幅度和相位上的寄生调制。2012年,文献[43]也研究了时变等离子体中的幅相调制效应,并通过动态等离子模拟装置(dynamic plasma simulation equipment,DPSE)及通信实验得到了很好的验证。

从无线通信角度而言,所选择的通信体制与信道特性的不匹配是等离子体鞘套引起通信中断的另一重要原因。早期在再入等离子体鞘套信道方面,国内在再入信道研究中多借鉴航空遥测信道模型。文献[44]针对无线再入遥测信道的双径模型及三波束等待接收系统,利用天线的增益图函数,导出弹头出"黑障"区后接收信号功率的数学描述,继而从遥测信号合理化接收考虑,给出了波束覆盖范围的数值计算方法。文献[45]认为双径模型不能很好地反映真实场景,根据对自跟踪接收方式和等待接收方式的特点进行比较,分析了建立等待接收遥测信道近地衰落模型的必要性,结合综合靶场的地形特征、接收站的布置特点及发射天线的配置情况,建立了等待接收遥测信道的近地衰落模型,它是一个莱斯过程和一个指数过程的乘积。近年来临近空间高速飞行器等离子体鞘套信道研究有了一些新的进展,与再入信道类似,多数是将静态等离子体鞘套所带来的电磁波衰减当做信道的幅度/能量衰减系数。文献[46,47]提出了综合信道建模方法,将高超声速飞行器的完整通信信道分为电磁波传播信道和等离子体鞘套信道两大部分,给出了静态等离子体鞘套信道的数学模型,用等离子体鞘套的电磁波透射系数表征该信道的大尺度衰落特性,根据物理意义重新定义了等离子体鞘套的小尺度衰落特性,并将相位偏移特性作为其表征。

在复杂电磁环境下的通信技术方面,从早期时域或者频域向空域发展,从单天线向多天线和分布式天线的处理发展,从单纯的一维处理到空时频多维处理发展,特别是从空时信号处理向空时频多域协同信号处理发展,空时频协同是综合利用全局信息提高系统容量的新技术。等离子体鞘套是一种特殊的复杂电磁环境,飞行器的姿态变化、湍流、压力脉动、烧蚀剥落等众多复杂随机过程的紧密耦合带来了等离子体鞘套参数的动态性,其三维空间分布随时间变化是一个复杂的随机过程。这种特殊复杂的等离子体鞘套信道将呈现三种特性:等离子体鞘套的时变特性引起的信道时间选择性;等离子体鞘套色散引起的频率选择性;动态等离子体鞘套天线方向畸变引起的空间选择性。对于等离子体鞘套信道而言,由于接收到的信号存在极低信噪比和大动态多普勒等问题,如何融合利用多域可能获取的信息,以及引入对等离子体鞘套的感知和自适应也是重要的发展方向。

近年来,有学者认识到引起"黑障"的原因不仅是电波的衰减,天线的性能恶化也是重要因素之一,所以等离子体鞘套包覆下的天线性能也引起了广泛的关注,主要研究包括等离子包覆对天线辐射特性、阻抗特性、极化失配等方面的影响,以及自适应补偿和调谐方法[48-50]。但目前大部分研究还停留在定性推算和数值仿真层面,因为受限于数值计算能力,研究对象大多是全向天线或缝隙天线等简单天线,对阵列天线、高频天线(涉及电大尺寸问题)等需要大量网格数的天线缺乏分析能力。

1.2.4 等离子体鞘套地面模拟与实验进展

在实验方面,美国起步最早,其技术路线是先开展对"黑障"的实际观测。

美国早在20世纪60年代就利用再入弹头携带科学仪器进行了再入飞行实验,获取了多种再入条件下等离子体鞘套的参数[51]及其电波传播特性[2],其中包括了著名的RAM计划[52,53]。但由于飞行试验耗资巨大,国外后续也不再有专门的载飞试验报道,在掌握等离子体鞘套的关键数据后,转而以地面试验为主。

然而,等离子体鞘套产生于多种极端物理条件的组合,在地面模拟等离子体鞘套非常困难,严格地说,至今为止还没有能够完全适用于电磁问题研究的等离子体鞘套的地面模拟方法。早在1961年,Beiser等人就用量纲分析的方法,从麦克斯韦方程、N-S方程和波尔兹曼方程出发,推导了10个无量纲的缩比相似参数[54],发现这些参数存在彼此矛盾的要求,从而证明了想要同时满足等离子体鞘套的几何相似、气动力学相似和电磁相似,只能是真实飞行器本身。因此,部分相似是必然的选择:优先考虑满足电磁特性相似,就必须牺牲气动力学和几何的相似性。

国外从20世纪60年代初开始,采用激波管、火箭发动机喷流和各种冷等离子发生器来间接研究等离子体鞘套及其尾迹的电磁特性。这些等离子体鞘套模拟和研究设备可以分为两类:第一类是大型工程实验设备,主要用于工程验证,关注长时间工作、大工作区域、等离子气动与电磁耦合控制等方面,其中著名的有美国国家航空航天局(National Aeronautics and Space Administration, NASA)的HYPULSE激波管、德国的斯图加特大学的磁流体式电弧风洞、俄罗斯的ICP感应加热式等离子风洞等,但这些设备并非是为电磁学研究而设计的,例如激波管工作时间只能持续百微秒级,离子风洞伴随高温环境等,都非常不利于电磁实验的开展;第二类是针对电磁理论研究的实验室手段,近年来开始使用新型冷等离子源开展了一系列等离子体鞘套包覆下天线、传播、抑制技术相关研究,主要关注小型化、可控性以及适用于一般实验室环境工作,其中最著名的工作是密歇根大学利用Helicon源(一种螺旋天线射频放电等离子源)开展的"黑障"抑制方面的研究[55]。

国内高速流体和"黑障"相关研究的起步与国际基本同步,早在20世纪50年代末我国就建立了当时国际上先进的直径800 mm大型高速激波管等高超声速空气动力学实验设备,并且在20世纪70年代与国际同步地开展了高温流场气体等离子体的电波传播研究。但从20世纪80年代相关研究基本停滞后,就没有进一步针对等离子体鞘套电磁特性的研究进行实验能力的发展,导致相关研究长期只能沿用这些早期的设备[56,57]。近几年,我国又新建了一批设备,有助于促进等离子体鞘套电磁特性的研究。

此外,针对实验室理论研究的手段方面的研究也处于起步阶段,近年来有学者开展了冷等离子源模拟等离子体鞘套的初步探索,但大多没有获得理想的预期结果。例如在2006年,西北工业大学[58]利用微波等离子喷流来测量电磁波的吸收效果,但实验结果受限于喷流的均匀性。2010年,哈尔滨工业大学[59]利用荧光灯管阵列来模拟等离子体鞘套,但受制于灯管形状、厚度的限制,特别是灯管间的大量透波间隙,仅得出了非常初步的结果。南京理工大学[60]曾借助等离子隐身罩来模拟等离子体鞘套,由于等离子源区与试验区距离太远,等离子的扩散不理想,导致电波传播区域的电子密度较低,只进行了部分理论结果的验证。可见,现有等离子体鞘套的地面模拟方法仍然具有很大的局限性。

1.2.5 等离子体鞘套电磁传播飞行试验

第一次发现"黑障"现象是在20世纪的50～60年代,当时美国和苏联在展开的载人航天竞争中,先后发现在飞船再入地球大气层过程中,在长达数分钟的时间内飞船和地面站的通信发生了中断。此后,美苏等国在20世纪50年代末到70年代初为解决这一问题,从理论研究、地面实验和载飞试验三个方面开展了大量深入的研究,包括等离子体鞘套产生的原因、等离子体鞘套对电磁波传播和天线特性的影响、减缓通信"黑障"的方法等[1,2,37,61-66],主要包括NASA-LaRC无线电衰减测量系列计划(Radio Attenuation Measurements (RAM) Program)、NASA水星计划(Mercury Program)、双子座计划(Gemini Program)及阿波罗计划(Apollo Program)等。其中,RAM系列计划最为著名。1970年,在美国NASA兰利(Langley)研究中心召开的第四次等离子体鞘套会议(Fourth Plasma Sheath Symposium)上,对RAM系列飞行试验项目进行了总结与评价,与会人员认为,经过将近10年的研究,与再入"黑障"有关的技术已经达到了初步可接受的成熟度,载飞试验结果及在实验室内进行的实验结果与理论预期都比较相符,RAM系列试验取得了成功,但是在报告中并没有明确指出在以后的飞行器中采用何种方法缓解"黑障"。之后的20世纪80～90年代期间,未再见过飞行试验报道。

到20世纪80年代中后期至90年代中期,以美国国家空天飞机(national aerospace plane, NASP)计划为代表,掀起了新一轮高超声速飞行器技术研究的热潮。高超声速飞行器一般是指飞行速度超过5倍声速的飞行器,一般在距离地面20～100 km的临近空间内长期飞行,与再入过程不同,高超声速飞行器将长期面临等离子体鞘套包覆的问题,因此"黑障"问题再次成为研究的热点。

20世纪90年代后期至今,高超声速飞行器进入了一个全面快速发展的时期,各国相继开展了高超声速飞行器试验计划,并进行了多次飞行试验,如美国的Hyper-X计划和HTV计划、俄罗斯的冷计划和鹰计划、法国的Promethee计划、德国的HFK系列导弹、日本的HYPR计划等。2004年3月和11月美国Hyper-X计划的试验样机X-43A成功实现了飞行马赫数为7和10的受控飞行,这标志着高超声速飞行器技术正式从实验室阶段走向了工程研制阶段,但是2010年4月和2011年8月进行的两次HTV实验均未能取得成功。由于高超声速飞行器目前仍然是各国进行新一轮航空航天竞争的热点领域,其中与通信"黑障"有关的技术细节都难以在公开报道中找到。

在历次载飞试验中,最著名的就是美国开展的RAM(radio attenuation measurements)系列飞行试验。RAM系列飞行试验从1961年开始,到1970年结束,主要由美国NASA兰利研究中心负责,是为研究再入过程等离子体鞘套特性及电磁波"黑障"而进行的一系列试飞实验。整个项目先后共进行了8次载飞试验,其中一次由于火箭故障而失败,集中研究了钝头的细长锥体飞行器的再入等离子体鞘套特性。飞行器头部半径为1 in[①]、4 in(4个,再入速度18 kft/s[②])和6 in(3个,再入速度25 kft/s),其配备了静电探针、微波反射计、L/X/S/C波段天线等多种负载,发射任务及时间见表1.1。

表1.1　RAM系列历次实验任务

飞行试验	主 要 任 务	峰值速度/(km/s)	发 射 时 间
RAM A-Ⅰ	气动外形试验	5.48	1961年8月30日
RAM A-Ⅱ	气动外形和磁窗试验	5.48	1962年2月21日
RAM B-Ⅰ	多频段电磁波衰减测量	5.48	1962年11月21日(失败)
RAM B-Ⅱ	喷水缓解"黑障"试验	5.48	1963年5月28日
RAM B-Ⅲ	等离子诊断(反射计)	5.48	1964年4月10日
RAM C-Ⅰ	喷水和等离子诊断(静电探针)	7.62	1967年10月19日
RAM C-Ⅱ	等离子诊断(反射计+静电探针)	7.62	1968年8月22日
RAM C-Ⅲ	喷水和亲电子介质、等离子诊断	7.62	1970年11月30日

除RAM-C之外,1977年还公开报道了美国利用退役的民兵I型洲际导弹进行了三次技术发展试验弹头(technical development vehicle, TDV)飞行试验。这

①　1 lin=2.54 cm。

②　1 kft/s=304.8 m/s。

一系列试验主要目的是鉴定新型雷达系统的性能。弹载设备所测量到的数据，经预处理后由PCM遥测发送至地面站。三次试验所开展的项目如表1.2所示。

表1.2 TDV飞行试验计划及试验项目

试验日期	试 验 项 目
1977年5月	1. 测量振荡冲击作用在头锤上的高频载荷 2. S、K频段等离子体通信试验 3. 重力触发机械引信试验 4. 测量再入烧蚀引起的端头形状变化 5. 头锥底部安装一种特种雷达天线，鉴定再入对天线发送信号的影响
1977年7月	1. S频段等离子体通信试验 2. 天线泄露调制试验 3. 等离子体引起头锥雷达有效反射面试验
1977年11月	1. S频段等离子体试验 2. 试验雷达天线装在头锥底部时，信号接收情况及提高命中精度的程度 3. 测量头锥高频振动

1.3 缓解"黑障"的方法及发展趋势

1.3.1 缓解"黑障"方法回顾

从航天器遭遇"黑障"问题开始，人们就一直在寻找缓解和克服"黑障"的方法，至今仍是航天领域中的热点和难点问题。几十年来，研究者先后提出了多种缓解"黑障"的方法，总体上可以分为"被动方法"和"主动方法"两类[37,40-42,62-66]。"被动方法"包括改善飞行器的气动外形、改进飞行器的防热材料、选择合适的频率（高频或低频）、增大天线的发射功率等；"主动方法"则包括向等离子体鞘套中喷射亲电子物质、施加强磁场、施加交叉电/磁场、三波共振等。

① 改善飞行器的气动外形。该方法是将飞行器设计为大细长比的尖锥外形，与钝头形的飞行器相比，由于头部的曲率半径较小，因此头部产生的等离子体经过飞行器身部时，形成的等离子体鞘套厚度也较小，"黑障"的持续时间相应减小。据公开文献报道，美国在进行缩比子弹头试验时，再入过程中的电磁波信号以大约5 dB/s的速率下降，这种现象共持续了8 s，最大衰减超过35 dB的时间仅为2～4 s，除了干扰外，实际未收到遥测数据的时间只有2～4 s。由此可知，改善气动外形是一种十分有效的方式，美国的HTV等飞行器也都采用了尖

锥外形,但是尖锥外形由于头部的面积较小,头部承受的气动热将大大增加,另一方面,尖锥形飞行器的有效载荷小于钝头形飞行器,在载人航天上的应用受到很大的限制。

② 改进飞行器的防热材料。当飞行器表面的温度达到防热层的热解温度时,防热材料将会产生烧蚀,烧蚀产物进入到流场中,当防热材料中含有较多电离电势低的碱金属或碱土金属成分时,其烧蚀产物的电离会使等离子体鞘套内电子密度急剧增加1~2个数量级。美国在20世纪60年代就已注意到并着手解决这一问题,1967年RAM C-Ⅰ和C-Ⅲ飞行器试验时使用的碳酚醛防热层碱金属含量高达4×10^{-3} mg/L,到20世纪70年代时,防热层的碱金属含量已降至4×10^{-5} mg/L。碳酚醛是美国20世纪70年代以来一直成功应用在洲际导弹头部的防热材料,由此可见,降低防热材料的碱金属含量是一个十分有效的减缓"黑障"的途径。

③ 选择合适的频率。该方法包括两个方向,一个是提高通信频率,另一个是降低通信频率。当通信系统的工作频率高于实际飞行中的最大等离子频率时,电磁波经过等离子体鞘套后的衰减将显著减小;而当通信频率同时满足远低于等离子体频率和远低于碰撞频率两个条件时,电磁波的衰减也会显著减小。在RAM系列飞行试验中,试验了从超短波到X频段(30 MHz ~ 10 GHz)的电磁波衰减,试验结果证明了在高空时的频率越高,进入"黑障"的时间越晚,而在低空时,低频通信系统则较早脱离"黑障"。频率的选择还会受到天线、设备、大气通信窗口等一些限制,如提高频率后波束宽度变窄、噪声变大、大气吸收增强、地面站设备需要更新等,降低低频则会遇到发射天线尺寸增大,电离层反射等问题。

④ 增大天线的发射功率。增大天线发射功率是最直观的一种方法,一般情况下由等离子体引起的衰减是固定的,发射功率越大,则地面站接收到的信号强度越大,但是事实是,天线的发射功率不可以任意增大,当达到一定功率时,天线将引发等离子体的二次击穿,反而会阻止电磁波的透射,其中VHF频段(206 MHz)的最大功率约为20 W,S频段(2.39 GHz)的最大功率约为100 W。另一方面,由于电磁波还会被等离子体反射,当功率增大时,反射电磁波的功率也会同步增大,有可能对发射设备造成损坏。

⑤ 喷射亲电子物质。该方法是在天线的上游处开一个小孔,然后将飞行器携带的亲电子物质通过小孔向等离子体鞘套中喷射,通过对高温气体进行降温,同时利用亲电子物质吸附自由电子,从而达到降低等离子体鞘套中电子密度的

效果。由于等离子体中对电磁波衰减起主要作用的是自由电子,因此电子密度的降低将有效改善通信的性能。美国在RAM-C飞行试验中进行了注水和其他亲电子物质的试验,证明该方法确实有效,在后期为数不多的公开文献中,也有较多的相关报道。但是考虑到长期飞行所需的亲电子物质将会占用大量的有效载荷,同时在低空中要使电子密度明显降低,所需的亲电子物质将大大增加,因此该方法的研究仍集中在寻找更加有效的亲电子物质方面。

⑥ 施加强电/磁场。当有磁场存在时,电子将被磁场约束,围绕磁力线进行回旋运动。对于右旋极化电磁波,当电磁波频率和磁回旋频率接近时,将产生共振效应,电磁波能量有效地传递给电子,从而造成电磁波严重衰减,但当电磁波的频率远离磁回旋频率时,电子对外来电磁场的响应则会降低,从而减小电磁波的衰减,形成一个通信频率窗口。因此通过合理的设计施加的磁场强度可以使得原来不能穿透等离子体的电磁波衰减大大降低。美国早期在地面进行了实验验证,利用750 Gs的磁场使得频率为244 MHz的右旋电磁波衰减由60 dB降低到40 dB,但是随后的载飞试验结果(RAM-A2)由于电磁波衰减值不大,磁场可改善衰减的结论没有得到有力的支持。施加强磁场最大的问题是,磁场产生的设备十分笨重,即使采用超导工艺,其重量仍会达到几十千克(主要为冷却装置的重量),但随着超导材料的发展,未来仍有可能成为一个十分有效的减缓"黑障"的方法。

近年来,研究者还提出了施加正交电磁场的方法,该方法的目的是通过降低天线窗口处的电子密度来减缓"黑障",其原理是将等离子体看作是一种磁流体,在天线窗口附近施加一个平行于飞行器表面的电场和一个垂直于飞行器表面的磁场,利用$E \times B$的漂移效应引起等离子体的偏转,使得流经天线窗口处的等离子体密度降低,从而形成一个低电子密度区域,供电磁波传播。该方法由于所需的磁场相对磁窗的方法较低,一经提出便受到很多人的青睐,研究人员进行了很多理论分析,但是受计算机水平和实验设备的局限,相关的研究进展却十分缓慢。直到2009年,密歇根大学的Kim博士等人才对施加交叉电/磁场的方法进行了系统的研究,发展了计算程序,并利用Helicon等离子源进行了初步的实验,但是由于Helicon只能在低气压(对应实际高空气压条件)下运行,能否在较低海拔、高碰撞条件下有效还有待进一步验证。

1.3.2 缓解"黑障"新技术发展及趋势

近几年,随着信息技术的发展和对电磁问题的深入研究,除了传统改进气动外形和烧蚀材料、选择合适的频率和发射功率等被动适应性方法之外,从电波作用机理(新频段)、通信技术、电磁干预等方面还出现了一些新的技术途径和思路,可能成为今后的发展趋势。其中代表性的方向有以下几个方面。

1. 探索新的通信窗口和电波传播机理

根据等离子体电波传播的基本理论,当电波频率高于等离子特征频率时,电磁波将穿透等离子体,因此高频段最先被关注,但高频段将面临大气雨衰、大动态多普勒频偏、波束窄等问题。相应的关键技术如分集接收、快速频偏跟踪捕获等技术得到了迅速发展,将载波提升至Ka频段已经在某些新型飞行器上得到应用。采用Q波段、THz频段甚至激光波段进行通信也在近年来得到关注,许多学者开展了理论和实验研究,在这些高频段除了关注等离子体本身的衰减特性之外,烧蚀微粒与高频段电波波长接近,其相互作用仍然存在许多尚未被认识的特性。

等离子电波传播理论还表明:在另一个极端情况,即电波频率远低于等离子碰撞频率时也能够以较低的衰减穿透等离子体鞘套。过去认为该窗口可能位于几百kHz的低频段,因为天线巨大、携带信息量少而未被广泛关注。最近的研究表明,在等离子体鞘套下采用低频段进行信息传输潜力可能高于平面波理论的预估,特别是发现低频电磁波中的磁场分量的衰减量比电场分量和平面波预期要小得多,且通信窗口频率可能超过10 MHz以上(覆盖了短波段),该频段不仅可以支持语音通信,还可能在严重的等离子体鞘套条件下保障少量关键信息传输,这有可能是克服"黑障"的一种新方法,值得后续深入研究。

2. 发展等离子体鞘套环境的通信理论

早期的研究主要关心等离子体的衰减特性对信息传输系统的影响,主要从发射频率和功率的角度来考虑缓解等离子体鞘套的影响。按照信息传输网络OSI模型,以上研究均是在物理层内,只关注介质特性对载波传输特性的影响,并未从通信体制的角度考虑如何适应等离子体鞘套的电磁传输环境。实际上,物理层向数据链路层提供信息比特流,这就需要考虑信息传输所采用的基本信道调制方法与信道中的传输特性相匹配。特别是考虑如何实时获取动态等离子体鞘套下信道的容量和传输特性,并根据等离子体鞘套的电磁环境实时调整通信体制,成为一种新的技术手段。例如,近年来提出的一种基于驻波比检测的等离子体鞘套下自适应通信技术,从鞘套反射波强度来预测信道容量,并实时调整扩频系数来适应信道容量的下降。由于软件定义无线电(SDR)技术的发展,通信系统的参数实时调整,甚至快速重构已经成为可能,可以预见等离子体鞘套下的自适应通信技术将会是今后重要的研究方向。

3. 发展等离子体电磁干预技术

早在20世纪60年代,研究者就提出利用磁场缓解"黑障"的问题,因为磁力线可以约束带电粒子的运动,一方面可以改变等离子体的空间分布,另一方面可以改善电磁波的传播特性。早期的研究主要关注强磁场,国内外都曾经在地面激波管上尝试过永磁体、电磁体甚至超导强磁体改善电波传播特性,取得了一定的效果。然而受限于磁体重量、体积、耗电、干扰等问题,其工程化和实际飞行应用仍然进展缓慢。近年来,许多新颖的方法被提出,有望减小磁场强度的需求,使电磁调控技术更加接近工程应用。在传统磁窗的基础上,发展出了"电磁二维窗"概念,通过电场对带电粒子进行加速的同时,再利用磁场使其发生偏转。由于电场对离子的加速作用,使得磁偏转力增大,因此磁场对离子的作用更强。与单独施加磁场相比,所需的磁场强度下降了近一个数量级。瞬态脉冲磁场也是近年来被关注的方式,时变的磁场在等离子体鞘套中将产生阻止磁场变化的电流,组成该电流的运动粒子将受到洛伦兹力的排斥,使得局部电子密度降低形成通信窗口,持续时间很短。利用行波磁场也是近年来磁窗技术的重要发展方向,行波磁场是一种特殊的时空变化规律的磁场,可以对各类导电介质施加单方向力,有望对等离子体鞘套的流场产生持续的排斥作用力,将会是等离子体电磁调控技术的发展方向之一。

此外,将多种方式进行结合,特别是物理干预和通信技术相结合,是重要的发展方向。例如,将瞬态的强磁调控和突发通信结合起来,将发展出瞬态磁窗技术;将等离子体鞘套下天线驻波检测、信道容量预估和变速率通信结合起来,将发展出等离子体鞘套下的自适应通信技术。

参考文献

［1］　Hartunian R A, Stewart G E, Fergason S D, et al. Causes and mitigation of RF blackout during reentry of reusable launch vehicles, ATR －2007(5309) －1［R］. El Segundo: The Aerospace Corporation, 2007.

［2］　Rybak J P, Churchill R J. Progress in reentry communications［J］. IEEE Transactions on Aerospace and Electronic Systems, 1970, 7: 879－894.

［3］　Starkey R P. Hypersonic vehicle telemetry blackout analysis［J］. Journal of Spacecraft and Rockets, 2015, 52(2): 426－438.

［4］　曲馨,方格平. "黑障"问题的介绍与分析［J］.硅谷,2010,(10): 173.

［5］　徐茂格,席文君.近空间高超音速飞行器射频通信"黑障"研究［J］.电讯技术,2009, 49(10): 49－52.

［6］ 朱方,吕琼之.返回舱再入段雷达散射特性研究[J].现代雷达,2008,30(5): 40-42.

［7］ Roy M N, Chakraborty B, Khan M, et al. Some investigations on a strong EM wavein a magnetized plasma[C]. Dusseldorf, West Germany: Proceedings of the XVI International Conference on Phenomena in Ionized Gases, 1983.

［8］ Li J T, Guo L X, Jin S S, et al. EM wave propagation characteristic in plasma sheath[J]. Chinese Journal of Radio Science, 2011, 26(3): 494-499.

［9］ Liu J, Wang G, Xi X. Application of MW -FDTD to simulate EM wave propagation in plasma for long distance[C]. Piscataway, NJ, USA: Proceedings of the 2010 9th International Symposium on Antennas, Propagation & EM Theory, IEEE, 2010.

［10］ Andreev N E, Sergeev A M, Feygin A M. Resonance absorption of a strong EM wave at supersonic plasma flow[C]. Petit-Lancy, Switzerland: Proceedings of the 10th European Conference on Controlled Fusion and Plasma Physics, 1981.

［11］ 赵汉章,吴是静,董乃涵.不均匀等离子体鞘套中电磁波的传播[J].地球物理学报, 1983,1: 9-16.

［12］ 董乃涵,赵汉章,吴是静.非均匀等离子体鞘套中电波传输的近似计算[J].宇航学报, 1984,1: 51-57.

［13］ 王柏懿,徐燕侯,嵇震宇.电磁波在非均匀有损耗再入等离子鞘层中的传播[J].宇航学报,1985,1(1): 35-39.

［14］ 孙爱萍,童洪辉.磁化磁撞等离子体对雷达波的共振吸收[J].核聚变与等离子体物理, 2001,21(4): 224-230.

［15］ Ginzburg V L, Sadowski W L, Gallik D M, et al. Propagation of electromagnetic waves in plasma[M]. Elsevier Science Inc., 2009.

［16］ Taylor H. Inductively coupled plasma-mass spectrometry: practices and techniques[M]. New York: Wiley, 2013: 4455-4486.

［17］ Mounir Laroussi. Low temperature plasma based sterilization: overview and state of the art [J]. Plasma Processes and Polymers, 2005, 2(5): 391-400.

［18］ 焦淑卿,冯德光.等离子体鞘套的反射系数与穿透系数[J].数学物理学报,1984(4): 84-95.

［19］ Felsen L, Whitman G. Wave propagation in time-varying media[J]. IEEE Transactions on Antennas and Propagation, 1970, 18(2): 242-253.

［20］ Fante, R. Transmission of electromagnetic waves into time-varying media[J]. IEEE Transactions on Antennas and Propagation, 2003, 19(3): 417-424.

［21］ Jiang C L. Wave propagation and dipole radiation in a suddenly created plasma[J]. IEEE Transactions on Antennas and Propagation, 1975, 23(1): 83-90.

［22］ Kalluri D K, Goteti V R, Sessler A M. WKB solution for wave propagation in a time-varying magnetoplasma medium: longitudinal propagation[J]. IEEE Transactions on Plasma Science, 1993, 21(1): 70-76.

［23］ Goteti V R, Kalluri D K. Wave propagation in a switched-on time-varying plasma medium [J]. IEEE Transactions on Plasma Science, 1989, 17(5): 828-833.

［24］ Rodrigues P, Bizarro J P S. Images of electrostatic lower-hybrid-wave beam propagation in tokamak plasmas using a paraxial WKB approach[J]. IEEE Transactions on Plasma Science, 2002, 30(1): 68−69.

[25] 李江挺,郭立新,方全杰,等.高超声速飞行器等离子体鞘套中的电磁波传播[J].系统工程与电子技术,2011,33(5): 969−973.

[26] 莫锦军,刘少斌,袁乃昌.非均匀等离子体覆盖目标隐身研究[J].电波科学学报,2002, 17(1): 69−73.

[27] Yee K S, Chen J S. The finite-difference time-domain (FDTD) and the finite-volume time-domain (FVTD) methods in solving Maxwell's equations[J]. IEEE Transactions on Antennas and Propagation, 1997, 45(3): 354−363.

[28] Luebbers R J, Hunsberger F. FDTD for Nth-order dispersive media[J]. IEEE Transactions on Antennas and Propagation, 1992, 40(11): 1297−1301.

[29] Alsunaidi M A, Al-Jabr A A. A general ADE −FDTD algorithm for the simulation of dispersive structures[J]. IEEE Photonics Technology Letters, 2009, 21(12): 817−819.

[30] Kelley D F, Luebbers R J. Piecewise linear recursive convolution for dispersive media using FDTD[J]. IEEE Transactions on Antennas and Propagation, 1996, 44(6): 792−797.

[31] Chen Q, Katsurai M, Aoyagi P H. An FDTD formulation for dispersive media using a current density[J]. IEEE Transactions on Antennas and Propagation, 1998, 46(11): 1739−1746.

[32] 刘少斌,张光甫,袁乃昌.等离子体覆盖立方散射体目标雷达散射截面的时域有限差分法分析[J].物理学报,2004,53(8): 2633−2637.

[33] Liu J, Wan G, Xi X. Application of MW −FDTD to simulate EM wave propagation in plasma for long distance[C]. International Symposium on Antennas Propagation and EM Theory, IEEE, 2010: 784−786.

[34] Liu D, Li X, Xie K. Mechanism and simulation of blackout mitigation by electric and magnetic fields during reentry[C]. Orlando, USA: Proceedings of the 2013 IEEE Antennas and Propagation Society International Symposium, Institute of Electrical and Electronics Engineers Inc., 2013: 1160−1161.

[35] Lemmer K M, Gallimore A D, Smith T B, et al. Experimental results for communications blackout amelioration using crossed electric and magnetic fields[J]. Journal of Spacecraft and Rockets, 2009, 46(6): 1100−1109.

[36] Hemmert D, Neuber A A, Dickens J, et al. Microwave magnetic field effects on high-power microwave window breakdown[J]. IEEE Transactions on Plasma Science, 2000, 28(3): 472−477.

[37] Garg P, Dodiyal A K. Reducing RF blackout during re-entry of the reusable launch vehicle[C]. Piscataway, USA: Proceedings of the 2009 IEEE Aerospace Conference, IEEE, 2009.

[38] Dutta R, Biswas R, Roy N. Reduction of attenuation of E.M wave inside plasma formed during supersonic or hypersonic re-entry of missile like flight vehicles by the application of D.C magnetic field — a technique for mitigation of RF Blackout[C]. Piscataway, USA: Proceedings of the 2011 IEEE Applied Electromagnetics Conference (AEMC), IEEE, 2011.

[39] Zhou H, Li X, Xie K, et al. Mitigating reentry radio blackout by using a traveling magnetic

field[J]. Aip Advances, 2017, 7(10): 105314.

[40] Jandieri G V, Ishimaru A, Jandieri V et al. Depolarization of metric radio signals and the spatial spectrum of scattered radiation by magnetized turbulent plasma slab[J]. Progress in Electromagnetics Research, 2011, 112(1): 63−75.

[41] Ohler S G, Gilchrist B E, Gallimore A D. Electromagnetic signal modification in a localized high-speed plasma flow: simulations and experimental validation of a stationary plasma thruster[J]. IEEE Transactions on Plasma Science, 1999, 27(2): 587−594.

[42] Lin T C, Sproul L K. Influence of reentry turbulent plasma fluctuation on EM wave propagation[J]. Computers and Fluids, 2006, 35(7): 703−711.

[43] Yang M, Li X P, Liu Y M, et al. Characteristic of time-varying plasma sheath channel[J]. 10th International Symposium on Antennas Propagation and EM Theory (ISAPE), IEEE, 2012.

[44] 黄强.等待接收再入遥测信道特性研究[D].成都:电子科技大学,2006.

[45] 黄强,贺知明,张健,等.等待接收再入遥测信道的近地衰落模型[J].电波科学学报, 2007,22(1):53−58.

[46] Shi L, Guo B L, Liu Y M, et al. Research on complex channel characteristic for hypersonic vehicles[J]. Advances in Information Sciences and Service Sciences, 2012, 4(1): 328−335.

[47] 石磊,郭宝龙,刘彦明,等.临近空间高速飞行器综合信道模型研究[J].宇航学报,2011, 32(7):1557−1563.

[48] 许斌.等离子体鞘套对测控导航天线性能影响研究[D].西安:西安电子科技大学, 2013.

[49] 王龙军.再入环境中的电波传播与天线特性研究[D].哈尔滨:哈尔滨工业大学,2008.

[50] 钱志华,陈如山,杨宏伟.等离子体覆盖单极子天线FDTD分析[J].南京理工大学学报 (自然科学版),2005,29(5):510−513.

[51] Jones W L, Cross A E. Electrostatic-probe measurements of plasma parameters for two reentry flight experiments at 25,000 feet per second[M]. National Aeronautics and Space Administration, 1972.

[52] Akey N D. Overview of RAM reentry measurements program[J]. NASA Special Publication, 1971: 252−271.

[53] Huber P, Akey N, Croswell W, et al. The entry plasma sheath and its effects on space vehicle electromagnetic systems[J]. NASA Technical Note, 1971, 252.

[54] Beiser A, Raab B. Hydromagnetic and plasma scaling laws[J]. Physics of Fluids (1958−1988), 2004, 4(2): 177−181.

[55] Lemmer K M. Use of a helicon source for development of a re-entry blackout amelioration system[D]. Ann Arbor: University of Michigan, 2009.

[56] Zheng L, Zhao Q, Liu S, et al. Theoretical and experimental studies of 35 GHz and 96 GHz electromagnetic wave propagation in plasma[J]. Progress in Electromagnetics Research M, 2012, 24: 179−192.

[57] 竺乃宜,李学芬,周学华,等.激波管用于磁等离子体中电波传输的研究[J].流体力学实

验与测量,1993,7(3):69-74.

[58] 朱冰,杨涓,黄雪刚,等.真空环境中等离子体喷流对反射电磁波衰减的实验研究[J].物理学报,2006,55(5):2352-2356.

[59] 李伟.飞行器再入段电磁波传播与天线特性研究[D].哈尔滨:哈尔滨工业大学,2010.

[60] 何湘.飞机局部等离子体隐身探索研究[D].南京:南京理工大学,2010.

[61] 李凡.国外减缓再入通信中断的技术途径[J].国外导弹技术,1981(6):24-30.

[62] 李伟范.美国弹头"黑障"区信号获取途径分析[J].国外导弹与宇航,1984(3):19-27.

[63] Gillman E D, Foster J E. Review of leading approaches for mitigating hypersonic vehicle communications blackout and a method of ceramic particulate injection via cathode spot arcs for blackout mitigation[R]. Cleveland: NASA, TM-2010-216220, 2010.

[64] 李伟,邱景辉,索莹,等.降低电磁波在再入等离子体中衰减的仿真分析[J].宇航学报,2010,31(3):825-829.

[65] 王家胜,杨显强,经姚翔,等.钝头型航天器再入通信"黑障"及对策研究[J].航天器工程,2014,23(1):5-16.

[66] 李建朋,吕娜,张冲.高超音速飞行器"黑障"解决方法[J].火力与指挥控制,2012,37(2):155-158.

第二章
等离子体鞘套的形成机理与地面模拟技术

为了在地面模拟等离子体鞘套并进行电磁特性实验研究,必须了解等离子体鞘套的特性,利用合适方法产生具有一定相似性的等离子体,并能够对等离子体参数进行诊断和控制。目前地面采用的模拟方法大多通过高速流场、高温加热等方式激发等离子体,但是持续时间短和高温环境等会给电磁信号传输研究带来困难。冷等离子体发生器大多基于气体放电原理,具有参数可控性、避免高温环境、可连续工作等优点,是等离子体鞘套模拟与实验技术的发展方向之一。

本章分析再入过程中等离子体鞘套的产生机理和主要过程,介绍描述等离子特性的物理模型和主要参数和目前用于等离子体鞘套模拟和等离子诊断的主要手段及各自的局限性;重点论述一种模拟等离子体鞘套的新型等离子发生方法——环形扩散辉光放电[1,2]方法及可持续、大面积、非磁化等离子体模拟产生设备;介绍等离子体电子密度、电子密度分布(均匀性)、碰撞频率等关键参数诊断方法,进行地面模拟等离子体与真实等离子体鞘套之间的差异性分析。

2.1 等离子体鞘套的形成机理和主要参数

2.1.1 高温气体电离的机理和主要过程

空气在气动加热过程中获得了内能,使分子间的碰撞变得更加剧烈。通常在一个大气压、温度低于800 K时,分子间只发生弹性碰撞,分子内部状态并没有发生改变,只表现出单纯的温度升高现象。当温度高于800 K时,分子间碰撞使内层电子获得了足够的能量,激发跃迁至外层更高能级的轨道上,如图2.1(a)所示。这种处于激发态的分子是不稳定的,高能级电子退回其初始轨道(退激)的过程中,多余的能量将以光辐射的形式释放,这就是高温气体会发光的原因,

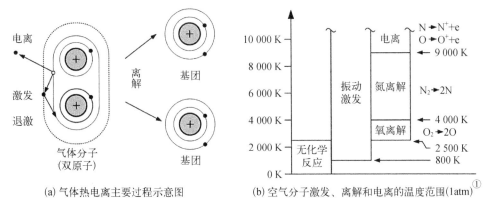

(a) 气体热电离主要过程示意图　　　(b) 空气分子激发、离解和电离的温度范围(1atm)[①]

图2.1　气体分子热电离的过程

对等离子体鞘套包覆飞行器的光学探测也利用了这一特性。

再进一步提高温度至2 500 K以上时，氧分子中的原子获得足够挣脱共价键束缚的能量，开始离解成为基团；温度达到4 000 K以上时，氧分子基本完全离解，共价键结合能更高的氮分子也开始离解，如图2.1(b)所示。离解的过程属于化学反应，即高温气体中产生了新的气体组分，从而会改变流体的动力学特性，使实际气动参数与经典流体理论产生较大的差异，在空气动力学领域称之为"真实气体效应"。

当温度继续提高至8 000 K以上时，分子碰撞使电子获得的能量足以直接挣脱原子核的束缚并从最外层轨道逸出，成为自由电子，即发生了电离，形成了等离子体，使流体具有了一定的导电性。

当再入体进入高空大气时，空气的密度远低于标准大气压，离解和电离所需的温度会比图2.1(b)的1个标准大气压的情况更低。图2.2示意了飞行器在不同飞行速度、高度下，驻点处的空气热化学状态，根据空气中分子离解的状态不同分为5个区域[3]。

①区：飞行速度低于1 km/s，不仅没有化学反应发生，空气分子也没有进入激发态，此时的流场与普通空气无异。

②区：飞行速度在1～2 km/s范围，此时碰撞已经使气体分子进入激发态，并开始发光，此时利用光学手段就有可能探测到飞行目标，但该区间仍未发生化学反应，流场气体仍然以O_2、N_2双组元成分为主。

---

① 1 atm=101 325 Pa。

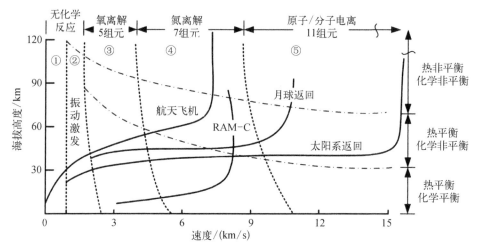

图2.2　飞行器在不同飞行速度和高度下驻点区的热化学状态[3,4]

③区：飞行速度为2～5 km/s范围时，此时氧分子O_2开始离解为氧原子基团O。氧原子基团具有很高的化学反应活性，其中部分的氧原子基团和氮气发生反应生成NO和氮原子基团N，于是气体的成分变为5种：O_2、N_2、O、NO、N，但化学反应生成物中不包括自由电子，气体尚不具备导电性。

④区：飞行速度高于4 km/s时，氮分子N_2也开始离解为氮原子基团N，此时NO基团中的电子开始逸出，空气的化学组分增加至7种：O_2、N_2、O、NO、N、NO^+、e^-，其中包括了自由电子，说明空气已经开始变为等离子体，等离子体鞘套开始出现。

⑤区：飞行速度高于9 km/s时，电子获得的能量足够从O_2、N_2分子或O、N基团中逸出，因此又增加了O_2^+、N_2^+、O^+、N^+等4种粒子，空气化学组元变为11种成分：O_2、N_2、O、NO、N、NO^+、O_2^+、N_2^+、O^+、N^+、e^-。此时空气已经处于较强烈的电离状态，形成高密度的等离子体。11项组元之间共有32组化学反应，如表2.1所示。

表2.1　Dunn-Kang空气化学模型的化学反应方程组（5/7/11组元）

序号	化学反应方程	5组元	7组元	11组元
1	$O_2 + M_1 \longleftrightarrow O + O + M_1$（$M_1$=N,NO）	■	■	■
2	$O_2 + O \longleftrightarrow O + O + O$			■
3	$O_2 + O_2 \longleftrightarrow O + O + O_2$			■

（续表）

序号	化学反应方程	5组元	7组元	11组元
4	$O_2+N_2 \longleftrightarrow O+O+N_2$			■
5	$N_2+M_2 \longleftrightarrow N+N+M_2\,(M_2=O_2、O、NO)$	■	■	■
6	$N_2+N \longleftrightarrow N+N+N$		■	■
7	$N_2+N_2 \longleftrightarrow N+N+N_2$			■
8	$NO+M_3 \longleftrightarrow N+O+M_3\,(M_3=O_2、N_2)$	■	■	■
9	$NO+M_4 \longleftrightarrow N+O+M_4\,(M_4=O、N、NO)$	■	■	■
10	$O+NO \longleftrightarrow N+O_2$	■	■	■
11	$O+N_2 \longleftrightarrow NO+N$	■	■	■
12	$O+N \longleftrightarrow NO^++e^-$		■	■
13	$O_2+N_2 \longleftrightarrow NO+NO^++e^-$			■
14	$NO+N_2 \longleftrightarrow N_2+NO^++e^-$			■
15	$NO+O_2 \longleftrightarrow O_2+NO^++e^-$			■
16	$O+e^- \longleftrightarrow O_2+O^++e^-+e^-$			■
17	$N+e^- \longleftrightarrow O_2+N^++e^-+e^-$			■
18	$N+NO^+ \longleftrightarrow O_2+NO+N^+$			■
19	$O+NO^+ \longleftrightarrow O_2+N^+$			■
20	$O+NO^+ \longleftrightarrow NO+O^+$			■
21	$N_2+O^+ \longleftrightarrow O+N_2^+$			■
22	$N_2+N^+ \longleftrightarrow N+N_2^+$			■
23	$N+N \longleftrightarrow N_2^++e^-$			■
24	$O+O \longleftrightarrow O_2+O+e^-$			■
25	$O_2+NO^+ \longleftrightarrow NO+O_2^+$			■
26	$O+O_2^+ \longleftrightarrow O_2+O^+$			■

　　图2.2中还示意了若干再入航天器的飞行轨迹,其中航天飞机、RAM-C等近地轨道飞行器的再入初速度不高于第一宇宙速度,因此再入段从④区开始;对于月球返回、太阳系内的行星探测器(如未来的火星返回式探测器),其再入速度将接近第二甚至第三宇宙速度,再入初始段将从⑤区开始。

　　在再入过程中,根据化学反应特征时间与流场流动特征时间的相对关系,各类飞行器的驻点区的热化学反应也先后经历了三个不同的状态。

　　① 热非平衡化学非平衡区。在高空处(70 km以上)的大气密度很低,气体分子间碰撞的概率较低,因此化学反应速率和能量交换速率都很低,流体运动的特征时间与化学反应特征时间处于同一量级,分子的热力学模态(平动 T_{tr}、振动 T_v、电离内能 T_e)有各自不同的温度,也处于非平衡状态。在这种情况下分析化

学反应需要建立双温度模型或三温度模型。

② 热平衡化学非平衡区。此区域内大气密度有所增加,分子和电子之间有足够的机会发生多次碰撞,使平动、振动和电离内能相互进行充分的能量转化和传递,最终趋于等温,即达到了热力学平衡态。但化学反应的特征时间尺度仍大于或接近流体特征时间,化学反应仍然是非平衡过程。

③ 热平衡化学平衡区。随着海拔高度的继续下降,化学反应速率和分子能量交换速率的进一步提高,化学反应的特征时间尺度远小于流体特征时间,沿流线运动的流体微元有足够长的驻留时间使化学反应达到平衡态。

2.1.2　等离子体的物理模型和主要参数

虽然等离子体鞘套的产生伴随非常复杂的流体和热化学过程,但对于研究通信和电磁传播等问题,更加关心的是等离子的电磁学特征,以及与之相关的等离子参数。等离子参数的体系与其采用的物理模型有关,常用的物理描述模型有三类,如图2.3所示,分别是粒子模型、动力学模型和介质模型。

粒子模型通过描述等离子中每一个粒子的行为来刻画等离子的整体特性,需要表征每一个粒子的位置和速度矢量随时间的变化,一般采用蒙特卡洛法进行仿真和分析。粒子模型表征了等离子的内部微观状态,但它的分析尺度受限于粒子数量,难以用于宏观特性的分析研究,通常仅用于分析少量的、局部的粒子行为,例如探针鞘层的形成过程及特性分析。

动力学模型基于对微观粒子运动行为的宏观统计,引入了速度分布函数,即通过每一种粒子的运动速度概率分布的统计值来刻画等离子特性,是等离子微观和宏观特性之间的桥梁,通常用于研究粒子碰撞特性、扩散过程等介于微观和宏观之间的问题,例如分析等离子流场运动速度差异对传播特性的影响。

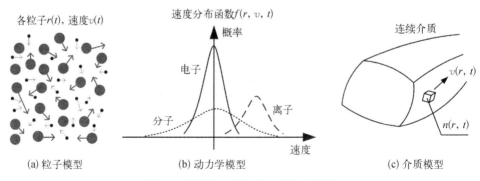

图2.3　描述等离子体的三种物理模型

　　介质模型(流体模型)是对等离子的一种宏观描述,它将整个等离子视为连续介质或连续流体,不显露其内部粒子的行为特性。在研究和分析等离子的电波传播特性、等离子的流体动力学特性时,通常采用这种宏观模型。

　　根据所选用模型的不同,描述等离子的参数体系也不相同。等离子内部的粒子包括带负电荷的电子(e)、带正电荷的离子(i)和电中性的分子或基团(n)三类,它们在进行热运动的同时还可能受外加电磁场影响定向运动。描述这些粒子的宏观行为及微观运动主要涉及以下参数。

1. 等离子密度

　　等离子密度表示单位体积等离子体内所含带电荷的粒子的数量,在电离度较低时,通常只发生单电子电离,此时电子密度 n_e 与离子密度 n_i 近似相等。由于等离子体中的电子质量最小,等离子的电磁特性主要由电子决定,因此宏观上可以用电子密度 n_e 来表征等离子密度。

2. 粒子的运动速度及分布函数

　　在单位体积的等离子中,考察其中的某种粒子 m,定义速度分布在 $[V_m, V_m+dV_m)$ 区间内粒子数为

$$\mathrm{d}n_m(V_m) = f(V_m)\mathrm{d}V_m \tag{2-1}$$

则 $f(V_m)$ 称为 m 粒子的速度分布函数。对速度分布函数的积分,是单位体积内的该粒子的密度,或称为浓度,表示为

$$n_m = \int f(V_m)\mathrm{d}V_m \tag{2-2}$$

　　质量为 m 的粒子,处于温度为 T 的热平衡态时,其一维速度分布函数满足麦克斯韦分布为

$$f(V_x) = n_m\left(\frac{m}{2\pi kT}\right)^{\frac{1}{2}}\mathrm{e}^{-\frac{mV_x^2}{2kT}} \tag{2-3}$$

　　考虑三维情况时,定义速度 $v=(V_x^2+V_y^2+V_z^2)^{1/2}$,且空间中三个方向的粒子运动都满足麦克斯韦分布,则速度分布函数表达为

$$F(V) = n_m\left(\frac{m}{2\pi kT}\right)^{3/2}4\pi V^2\mathrm{e}^{-\frac{mV^2}{2kT}} \tag{2-4}$$

　　则粒子热运动的平均速度为

$$\bar{V} = \frac{1}{n_{\mathrm{m}}} \int v F(v)\,\mathrm{d}v = \sqrt{\frac{8kT}{\pi m}} \qquad (2-5)$$

3. 德拜长度

等离子内部的自由电子、离子可以响应外部电场而定向运动,结果是带电粒子的运动(主要是电子运动)可以屏蔽外加电场的作用。假设在真空中存在无限大的带有正电荷的金属平面,将在平面两侧各产生一个匀强电场 E,将等离子填充至这一空间时,电子会被正电荷吸引聚积在金属表面,使局部电子过剩,这些累积的负电荷 Δn_{e} 将削弱电场 E,有

$$\varepsilon_0 \frac{\partial E_x}{\partial x} = -e \Delta n_{\mathrm{e}} \qquad (2-6)$$

当粒子的局部聚积产生的压力与电荷吸引力达到平衡时,由电子运动方程:

$$0 = -e n_{\mathrm{e}} E_x - kT_{\mathrm{e}} \frac{\partial \Delta n_{\mathrm{e}}}{\partial x} \qquad (2-7)$$

上述 2 式联立,消去 Δn_{e},得

$$\frac{\partial^2 E_x}{\partial x^2} = \left(\frac{n_{\mathrm{e}} e^2}{\varepsilon_0 kT_{\mathrm{e}}}\right) E_x \qquad (2-8)$$

解得

$$E_x = E_0 \exp(-x/\lambda_{\mathrm{D}}) \qquad (2-9)$$

其中,

$$\lambda_{\mathrm{D}} = \sqrt{\frac{\varepsilon_0 kT_{\mathrm{e}}}{n_{\mathrm{e}} e^2}} \approx 7.43 \times 10^3 \sqrt{\frac{T_{\mathrm{e}}}{n_{\mathrm{e}}}} \qquad (2-10)$$

称为"德拜长度",是电场强度下降到 $1/e$ 对应的距离,可以认为等离子将电场屏蔽在 λ_{D} 范围内,这种现象称为"德拜屏蔽",即等离子体具有保持电中性的特点,类似于金属在电场中呈"等势体",通过表面感应电荷阻止电力线进入其内部。

德拜屏蔽使电场减弱的规律与集肤效应对磁场的减弱规律非常类似,都是指数下降形式,但在低频下等离子的磁场趋肤深度将远大于电场的德拜长度,即

低频条件下磁场比电场更容易穿透等离子体鞘套,这将是本文第六章的理论依据之一。

4. 碰撞频率与平均自由程

等离子中的带电粒子在运动过程中,会与其他粒子发生随机的碰撞,使带电粒子在外电场作用下的定向运动受到阻碍,表现为类似于金属中的电阻特性。碰撞频率定义为某个粒子在单位时间内与其他粒子碰撞的平均次数,平均自由程是指某个粒子在连续两次碰撞之间可能通过的各段自由程的平均值。假设被碰撞的粒子呈半径为 d 的球形且分布统计均匀,则平均碰撞频率为

$$\nu = \sqrt{2} \pi d^2 n \bar{V} \qquad (2-11)$$

其中,$\bar{V}$ 是平均速度;n 是粒子密度,两次碰撞之间的平均自由程为

$$\lambda = \frac{\bar{V}}{\nu} = \frac{1}{\sqrt{2} \pi d^2 n} = \frac{kT}{\sqrt{2} \pi d^2 p} \qquad (2-12)$$

因为电子质量小、运动速度快,所以电子与其他粒子的碰撞占据主导地位,通常将电子的碰撞频率定义为等离子的碰撞频率。电子碰撞频率是电子-离子碰撞频率 ν_{ei} 和电子-中性粒子碰撞频率 ν_{en} 两项之和,当电离度很低时,可以忽略 ν_{ei} 项。实际中,电子碰撞频率通常难以直接测量,大多采用其他参数间接估算的方法获得。

2.2 典型飞行器高速绕流场特征及等离子体鞘套参数特征

包覆于再入航天器/飞行器的等离子体鞘套具有较为复杂的三维形态,其中的等离子分布规律与流场参数分布特性紧密相关,同时与飞行器外形、飞行的速度、姿态及高度等参数密切相关。由于通信天线的窗口通常会安装在飞行器的中后部,对于研究信息传输而言,更加关注的是天线窗位置的局部等离子特性。本节将分析若干典型形体再入飞行器的等离子体鞘套的形态规律,并重点关注天线窗局部的等离子特性。

2.2.1 锥形飞行器的绕流场特征

锥形是一种有效减小气动阻力的外形,因此许多再入体都采用了尖头锥或

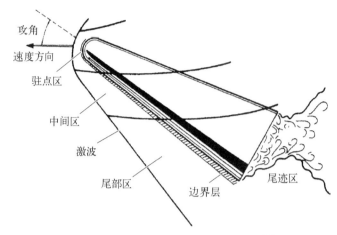

图2.4   锥体再入器的流场结构示意图[5]

钝头锥的结构,以典型再入轨迹40 km高度处为例,其等离子体鞘套流场的分布特性如图2.4所示,从头部至尾部可以大致分为5个典型区域[5]。

① 驻点区。驻点区是飞行器的迎风尖端"劈开"来流的接触点,该区域具有很薄的边界层,以接近正激波的方式将高压、高温的来流气体分开。因为大部分的能量集中释放于这一区域,因此驻点区是温度最高、等离子体鞘套最严重的区域,电子密度可能高达10^{13} cm^{-3}甚至10^{14} cm^{-3}以上,温度可能达到5 000 K甚至更高,显然通信天线一般不会考虑安装在这一区域。

② 中间区。该区域的空气流处于化学非平衡状态,电子密度仍然较高,但明显低于驻点区。虽然在一般情况下天线不会安装在这一区域而是在其后部,但天线位置主要的电子密度仍由这一区域贡献,因此这一区域与"黑障"仍然关系密切。

③ 尾部区。在此区域等离子密度进一步降低,也是天线窗口首选的安装区域。该区域的自由电子主要来自穿过斜激波的气体,因此这一区域的电子密度与飞行器的外形及攻角密切相关,而且很难准确地计算和预测。

④ 边界层。在飞行器表面,存在一个黏性边界层,在飞行器表面处边界层中气体的流速降至零,因此其内部存在巨大的温度和速度梯度,且流动条件与非黏性流动区域有着明显的差异。一般来说,边界层中的气体电离效应仅在75 km以上高度才比较显著[6],在更低的海拔时,边界层之外(非黏性流动区域)的电离占了主要部分,边界层内的电离则相对可以忽略[7]。

⑤ 尾迹区。尾迹区位于飞行器的后部,此处电子和离子的复合作用速率

明显强于其生成速率,因此电子密度急剧下降,对电磁波的衰减明显下降,认为 1 GHz 以上的频率都可以从尾迹中穿透[5],但这一区域的流场十分复杂,其可行性还有待论证。

2.2.2　钝头-柱形飞行器的绕流场特征

在再入减速过程中,采用钝形头部可以有效地在飞行器迎风面产生一个宽大且强烈的脱体正激波,并使波前峰远离飞行器头部。这个类似伞状的脱体激波层使气动加热所产生的热量主要耗散在空气密度较高的激波层内,飞行器在周围宽厚边界层的保护下,本身承受的热负荷反而比尖头飞行器更小。因此钝头结构被广泛用于宇宙飞船、航天飞机、洲际导弹的头部,例如航天飞机再入段初期,头锥前方激波前沿的温度可达 5 500 K,但机体表面温度仅有 1 500 K 左右。

钝头-柱形再入飞行器的流场分布特征与锥体飞行器比较接近,等离子体鞘套通常在 120 km 左右出现,在 25～35 km 达到峰值后于 15～20 km 迅速消失。图 2.5 示例了典型的钝头再入飞行器在 27 km 高度(通常等离子体鞘套最严重)处的气体密度(ρ/ρ_0)和温度等值线,其中天线窗位置垂直向外的剖面如图 2.6 所示[5],图 2.6(a)等是天线窗位置的流场温度、密度剖面;图 2.6(b)是电子密度和碰撞频率剖面。可见在等离子体鞘套最严重时,靠近天线窗 0.3 ft(≈9 cm)以内表面的电子密度接近 10^{12} cm^{-3},对应的电磁波截止频率约为 9 GHz,此时 C 频段和部分 X 频段都会出现"黑障"现象。

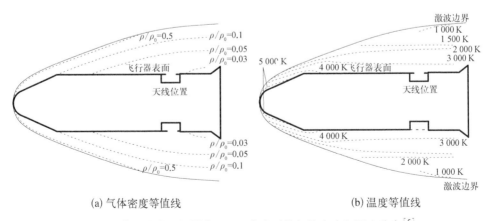

(a) 气体密度等值线　　　　　　　(b) 温度等值线

图 2.5　典型钝头飞行器在 27 km 高度时的气体密度和温度分布[5]

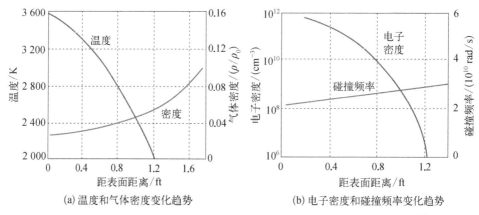

(a) 温度和气体密度变化趋势   (b) 电子密度和碰撞频率变化趋势

图2.6   典型钝头飞行器在27 km高度时天线窗局部等离子体鞘套特性[5]

2.2.3   扁平盾形飞行器的流场特征

某些返回式航天器(如载人飞船)的底部通常是一个巨大的扁平盾状外形、贴有防热材料的防护罩,当航天器以较大的攻角再入大气时,防护罩还能够提供一定的气动升力。图2.7以阿波罗飞船为例示意了载人飞船在40 km高度处的流场结构。

在这种飞行姿态下,驻点并不在尖头部位而是在底部边缘位置,这使流场结构具有较强的不对称性。虽然驻点区的面积比尖锥飞行器大,一定程度上分散了驻点的等离子,但由于载人飞船的减速过程比尖锥体更快,单位时间内释放的能量也更多,因此,驻点区的电子密度仍是很高的。

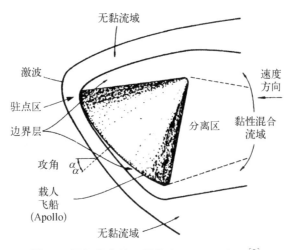

图2.7   再入载人航天器的流场结构示意图[8]

从驻点区向后扩张出来的流场基本上是非黏性附着流,并且有着明显的层流边界(laminar boundary layer)。然而,因为载人飞船的形体比较宽,上下部分的无黏流在飞船后方无法立即汇合,从而形成一个分离区。在分离区和无黏流区之间,是黏性混合流区,与分离区之间没有明显的边界。

因为尾部有分离区的存在,使得载人飞船尾部的电子密度分布规律与前两类飞行器有明显差异:分离流区的流场很大程度上呈现圆周形的流动形态,并且此处的流体携带了大量的烧蚀产物,其中的气动力和气体化学效应通常非常复杂并且难以描述和计算(类似锥体飞行器的尾迹区)。因此,载人飞船的天线一般不安装于尾部,而是通常选择肩部位置以避开分离区,肩部基本上位于非黏性流区,流场相对稳定且分析、计算和实验都相对简单。但是,肩部紧邻驻点区域,且此处的流场处于扩张的状态,这减少了电子和离子的复合概率,因此电子密度仍然较高。

2.2.4　典型飞行器等离子体鞘套参数特征

因为RAM-C钝头锥形结构的再入飞行器具有典型的空气动力学特性,而且无明显突起改变高速流场特性,因此,RAM-C飞行器已被当做标准模型来验证再入飞行技术,例如美国20世纪60年代开展的RAM-C再入飞行器的电磁波衰减测量试验。对于RAM-C飞行器再入过程中的等离子体流场具有典型的区域分布特性,再入等离子体鞘套是具有复杂三维形态的等离子流场,其电子密度和碰撞频率的分布特性与流场参数分布特性密切相关,同时与飞行器外形、飞行的速度、姿态及高度等参数紧密相关。本小节将以RAM-C飞行器为例讨论等离子体鞘套的电子密度和碰撞频率分布及一次典型再入过程中天线窗位置处等离子体鞘套剖面的参数变化规律。

1. 等离子体鞘套整体形态

RAM-C-Ⅱ钝锥模型球头半径0.152 4 m,半锥角9°,全长1.295 m,如图2.8所示。来流条件:气压海拔61 km,流速7 650 m/s(23.9Ma),雷诺数19 500,来流组元为质量分数79%的氮气与21%的氧气。

如图2.9所示,中性粒子、正离子及自由电子在驻点区域形成了高浓度的等

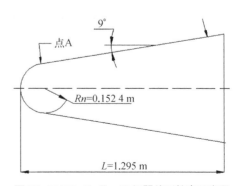

图2.8　RAM-C-Ⅱ　飞行器外形轮廓示意图

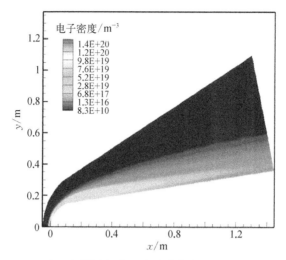

图2.9   RAM-C-Ⅱ飞行器流场电子密度分布($61\,\text{km},23.9Ma$)(后附彩图)

离子体,并随着流动扩散至飞行器身部,形成了非均匀分布的等离子体鞘套。在头部驻点区域,等离子体浓度最高,其中电子数密度峰值达到$1.5 \times 10^{14}\,\text{cm}^{-3}$,等离子体碰撞频率峰值达数百GHz。等离子体主要集中在激波层内,其浓度在流动经过头部后逐渐降低。流场中的电子数密度主要受电离反应过程的影响,边界层内部高温区域的电子数密度较高,并在物面法向呈现分层特性。等离子体碰撞频率由中性粒子数密度和环境温度共同决定,飞行器头颈部及激波附近的值较大,同时在激波层内部沿流向的变化梯度大于物面法向的变化梯度。

2. 再入全程中天线窗电子密度变化

飞行器天线窗口处的等离子体鞘套对于"黑障"问题的研究最为重要,且该位置处沿垂直于飞行器表面方向上参数的变化要比沿着表面方向更剧烈。根据NASA的研究报告,对RAM-C飞行器再入过程进行大量的仿真和实验分析,得到再入过程中不同高度时天线窗口处垂直于飞行器表面的电子密度分布,如图2.10所示。

为了简化计算电磁波在等离子体鞘套中的传播特性,对于飞行器天线窗口处的等离子体鞘套,其电子密度分布曲线可以采用双高斯分布模型来近似[30]:

$$n_e(z) = \begin{cases} n_{e(peak)}\exp\left[-a_1\left(z-z_0\right)^2\right] & (0 \leqslant z < z_0) \\ n_{e(peak)}\exp\left[-a_2\left(z-z_0\right)^2\right] & (z \geqslant z_0) \end{cases}$$

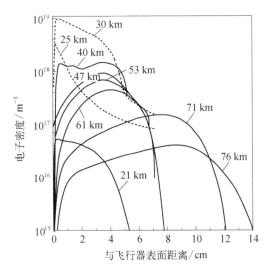

图2.10 RAM-C飞行器再入全程中不同高度时垂直于飞行器表面的电子密度分布

(摘自NASA科技报告数据)[5]

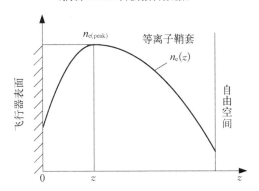

图2.11 电子密度按照双高斯曲线分布等离子体鞘套的示意图

其中,a_1和a_2分别表示电子密度分布曲线的上升和下降系数;$n_{e(peak)}$和z_0分别表示电子密度最大值和距离飞行器表面的距离。图2.11为等离子体鞘套按照双高斯曲线分布的示意图。

对于等离子体碰撞频率来说,沿垂直于飞行器表面的变化很小,通常认为是均匀分布的。飞行器再入大气层过程中产生的等离子体鞘套的碰撞频率从几MHz可至几十GHz,高度从75 km降到15 km时碰撞频率增加了4个数量级,如图2.12所示,为Bachynski等人给出的再入过程中不同高度不同气体温度下的碰撞频率曲线。

3. 等离子体鞘套的动态特性

等离子体鞘套的特性不仅包含了其形态、参数分布等稳态特性,还包含动

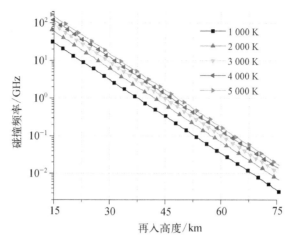

图 2.12　再入过程中不同高度不同气体温度下的碰撞频率曲线

态特性。等离子体鞘套的动态特性有三个方面的含义：一是飞行过程中流体参数、姿态和大气环境等随机因素引起等离子体鞘套的动态性；二是激波/边界层干扰、湍流流场、分离区非定常流动等气动随机过程引起的等离子体鞘套参数及分布动态性；三是防热材料烧蚀产物随机扩散引起的等离子体鞘套的动态性。

　　等离子体鞘套的分布参数与流场的动态变化关系密切，流场出现湍动时，等离子体鞘套分布参数也将随时间发生快速变化。等离子体电参数的动态性通常可通过流场湍流、扰动引起的内部温度、压力、速度等抖动推导得到。早期 Kovasznay 在研究湍流气体时指出气动热的抖动可分为三种模式：热焓（entropy）、声（sound）、涡（vortocity），在每一个模式下，都存在密度、温度和速度抖动的守恒方程。2006 年，文献[10]对包含湍流的高速流场进行了模拟，并与 Demetriades 的风洞试验数据进行了对比[11]，结果比较吻合，随后对某飞行器再入过程进行了模拟，研究表明电子密度的抖动有可能大于平均电子密度。2006 年，文献[12]在介绍 PIRATE 代码时，就明确指出等离子体鞘套中电子密度的变化频率可以近似取湍流的猝发频率。而飞行器再入过程中涡流的猝发频率为 20～60 kHz，最高可达 100 kHz，但是其服从的抖动规律尚不明确。

　　国外观察到等离子动态性现象并对其进行了长期的实验研究。1959 年，Kistler 利用热线法测量了马赫数为 1.72、3.56、4.7 下的湍流体内的流速和温度抖动，Demetriades（1971）则提出了一种利用温度抖动导出电子密度抖动的方法，并指出真实的等离子体平均电子密度比用平均温度算出的电子密度大得多，且电子密度的抖动方差与平均值处于同一量级，并根据 Kistler 测量得到的温度抖动数据验证了这一结论[13]。2004年,文献[14]在2.3马赫下发现了即使在非扰动边界层也存在很大的抖动。2010年,文献[15]报道了德国格图斯特大学的IAG实验室在HMMS风洞通过常温热线仪测得2.5马赫流体的速度、电子密度变化规律,与Kistler测得结果较为吻合。

总之,国外从实验和理论角度初步验证了等离子体鞘套动态性的存在,但其形成机理、动态性服从的规律尚不完全明确。上述理论研究具有相当的局限性,如非定常流非平衡态下的扰动问题,不能忽略声、涡模式的影响。此外,除了流体自身湍流扰动外,烧蚀物扩散和飞行器姿态变化引起的动态性也将引起电参数的抖动变化,且临近空间飞行器的轨迹跨越多个流域,不同流域动态性机理的主要模式和规律均值得深入研究。

4.高速飞行器等离子体鞘套参数特征

综上讨论,高速飞行器等离子体鞘套的基本特征为可以总结为以下几个方面。

① 宽参数、高碰撞频率。相比电离层和热核聚变等离子体,高速目标等离子体内部粒子具有更宽的参数范围,且具有高碰撞特征,具体表现为:电子密度在$10^9 \sim 10^{13}$ cm^{-3}、碰撞频率为10 MHz $\sim$ 10 GHz,都具有3 $\sim$ 4个数量级以上的大跨度范围。

② 非均匀、梯度大。等离子体鞘套在径向方向具有明显的非均匀分布特性,且变化梯度大。通常在10 cm的厚度范围内,电子密度变化跨度高达3个数量级以上,另外,高速目标等离子体轴向电子密度也存在严重的非均匀性。

③ 高动态、非定常。等离子体鞘套具有宽时间尺度的高动态特性,电子密度变化频率可高达100 kHz,变化幅度可高达1个数量级,而且目前对其动态特性的理论分析和实验观测都处于起步阶段。

2.3 等离子体的参数诊断技术

2.3.1 朗缪尔探针法

朗缪尔探针法又称静电探针法,由Irving Langmuir于1924年提出[16],是最早用于等离子体特性诊断的方法,且至今仍被广泛地应用。该方法利用导电针尖测量等离子体的伏-安特性曲线,进而推算出等离子体有关参数[17],如电子温度、密度、能量分布、空间电位等[18-20]。由于探针的针尖与等离子体直接接触,不可避免会扰动被测等离子体,但扰动范围只有几个德拜长度,所以仍有较高的空间分辨能力。

采用探针诊断时,通常需要满足一定的简化条件,例如:① 非磁化;② 等离子的平均自由程远大于探针尺寸;③ 探针包覆的电荷鞘层的厚度小于探针尺寸,电荷鞘层以外的等离子体中的电子和离子速度仍服从麦克斯韦分布,基本不受探针干扰;④ 电子和离子与探针表面碰撞后不产生二次电子发射。满足上述条件时,探针的伏安特性曲线才能通过简明的物理过程解释,从而进一步推导出等离子体温度、密度和空间电位等重要参数。根据探针激励信号的接法不同,又分为单探针、双探针、多探针等几类,下面对本文采用的双探针原理进行推导,并分析影响探针诊断精度的因素。

1. 电子温度诊断

双探针测量系统如图2.13所示,电压扫描与电流检测系统接在两个探针之间,伸入等离子内部,且与等离子容器外壁之间无回路。典型的双探针测得的$V-I$曲线如图2.14所示。由于两个探针尺寸相同、空间位置非常接近,可以认为它们所处位置上具有相同的等离子体空间电位,故$V-I$曲线关于纵轴对称。

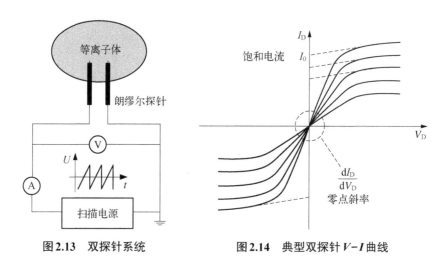

图2.13　双探针系统　　　　图2.14　典型双探针$V-I$曲线

由于两探针电极是串联关系,且无其他电流支路,根据基尔霍夫电流定律有

$$I_D = I_{i02} - I_{e2} = I_{e1} - I_{i01} \tag{2-13}$$

$$V_D = V_{p1} - V_{p2} \tag{2-14}$$

式中,I_{e1}和I_{e2}是探针1和探针2收集的电子电流;I_{i01}和I_{i02}是探针1和探针2收集的离子饱和流;V_{p1}和V_{p2}是探针1和探针2相对于等离子体的电位。

由于鞘层内的电子能量近似服从玻尔兹曼分布,而鞘层外的电子能量分布基本服从麦克斯韦分布,则有探针收集的电子流为

$$I_{e1} = \frac{1}{4} e n_{e1} \bar{V}_1 A_{p1} \exp\left(\frac{eV_{p1}}{kT_{e1}}\right) \qquad (2-15)$$

$$I_{e2} = \frac{1}{4} e n_{e2} \bar{V}_2 A_{p2} \exp\left(\frac{eV_{p2}}{kT_{e2}}\right) \qquad (2-16)$$

其中,n_{e1} 和 n_{e2} 是探针1和探针2鞘层外的电子密度;$\bar{V}_1$ 和 $\bar{V}_2$ 是探针1和探针2鞘层外电子的平均速度;A_{p1} 和 A_{p2} 是探针1和探针2收集电子的有效面积。

根据前文分析,因为两探针完全相同,它们所在区域等离子体参数一致,将式(2-15)和式(2-16)两式相除得到

$$\frac{I_{e1}}{I_{e2}} = \exp\left(\frac{eV_D}{kT_e}\right) \qquad (2-17)$$

将上式两边取对数,再对 V_D 求微商得

$$\frac{1}{I_{e1}} \frac{dI_{e1}}{dV_D} - \frac{1}{I_{e2}} \frac{dI_{e2}}{dV_D} = \frac{e}{kT_e} \qquad (2-18)$$

由式(2-13)可知有 $I_{e1}=I_D+I_{i01}$,$I_{e2}=I_{i02}-I_D$,代入式(2-18),由于探针收集的离子饱和流 I_{i01} 和 I_{i02} 基本不随 V_D 变化,故式中的 $\dfrac{dI_{i01}}{dV_D} = \dfrac{dI_{i02}}{dV_D} = 0$,于是有

$$\frac{dI_D}{dV_D} = \frac{e}{kT_e} \frac{(I_D + I_{i01})(I_{i02} - I_D)}{I_{i01} + I_{i02}} = 0 \qquad (2-19)$$

当满足 $I_D=0$ 时,有

$$\left.\frac{dI_D}{dV_D}\right|_{I_D = 0} = \frac{e}{kT_e} \frac{I_{i01} \times I_{i02}}{I_{i01} + I_{i02}} \qquad (2-20)$$

由于探针对称性,有 $I_{i01}=I_{i02}=I_{i0}$,故

$$\left.\frac{dI_D}{dV_D}\right|_{I_D = 0} = \frac{eI_{i0}}{2kT_e} \qquad (2-21)$$

由上式可得到等离子体中电子温度表达式为

$$kT_e = \frac{e}{2}I_{i0} \Big/ \frac{dI_D}{dV_D}\bigg|_{I_D=0} \qquad (2-22)$$

2. 电子密度诊断

根据玻姆判据,只有能量大于$kT_e/2$的离子才能进入鞘层被探针吸收,即

$$\frac{1}{2}m_i\bar{V}_B^2 = eU = \frac{1}{2}kT_e \qquad (2-23)$$

得到

$$n_i = n_{i0}\exp\left(\frac{-eU}{kT_e}\right) \qquad (2-24)$$

此时探针收集到的离子饱和流密度为

$$j_{i0} = en_iV_B = n_{i0}\exp\left(\frac{-eU}{kT_e}\right)V_B = -0.605en_{i0}V_B \qquad (2-25)$$

对应的电流为

$$I_{i0} = j_{i0}A_p = en_iV_BA_p = -0.605eA_pn_{i0}\sqrt{\frac{kT_e}{m_i}} \qquad (2-26)$$

通常在气体电离率较低(单电子电离)时,离子密度与电子密度近似,此时等离子体密度表达式为

$$n_e \approx n_{i0} = 1.653I_{i0}\Big/\left(eA_p\sqrt{\frac{kT_e}{m_i}}\right) \qquad (2-27)$$

其中,m_i是离子的质量(kg);e是电子电荷;I_{i0}单位为mA;kT_e单位为eV。

3. 碰撞频率的估算

等离子的碰撞频率的定义是其中粒子(以电子为主)运动过程中,单位时间内平均发生的碰撞次数。因为涉及微观过程的统计,所以很难通过物理方法直接测量,目前各种常用方法基本都是间接的估算。在辉光放电产生的冷等离子体中,因为离子和中性粒子热运动平均速度远低于电子速度,可以近似认为是高

速的电子撞击空间中随机分布的一些几乎静止的球形粒子。在这种简化条件下，电子与粒子碰撞的平均自由程 λ_e 可以表示为

$$\lambda_e = \frac{1}{n\sigma} \tag{2-28}$$

其中，σ 是电子-中性粒子的有效碰撞截面积；n 是被撞击的粒子（低电离度时主要是气体分子）的密度。假设电子的平均运动速度为 $\bar{V}_e$ 则该电子运动 1 秒所经过路径上的碰撞次数即为电子碰撞频率 ν_e，表示为

$$\nu_e = \frac{\bar{V}_e}{\lambda_e} = \bar{V}_e n\sigma \tag{2-29}$$

在电离度很低时，等离子中大部分的组分是未电离的中性气体分子，服从于理想气体方程，可以用气压 p 和温度 T 来计算粒子密度：

$$n = \frac{p}{kT} \tag{2-30}$$

当电子的运动速度服从麦氏分布时，电子的平均运动速度 $\bar{V}_e$ 可以用电子温度 T_e 来表示：

$$\bar{V}_e = \sqrt{\frac{8kT_e}{\pi m_e}} \tag{2-31}$$

将上述 $\bar{V}_e$ 和 n 的表达式带入 ν_e 的表达式，可得到以电子温度 T_e 表征的电子碰撞频率表达式为

$$\nu_e = \sqrt{\frac{8}{km_e\pi}} \sigma p \frac{\sqrt{T_e}}{T} \tag{2-32}$$

等离子中各种粒子半径 r 不同，因此有效碰撞截面积 σ 与气体的组分配比有关，对于空气来说，各组分粒子半径平均约为 2×10^{-10} m，又因为电子半径远小于离子和分子半径，碰撞截面 $\sigma\approx\pi r^2$。将该系数代入上式，可得到冷等离子体中，碰撞频率的近似公式为

$$\nu_e \approx 6.08 \times 10^9 p \frac{\sqrt{T_e}}{T} \qquad (2-33)$$

其中，气压p和气体温度T分别通过传感器比较精确地测得，只需要确定电子温度T_e即可近似推算出碰撞频率。

4. 影响探针诊断精度的因素及对策

由于上述的推导均是建立在几个理想假设前提下的，因此在实际等离子诊断中会受到多种非理想因素的影响，主要的因素包括：① 外界磁场的影响；② 探针实际尺寸；③ 电子和离子与探针表面碰撞的二次电子发射；④ 等离子的温度及探针发热；⑤ 等离子体空间电位扰动；⑥ 探针污染的影响。因此，实际使用探针时，应从以下几个方面考虑，综合提高诊断精度。

① 探针的形状和材料。探针的面积应尽可能小，以满足等离子的平均自由程远大于探针尺寸的条件。探针的材料应选用钨丝等耐热材料，一方面抑制电子和离子与探针表面碰撞后的二次电子发射，另一方面避免探针表面离子溅射。

② 外部环境。首先应避免强磁场，其次实验时的温度应尽可能保持稳定，另外探针包覆的电荷鞘层的厚度应小于探针尺寸，等离子体中的电子和离子速度仍服从麦克斯韦分布，因此探针主要适合较低气压的低温等离子诊断。

③ 测量方法。有两方面的问题要克服：一是等离子体空间电位扰动，二是探针发热的影响。其中空间电位扰动问题主要存在于各类电激励等离子体中，因为探针伸入等离子体所形成的空间电荷鞘层的厚度主要由等离子体空间电位V_{sp}与扫描电压V_p决定。当等离子电激励源的交变引起V_{sp}变化时，鞘层厚度也会随之改变，并且重新达到稳定平衡需要一段时间。根据这一特点，有两种途径可以减小空间电位扰动影响，一是采取快速扫描[21,22]，使得整个V-I特性扫描测量在V_{sp}还未变化时迅速完成；二是降低扫描速度，保证V-I曲线扫描过程中每个测量点的持续时间远大于V_{sp}的变化周期，使扰动被平均而得以消除。探针发热主要由两方面原因造成，其一是探针受到带电粒子的轰击，其二是V-I特性扫描时电功率导致的发热，特别是正极性的扫描电压下收集电子流时尤为明显。因此，在测量过程中当探针偏压较高时，应在扫描过程中加入冷却间隔时间。

④ 探针污染。等离子内部通常伴随复杂的电化学反应，因此探针表面容易被各种杂质薄膜覆盖，如氧化物、氮化物或碳化物等。受杂质薄膜层的影响，探

针的等效电子截获面积变大,同时表面电阻也增大,会导致电子温度诊断结果偏高。缓解的方法是定期对探针进行放电清洗[23]:在探针上连续施加一个较高的电压,吸引电子密集地轰击探针表面,产生的高温将杂质蒸发剥离,待完全冷后再进行等离子诊断。

2.3.2 微波诊断法

1. 微波干涉法

微波干涉法是20世纪60～70年代发展起来的一种非接触式的等离子体密度诊断方法[24],其基本原理是将等离子体视为具有色散特性的电介质,当微波段电磁波穿透不同密度的等离子体时,会发生不同的传播时延,从而引起微波的相位变化。通过测量透射信号和参考信号的传播相位差,再根据电波传播理论可以间接推导出电子密度等关键参数。由于电波穿透了整个等离子层,当微波频率较高时,所得到的结果是整个传播路径上的电子密度的线积分,再根据传播路径的长度可以推算路径上的平均电子密度。

微波干涉法有多种实现方式,都借助了电磁波传播的附加相移测量,基本原理如图2.15所示。微波源分为两条支路:测试支路和参考支路,其中测试支路的电磁波穿透了等离子体,而参考支路经电缆或自由空间传播直达检测端。检测端是相位测量系统,检测和记录两路信号间的相位差。该相位差信息与等离子体电子密度、传播路径之间有确定的关系,再经进一步分析得到等离子密度。

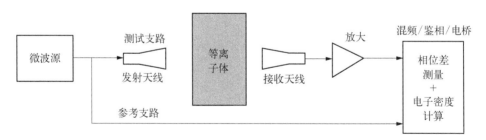

图2.15 微波干涉法基本原理图

当微波频率远高于等离子的振荡频率时,等离子近似为无损介质,电磁波几乎可以无衰减地穿透等离子体。但是等离子的介质特性仍会引起等效折射率变化,从而改变电波的传播相位。由等离子的介电系数(推导详见3.1.2节)可得,微波在等离子体中的波长可近似表示为

$$\lambda_g = \frac{\lambda_0}{n} \approx \lambda_0 \left(1 - \frac{\omega_p^2}{\omega^2} \right)^{-1/2} = \lambda_0 \left(1 - \frac{n_e e^2}{\varepsilon_0 m} \frac{1}{\omega^2} \right)^{-1/2} \tag{2-34}$$

式中，λ_g 是微波在等离子体中的波长；λ_0 是微波在真空中的波长；n_e 是等离子体的电子密度；e 是电子电荷；m 是电子的质量；ε_0 是真空介电常数；ω 是微波的角频率。电波穿透长度为 L_p 的等离子体时，引起的附加相位差为

$$\phi_p = \frac{2\pi L_p}{\lambda_g} - \frac{2\pi L_p}{\lambda_0} = \frac{2\pi L_p}{\lambda_0} \left[\left(1 - \frac{n_e e^2}{\varepsilon_0 m} \frac{1}{\omega^2} \right)^{-1/2} - 1 \right] \tag{2-35}$$

上式表明，等离子体引起的电波传播附加相移是负值（超前相位），原因是等离子的相对复介电系数实部小于1，等效复折射率也因此小于1（常规介质折射率一般大于1），电波在其中传播将产生相位超前量。当等离子体电子密度较低时，上式还可以进一步简化为

$$\phi_p = - \frac{e^2}{4\pi\varepsilon_0 mc} \frac{n_e L_p}{f} \tag{2-36}$$

该式表明，微波源频率越低时，测得的附加相位差越大，因此降低工作频率，有助于提高相位检测灵敏度和分辨率。然而以上的推导均是建立在微波频率远高于等离子的振荡频率前提下的，降低微波频率会引起计算误差（完整的等离子中电波传播计算详见3.3节），同时等离子体不再满足低损介质，附加的损耗需要额外的放大补偿。因此，微波诊断频率通常选最高电子密度对应的等离子振荡频率的3～5倍。将上述相位表达式换算为电子密度，从而实现等离子密度诊断：

$$n_e \approx \frac{4\pi\varepsilon_0 mc}{e^2} \frac{f}{L_p} \mid \phi_p \mid \tag{2-37}$$

综上，微波干涉法是一种非接触式的诊断方法，其优点是微波功率可以很小，几乎不干扰和影响被诊断的等离子体，而且可以拥有较高的时间分辨率，其缺点是测量结果表征的是传播路径上等离子参数的积分值，且微波天线难以实现窄波束，因而难以获得较高的空间分辨率。

微波干涉法的实现形式是多样化的。若按电磁波的传播方式划分，可分为

透射式和反射式两大类。对于透射式根据相位的检测机制不同,又可分为点频零拍式、点频外差式、频率调制式、扫频零拍式、扫频外差式等[25-28]。各种不同的实现方式,借助了不同的电子测量手段都对传播相位差进行检测,广义地看"微波干涉法"已经将"干涉"的含义进行了外延,不仅限于两束相干波束的直接干涉测量,还包括了各类其他相位检测方法。

2. 微波共振探针

微波共振探针由Stenzel于1975年提出[29],是一种具有较高空间分辨率的馈入式微波诊断方法。20世纪90年代左右Kim等人对其改进,解决了测量瞬时等离子体电子密度的问题,应用于半导体桥(SCB)测量[30]。后经Piejak等人进一步改善信噪比[31],以及Brian等人修正鞘层和粒子碰撞对探针测量的影响[32],使该方法的应用范围得以扩展[33]。

微波共振探针的典型结构如图2.16所示,它采用了一种呈U形的电极,因外形类似发卡,也被称为"发卡探针"(hairpin probe)。U形的电极可以等效为一段其间充满了被测的介质(等离子)的1/4波长的平行传输线,由磁偶极子环在U形结构的短路端附近激励。

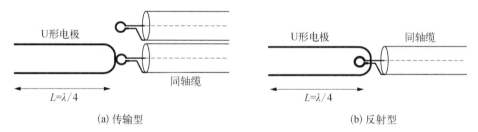

图2.16　微波共振探针结构示意图

根据传输线理论,当平行传输线间充满相对介电常数为ε_r的介质时,该U形结构对应的共振频率为

$$f_{\text{res}} = \frac{c}{4L\sqrt{\varepsilon_r}} \tag{2-38}$$

其中,c为真空中的光速;L为U形探针的长度。

由于均匀的非磁化冷等离子体,其相对介电常数可近似地表示为

$$\varepsilon_r = 1 - \frac{\omega_p^2}{\omega(\omega - jv)} \tag{2-39}$$

其中，ω_p 为等离子体角频率；ω 为入射电磁波角频率。在低气压的冷等离子中碰撞频率较低，忽略碰撞频率 v 的影响时，ε_r 可进一步近似表示为

$$\varepsilon_r = 1 - \left(\frac{f_p}{f}\right)^2 \qquad (2-40)$$

没有等离子体存在时，近似有 $\varepsilon_r=1$，探针的初始共振频率为

$$f_{ores} = c/4L \qquad (2-41)$$

当等离子体存在时，由式（2-40）显然有 $\varepsilon_r < 1$，又根据式（2-38）和式（2-40）可知探针的共振频率将会升高为

$$f_{res}^2 = f_{ores}^2 + f_p^2 \qquad (2-42)$$

其中，f_p 为等离子体频率；f_{ores} 为无等离子体存在时探针的初始共振频率。则等离子体电子密度可以由等离子体存在前后探针的共振频率差计算得到

$$n_e = \frac{f_{res}^2 - f_{ores}^2}{0.81} \times 10^{10} \qquad (2-43)$$

其中，f_{res} 和 f_{ores} 的单位为 GHz；电子密度单位为 m^{-3}。

2.3.3　光学诊断法

除了上述两大类方法外，借助等离子的光学特性（例如折射特性、辐射特性等）也能间接获得其参数，各有其独特的适用性。限于篇幅，仅简略介绍与本文相关的几种。

1. 激光干涉诊断

激光干涉诊断的原理与微波法类似，因为激光也是一种高频电磁波，当它穿透等离子体时，由于等离子会引起介质光学折射率变化，其传播附加相位也会发生改变，从而导致光干涉条纹的变化。通过激光干涉的方法测定折射率可以间接推导等离子参数。因为激光的频率远高于微波，因此大部分情况下都不会被等离子体衰减，可用于诊断高密度等离子体。

等离子引起光折射率的变化量，主要由其中的电子折射率、中性粒子折射率以离子折射率三者变化之和决定[34]。一般情况下，光的频率远高于等离子频率，其中电子引起的折射率变化量近似为线性关系：

$$\Delta N_e = -\frac{e^2 \lambda^2 n_e}{2\pi mc^2} = -4.49 \times 10^{-14} \lambda^2 n_e \qquad (2-44)$$

其中，λ 为光波的波长；n_e 是电子密度。当被诊断的等离子体为低温状态时，可以认为其中的中性粒子都处于基态，中性粒子对折射率变化量的贡献为

$$\Delta N_a = \left(M_1 + \frac{M_2}{\lambda^2} \right) \frac{n_a}{N_L} \qquad (2-45)$$

其中，N_L 为 Loschmidt 数；n_a 为基态的原子密度；M_1 和 M_2 均为常数，与气体成分有关。正离子对折射率的贡献正比于离子浓度 n_i，当等离子为单电子电离时，离子密度 n_i 与电子密度 n_e 相同，有

$$\Delta N_i = M_3 n_i \qquad (2-46)$$

其中，M_3 为常数，与离子种类有关。等离子的总折射率变化是式（2-44）、式（2-45）和式（2-46）之和，即

$$(N_p - 1) = \Delta N_e + \Delta N_a + \Delta N_i \qquad (2-47)$$

即等离子体的光学折射率为

$$N_p = 1 - 4.49 \times 10^{-14} \lambda^2 n_e + \left(M_1 + \frac{M_2}{\lambda^2} \right) \frac{n_a}{N_L} + M_3 n_i \qquad (2-48)$$

三种粒子对等离子折射率变化的影响中，电子的贡献起主导作用，比其他两项高出一个数量级以上。在需要更加精确诊断出电子密度时，可以采用双波长法，其原理是利用离子折射率和中性原子折射率都与波长几乎无关的特点，通过两次不同波长下的折射率测量，消除原子和离子的影响[35]。假设两次测量中的光波长分别为 λ_1 和 λ_2，测得的折射率为 N_{p1} 和 N_{p2}，则有

$$N_{p1} = 1 - 4.49 \times 10^{-14} \lambda_1^2 n_e + \left(M_1 + \frac{M_2}{\lambda^2} \right) \frac{n_a}{N_L} + M_3 n_i \qquad (2-49)$$

$$N_{p2} = 1 - 4.49 \times 10^{-14} \lambda_2^2 n_e + \left(M_1 + \frac{M_2}{\lambda^2} \right) \frac{n_a}{N_L} + M_3 n_i \qquad (2-50)$$

两式相减可得电子密度表达式为

$$n_e = \frac{(N_{p2} - N_{p1}) \times 10^{14}}{4.49(\lambda_1^2 - \lambda_2^2)} \tag{2-51}$$

在微波诊断法中,也可以采用类似的双频点诊断法,获得较为准确的电子密度值。

2. 光谱诊断

受激原子在退激过程中会发射有特定谱特征的光辐射[36]。当处于热力学平衡(或局部热力学平衡)状态时,同种成分原子退激所发出的两条光谱线的辐射强度满足比例关系:

$$\frac{I_1}{I_2} = \frac{A_1 g_1 \lambda_2}{A_2 g_2 \lambda_1} \exp\left(-\frac{E_1 - E_2}{kT_e}\right) \tag{2-52}$$

其中,λ_1和λ_2分别是两谱线对应的波长;A_1和A_2为两者跃迁的概率;I_1和I_2分别为两条谱线谱峰幅度;g_1和g_2为统计加权因子;E_1和E_2为两谱线激发态能量;kT_e是电子温度。

通过实验测定出两条谱线的强度后,代入相关光谱常数值,就可以获得等离子体的电子温度[9]:

$$kT_e = (E_1 - E_2)/\ln\frac{I_2 A_1 g_1 \lambda_2}{I_1 A_2 g_2 \lambda_1} \tag{2-53}$$

2.4 等离子体鞘套地面模拟实验技术

2.4.1 激波管实验技术

激波管是一根封闭或半开口的金属管道,其中的一端利用隔膜将高压气体与其他区域隔开,在高压段充入混合的可燃气体。混合气体被点火引爆后,高压使隔膜破裂,产生的高速激波冲向低压气体区,其速度可达数十马赫,瞬时压力和温度等指标都可以达到模拟等离子体鞘套并产生"黑障"的条件,如图2.17所示。

激波管实验前需要先对低压段抽真空,使其达到所需模拟的高空压力状

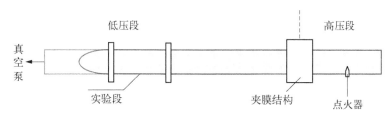

图2.17　激波管结构示意图

态,然后通过调配高压段内的气压比例,使产生的激波达到预设的速度,从而产生所需的电子密度。其电子密度可以高达10^{19} m^{-3},且碰撞频率可以通过初始气压来调节。但是激波方式产生等离子体持续时间只有微秒量级,因此要求实验仪器具备高速的触发功能,且所有的实验必须在极短的时间内完成,对测量设备的要求极高,只能进行单频点电磁波的衰减实验,难以进行天线特性测量、通信系统验证等需要长时间持续的实验,而且采用气压、温度、气体配比等多种参数的偏差都能影响电子密度。

按照驱动方式不同将激波风洞分为自由活塞驱动、加热轻气体驱动、爆轰驱动激波风洞三类。国内外典型气动力学实验设备如表2.2所示。

表2.2　国内外典型的气动力学实验设备

研究机构	风洞代号	建成时间	持续时间	支　撑　研　究
日本国家航天实验中心	HIEST	1998年	2 ms	主要用于真实气体效应、热化学反应的表面催化效应等; 可开展部分电波透射实验
美国卡尔斯本大学巴法罗研究中心	LENS-Ⅰ	1991年	5～18 ms	主要用于超燃冲压发动机、气动光学评估试验、飞行器再入模拟; 可开展部分电波透射实验
	LENS-Ⅱ	1996年	30～80 ms(最长可达100 ms)	
中国科学院力学研究所	JF12	2012年	100 ms	主要用于超燃冲压发动机、高速飞机气动研究; 完成了部分电波透射实验

日本国家航天实验中心的HIEST[37],如图2.18所示,于1998年2月开始投入使用,主要为获取无人有翼空天飞机HOPE的热气动设计数据而建设。风洞激波管长17 m,试验段直径2 m,稳定试验时间仅为2 ms左右,模拟马赫数范围8～16。该中心应用HIEST开展了一系列超高速流动试验:如真实气体效应对日本无人有翼空天飞机(Hope-X)俯仰力矩的影响、热化学反应流动的表面催化效应、8Ma的超燃冲压发动机试验等。

图2.18 日本国家航天实验中心HIEST自由活塞驱动激波风洞

在美国军方的资助下，美国卡尔斯本大学巴法罗研究中心（Calspan-UB）于1986年开始研发如图2.19所示LENS系列激波风洞，并于1991年和1996年分别研制建成LENS-Ⅰ型和LENS-Ⅱ型风洞。LENS-Ⅰ风洞的初始研制目的是提供高质量、长时间的试验气流，应用于高雷诺数和高马赫数的复杂湍流流动，后来为满足高超声速拦截器的气动热和气动光学评估对风洞进行了改进，能模拟航天飞机高度范围为30～60 km的再入速度要求，实验持续时间5～18 ms。LENS-Ⅱ风洞的口径比LENS-Ⅰ的喷管直径更大，主要针对中等马赫数（3～8）、长时间、大尺度等方面的模拟，模拟高度范围为20～40 km，持续时间为30～80 ms（最长可达到100 ms）。后续改造建成的LENS X膨胀风洞将CUBRC的高超声速试验能力提升了一倍。

2012年，中国科学院力学研究所成功研制了如图2.20所示基于反向爆轰驱动方法的超大型激波风洞JF12，可复现25～40 km高空、5～9Ma的高超声速飞行条件。喷管直径达2.5 m，实验舱直径3.5 m，全长265 m，有效试验时间最大可达100 ms，并有复现高超声速飞行条件的流动模拟能力，在持续时间上已经大大超过国外的同类设备。JF12激波风洞设计之初是为我国开展超燃冲压发动机、高速飞机气动所涉及的各类气动特性实验，近年来在相关研究所的合作中也开展了电波透射传输实验，验证了经典的等离子体介质计算理论的正确性，但在持续时间、稳定度和可控性上对高速飞行器电磁目标特性和信息传输问题研究的支撑能力仍显不足。

图2.19 美国Calspan研究中心的LENS-Ⅰ风洞（左）和LENS-Ⅱ风洞（右）

图2.20　中科院力学所的JF12激波风洞

2.4.2　弹道靶实验技术

自由飞弹道靶主要用于高超声速再入体目标气动和光电特性研究。如图2.21所示,缩比模型被火药或高压气体加速后,在低气压的靶室内以高超声速自由飞行,形成了与实际再入飞行类似的等离子体绕流场,并通过高速摄像机阵列对其进行观测。其特点是对等离子体鞘套流场特性仿真度好,但是气动物理靶中的模型尺寸一般都很小,加速过程过载将超过数千g,因此无法在模型上安装天线等通信设备,只能进行被动观测,且目前的技术水平只能分析尾流中的等离子,还难以进行等离子体鞘套的模拟和电磁传播相关的实验。

近些年中国空气动力研究与发展中心利用自研的自由飞弹道靶如图2.22所示,开展了初步的电磁散射特性实验,初步测试了典型球体缩比模型的RCS特性,并与理论计算结果进行对比验证。

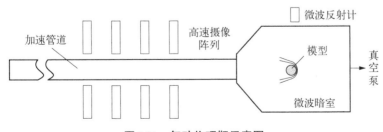

图2.21　气动物理靶示意图

图2.22　中国空气动力研究与发展中心的200米自由飞弹道靶

2.4.3　电弧/等离子体风洞实验技术

等离子体风洞是为进行飞行器的热防护研究而开发出的设备,其原理是通过电能加热一定容积内的气体,使气体发生离解和电离,然后通过超音速喷管扩散加速到超声速,在喷管中,由于扩散气体的密度迅速下降,气体的复合率也迅速下降,因此气体的组分基本不发生改变,气体的焓以化学势能的形式存在,这样等离子体风洞就可以产生与真实情况类似的总压和焓值。等离子体风洞往往需要很高的电源功率(兆瓦级),气体温度上千摄氏度。1994年,冯卡门流体力学研究所设计建造了一座1.2 MW等离子体风洞。中国空气动力研究与发展中心分别于1993年和2005年建成了20 MW和50 MW级的电弧风洞,可以开展防热材料筛选试验、烧蚀传热试验等,为产生较为纯净的流场,研发出了高频等离子体风洞,产生的流场较电弧风洞更为纯净。中国航天空气动力技术研究院也在2007年底建成了直径1米量级电弧风洞FD15,该风洞是目前国际上唯一一座配备4种类型加热器的电弧风洞,试验可以满足新型飞行器马赫数3～30、飞行高度20～100 km、大尺度、长时间气动加热环境模拟试验的需求。

等离子体风洞可以产生较长时间的等离子体,电子密度可达10^{20} m^{-3}甚至更高,环境温度一般可高达上千度,为飞行器的热防护材料及系统研究提供了有力的实验验证平台。近几年,中国空气动力研究与发展中心和中国航天空气动力技术研究院在这一类装置上相继开展了不同频段电波传输衰减的实验,如图2.23所示。实验过程中也发现了等离子体的动态性对电波衰减造成的抖动影

图2.23　中国空气动力研究与发展中心的电弧风洞(左)与高频等离子体风洞(右)

响,观测到信号的幅度和信号相位的时变特征,但受限于短暂的存在时间,在信号传输特性方面的研究不具有统计意义。

电弧/等离子体风洞存在极高的温度会对精密的电磁实验设备造成极大的损害和高热噪声,高温对电磁屏蔽也带来很大困难,导致电磁实验精度差,实验结果可信度和重复度较低。

2.4.4　其他实验技术

燃烧型等离子体发生器利用火箭发动机来产生高温气体喷流,如图2.24所示。发动机燃料燃烧过程产生的高温使气体发生部分电离,形成具有一定电子密度的等离子体,是早期研究中采用的一种方式。

近年来,我国也有学者采用了燃烧型的等离子体进行电磁传播方面的研究。燃烧型等离子属于开放式等离子体,产生的等离子体暴露于大气中,等离子流场很难稳定,其等离子体参数分布也难以准确测量。另外燃料的燃烧与电弧风洞类似,也存在高速喷流、高温和烧蚀等恶劣环境。

电子束等离子体采用向稠密气体中注入高能电子束的方式,产生于高能电子与环境中的气体分子的碰撞电离,其能量利用率远高于其他放电设备,能产生更高的等离子体电子密度范围($10^{16} \sim 10^{19}$ m^{-3}),工作气压可以从高真空到低真

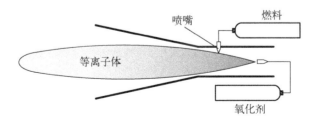

图2.24　燃烧型等离子体发生器示意图

图2.25　美国海军实验室电子束等离子体产生系统效果图

空,甚至在大气条件下也可实现。国内外比较典型的有美国海军实验室和中国科学技术大学研制的电子束等离子体产生系统。

美国海军实验室曾制造了一种电子束等离子体发生装置,可以产生平面面积0.6 m²、厚2 cm、电子密度1.2×10^{18} m^{-3}的等离子体,并对10 GHz电磁波开展了反射特性研究(图2.25)。

中国科学技术大学采用了四级真空差分的方式,成功实现了工作气压达10 kPa的电子束等离子体,产生的等离子体电子密度范围约为$10^{16} \sim 10^{17}$ m^{-3}。中国科学技术大学研究者利用该装置开展了大量的电磁波与等离子体相互机理和微波目标特性的研究,如图2.26所示。

电子束等离子体具有持续时间长、电子密度高且可在高气压(对应低空)下工作的优点,适合开展等离子体下的电波传播特性、测控通信、雷达目标特性等实验,但是在低气压(对应高空)下等离子体局限在很细的路径(mm～cm)上,对电子束等离子体动态性的控制方面也存在巨大的差距。另一方面,单个电子束等离子体尺度一般都比较小(约十几厘米),在真空腔体上也缺乏针对电磁实验特别是雷达测量的特殊设计,导致其实验干扰因素多,实验误差比较大。

(a) 电子束等离子体产生系统

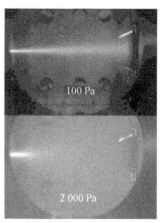

(b) 放电效果图

图2.26　中国科学技术大学实验设备及效果图

2.5 低温辉光等离子产生技术

2.5.1 大面积均匀非磁化等离子体产生技术

为了模拟等离子体鞘套以开展电波传播实验,并保证实验条件的相似性和持续性,产生等离子的方法必须满足以下三个条件。

① 避免等离子被磁化。如果忽略微弱地磁的影响,实际由热电离产生的等离子体鞘套属于非磁化的等离子体。磁场的存在将会使等离子体电子和离子运动发生回旋,并产生各向异性,电磁波在其中的传播特性与非磁化等离子中的差异很大,因此在模拟等离子体鞘套时也必须避免引入磁场。如果等离子发生器本身是需要励磁的,那么其产生的磁化等离子体一定要被送出磁化区域后才能用于模拟等离子体鞘套进行电磁相关的实验,例如采用Helicon等离子源时,必须采用喷炬的形式将等离子"吹"离被磁化的等离子源区,进入无磁的电波实验区域后再进行。在离开磁化区的路径上,因为激励源已经不存在,离子和电子的复合作用将占据主导,一方面导致电子密度急剧下降,另一方面限制了实验区域尺寸。

② 需要较高的电子密度。只有满足 $\omega_p > \omega$ 时,电磁波才会发生明显的衰减现象。因此电子密度必须要满足:

$$n_e > \frac{f^2}{80.64} \tag{2-54}$$

例如,为了使S频段2.7 GHz信号发生明显衰减,电子密度应满足 $n_e > 9 \times 10^{10}$ cm^{-3}。提高等离子密度通常需要向单位体积的等离子内部注入更大的功率,但实际上大部分注入能量并未起到电离作用,而是以热量、辐射等形式被耗散,单纯地提高注入电功率时,还可能会发生击穿现象。增加励磁能约束电子并使电子回旋运动,当注入功率的电激励频率与回旋频率相同时(磁回旋共振)能有效提高功率注入效率,同时提高电子密度。但正如前文所述,增加励磁本身会造成了等离子体额外的频率吸收峰点,其电波吸收特性已经与实际等离子体鞘套有很大差异,因此不能直接采用磁约束、磁回旋等方式增加电子密度,导致很难提高密度。

③ 等离子体应具有足够大的尺度,且电波传播路径上无金属阻挡物。这是最难实现的条件之一,既要保证电波传播的路径上无金属阻碍,还要保证有足够

大的透波窗口(让波束主瓣能穿过)。这就需要产生大面积自持辉光放电等离子体。在小尺度均匀场和低气压气体中实现均匀的自持辉光放电是比较容易的,但在增大放电尺度时,由于放电电极间的距离远大于电极尺度,加之气体电离伴随着强烈的负阻特性,一旦电极间放电形成电离通道,通道路径上的电阻率急剧下降,导致几乎所有的电流都会流经该通道,如果不采取特殊的控制措施,实际上很难得到均匀的自持辉光放电。其次,大尺度等离子体的均匀性很难保证,因为等离子体在大范围区域内扩散时伴随的复合效应会导致电子密度沿扩散梯度方向迅速降低,这也限制了面积的进一步增大。通常产生大面积层状等离子的方法是采用叉指电极,以交叉放电的形式生成多个局部较均匀的等离子区域,组合形成一个大面积的"等离子板"(如等离子隐身罩),但这样生成的等离子中含有栅状金属电极,电磁波是无法顺利通过的。

综上,为了模拟天线窗附近的局部等离子体鞘套,必须要产生非磁化、高密度且大面积中空的等离子体,这三个要求之间存在多种互相制约的矛盾关系,大部分现有的等离子产生方法都不能同时满足这三个要求。为了产生大尺度、非磁化、中空无遮挡的等离子体,我们提出一种"环形扩散辉光放电"的新方法,设计思路来自等离子喷炬阵列,其基本原理和结构演化过程如图2.27所示。

图2.27(a)所示的单个等离子喷炬只能产生一个面积很小的柱状等离子体,在喷焰离开等离子源的过程中,因为电子和离子的复合作用,导致电子密度沿离开喷源方向呈下降梯度,不仅很难维持整体均匀性,还难以进一步增大等离子实验区的面积。如果将等离子喷源排列成环形同时指向中心喷射,这些喷束将会组合成一个具有较大面积的等离子区域,如图2.27(b)所示。如果将中心

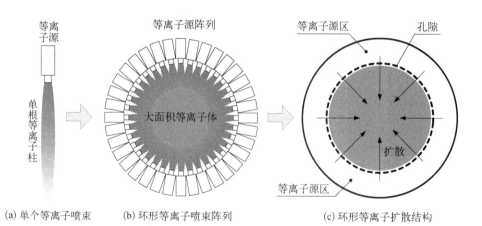

(a) 单个等离子喷束   (b) 环形等离子喷束阵列   (c) 环形等离子扩散结构

图2.27   环形扩散辉光放电的基本设计思想

区域置于低气压环境（如50 Pa以下），因为电子、离子和中性粒子之间的距离增大，离子和电子复合作用减弱，还可以进一步增大面积、提高均匀性。

上述等离子喷束阵列可以进一步演化成图2.27（c）所示的结构：在一个整体的腔体内，置入一圈多孔隙的环形电极，让环形电极与外壁之间进行辉光放电，在电极与腔壁之间形成一个完整的环形等离子源区。源区的等离子密度要高于中心区域，在扩散作用的驱动下，等离子会通过各个孔隙向中心扩散运动。

在扩散过程中，由于电子比离子轻得多，在扩散初期电子的流入速度会远高于离子速度，所以必然会因局部电荷不平衡形成一个内建电场 E，起到平衡离子和电子局部通量的作用，即在扩散过程达到稳态后，电子通量 Γ_e 和离子通量 Γ_i 仍将维持相等。假设气体是单电子电离，即电子密度 n_e 和离子密度 n_i 相等且都为 n，则根据扩散方程，有

$$\Gamma_i = \mu_i n E - D_i \nabla n = \mu_e n E - D_e \nabla n = \Gamma_e \tag{2-55}$$

其中，μ_e 和 μ_i 分别是电子和离子的迁移率；D_e 和 D_i 分别是电子和离子的扩散系数，进一步可解得等离子密度的梯度 ∇n 与内建电场 E 的关系：

$$E = \frac{D_i - D_e}{\mu_i + \mu_e} \frac{\nabla n}{n} \tag{2-56}$$

代回式（2-55），得到电子、离子通量表达式为

$$\Gamma_i = \Gamma_e = \Gamma = \mu_i \frac{D_i - D_e}{\mu_i + \mu_e} \nabla n - D_i \nabla n = -\frac{\mu_i D_e + \mu_e D_i}{\mu_i + \mu_e} \nabla n \tag{2-57}$$

引入双极性扩散系数，即

$$D_a = \frac{\mu_i D_e + \mu_e D_i}{\mu_i + \mu_e} \tag{2-58}$$

可以表示为斐克定律的形式：

$$\Gamma = -D_a \nabla n \tag{2-59}$$

上式表达了离开源区后等离子的密度梯度（即不均匀性）与扩散系数的关系，由于电极向内部边界处的粒子通量 Γ 主要由注入电功率和多孔电极的结构

决定,为了尽可能获得更均匀、更大面积的等离子体(即 ∇n 更小),则扩散系数 D_a 应尽可能提高。

在辉光放电条件下,电离率通常很低(一般低于 10^{-4}),有迁移率 $\mu_e \gg \mu_i$,则扩散系数 D_a 的表达式(2-58)可以进一步简化为

$$D_a \approx D_i + \frac{\mu_e}{\mu_i} D_e \qquad (2-60)$$

再利用爱因斯坦关系式:

$$D = \mu \frac{kT}{|q|} = \mu T \qquad (2-61)$$

可得

$$D_a \approx D_i \left(1 + \frac{T_e}{T_i} \right) \qquad (2-62)$$

可以看出,等离子从环形源区向中心扩散的特性主要取决于其中离子的扩散系数,又因为在低温等离子中有 $T_e \gg T_i$,T_e/T_i 项系数很大,即双极性扩散速率将远高于离子的自由扩散速率。这说明,当扩散系数足够大时,即使不借助图 2.27(a)、(b)中的喷射气流,也能形成向中心有效的扩散运动,达到获得大面积等离子体的目的。因此,下面重点讨论如何提高扩散系数。

再次利用爱因斯坦关系式(2-61),扩散系数 D_a 可进一步简化为与离子迁移率 μ_i 的关系:

$$D_a \approx \mu_i T_e \qquad (2-63)$$

离子迁移率 μ_i 又可以表示为

$$\mu_i = \frac{|q|}{m \nu_m} \qquad (2-64)$$

其中,m 是离子质量;ν_m 是离子的碰撞项,可以进一步写成

$$\nu_m = \nu \sigma_m n_m \qquad (2-65)$$

其中,σ_m 是等效的离子-中性粒子碰撞截面积,与粒子成分有关,每种粒子的等

效碰撞截面都不相同。当电离率很低时,可以取空气组分的参数,近似为常数。v是离子的平均热运动速度,为

$$v = \sqrt{\frac{8kT}{\pi m}} \qquad (2-66)$$

n_m是气体的粒子密度,对于低电离率的等离子体,与常规气体一样可以近似表示为压力p与温度T之间的确定关系:

$$n_m = \frac{p}{kT} \qquad (2-67)$$

将式(2-66)和式(2-67)代入式(2-65),得到离子碰撞项为

$$\nu_m = \sigma_m p \sqrt{\frac{8}{\pi mkT}} \qquad (2-68)$$

再依次代入式(2-64)及式(2-63),可得

$$D_a \approx \frac{|q| T_e}{\sigma_m p} \sqrt{\frac{\pi kT}{8m}} \qquad (2-69)$$

当等离子通量Γ相同时,等离子密度的梯度可以表示为

$$\nabla n = -\Gamma \frac{\sigma_m p}{|q| T_e} \sqrt{\frac{8m}{\pi kT}} \qquad (2-70)$$

可见,扩散系数反比于气压p,使得等离子的扩散梯度正比于p。因此提高扩散系数、提高等离子均匀性(降低扩散梯度)最有效的方法是降低扩散区气压。后续的实验将证实,当气压低于50 Pa时,扩散的效果将类似于图2.27(b)的环形喷束,同样会产生大面积均匀的等离子体,又因为对称电极使磁场抵消,满足了大面积、无阻挡、非磁化的所有要求。

为了验证上述新方法的有效性,进行了初步的实验,实验装置如图2.28所示。放电的激励源采用1 kW、0~600 V中频电源。直径30 cm左右的环形多孔电极安装于直径50 cm、厚度18 cm的低气压金属腔体内,与金属外壁间形成了10 cm左右的放电间隙。高压电离使放电间隙内的气体激发产生等离子,并扩

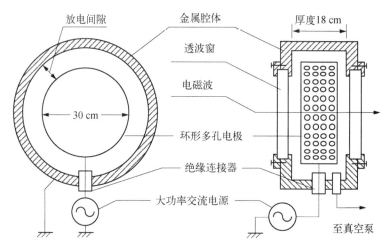

图2.28 环形扩散辉光放电实验装置结构示意图

图2.29 环形扩散辉光放电效果

散至腔体内部,形成了一块厚18 cm、直径30 cm、内部无金属的非磁化等离子体介质(图2.29)。

等离子发光亮度的分布能从一定程度上反映电子密度的均匀度,因为等离子中处于激发态原子退激时的发光与电子密度呈单调关系。图2.30是保持放电功率不变的情况下,气压在10～59 Pa调节时的窗口亮度变化的照片。可见随着气压的逐渐下降,等离子向中心区域的扩散能力提高,电子密度梯度降低,均匀性和中心电子密度都得以提高。进一步对中心电子密度、电子密度分布、碰撞频率等参数的诊断和定量分析将在2.5.3节进行。

(a) p =59 Pa　　　　(b) p =33 Pa　　　　(c) p =10 Pa

图 2.30　窗口亮度分布随气压变化的光学照片（后附彩图）

实验虽然从原理上证实了环形扩散放电方法的可行性,且产生的等离子能基本满足电磁波传播实验的条件,但离实际使用仍有一定差距,最主要的问题是环形多孔电极处于接近真空中的环境中,热传导和对流途径都被真空隔绝。放电过程产生的热量和等离子轰击电极表面的热量会累积在环形电极上,使电极迅速升温。这一方面会加速电极材料的氧化和溅射,形成污染;另一方面会加速电极表面电子逸出,发生弧光放电击穿现象;另外还限制了电子密度的进一步提高,因为在增加放电功率时,电极会被迅速加热至红炽状态甚至熔化。因此,还需要在本节提出的原理基础上进一步解决散热、电极溅射污染、等离子发生器参数控制等一系列实际问题。

2.5.2　环形扩散式等离子发生器设计

在基本原理得到验证的基础上,进一步设计了完整的环形扩散式等离子发生器,总体上包括5个主要部分,分别是放电腔体、电极冷却系统、电源(激励)系统、真空系统和等离子诊断系统(图2.31)。

1. 放电腔体

实际采用的放电腔体的结构如图2.32所示,与初步实验(图2.28)中的腔体相比,主要的改进在于采用螺旋管状电极替代了多孔板状电极。管状的电极不仅承担了放电的功能,其内部还流有冷却液,可以起散热的作用,从而避免了在大功率放电时被烧毁的可能。电极相邻的螺旋之间留有1 cm左右的间隙,提供了等离子的扩散通道,而且有效的面积比多孔板状电极更大。

图2.33是放电腔体内部的照片,显示了螺旋管电极在等离子腔体内部的安装状态。图2.34是1 300 W放电功率注入时的照片,可见螺旋管状电极结构同

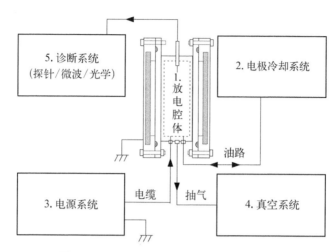

图2.31　环形扩散式等离子发生器整体框图

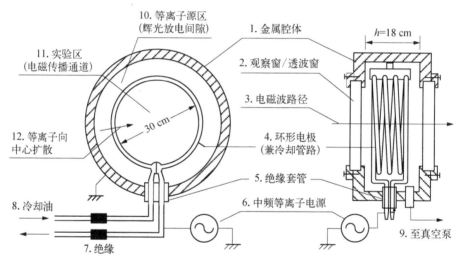

图2.32　环形扩散式放电腔体结构示意图(正视剖面图侧视剖面图)

样实现了等离子的激励,并且缝隙足够形成扩散通道,而且配合循环冷却能够在大功率放电下长时间工作。

透波窗的材料采用聚四氟乙烯,其电波损耗很小,而且介电系数(1.8～2.2)与空气较为接近,提供了与空气界面之间较为平滑的阻抗过渡,可减少反射。透波窗也可以临时替换成玻璃材料,以便开展光学诊断和目视观测。等离子腔体的厚度取18 cm,比等离子体鞘套可能最厚的情况(14～15 cm)略厚一些,以方便插入填充隔板获得不同厚度的等离子层。

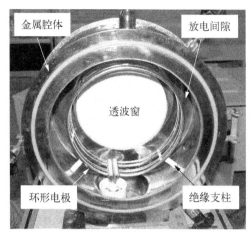

图2.33 放电腔体内部照片

图2.34 放电效果照片

2.冷却系统

冷却系统的结构如图2.35所示,采用绝缘的油作为冷却剂,并用绝缘油管和螺旋管电极相连,这样电极仍然与其他部分保持绝缘。冷却油在油泵的动力下强制循环,热量通过热交换器散发至空气中。在冷却循环系统的出油口和回油口各安装有一只温度计和一套调速控制器,根据油的温差自动调节油泵的转速,保证电极的温升不超过40℃。

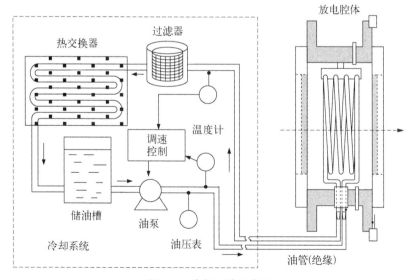

图2.35 冷却系统示意图

3. 等离子电源系统

辉光放电等离子可以由直流放电、中频放电、射频放电、微波等多种方式激励。直流激励最简单,但是长期单向电流导致的阴极溅射效应和极化效应会使电极表面迅速老化,同时溅射物易诱发局部弧光击穿,限制了电子密度提升。采用频率10 MHz以上的射频放电是目前应用最广泛的激励方式之一,因其电压换向周期很短(＜100 ns),电荷粒子的行程通常还未到达另一极板,空间电荷将随着场极性的变化在电极之间振荡增加并累积,有助于提高等离子密度。但是放电腔体本身的双面大窗口的开放结构会使射频电磁波大量泄漏,且为了留出完整电波实验通道又不允许在窗口上采取屏蔽措施。由于注入功率可达数千瓦量级,泄漏的电磁能量足够干扰设备自身配备的各种传感器、控制系统和周边测量仪器设备,还会对人身安全造成隐患。

出于上述考虑,等离子发生器采用中频放电,因为中频段的辐射能力相比射频段弱得多,即使腔体有大面积的敞开结构也不至发生强烈的辐射泄漏。中频驱动电压的频率远低于离子的特征频率,可以认为在每半个周期内都是一次短暂的直流放电,电流方向的交变避免了电极的直流极化。在每半个周期内,放电驱动电压要稳定,换向的切换时间还要尽可能短,以避免换向过程中电子密度下降甚至等离子熄灭,因此必须使用对称方波的驱动波形,而不能像射频/微波激励源采用正弦波。

中频电源采用了AC-DC和DC-AC两级变换的方案,电路原理(框图)如图2.36所示,其中放电强度的调节由前级完成,后级斩波电路的占空比就可以固定为50%(死区时间接近0),这样满足了快速换向的要求。

前级电路类似一个3 kW大功率开关电源,由三相电整流电路、采用全桥(full bridge)拓扑结构的DC-DC变换器、双环反馈控制电路等主要部分组成。双环反馈控制前路同时对前级输出电压和输出电流采样并构成反馈回路,由选通逻辑自动决定当前时刻采用电压反馈模式或是电流反馈模式:当输出轻载时,输出电流很小,输出电压先达到闭环条件,构成电压负反馈,整个前级电路等效为0～300 V可调的恒压源;当输出重载时,输出电流先达到闭环条件,构成电流负反馈,前级电路等效为0～10 A可调的恒流源。因为气体击穿的过程伴有强烈的负阻特性,初始的放电击穿电压高于维持放电所需电压,采用双环反馈控制的优点是可以自动完成击穿到维持之间的转换。使用时可以先将电流设定调小同时将输出电压设为0,然后逐渐增大输出电压直至气体击穿,此时等效负载电阻骤降,电源会立刻切换为恒流模式,电压自动跌落至维持放电电

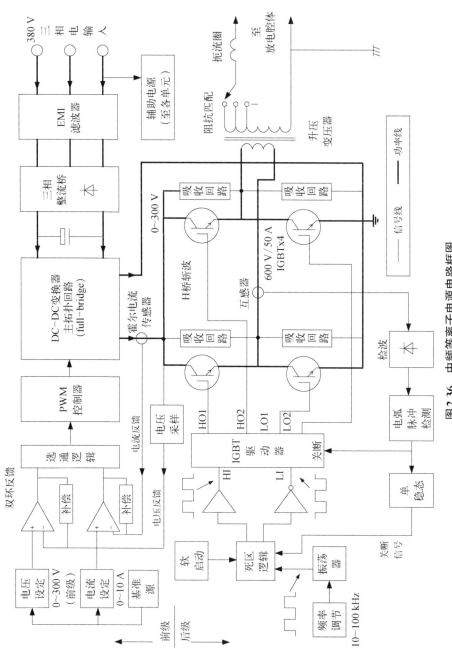

图 2.36　中频等离子电源电路框图

流所需的电压,完成等离子发生器的起辉过程,此后可以根据需要设定放电电压或电流值。

后级以一个IGBT构成的大功率H桥斩波器电路为核心,将前级输出的电压变为对称方波,以驱动放电腔体。考虑到放电腔体的初始击穿电压可能高达800～1 000 V,放电维持电压可能为300～600 V(与放电间隙距离、气压有关),若直接用斩波器驱动需要前级输出1 000 V以上的电压,而高压半导体开关器件的速度通常较低,因此采用了300 V低压斩波配合升压变压器耦合的方式,采用2对600 V、50A高速IGBT半桥以同时满足功率和切换速度要求。升压变压器还同时作为可调的阻抗匹配器,留有若干输出抽头,当改变腔体气压(等效为电源的负载电阻变化)时可调节变比进行阻抗变换,保证斩波器能将前级的额定输出功率全部输出至等离子腔体中。

针对等离子放电的特点,后级电路中还设计了弧光放电保护电路。一旦因为某种原因辉光放电转变为弧光放电,电流的突增会被检测到,在5 μs之内立刻关闭斩波器输出,以保护功率开关器件;同时触发单稳态电路,将驱动信号锁闭5 s后再次重新开始软启动过程,使弧光斑有足够的时间冷却并重新建立辉光放电。

4. 真空系统

真空系统由真空泵、热耦规真空计、显示仪表、可编程逻辑控制器(PLC)等构成闭环反馈系统,如图2.37所示。当气压高于设定值时,启动真空泵进行抽气,当气压低于设定值时关闭真空泵,维持当前真空度;当需要快速升高气压时启动进气阀,让空气大量进入。

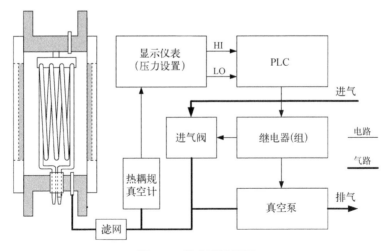

图2.37　真空系统框图

2.5.3　等离子发生器的参数

本节介绍环形扩散等离子发生器中心电子密度、电子密度分布(均匀性)、碰撞频率等参数的诊断过程,以及电子密度分布与放电功率、气压等关系曲线。

1. 中心电子密度诊断

对等离子发生器中心电子密度诊断采用双探针法,从等离子腔体上方开设一个测试孔,将探针包覆在陶瓷绝缘管内穿过放电区,让钨制的针尖暴露在等离子发生器中心位置,如图2.38所示。

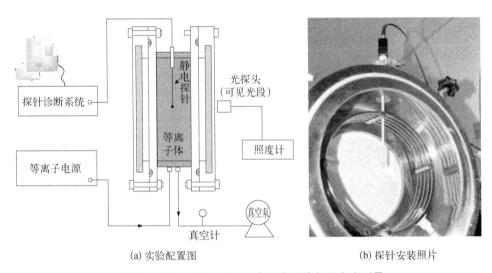

(a) 实验配置图　　　　　　　　　　　(b) 探针安装照片

图2.38　等离子发生器中心电子密度诊断及亮度测量

在测量电子密度的同时还通过一只照度计记录窗口中心的光强,在改变放电功率调节电子密度的同时,记录电子密度与光强的关系曲线,为等离子分布诊断提供依据。

在维持气压14 Pa,放电功率0.1～2.95 kW范围调节时,诊断结果如图2.39所示。图2.39(a)显示了等离子发生器的中心电子密度与注入功率呈近似线性的单调关系,中心最高密度达到了2.5×10^{17} m^{-3},根据式(2-54),对应的截止频率约为4.49 GHz,能够使S频段和部分的C频段发生"黑障"现象。理论上进一步增大注入功率还能够继续提高电子密度,但实际上注入功率超过3 kW时辉光放电会转化为弧光放电,这是因为放电电压不再满足低电场条件,电极表面电流密度会因等离子负阻特性在局部自由增长形成电弧。

图2.39(b)所示的中心等离子体亮度和电子密度之间也有类似图2.39(a)

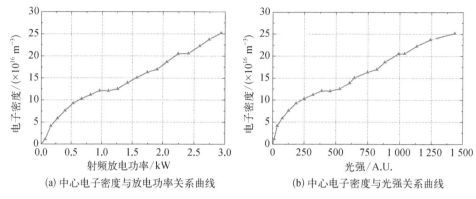

(a) 中心电子密度与放电功率关系曲线　　　　　(b) 中心电子密度与光强关系曲线

图2.39　等离子发生器中心电子密度诊断结果

的近似线性关系,这是因为处于激发态的等离子体携带了电源注入的能量,在扩散过程中等离子的退激发效应将其携带的部分能量以光辐射的形式释放,因此与电子密度呈近似线性的单调关系,为下文采用光学成像手段推算电子密度分布提供了参考数据。

2. 电子密度分布均匀性诊断

等离子是在浓度差的驱动下,从源区通过电极缝隙向中心扩散,并沿扩散方向形成梯度。根据2.5.1节的分析,适当降低气压能提高扩散系数,减小浓度梯度,使等离子更均匀,在2.5.1节的原理验证实验定性地观测到了该规律。本节将在此基础上进一步给出等离子梯度分布与气压的定量实验结果。等离子密度分布及均匀性的诊断方法如图2.40所示,采用探针和光学诊断相结合的方法。中心电子密度的诊断方法仍然采用探针,在诊断电子密度的同时分别用照度计和数码相机记录下对应的中心光强度和光强度分布。为了防止光反射的干扰,在窗口的后方安装有黑色的遮光板。

维持放电功率基本保持不变,通过调节真空泵的控制系统,使放电腔体的压力在 $10 \sim 60$ Pa之间变化,用数码相机拍摄窗口区的照片。照片首先由相机感光元件的RGB(red-green-blue)色彩空间转换至HSI(hue-saturation-intensity)空间,提取出各像素的强度(intensity)分量,再经过 γ 校正消除数码相机CMOS图像感应器本身的非线性,使强度数值和实际亮度的关系得以线性化,最后将每个元素除以照度计的读数,得到一个相对亮度矩阵,该矩阵中每个元素对应该位置处等离子相对中心点的发光强度。在发生器中心电子密度已知、发光亮度和电子密度关系已经测出[图2.39(b)]的前提下,可以推算出电子密度在整个实验窗口区域的分布情况,结果如图2.41所示。

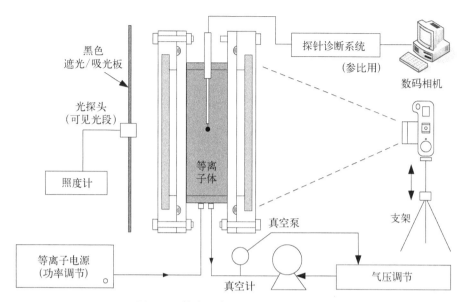

图2.40　等离子密度分布诊断实验配置

图2.41(a)显示了不同气压下电子密度沿径向分布的结果,可见气压越低时因扩散系数越高使电子密度分布更均匀,且在相同放电功率条件下通过扩散进入中心区域的等离子密度越高;气压40 Pa以上时,等离子甚至不能有效到达中心位置。图2.41(b)是放电功率P_E=1 300 W,气压p_{air}=21 Pa时的电子密度分布,因为放电功率比图2.41(a)提高了10倍,根据式(2-69)可知放电导致的温升也有助于增加扩散系数,均匀度将进一步提高。

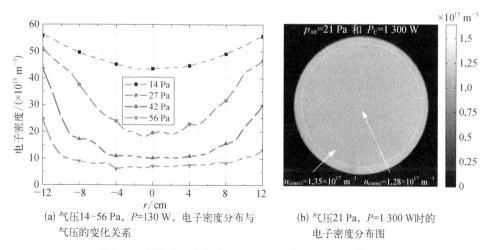

(a) 气压14~56 Pa,P=130 W,电子密度分布与　　　　(b) 气压21 Pa,P=1 300 W时的
　　气压的变化关系　　　　　　　　　　　　　　　　　电子密度分布图

图2.41　等离子发生器电子密度分布诊断结果(后附彩图)

其中心电子密度 $n_{e(min)}$=1.28 × 10^{17} m^{-3}，边缘的电子密度 $n_{e(max)}$=1.35 × 10^{17} m^{-3}。定义均匀度为

$$U = \frac{n_{e(max)} - n_{e(min)}}{n_{e(max)} + n_{e(min)}} \times 100\% \qquad (2-71)$$

可得 1 300 W 气压 =21 Pa 时均匀度达到 97.1%。

3. 碰撞频率估算

根据 2.3.1 节，电子温度 T_e 可以通过双探针扫描 $V-I$ 特性曲线获得，在放电功率 700 W，气压 $p \approx 10$ Pa，气体温度 $T \approx 350$ K，电子密度为 4.6×10^{16} m^{-3} 时，用双探针扫描测得的 $V-I$ 特性曲线如图 2.42 所示。从曲线中可以分析得到饱和离子电流 I_{0+}=230 μA，过零点斜率 $dI/dV|_{I=0}$=1.07 × 10^{-5}，将其代入式（2-22），得出等离子的电子温度 $T_e \approx 10$ eV，等离子体的碰撞频率约为 540 MHz。

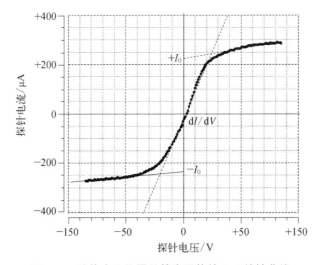

图 2.42　腔体中心位置处等离子体的 $V-I$ 特性曲线

采用该方法对不同放电功率条件下的等离子碰撞频率进行估算，结果如表 2.3 所示。在增加放电功率的同时，碰撞频率在 370 ～ 830 MHz 呈上升趋势。对比图 2.6 所示的实际飞行器 27 km 高度（鞘套最严重时）的碰撞频率（4 ～ 5 GHz），辉光放电等离子发生器的碰撞频率偏低，一方面是因为激波压缩使得等离子体鞘套的气体密度 n 更高，另一方面因为等离子体鞘套的高温热运动更加强烈，使碰撞频率增加。碰撞频率差异对电波传播模拟真实性的影响将在下一节分析和讨论。

表2.3　不同放电功率条件下的等离子碰撞频率估算值

放电功率P_E/W	气压p_{air}/Pa	电子密度n_e/m^{-3}	电子温度T_e/eV	碰撞频率v/MHz
68	6.0	1.26×10^{16}	12.7	371
176	7.0	2.24×10^{16}	9.67	378
386	8.6	3.94×10^{16}	10.5	484
612	9.9	5.41×10^{16}	9.4	527
858	10	6.66×10^{16}	7.48	475
1 116	12	8.68×10^{16}	7.49	571
1 362	14	1.02×10^{16}	5.79	585
1 595	16	1.19×10^{16}	7.87	780
1 836	18	1.34×10^{16}	5.69	746
2 099	20	1.58×10^{16}	5.58	821
2 378	21	1.75×10^{16}	5.21	833

2.5.4　等离子体参数快速控制技术

1. 动态等离子体产生方法

在前期研究中,已经证明在气压不变的情况下,电子密度基本与放电功率呈线性关系,如图2.43所示,因此可以通过控制施加到装置的功率来控制等离子体的电子密度。采用射频电源作为等离子体的驱动电源,射频电源的驱动频率为13.56 MHz,其原理框图如图2.44,射频电源内部为一个射频本振信号,将期望输出的功率波形通过调幅信号接口输入,射频源内部利用一个乘法器将输入信号与本振相乘即可得出调幅波信号,然后通过射频放大器将信号放大,从而输

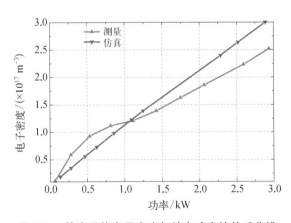

图2.43　等离子体电子密度与放电功率的关系曲线

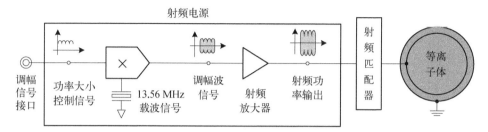

图2.44　任意规律等离子体产生装置原理框图

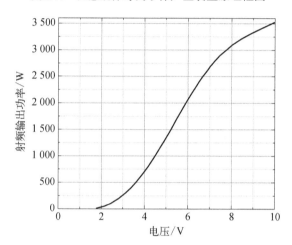

图2.45　设定电压与电源输出功率的对应关系曲线

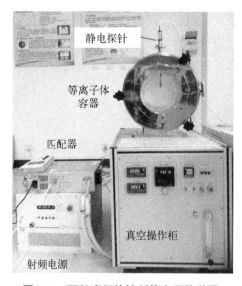

图2.46　可任意规律控制等离子体装置

出所希望的功率。射频电源的最大输出功率为3 500 W,输出功率最大变化频率可达100 kHz。

　射频的输出功率通过控制输入信号的电压进行控制,但是输入的电压与输出功率并不呈线性,利用50 Ω电阻负载,对控制电压与输出功率的对应关系进行了校正,结果如图2.45所示。图2.46是可任意控制等离子体的装置连接实物图。

　2. 快速变化等离子体的诊断方案与实验研究

　在产生任意变化规律的等离子体

的同时,需要对电子密度进行快速跟踪诊断,但是现有的诊断方法中大多速度缓慢,如利用矢网进行电子密度诊断时会受制于较低的采样率,不适用于对任意变化规律电子密度进行诊断。为此,在研究中提出了一种诊断方案,以观察其变化规律。

实验原理框图如图2.47所示,将发射天线和接收天线分别放置于腔体的两侧,使电磁波穿透等离子体的中心位置,利用矢网测量S12参数的相移。由于普通矢网在连续频率输出模式下,其相位的扫描时间分辨率远达不到诊断要求,研究中采用了带有脉冲扫描模块的安利矢网(MS4644B,时间分辨最高达1 ns)。实验开始时,首先记录初始相移,然后打开等离子体,调整好等离子体的状态,然后记录下S12相移参数曲线,与初始值相减即可以得出等离子体引起的附加相移。

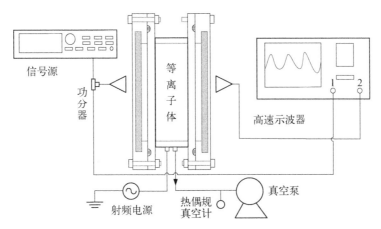

图2.47　等离子体变化规律诊断原理框图

参考信号可定义为$A_1\cos(\omega t+\phi_1)$,实验信号(穿透等离子体后的信号)可以表示为$A_2(t)\cos[\omega t+\phi_2(t)]$,其中$A_1$为参考信号的幅度,因其不随等离子体的变化而变化,故为一个常数;$A_2(t)$是实验信号的幅度,它是经过时变等离子体后的信号,因此是时间的函数,$\phi_2(t)$为实验信号的相位,同样为时间的函数。

将参考信号与实验信号相乘并进行低通滤波,即可以得到包含了幅度信息和相位信息的信号$A_1A_2(t)\cos[\Delta\phi(t)]$,其中低通滤波器可以采用FIR数字滤波器,测量得出参考信号的幅度和实验信号的包络即A_1和$A_2(t)$,将两者相除后,进行逆余弦运算即得出参考信号和实验信号的相差。

实验开始时,首先记录参考信号和实验信号的初始相移,然后通过调节输

入功率的大小调节电子密度,记录新的相差,与初始值相减,即得出由等离子体引起的相移,利用公式:

$$n_e = 1.184\ 8 \times \Delta\phi \times f/L \qquad\qquad (2-72)$$

即可计算出对应的电子密度。

图2.48～图2.51为利用上述的控制方法与诊断方法得出的规律分别粉红噪声及正弦规律变化下的等离子体。由图中可以得出等离子体的平均电子密度为 $7.7 \times 10^{15} \sim 1.12 \times 10^{16}\ \mathrm{m}^{-3}$,幅度调制度最高可达65%。

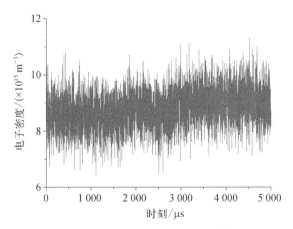

图2.48 电子密度按粉红噪声规律变化

(粉红噪声:$20 \sim 100\ \mathrm{kHz}$,方差为0.10)

(平均电子密度为 $8.8 \times 10^{15}\ \mathrm{m}^{-3}$,电子密度变化范围 $4.0 \times 10^{15} \sim 1.32 \times 10^{16}\ \mathrm{m}^{-3}$)

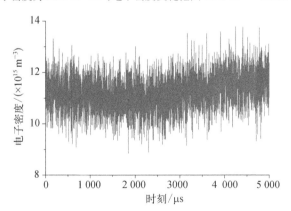

图2.49 电子密度按粉红噪声规律变化

(粉红噪声:$20 \sim 100\ \mathrm{kHz}$,方差为0.10)

(平均电子密度为 $1.12 \times 10^{16}\ \mathrm{m}^{-3}$,电子密度变化范围 $6.2 \times 10^{15} \sim 1.61 \times 10^{16}\ \mathrm{m}^{-3}$)

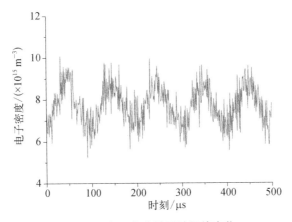

图 2.50　电子密度按正弦规律变化

(f=10 kHz,平均电子密度为 7.7×10^{15} m^{-3},电子密度变化范围 $3.7 \times 10^{15} \sim 1.25 \times 10^{16}$ m^{-3})

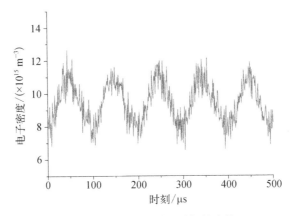

图 2.51　电子密度按正弦规律变化

(f=10 kHz,平均电子密度为 9.5×10^{15} m^{-3},电子密度变化范围 $3.5 \times 10^{15} \sim 1.56 \times 10^{16}$ m^{-3})

　　通过实验验证,采用射频电源作为产生等离子体的激励源,并且对电压波形叠加入 $0 \sim 100$ kHz 任意调制规律的信号。可以使产生的等离子体按照 $0 \sim 100$ kHz 任何抖动规律进行变化,从而突破了如何产生时变等离子体的难题,为测控信号的传输实验提供了可靠的实验环境。

2.5.5　模拟能力与真实性分析

　　由于产生机理的不同,辉光放电产生的等离子的部分参数和实际等离子体鞘套会有一定的差异,主要包括电子密度及分布差异、碰撞频率的差异、流场速度的差异三个方面。以下对这三项参数差异及其对电波传播影响进行分析。

1. 电子密度模拟能力分析

辉光放电的电子密度上限约为10^{18} m^{-3}。这是由辉光放电的机理决定的,当放电区域的电子密度超过该极限值时,就很难再继续维持辉光放电的自持性,因为电流密度自然增长的正反馈过程会驱使辉光放电自发地转变为弧光放电。虽然进一步降低气压有助于抑制弧光放电的发生,但与此同时也减少了可电离物质的量,同样限制了电子密度的进一步提高。等离子在向中心扩散过程还存在浓度梯度以及等离子复合等多种导致损耗的因素,最终实验区域的电子密度极限为2.5×10^{17} m^{-3}。

RAM-C再入飞行全程天线窗处电子密度最高值、图2.6钝头飞行器天线窗电子密度最高值均达到了10^{18} m^{-3},高于实验区电子密度极限60%左右,所以实际的模拟能力并不能完全涵盖这两类飞行器再入全程,但是对于再入初速度较低的飞行器,或者再入过程减速时间更长的飞行轨迹,实际电子密度可能会比上述最严重情况低1~2个数量级,这类情况下本文提出的方法是能够对再入全程进行模拟的。

图2.52给出了本文电子密度模拟能力与再入飞行轨迹的关系,图中的实线是根据文献[38]给出的参考飞行器(锥体,半锥角=10°)在不同高度和速度情况下尾部(天线窗处)等离子密度数据进行绘制的2.5×10^{17} m^{-3}等值线,对应截止频率4.49 GHz。当参考飞行器的轨迹位于实线左上方时,是本文模拟电子密

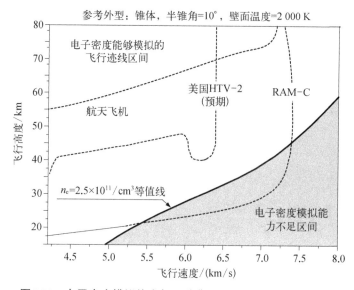

图2.52 电子密度模拟能力与几种典型飞行器再入轨迹的关系

度的方法能够涵盖的区域。

图中的三条虚线示意了三类不同飞行器的典型轨迹:RAM-C飞行试验搭载于民兵-Ⅲ洲际导弹的弹头中,其再入过程仅持续数十秒时间,因减速剧烈导致等离子密度较高,在进入45 km以下至23 km出"黑障"之前的部分时间段内,实际等离子体鞘套密度超出了本文方法的模拟能力范围;航天飞机的再入过程较为平缓,再入过程持续16 min以上,因此电子密度相对较低,涵盖在本文方法的模拟能力范围内;美国的HTV-2试验虽然遭遇失败,但从公开文献推测的预期再入轨迹来看[39,40],因为初速度较低,再入全程的电子密度仍然在本文方法的模拟能力范围内。

2. 碰撞频率差异及影响分析

实际等离子体鞘套中,热激发等离子体的碰撞频率与温度、气压、电子密度有密切关系。整个再入过程中,实际等离子体鞘套内的气压变化可达1～2个数量级,温度变化在数千K范围,所以实际等离子体鞘套的等离子碰撞频率在整个再入过程中将有2～3个数量级的大范围变化,但至今还没有诊断实际等离子体鞘套的碰撞频率的实验报道。在没有试验数据参考的情况下,为了初步估算实际等离子体鞘套在整个再入飞行段的变化情况,采用文献[41]中对等离子体鞘套对缝隙天线影响研究中使用的尖锥飞行器天线窗位置的等离子碰撞频率估算式:

$$\nu_e \approx 3 \times 10^8 \frac{\rho}{\rho_0} T \qquad (2-73)$$

该估算式来源于对平衡态高温气体碰撞频率理论计算[36]的拟合,式中ρ_0是海平面的空气密度,并假设等离子体鞘套气体温度约为3 000 K,再根据不同海拔高度处的相对气体密度(ρ/ρ_0)得出的等离子体鞘套碰撞频率估算值见表2.4。表2.4中可见随着海拔降低,碰撞频率急剧升高了2个数量级,这是因为空气密度随海拔降低呈指数规律上升的结果。

表2.4   等离子体鞘套天线窗处的峰值电子密度和碰撞频率估算值

海拔H/km	飞行速度v/(m/s)	峰值电子密度n_e/m^{-3}	截止频率ω_p/GHz	碰撞频率ν/GHz
30	6 232	1.0×10^{17}	2.84	10.00
40	7 363	1.0×10^{18}	8.98	2.0
50	7 610	6.0×10^{17}	6.96	0.55
60	7 651	3.0×10^{17}	4.92	0.13
70	7 662	5.0×10^{16}	2.01	0.20
80	7 649	1.0×10^{16}	0.90	0.06

辉光放电等离子体的气体温度较低且因为有强制散热措施,基本恒定在 350～500 K左右范围,又因本文方法借助了扩散机理,为保证扩散率对气压有严格要求且不允许大范围变动,因此可以预期其碰撞频率的变化范围相比实际等离子体鞘套要小。本文扩散辉光放电产生等离子的碰撞频率为370～830 MHz,与表2.4中海拔高度50 km附近的情况基本相当。

为了分析等离子碰撞频率差异对模拟真实性的影响,根据表2.4中典型再入过程30～80 km高度处的峰值电子密度和碰撞频率,按照式:

$$\alpha = \frac{\omega}{\sqrt{2}\,c}\sqrt{\frac{\omega_p^2}{\omega^2 + \nu^2} - 1 + \sqrt{\left(1 - \frac{\omega_p^2}{\omega^2 + \nu^2}\right)^2 + \left(\frac{\nu}{\omega}\frac{\omega_p^2}{\omega^2 + \nu^2}\right)^2}} \qquad (2-74)$$

计算等离子的衰减率随电波频率的变化曲线,再按照辉光放电等离子碰撞频率的平均值(600 MHz)计算一组等电子密度的对照数据,绘制在同一坐标下,结果对比如图2.53所示。

在海拔50 km处,因为碰撞频率基本相同,两条曲线最为接近;当海拔高度低于50 km时,辉光放电等离子体碰撞频率偏低,电子运动过程中的碰撞损失较少,衰减率呈现的高通特性转折更加陡峭,即低频段的衰减率会高于实际等离子体鞘套,而高频段比实际略低;当海拔高度高于50 km时,情况将相反:辉光放电等离子体碰撞频率高于实际鞘套,低频段的衰减率低于实际情况,而高频段比实际略高。高海拔时因为电子密度较低,衰减率差异都在0.5 dB/cm以内。各种海拔高度情况下,两组衰减率的重合点都在略低于(但很接近)截止频率ω_p处。

虽然两组曲线有所差异,但实际中更关心的是等离子体截止频率附近的衰减规律,因为进入严重"黑障"区的衰减差异对实际通信已经没有意义。例如40 km高度时,1 GHz电波在两种情况下的衰减率差异最大达到6 dB/cm,按鞘套厚度10 cm计算,虽然衰减差异可达60 dB,但此时衰减值也分别达到90 dB和150 dB,已经属于严重"黑障",通信早已中断。而对比衰减率重合点和截止频率之间仅差0.5 GHz左右,截止频率(衰减频率特性曲线转折点)附近曲线仍然基本吻合,而正是这一段是决定"黑障"发生的关键。

综上分析,利用本文提出的等离子体鞘套模拟方法研究对通信系统的影响时,与实际40～70 km高度情况基本相似,即能够保证"黑障"出现点的基本吻

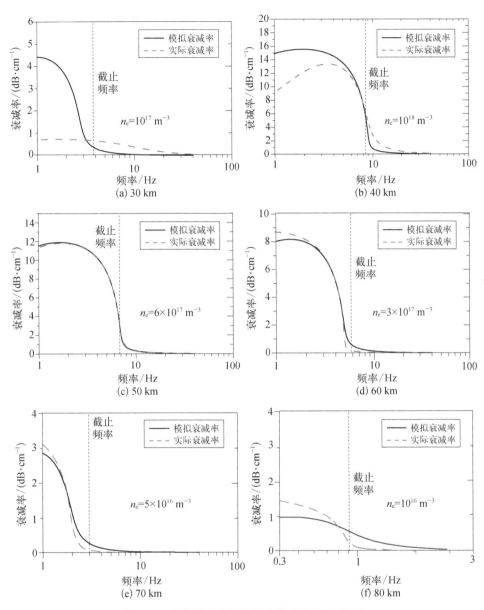

图2.53　碰撞频率差异引起的等离子衰减率对比

合。在模拟高于80 km和低于30 km海拔情况时，碰撞频率差异引起的电波传播差异不可忽视，在进行电波传播相关实验时需要对结果进行必要的修正，其中80 km以上时电子密度很低，L及以上各频段信号的衰减均很小，如果仅研究通信问题或测试通信系统，高空的碰撞频率差异可以无须修正。

3. 流场速度差异及影响分析

在地面模拟装置中的等离子体在宏观上处于静止状态,而实际等离子体鞘套中的等离子体会随飞行器表面流场一起高速定向流动。为了分析流场速度差异对电波传播特性的影响,就必须在表征等离子介质特性时引入粒子的运动参数,这涉及等离子内部的微观过程。因为热运动及相互碰撞的影响,各粒子的微观行为各异,但总体上服从于某种概率分布,所以不能将等离子视为所有粒子的行为是一致的整体,需要引入粒子的速度分布函数的概念。

首先讨论地面产生的辉光放电等离子,虽然在宏观上没有定向流动,但在微观角度其内部的电子、分子仍然处于高速热运动状态。冷等离子中电子速度远高于中性分子和离子,所以这里主要讨论电子运动。当等离子体处于热平衡状态时,电子的运动速度概率分布服从麦克斯韦分布函数:

$$f_0(v) = n_e \left(\frac{m_e}{2\pi k T_e} \right)^{3/2} e^{-\frac{m_e v^2}{2k T_e}} \tag{2-75}$$

其中,T_e 为平均电子温度;n_e 是电子密度;m_e 是电子质量。当等离子体受到外电场作用时,电子响应外电场 $\boldsymbol{E}$ 作用产生定向运动,从而使电子分布函数发生变化:

$$f(\boldsymbol{v}) = f_0(v) + \psi(\boldsymbol{v}) = f_0(v) + \frac{\boldsymbol{v} \cdot \boldsymbol{f}_1(v)}{v}, \ |\boldsymbol{f}_1(v)| \ll f_0(v) \tag{2-76}$$

其中,$f_0(v)$ 是初始的电子速度分布函数;$\psi(\boldsymbol{v})$ 则是由于外电场的存在,使电子分布函数偏离的部分;矢量 $\boldsymbol{f}_1(v)$ 是其中与电流密度矢量 $\boldsymbol{j}$ 平行的分量,因为仅有这一方向上的运动才能产生有效电流。

为了进一步分析电流密度与外电场关系,进而推导电波传播计算需要等效介电系数,就要考虑各个粒子运动状态的差异,将等离子体状态用电子速度分布函数 $f(t,\boldsymbol{r},\boldsymbol{v})$ 来描述。其中 t 是时间,$\boldsymbol{v}$ 是粒子的速度矢量,$\boldsymbol{r}$ 是矢径。上述的速度分布函数 $f(t,\boldsymbol{r},\boldsymbol{v})$ 由波尔兹曼方程确定:

$$\frac{\partial f(t, \boldsymbol{r}, \boldsymbol{v})}{\partial t} + \boldsymbol{v} \cdot \mathrm{grad}_r f(t, \boldsymbol{r}, \boldsymbol{v}) + \frac{e}{m_e}(\boldsymbol{E} + \boldsymbol{v} \times \boldsymbol{B}) \cdot \mathrm{grad}_v f(t, \boldsymbol{r}, \boldsymbol{v}) + S = 0 \tag{2-77}$$

其中,e 和 m_e 分别是电子的电荷和质量;$\boldsymbol{E}$ 和 $\boldsymbol{B}$ 分别为电场强度和磁场强度;S

是碰撞积分项,由电子和所有其他粒子碰撞来确定;grad_r和grad_v分别是矢径和速度的梯度,表示为

$$\mathrm{grad}_r f = \frac{\partial f}{\partial x}\boldsymbol{x} + \frac{\partial f}{\partial y}\boldsymbol{y} + \frac{\partial f}{\partial z}\boldsymbol{z} \tag{2-78}$$

$$\mathrm{grad}_v f = \frac{\partial f}{\partial v_x}\boldsymbol{x} + \frac{\partial f}{\partial v_y}\boldsymbol{y} + \frac{\partial f}{\partial v_z}\boldsymbol{z} \tag{2-79}$$

因为辉光放电产生的是非磁化、非时变的等离子体,在外加电场较弱还不足以引起等离子非线性效应的前提下,满足以下简化关系:

$$\frac{\partial f_0(v)}{\partial t} = 0 \tag{2-80}$$

$$\mathrm{grad}_r f(t,\ \boldsymbol{r},\ \boldsymbol{v}) = 0 \tag{2-81}$$

$$\mathrm{grad}_v f = \frac{\partial f_0(v)}{\partial v}\cdot\frac{\boldsymbol{v}}{v} + \frac{\partial f_1(v)}{\partial v}\cdot\frac{\boldsymbol{v}}{v} \approx \frac{\partial f_0(v)}{\partial v}\cdot\frac{\boldsymbol{v}}{v} \tag{2-82}$$

再引入电子碰撞频率ν_e,并忽略电离与复合过程,碰撞项S可以写为

$$S = \nu_e \cdot \frac{\boldsymbol{v}\cdot\boldsymbol{f}_1(v)}{v} \tag{2-83}$$

将式(2-80)~式(2-83)代入式(2-77),波尔兹曼方程可以近似简化为

$$\frac{\partial\boldsymbol{f}_1(v)}{\partial t} - \frac{e\boldsymbol{E}}{m_e}\cdot\frac{\partial f_0(v)}{\partial v} + \nu_e\boldsymbol{f}_1(v) = 0 \tag{2-84}$$

求解该方程,得到在外电场$\boldsymbol{E}$作用下,电子运动速度分布函数的改变量在与电流密度矢量$\boldsymbol{j}'$平行的方向上的分量:

$$\boldsymbol{f}_1(v) = \frac{e\boldsymbol{E}\partial f_0(v)/\partial v}{m_e(\mathrm{j}\omega + \nu_e)} \tag{2-85}$$

由于电子定向运动对电流的贡献远大于离子,可以忽略离子电流,根据电流密度的定义有

$$j' = -e\int vf(t, r, v)\,\mathrm{d}v = -e\int v\,\frac{v \cdot f_1(v)}{v}\,\mathrm{d}v = -\frac{4\pi e^2 E}{3}\int_0^\infty \frac{v^3\,\partial f_0(v)/\partial v}{m_e(j\omega + \nu_e)}\,\mathrm{d}v$$

$$(2-86)$$

即可得出与电子初始分布函数$f_0(v)$有关的等离子体介质参数的表达式为

$$\begin{cases} \sigma = \mathrm{Re}(j'/E) \\ \varepsilon_r = 1 + \dfrac{\mathrm{Im}(j'/E)}{\omega\varepsilon_0} \end{cases} \qquad (2-87)$$

得出介电系数后,即可按照常规介质类似的方法计算电磁波传播特性。

下面再考虑实际飞行器表面的流动情况:等离子随着流场一起整体运动,相当于电子速度分布函数的整体偏移。假设流场的平均速度为v_0,则电子速度的初始分布函数可以表示为

$$f'_0(v) = f_0(v - v_0) = n_e\left(\frac{m_e}{2\pi kT_e}\right)^{3/2} \mathrm{e}^{-\frac{m_e(v-v_0)^2}{2kT_e}} \qquad (2-88)$$

图2.54是流场整体运动速度为$20Ma$条件下(约7 km/s)的电子速度分布函数与静止条件的对比(kT_e=10 eV)。两条曲线之间的相对偏移很小,因为虽然$20Ma$运动在流体中属于很高的速度,但和电子的热运动速度(平均可达数百千米每秒)相比,仍是相对小量。

将上述$20Ma$流动条件下的电子速度分布函数代入式(2-86),计算电子密度为$10^{16}\ \mathrm{m}^{-3}$、$10^{17}\ \mathrm{m}^{-3}$、$10^{18}\ \mathrm{m}^{-3}$,碰撞频率为100 MHz、1 GHz、10 GHz的情况,温

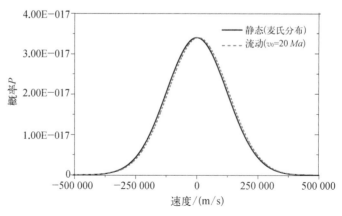

图2.54　流场速度引起的电子运动分布函数偏移

度为2 000 K,频率为1～10 GHz时的衰减系数,与静态等离子传播理论预期进行对比,结果如图2.55所示。

可见,静态的等离子和整体高速运动的等离子体的电波传播特性差异很小,衰减率差异最大不超过0.5 dB/m,折合到等离子体鞘套厚度(小于20 cm)上

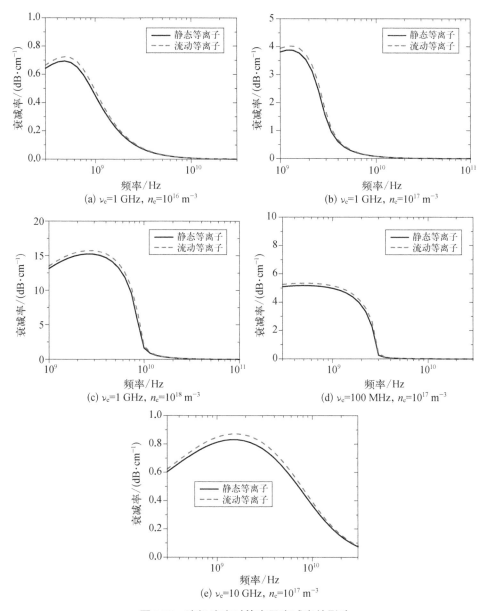

(a) ν_e=1 GHz, n_e=10^{16} m^{-3}　　　　(b) ν_e=1 GHz, n_e=10^{17} m^{-3}

(c) ν_e=1 GHz, n_e=10^{18} m^{-3}　　　　(d) ν_e=100 MHz, n_e=10^{17} m^{-3}

(e) ν_e=10 GHz, n_e=10^{17} m^{-3}

图2.55　流场速度对等离子衰减率的影响

的差异不超过0.1 dB,几乎可以忽略不计,即采用静态条件下产生的等离子体来模拟实际高速流场中的等离子体,仍具有足够的相似性。

参考文献

[1]　Xie K, Li X, Liu D, et al. Reproducing continuous radio blackout using glow discharge plasma[J]. Review of Scientific Instruments, 2013, 84(10): 1−103.

[2]　Min Y, Li X, Xie K, et al. A large volume uniform plasma generator for the experiments of electromagnetic wave propagation in plasma[J]. Physics of Plasmas, 2013, 20(1): 879−1194.

[3]　Gupta R N, Lee K P, Thompson R A, et al. Calculations and curve fits of thermodynamic and transport properties for equilibrium air to 30,000 K[J]. NASA Sti/recon Technical Report N, 1991, 92(6): 32−34.

[4]　Howe J T. Hypervelocity atmospheric flight: real gas flow fields[M]. NASA Technical Memorandum−101055, 1989.

[5]　Rybak J P, Churchill R. Progress in reentry communications[J]. IEEE Transactions on Aerospace and Electronic Systems, 1971, 7(5): 879−894.

[6]　Friel P, Rosenbaum B. Propagation of electromagnetic waves through reentry-induced plasmas[J]. Advances in the Astronautical Sciences, 1963, 11(399).

[7]　McCabe W M, Stolwyk C F. Electromagnetic propagation through shock ionized air surrounding glide re-entry spacecraft[J]. IRE Transactions on Space Electronics and Telemetry, 1962, SET−8(4): 257−266.

[8]　Lehnert R, Rosenbaum B. Plasma effects on Apollo re-entry communication[M]. Citeseer, 1965.

[9]　吴蓉,李燕,朱顺官,等.等离子体电子温度的发射光谱法诊断[J].光谱学与光谱分析, 2008,28(4): 731−735.

[10]　Lin T C, Sproul L K. Influence of reentry turbulent plasma fluctuation on EM wave propagation[J]. Computers and Fluids, 2006, 35(7): 703−711.

[11]　Demetriades A, Grabow R. Mean and fluctuating electron density in equilibrium turbulent boundary layers[J]. AIAA Journal, 1971, 9(8): 1533−1538.

[12]　Potter D L. Introduction of the PIRATE Program for parametric reentry vehicle plasma effects studies[C]. San Francisco: 37th AIAA Plasmadynamics and Lasers Conference, AIAA Paper, 2006.

[13]　Garg S, Settles G S. Measurements of a supersonic turbulent boundary layer by focusing schlieren deflectometry[J]. Experiments in Fluids, 1998, 25(3): 254−264.

[14]　Sagaut P, Garnier E, Tromeur E, et al. Turbulent inflow conditions for les of compressible wall bounded flows[J]. AIAA Journal, 2004, 42(3): 469−477.

[15]　Schreyer A M, Gaisbauer U, Krämer E. Fluctuation measurements in the turbulent boundary layer of a supersonic flow[M]// Netherlands: Seventh IUTAM Symposium on Laminar-Turbulent Transition, Springer, 2010: 569−572.

[16]　Langmuir I, Blodgett K B. Currents limited by space charge between concentric spheres

[J]. Physical Review, 1924, 24(1): 49.

[17] Cartier S, Bosch R. Wide-range Langmuir probe sweep circuit[J]. Review of Scientific Instruments, 1983, 54(12): 1789-1790.

[18] Spatenka P, Brunnhofer V. A new simple method for suppression of influence of RF plasma oscillations during Langmuir probe measurements[J]. Measurement Science and Technology, 1996, 7(7): 1065.

[19] Sreenivasulu M, Patra S, Rao G M. Powered automatic measuring system for Langmuir probe plasma analysis[J]. Review of Scientific Instruments, 2001, 72(11): 4312-4314.

[20] Koo B W, Hershkowitz N, Sarfaty M. Langmuir probe in low temperature, magnetized plasmas: theory and experimental verification[J]. Journal of Applied Physics, 1999, 86(3): 1213-1220.

[21] Pilling L, Bydder E, Carnegie D A. A computerized Langmuir probe system[J]. Review of Scientific Instruments, 2003, 74(7): 3341-3346.

[22] Ying Z, Jinxiang C, Tianye N, et al. Optimization of Langmuir probe system parameters in a stationary laboratory plasma[J]. Plasma Science and Technology, 2006, 8(6): 639-643.

[23] Amatucci W, Koepke M, Sheridan T, et al. Self-cleaning Langmuir probe[J]. Review of Scientific Instruments, 1993, 64(5): 1253-1256.

[24] Heald M A, Wharton C B, Furth H P. Plasma diagnostics with microwaves[J]. Physics Today, 2009, 18(9): 72-74.

[25] Auciello O, Flamm D L. Plasma diagnostics[M]. Salt Lake City: Academic Press, 1989.

[26] 王琛, 王伟, 孙今人, 等. 利用X射线激光干涉诊断等离子体电子密度[J]. 物理学报, 2005, 54(1): 202-205.

[27] Laroussi M. Relationship between the number density and the phase shift in microwave interferometry for atmospheric pressure plasmas[J]. International Journal of Infrared and Millimeter Waves, 1999, 20(8): 1501-1508.

[28] Ohler S G, Gilchrist B E, Gallimore A D. Nonintrusive electron number density measurements in the plume of a 1 kW arcjet using a modern microwave interferometer[J]. IEEE Transactions on Plasma Science, 1995, 23(3): 428-435.

[29] Stenzel R L. Microwave resonator probe for localized density measurements in weakly magnetized plasmas[J]. Review of Scientific Instruments, 1976, 47(5): 603-607.

[30] Kim J, Jungling K. Measurement of plasma density generated by a semiconductor bridge: related input energy and electrode material[J]. ETRI Journal, 1995, 17(2): 11-19.

[31] Piejak R, AlKuzee J, Braithwaite N S J. Hairpin resonator probe measurements in RF plasmas[J]. Plasma Sources Science and Technology, 2005, 14(4): 734.

[32] Sands B L, Siefert N S, Ganguly B N. Design and measurement considerations of hairpin resonator probes for determining electron number density in collisional plasmas[J]. Plasma Sources Science and Technology, 2007, 16(4): 716.

[33] 曹金祥, 徐宏亮. 微波共振探针在测量等离子体密度中的应用[J]. 电子学报, 1995, 23(6): 88-90.

[34] 张宏超. 纳秒激光诱导空气等离子体光学诊断与机理分析[D]. 南京理工大学, 2009.

［35］ Weber B, Fulghum S. A high sensitivity two-color interferometer for pulsed power plasmas [J]. Review of Scientific Instruments, 1997, 68(2): 1227-1232.

［36］ 辛仁轩.等离子体发射光谱分析[M].北京：化学工业出版社,2005.

［37］ 菅井秀郎.等离子体电子工程学[M].北京：科学出版社,2002.

［38］ Dix D. Typical values of plasma parameters around a conical re-entry vehicle[M]. Space Systems Div Los Angeles Air Force Station Calif, 1962.

［39］ Wada K, Kobayashi S, Motoyama N, et al. Evaluation and findings of HTV -1 trajectory and the planning operation, IAC -10. C1. 6.6[C]. Japan: Proceedings of the 61st International Astronautical Congress, 2010.

［40］ Wada K, Yamanaka K, Uematsu H, et al. Evaluation results of the HTV atmospheric reentry trajectory[C]. Cape Town, South africa: Proceedings of the 62nd International Astronautical Congress 2011, International Astronautical Federation, 2011: 4355-4363.

［41］ Hartunian R, Stewart G, Curtiss T, et al. Implications and mitigation of radio frequency blackout during reentry of reusable launch vehicles[J]. AIAA Journal, 2007-6633.

第三章

等离子体电磁波传播理论

本章首先介绍等离子与电磁波作用的主要物理过程及等离子体电磁过程的四种物理模型,包括单粒子模型、磁流体模型、动力论模型和宏观介质模型;论述等离子体中电磁波的传播特性和四种电磁波传播计算方法,进行了仿真算例对比;详细论述等离子体电磁波传播实验方法,基于第二章大面积均匀非磁化等离子体模拟装置(DPSE)建立面向等离子体电磁波传播特性研究的实验系统,开展稳态等离子体中电磁波传播特性测量实验,与传统实验系统相比,具有稳定持续、实验状态重复性好等优点,展示了等离子体中电磁波传播特性实验结果及与理论预期结果的对比验证。

3.1 等离子体与电磁波的作用机理

3.1.1 等离子与电磁波作用的主要物理过程

等离子体为大量带电粒子组成的非束缚态宏观体系[1-3],基本粒子元是带正负电荷的粒子,异类带电粒子之间相互"自由"和相互"独立"。在等离子体中带电粒子之间的相互作用力是电磁力。这些粒子间会发生多体的彼此自洽的相互作用,使得等离子体中粒子运动行为在很大程度表现为集体运动。由于等离子体中的电子已经脱离了束缚态,离子也可以相对自由地运动,这使得等离子体拥有了既不同于由中性粒子组成的流体,也不同于固体的某些特殊性质:一方面,电磁场支配着粒子的运动;另一方面,带电粒子运动又会产生电磁场。因而等离子体中粒子的运动与电磁场紧密耦合,不可分割。当等离子体中存在外加磁场(如外磁场、外电流磁场或电磁扰动等)时,带电粒子还会受到外磁场的作用。

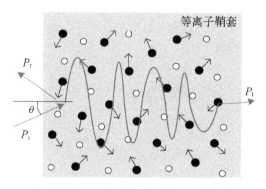

图3.1　等离子体中电磁波传播示意图

当有外部电磁波射入等离子体时,等离子体作为磁流体自身所具有的电磁特性,会与外部电磁波所附加在等离子体中的外加电磁场作用耦合引起一系列复杂多样的电磁现象,等离子体作为一种电磁损耗介质,会对电磁波的传播产生影响,造成电磁波的折射、反射、衰减、波形畸变等。研究表明,电磁波在等离子体中的吸收作用主要有共振吸收和碰撞吸收两种情况。当电磁波频率与等离子体特征频率相近时,两种吸收均发生。当碰撞频率比较大时,电子得到入射场能量,通过碰撞传给其他粒子。当碰撞频率小时,出现共振吸收,共振点处电磁波不能传播。因此,当电磁波频率小于等离子体特征频率时,通信信号的传输将受到影响。

如图3.1所示,假定一束功率为P_i的平面电磁波从真空中入射到等离子体平板内,电磁波在分界面被等离子体部分反射,剩余的被等离子体吸收和透射出去。反射、吸收和透射的电磁波功率分别用P_r、P_a、P_t表示。由于测控通信波段的电磁波的频率远大于等离子体离子振荡频率,因此忽略离子的运动,只需要考虑在电磁波作用下等离子体内自由电子的运动。同时,由于等离子体中电子的运动速率远小于真空中的光速,所以磁场力远小于电场力,因此等离子体中的磁导率为真空磁导率μ_0。在无外加电荷和电流密度的情况下,电磁波在等离子体等色散媒质中的传播遵循以下麦克斯韦方程组:

$$\nabla \times \boldsymbol{E} = -\mathrm{j}\omega\mu_0\boldsymbol{H}$$
$$\nabla \times \boldsymbol{H} = (\sigma + \mathrm{j}\omega\varepsilon_r\varepsilon_0)\boldsymbol{E} \tag{3-1}$$

式中,$\boldsymbol{E}$为电场强度;$\boldsymbol{H}$为磁场强度;ω为电磁波角频率;μ_0为真空磁导率;σ为电导率;ε_r为等离子体的相对介电常量;ε_0为真空介电常量。在外场作用下,等离子体中的自由电子产生定向电流,从而有电流密度$\boldsymbol{J}=\sigma\boldsymbol{E}$。将方程(3-1)第二式改写为

$$\nabla \times \boldsymbol{H} = \mathrm{j}\omega\tilde{\varepsilon}_r\varepsilon_0\boldsymbol{E} \tag{3-2}$$

其中,$\tilde{\varepsilon}_r$为外场中等离子体的复相对介电系数。

由式(3-1)和式(3-2)可得等离子体中的波方程为

$$\nabla^2 \boldsymbol{E} = \frac{\tilde{\varepsilon}_r}{c^2} \frac{\partial^2 \boldsymbol{E}}{\partial t^2} \tag{3-3}$$

其中,c 为光速。假设电磁波沿 z 方向传播。因此平面电磁波在等离子体中传播的波方程(3-3)有如下解:

$$\boldsymbol{E} = \boldsymbol{E}_0 \exp(\mathrm{j}\omega t - \tilde{\gamma} z) \tag{3-4}$$

其中,$\tilde{\gamma}$ 为电磁波的复传播常量。由式(3-3)和式(3-4)可得到电磁波在等离子体中的色散关系为

$$\tilde{\gamma}^2 = -\tilde{\varepsilon}_r \frac{\omega^2}{c^2} \tag{3-5}$$

一般地,将传播常量 $\tilde{\gamma}$ 表示为

$$\tilde{\gamma} = \alpha + \mathrm{j}\beta \tag{3-6}$$

其中,α 称为衰减常量;β 称为相位常量。不难得出

$$\begin{aligned} \alpha &= -\frac{\omega}{c} \mathrm{Im}\left(\sqrt{\tilde{\varepsilon}_r}\right) \\ \beta &= \frac{\omega}{c} \mathrm{Re}\left(\sqrt{\tilde{\varepsilon}_r}\right) \end{aligned} \tag{3-7}$$

假设平面电磁波的入射功率为 P_i,垂直入射磁化均匀等离子体中,由于均匀等离子体中不存在电磁波反射,因此只在界面有反射。反射功率 P_r 由式(3-8)给出:

$$P_r = P_i \left| \frac{1 - \sqrt{\tilde{\varepsilon}_r}}{1 + \sqrt{\tilde{\varepsilon}_r}} \right|^2 \tag{3-8}$$

在等离子体中某一点 z 处,电磁波的功率为

$$P(z) = (P_i - P_r)\exp(-2\alpha z) \tag{3-9}$$

那么,电磁波被等离子体吸收的功率 P_a 为

$$P_a = P_i - P_r - P_t \tag{3-10}$$

通过以上公式可以看出,只要对等离子体与电磁波的相互作用过程进行物理描述,也就是获得等离子体的复介电系数,就可以得到电磁波在等离子体中传播所产生的反射、吸收和透射情况。

此外,电磁波作为变化的电磁场在空间中传播的过程,会与等离子体中的带电粒子运动相耦合,影响等离子体中粒子的运动模式,改变等离子体中波的模式、状态,甚至有可能激起等离子体中的非线性效应,激发出新的波模式。由于电磁场具有长程性质,可以引起带电粒子运动出现关联的集体运动。这种粒子的集体运动就是波动。等离子体中存在着大量的运动模式,这些模式主要以波的形式存在。由于等离子体自身的多种时空尺度,以及等离子体中的粒子波动涉及电磁力,使得等离子体中的波动现象复杂多样,涉及波、粒子及它们之间(波-波、波-粒子、粒子-粒子)的多种相互作用。同时,由于等离子体中总是有大量的运动模式无法保持稳定,微小的扰动有可能会逐渐增长,造成等离子体中多时空尺度、不同波模式之间相互作用、耦合、转化,引起各种复杂的线性和非线性效应。这种现象在非均匀等离子体中尤为突出,也是目前的研究难点。

由于等离子体与电磁波作用的物理过程纷繁复杂,系统完整地描述十分困难,因此需要根据合理适当的简化条件,特别是在研究等离子体与电磁波的相互作用时,应当重点将其介电特性有关的特征作为主要矛盾进行分析研究。

3.1.2 等离子体的介质特性

研究等离子体鞘套电磁波传播问题,需要建立能够表述等离子体与电磁波相互作用的物理模型。常用的物理模型有四类[4-6],分别是单粒子模型、磁流体模型、动力论模型和宏观介质模型。

1. 单粒子模型

单粒子模型通过描述等离子体中每一个粒子的运动行为来表征等离子体内部的微观状态,研究第一步就是考虑单个带电粒子在给定的电磁场中的行为,即所谓的单粒子运动状态。应用单粒子运动模型,必须有两个假设,其一是忽略带电粒子之间的相互作用,其二是忽略带电粒子本身对电磁场的贡献。完全由单粒子运动来描述的体系(如加速器中)不是等离子体系统,因为这与"集体现象"起主导作用这一等离子体的关键特征相矛盾,而且由于分析尺度受限于等离子体中粒子的数量,难以对等离子体的宏观特性进行分析研究。但是单粒子运动是等离子体微观运动的本质,对单粒子运动的分析是等离子体物理的基础。

在均匀、恒定外磁场中,一个质量为m,电量为q的带电粒子运动方程为

$$\frac{\mathrm{d}\boldsymbol{v}}{\mathrm{d}t} = \frac{q}{m}\boldsymbol{v}\times\boldsymbol{B} \quad \text{或} \quad \frac{\mathrm{d}}{\mathrm{d}t}\left(\boldsymbol{v}+\frac{q}{m}\boldsymbol{B}\times\boldsymbol{r}\right) = 0 \tag{3-11}$$

其解为

$$\boldsymbol{v} = \boldsymbol{v}_0 + \boldsymbol{\omega}_{\mathrm{c}}\times\boldsymbol{r} \tag{3-12}$$

其中,

$$\boldsymbol{\omega}_{\mathrm{c}} = -\frac{q\boldsymbol{B}}{m} \tag{3-13}$$

称为粒子回旋频率。由式(3-12)描述的运动可分成平行于磁场及垂直于磁场方向的运动。通过选择$\boldsymbol{r}$的坐标原点,可以将初始速度$\boldsymbol{v}$的垂直于磁场方向的分量化为零,于是垂直于磁场方向的运动速度为

$$\boldsymbol{v}_{\perp} = \boldsymbol{\omega}_{\mathrm{c}}\times\boldsymbol{r} \tag{3-14}$$

这是以ω_{c}为角频率的圆周运动,即回旋运动。

因此,在恒定磁场中,带电粒子的运动可分解成沿磁场方向的自由运动和绕磁场的回旋运动,其轨迹为螺旋线。一般运动可视为角动量$\boldsymbol{J}=m\boldsymbol{v}\times\boldsymbol{r}$绕$\boldsymbol{B}$作拉莫(Larmor)进动,进动的角频率称为拉莫频率:

$$\boldsymbol{\omega}_{\mathrm{L}} = -\frac{q\boldsymbol{B}}{2m} = \frac{1}{2}\boldsymbol{\omega}_{\mathrm{c}} \tag{3-15}$$

带正电荷的粒子回旋运动方向与负电粒子方向相反,带正电粒子的回旋运动与磁场构成左手螺旋,负电粒子为右手螺旋。不同荷质比的粒子回旋频率不同,显然,电子回旋频率远大于离子回旋频率,式(3-16)为电子回旋频率表达式:

$$f_{\mathrm{ce}} = \frac{\omega_{\mathrm{ce}}}{2\pi} \approx 28B \tag{3-16}$$

其中,磁场单位为T,频率的单位为GHz。尽管拉莫频率与回旋频率最初的定义不同,但在等离子体物理中,常常将回旋频率称为拉莫频率,回旋运动称为拉莫运动。

粒子回旋运动的轨道半径称为拉莫半径,与粒子的垂直于磁场的运动速度相关,若粒子的垂直速度为$v_{\perp}$,则拉莫半径为

$$r_L = \frac{v_\perp}{\omega_c} = \frac{mv_\perp}{|q|B} \tag{3-17}$$

带电粒子的回旋运动会产生磁场,无论是电子还是离子,它们的回旋运动所产生的磁场总是与外加磁场方向相反,所以回旋运动具有逆磁的特征。等离子体由带电粒子构成,因而是一种逆磁介质。带电粒子的回旋运动可视为一个电流环,相当于一个磁偶极子,这个磁偶极子的磁矩为

$$\boldsymbol{\mu} = (\pi r_L^2)\left(\frac{q\,\omega_c}{2\pi}\right) = -\frac{mv_\perp^2}{2B}\left(\frac{\boldsymbol{B}}{B}\right) = -\frac{W_\perp}{B}\left(\frac{\boldsymbol{B}}{B}\right) \tag{3-18}$$

实际的等离子体体系中,粒子间相互作用频繁,粒子的个性被淹没,留下的是大量粒子的集体运动特征。对这样的体系,不必了解单个粒子运动的细节,只需要了解等离子体所表现出的宏观性质。

2. 磁流体模型

等离子体可以视为一种带电的流体。由于等离子体具有的宏观准电中性的特征,一般而言,磁场对其宏观运动的作用比电场更为有效和显著,因而等离子体流体通常称为磁流体。在等离子体中,电磁力作用于流体,同时流体运动本身也会产生电磁场,流体与电磁场紧密耦合是等离子体流体的特征。描述电磁场和流体运动相耦合的动力学理论称为磁流体动力理论,简称MHD(magnetohydrodynamics)理论。

磁流体模型将等离子体等效为连续介质或者连续流体,根据电子运动的朗之万(Langevin)方程,推导出等离子体的宏观等效介电特性。等离子体的磁流体模型由运动方程、连续性方程、状态方程、洛伦兹和麦克斯韦方程联合构成。

(1)运动方程

描述流体运动的动力学方程称为纳维-斯托克斯(Navier-Stokes,NS)方程:

$$\rho\left[\frac{\partial \boldsymbol{u}}{\partial t} + (\boldsymbol{u}\cdot\nabla)\boldsymbol{u}\right] = -\nabla p + \rho\nu\nabla^2\boldsymbol{u} + \boldsymbol{f} \tag{3-19}$$

其中,ρ、p、$\boldsymbol{u}$分别表示流体的密度、压力(强)与速度场;ν为动力黏滞系数;$\boldsymbol{f}$表示单位体积流体所受的外力。NS方程的意义是很清楚的。方程的左边是流体元的惯性力项。方程右边,第一项是压力项,这时由于压强梯度的存在,在其梯度方向上,流体元两侧受到的压力不同而产生的力;第二项是黏滞力,它正比于速度剪切

的空间变化率,流体中两个接触面之间的黏滞力(摩擦力)正比于两个面之间的相对速度,流体元所受的净的黏滞力来自流体元两侧摩擦力之差,这是黏滞力与速度对空间的二次微商相关的原因;第三项则是包含了所有作用于流体外力。

$$\rho\left[\frac{\partial \boldsymbol{u}}{\partial t} + (\boldsymbol{u} \cdot \nabla)\boldsymbol{u}\right] = \rho\,\frac{\partial \boldsymbol{u}}{\partial t} \tag{3-20}$$

(2)连续性方程

连续性方程是描述物质或其他物理量,如能量、动量、电荷等守恒的一类方程。若流体物质不生不灭,但可以在空间流动,则应满足下面的连续性方程:

$$\frac{\partial \rho}{\partial t} + \nabla \cdot (\rho \boldsymbol{u}) = 0 \tag{3-21}$$

亦可写成

$$\frac{\mathrm{d}\rho}{\mathrm{d}t} + \rho \nabla \cdot \boldsymbol{u} = 0 \tag{3-22}$$

上式物理意义很明显,即流体元密度增加的原因是相应流体元体积的压缩。

(3)状态方程

流体方程式(3-19)、式(3-21)需要一个描述流体热力学参数 ρ、p 之间关系的热力学状态方程来封闭,状态方程一般可以表示为

$$\frac{\mathrm{d}}{\mathrm{d}t}(p\rho^{-\gamma}) = 0 \tag{3-23}$$

其中,γ 是比热比,即定压比热容和定容比热容之比值,对运动过程中温度不变的等温过程,$\gamma=1$;对无内能交换的绝热过程,$\gamma=1+2/N$,其中 N 为自由度数目。

(4)洛伦兹力与麦克斯韦方程组

等离子体由自由的带电粒子构成,类似于导体。由于其准电中性的特征,电场对流体元影响比磁场小得多,电磁场对等离子体流体的作用力为洛伦兹(Lorentz)力,表示为

$$\boldsymbol{f} = \rho_E \boldsymbol{E} + \boldsymbol{J} \times \boldsymbol{B} \approx \boldsymbol{J} \times \boldsymbol{B} \tag{3-24}$$

电磁场的运动方程为麦克斯韦(Maxwell)方程组:

$$\begin{cases} \nabla \times \boldsymbol{E} = -\dfrac{\partial \boldsymbol{B}}{\partial t} \\[3mm] \nabla \times \boldsymbol{B} = \mu_0 \boldsymbol{J} + \mu_0 \varepsilon_0 \dfrac{\partial \boldsymbol{E}}{\partial t} \approx \mu_0 \boldsymbol{J} \\[3mm] \nabla \cdot \boldsymbol{B} = 0 \\[3mm] \nabla \cdot \boldsymbol{E} = \rho_{\mathrm{E}}/\varepsilon_0 \end{cases} \tag{3-25}$$

（5）磁流体封闭方程组

将电磁力代入普通的流体方程,对描述流体的三个方程与描述电磁场的麦克斯韦方程组进行联合,若再加上一个等离子体对电磁场的响应方程,就可以将方程组封闭。等离子体具有良好的导电性质,用欧姆定律作为等离子体对电磁场的响应方程。

$$\boldsymbol{J} = \sigma(\boldsymbol{E} + \boldsymbol{u} \times \boldsymbol{B}) \tag{3-26}$$

其中,$\boldsymbol{u} \times \boldsymbol{B}$ 项是导体在磁场中运动时受到的感应电场。式(3-19)、式(3-21)、式(3-23)、式(3-25)、式(3-26)构成了一组封闭的方程组,称为磁流体方程组,共有 ρ、p、$\boldsymbol{u}$、$\boldsymbol{J}$、$\boldsymbol{E}$、$\boldsymbol{B}$ 14个独立的变量,共有 16 个标量方程,但其中麦克斯韦方程组中的两个散度方程是冗余的,可由其旋度方程得到。完整的磁流体方程组为

$$\begin{cases} \rho\left[\dfrac{\partial \boldsymbol{u}}{\partial t} + (\boldsymbol{u} \cdot \nabla)\boldsymbol{u}\right] = \boldsymbol{J} \times \boldsymbol{B} - \nabla p \\[3mm] \dfrac{\partial \rho}{\partial t} + \nabla \cdot (\rho \boldsymbol{u}) = 0 \\[3mm] \dfrac{\mathrm{d}}{\mathrm{d}t}(p\rho^{-\gamma}) = 0 \\[3mm] \nabla \times \boldsymbol{E} = -\dfrac{\partial \boldsymbol{B}}{\partial t} \\[3mm] \nabla \times \boldsymbol{B} = \mu_0 \boldsymbol{J} \\[3mm] \boldsymbol{J} = \sigma(\boldsymbol{E} + \boldsymbol{u} \times \boldsymbol{B}) \end{cases} \tag{3-27}$$

其中,流体的比热比 γ 、电导率 σ 为体系参数。这里忽略了流体的黏滞力。

3. 动力论模型

等离子体是一个多粒子系统,磁流体模型可以描述等离子体宏观的整体特性,但很难处理等离子体中不同状态的粒子对等离子体影响所存在的差异性。建立在等离子体粒子的组态与速度空间分布、粒子之间的相关性质及粒子产生的微观场基础上,使用统计方法来处理等离子体的等离子动力论可以解决这类问题。

动力论的出发点是带电粒子的空间位置分布与速度分布,希望用统计方法确定出系统中各种粒子的分布函数——等离子体的微观理论。但实际上的等离子体,一般并不处于热力学平衡状态,无法得到普遍适用的分布函数,通常只能去求分布函数随时间而演化的方程——动力论方程。

分布函数是一个不可测量,但其在速度空间中的统计平均(速度矩)却是可以测量的,这些矩联系着等离子体的质量、密度、粒子平均速度、压强、能流密度等。因此,等离子体动力论从假设的物质结构模型出发,在分析单个粒子运动的基础上,利用统计物理学观念和特定的数学工具,来推求关于大量粒子的统计平均结果。它将微观与宏观参量联系起来,因而可以更加深入细致地研究在流体范围内已研究过的平衡、波、稳定性等概念与过程。

(1) 分布函数

等离子体中的每个粒子均有坐标与速度,有 3 个坐标分量 x、y、z,3 个速度分量 v_x、v_y、v_z,引入 6 维相空间 (r,v),则每个粒子在此 (r,v) 相空间中有其一个代表点与之对应。当粒子在实际空间中运动时,其在相空间中的代表点也在相空间中运动,所以研究一个系统随时间的变化,只须研究粒子代表点在相空间的运动即可。

假设 t 时刻,相空间 (r,v) 处有粒子,在其附近 $(r+dr,v+dv)$ 也有粒子,则可推知,在 t 时间,坐标位于 $r(x,y,z)$ 与 $r+dr(x+dx,y+dy,z+dz)$ 之间,速度在 $v(v_x,v_y,v_z)$ 与 $v+dv(v_x+dv_x,v_y+dv_y,v_z+dv_z)$ 之间的粒子数目,应与相空间 (r,v) 处附近的小体积元 $drdv$ 成正比,即

$$dN = f(r,v,t)drdv = f(r,v,t)dxdydzdv_xdv_ydv_z \tag{3-28}$$

其中,比例系数 $f(r,v,t)$ 表示 t 时刻,粒子在 (r,v) 附近体积元 $drdv$ 内出现的概率,称为粒子的分布函数。

按照统计平衡的规律,如果略去碰撞引起的粒子数的变化,则 f 满足方程:

$$\frac{\mathrm{d}f}{\mathrm{d}t} = 0 \qquad\qquad (3-29)$$

点 (x, y, z) 处空间电荷的浓度为

$$n = n_0 \int f \mathrm{d}\boldsymbol{v} \qquad\qquad (3-30)$$

n_0 的引入可使分布函数 f 归一化。

电流密度可以表示为

$$\boldsymbol{j} = n_0 \int e \boldsymbol{v} f \mathrm{d}\boldsymbol{v} \qquad\qquad (3-31)$$

（2）动力论方程

设所研究的多粒子系统受到外力作用，其中 α 类粒子受力 $\boldsymbol{F}_\alpha$，粒子加速度为 $\boldsymbol{a}_\alpha = \boldsymbol{F}_\alpha / m_\alpha$。

设 t 时刻处于 $(\boldsymbol{r}, \boldsymbol{v}_\alpha)$ 附近体积元 $\mathrm{d}\boldsymbol{r}\mathrm{d}\boldsymbol{v}_\alpha$ 内粒子代表点的个数（以下可简称为粒子数目）为

$$\mathrm{d}N_\alpha = f_\alpha(\boldsymbol{r}, \boldsymbol{v}_\alpha, t)\mathrm{d}\boldsymbol{r}\mathrm{d}\boldsymbol{v}_\alpha \qquad\qquad (3-32)$$

经过时间 $\mathrm{d}t$ 以后，粒子运动到 $(\boldsymbol{r}+\boldsymbol{v}_\alpha \mathrm{d}t, \boldsymbol{v}_\alpha + \boldsymbol{a}_\alpha \mathrm{d}t)$ 处，如果粒子之间无碰撞，则到达新位置的粒子数目应是不变的，即

$$f_\alpha(\boldsymbol{r}, \boldsymbol{v}_\alpha, t)\mathrm{d}\boldsymbol{r}\mathrm{d}\boldsymbol{v}_\alpha = f_\alpha(\boldsymbol{r} + \boldsymbol{v}_\alpha \mathrm{d}t, \boldsymbol{v}_\alpha + \boldsymbol{a}_\alpha \mathrm{d}t, t + \mathrm{d}t)\mathrm{d}\boldsymbol{r}\mathrm{d}\boldsymbol{v}_\alpha \qquad (3-33)$$

但"事实"是粒子之间存在碰撞，设 α 类粒子（以 f_α 表示）与 β 类粒子相撞引起 α 类粒子数目的净增加（在单位时间与单位相体积内）为 $C_{\alpha\beta}(f_\alpha, f_\beta)$，则（3-33）式可改写为

$$\begin{aligned}
f_\alpha\big[(\boldsymbol{r} + \boldsymbol{v}_\alpha \mathrm{d}t), (\boldsymbol{v}_\alpha + \boldsymbol{a}_\alpha \mathrm{d}t), t + \mathrm{d}t\big]\mathrm{d}\boldsymbol{r}\mathrm{d}\boldsymbol{v}_\alpha \\
= f_\alpha(\boldsymbol{r}, \boldsymbol{v}_\alpha, \mathrm{d}t)\mathrm{d}\boldsymbol{r}\mathrm{d}\boldsymbol{v}_\alpha + \sum_\beta C_{\alpha\beta}(f_\alpha, f_\beta)\mathrm{d}\boldsymbol{r}\mathrm{d}\boldsymbol{v}_\alpha \mathrm{d}t
\end{aligned} \qquad (3-34)$$

根据多元函数的泰勒级数展开公式：

$$f = (x_0 + h, y_0 + k, z_0 + g) = f(x_0, y_0, z_0) + \left(h\frac{\partial}{\partial x} + k\frac{\partial}{\partial y} + g\frac{\partial}{\partial z}\right)f(x_0, y_0, z_0) + \cdots$$

式(3-34)左边可展开为

$$左边 = \left[f_\alpha(\boldsymbol{r}, \boldsymbol{v}_\alpha, t) + \left(\boldsymbol{v}_\alpha \cdot \frac{\partial}{\partial \boldsymbol{r}} + \boldsymbol{a}_\alpha \cdot \frac{\partial}{\partial \boldsymbol{v}_\alpha} + 1 \cdot \frac{\partial}{\partial t} \right) \mathrm{d}t \cdot f_\alpha \right] \mathrm{d}\boldsymbol{r} \mathrm{d}\boldsymbol{v}_\alpha + \cdots$$

$$= f_\alpha(\boldsymbol{r}, \boldsymbol{v}_\alpha, t) \mathrm{d}\boldsymbol{r} \mathrm{d}\boldsymbol{v}_\alpha + \left[\left(\boldsymbol{v}_\alpha \cdot \frac{\partial f_\alpha}{\partial \boldsymbol{r}} \right) \mathrm{d}t + \left(\boldsymbol{a}_\alpha \cdot \frac{\partial f_\alpha}{\partial \boldsymbol{v}_\alpha} \right) \mathrm{d}t + \frac{\partial f_\alpha}{\partial t} \mathrm{d}t \right] \mathrm{d}\boldsymbol{r} \mathrm{d}\boldsymbol{v}_\alpha + \cdots$$

$$\text{(3-35)}$$

保留一项代入式(3-34),则变为

$$\frac{\partial f_\alpha}{\partial t} + \boldsymbol{v}_\alpha \cdot \frac{\partial}{\partial \boldsymbol{r}} f_\alpha + \frac{\boldsymbol{F}_\alpha}{m_\alpha} \cdot \frac{\partial}{\partial \boldsymbol{v}_\alpha} f_\alpha = \sum_p C_{\alpha\beta}(f_\alpha \cdot f_\beta) \overset{\Delta}{=} \left(\frac{\partial f_\alpha}{\partial t} \right)_c \qquad \text{(3-36)}$$

式(3-36)即为动理论方程。其中,$(\partial f/\partial t)_c$ 称为碰撞项。

在等离子体中,粒子间的磁撞可大致分为以下几种：近碰撞、远碰撞、多体碰撞、自洽场相互作用(即大量带电粒子的平均作用产生的电磁场,由于等离子体不完全电中性,它可能超过Debye长度起作用)。

波耳兹曼导出碰撞项有如下假设：

① 碰撞的相互作用长度远小于分布函数发生明显变化的长度；

② 碰撞的持续时间远小于分布函数发生明显变化的时间；

③ 所有的碰撞都是二体碰撞；

④ 参与碰撞的粒子是互不相关的(除在碰撞时以外)。

在等离子体中,电子与离子间的碰撞频率 γ_{ei} 与等离子体频率 ω_{pe} 之比为

$$\frac{\gamma_{ei}}{\omega_{pe}} = \frac{\ln N_D}{N_D} \ll 1 \quad \left(N_D = \frac{4}{3} \pi \lambda_D^3 \cdot n \right) \qquad \text{(3-37)}$$

而电子—电子间的碰撞频率为 $\lambda_{ee} = 2\sqrt{2}\, \gamma_{ei}$。

对于毫米波情况($\lambda = 10^{-3}$ m),相应的角频率 $\omega = 2\pi c/\lambda = 10^{12}$ (rad/s) 量级。而等离子体对应的 ω_p 为 $10^5 \sim 10^7$ rad/s,有 $\omega = 10^{12} \gg \omega_p = 10^5 \sim 10^7 \gg \gamma_{ei} \cdot \lambda_{ee}$。因此,当研究比带电粒子间碰撞快很多的等离子体现象(如：波动、不稳定性)时,便可以略去碰撞效应。

如果粒子间碰撞可略去,且粒子仅受到电磁力作用,则 $\boldsymbol{F}_\alpha = q_\alpha(\boldsymbol{E} + \boldsymbol{v}_\alpha \times \boldsymbol{B})$,则式(3-36)变为

$$\frac{\partial f_{\alpha}}{\partial t} + \boldsymbol{v}_{\alpha} \cdot \frac{\partial f_{\alpha}}{\partial \boldsymbol{r}} + \frac{q_{\alpha}}{m_{\alpha}}(\boldsymbol{E} + \boldsymbol{v}_{\alpha} \times \boldsymbol{B}) \cdot \frac{\partial f_{\alpha}}{\partial \boldsymbol{v}_{\alpha}} = 0 \qquad (3-38)$$

该方程称为无碰撞 Boltzmann 方程,亦称为 Vlasov 方程。

4. 宏观介质模型

等离子体与电磁波相互作用的物理过程十分复杂,在电磁波传播特性研究中,需要抓住其中的关键点来对问题进行简化处理。对于测控通信的电磁波信号来说,等离子体相当于一种有耗介质。电导率 σ 和介电系数 ε 是决定介电特性的关键参数,可把等离子看作具有某种形式的电导率和介电系数的媒质。因此,研究等离子体鞘套电磁波传播特性的关键是寻找到其电导率和介电系数的关系式。

由于等离子体鞘套对电磁波产生影响的本质原因是其中的自由带电粒子与电磁场发生作用,因此,等离子体鞘套的电导率 σ 和介电系数 ε 实际上是等离子体鞘套中自由带电粒子运动所产生的效应在宏观上的体现。因此,对于等离子体的介质特性的分析,应以磁流体模型为基础,以动力论模型和单粒子模型为辅助。考虑到高速飞行器等离子体鞘套是非磁化等离子体,因此由非磁化均匀等离子体原理出发来推导其电导率和介电系数。

用 $\boldsymbol{r}_{i}$ 和 $\boldsymbol{r}_{e}$ 表示电子和正离子的位移,并假设等离子体鞘套中不存在负离子,并考虑电离以一次电离为主,则根据电流由电荷移动所产生的原理,总电流密度为

$$J' = e \sum_{i=1}^{N} \left(\frac{\mathrm{d}\boldsymbol{r}_{i}}{\mathrm{d}t} - \frac{\mathrm{d}\boldsymbol{r}_{e}}{\mathrm{d}t} \right) = en \left(\frac{\mathrm{d}\boldsymbol{r}_{i}}{\mathrm{d}t} - \frac{\mathrm{d}\boldsymbol{r}_{e}}{\mathrm{d}t} \right) \qquad (3-39)$$

其中,e 是单位电荷量;n_{e} 为电子密度;n_{i} 为离子密度,由于等离子体是准中性的,$n = n_{e} = n_{i}$;$\mathrm{d}\boldsymbol{r}_{i}/\mathrm{d}t$ 和 $\mathrm{d}\boldsymbol{r}_{e}/\mathrm{d}t$ 为电子和离子的瞬时速度。

在有耗介质理论中,总电流密度由传导电流和位移电流组成:

$$\boldsymbol{J}' = \boldsymbol{J} + \mathrm{j}\omega\boldsymbol{P} = [\sigma + \mathrm{j}\omega\varepsilon_{0}(\varepsilon_{r} - 1)]\boldsymbol{E} \qquad (3-40)$$

其中,$\boldsymbol{J}$ 是传导电流密度;$\boldsymbol{P}$ 是极化强度;$\boldsymbol{E}$ 是电场强度。

对比式(3-39)和式(3-40)可知,若已知电子和离子的运动速度,就可获取等离子体鞘套的电导率和介电系数。电子和离子的运动速度推导过程如下。

在非磁化均匀等离子体中,电子的运动状态由朗之万方程描述:

$$m_{e} \frac{\mathrm{d}^{2}\boldsymbol{r}_{e}}{\mathrm{d}t^{2}} = -e\boldsymbol{E} - m_{e}\nu_{e} \frac{\mathrm{d}\boldsymbol{r}_{e}}{\mathrm{d}t} \qquad (3-41)$$

其中，ν_e 是电子的碰撞频率；m_e 是电子质量。

对式（3-41）进行变换，得到其时谐表达形式为

$$j\omega m_e \frac{\mathrm{d}\boldsymbol{r}_e}{\mathrm{d}t} = -e\boldsymbol{E} - m_e\nu_e \frac{\mathrm{d}\boldsymbol{r}_e}{\mathrm{d}t} \tag{3-42}$$

电子的运动速度为

$$\frac{\mathrm{d}\boldsymbol{r}_e}{\mathrm{d}t} = \frac{-e\boldsymbol{E}}{m_e(j\omega + \nu_e)} \tag{3-43}$$

同理，离子运动状态的朗之万方程为

$$m_i \frac{\mathrm{d}^2\boldsymbol{r}_i}{\mathrm{d}t^2} = e\boldsymbol{E} - m_i\nu_i \frac{\mathrm{d}\boldsymbol{r}_i}{\mathrm{d}t} \tag{3-44}$$

其中，ν_i 是离子的碰撞频率，单位为 rad/s；m_i 是离子质量。

离子的运动速度为

$$\frac{\mathrm{d}\boldsymbol{r}_i}{\mathrm{d}t} = \frac{e\boldsymbol{E}}{m_i(j\omega + \nu_i)} \tag{3-45}$$

结合式（3-39）、式（3-40）、式（3-43）和式（3-45）可得，等离子体的电导率和相对介电系数为

$$\sigma = \frac{e^2 n\nu_i}{m_i(\omega^2 + \nu_i^2)} + \frac{e^2 n\nu_e}{m_e(\omega^2 + \nu_e^2)} \tag{3-46}$$

$$\varepsilon_r = 1 - \frac{e^2 n}{m_i\varepsilon_0(\omega^2 + \nu_i^2)} - \frac{e^2 n}{m_e\varepsilon_0(\omega^2 + \nu_e^2)} \tag{3-47}$$

考虑到离子质量远大于电子质量，离子运动对电导率和介电系数的贡献可以忽略。因此，等离子体鞘套的电导率和介电系数通常表达为

$$\sigma = \frac{e^2 n_e\nu_e}{m_e(\omega^2 + \nu_e^2)} \tag{3-48}$$

$$\varepsilon_r = 1 - \frac{e^2 n_e}{m_e \varepsilon_0 (\omega^2 + \nu_e^2)} \tag{3-49}$$

从式(3-48)和式(3-49)可发现,在高速飞行器等离子体鞘套电磁波传播特性的研究中,电子密度n_e和电子碰撞频率ν_e是至关重要的参数,这两个参数共同决定了等离子体鞘套的介电特性,从而决定了电磁波在等离子体鞘套中的传播情况。其中,碰撞频率ν_e可由动力论模型和单粒子模型为基础获得。

3.2 等离子体电磁波传播理论

3.2.1 等离子体电磁波传播模型

在研究均匀等离子体中电磁波的传播理论时,可以将等离子体看作一种均匀的有耗介质。在色散有耗的等离子体内,电磁波引起带电粒子的集体运动,反过来带电粒子的运动又会影响电磁波的波动状态,这种电磁波与等离子体的相互作用和相互影响构成了电磁波在等离子体内的传播特点。为了研究电磁波在色散有耗的等离子体介质中的传播特性,将麦克斯韦方程组与等离子体的本构方程相结合表示为

$$\begin{cases} \nabla \times \boldsymbol{E} = -\dfrac{\partial \boldsymbol{B}}{\partial t} \\[2mm] \nabla \times \boldsymbol{H} = \dfrac{\partial \boldsymbol{D}}{\partial t} \\[2mm] \nabla \cdot \boldsymbol{D} = 0 \\[2mm] \nabla \cdot \boldsymbol{B} = 0 \end{cases} \tag{3-50}$$

$$\begin{cases} \boldsymbol{D} = \tilde{\varepsilon}_p \boldsymbol{E} = \varepsilon_0 \tilde{\varepsilon}_r \boldsymbol{E} \\[2mm] \boldsymbol{B} = \mu \boldsymbol{H} \end{cases} \tag{3-51}$$

其中,$\boldsymbol{E}$为电场强度;$\boldsymbol{D}$为电位移;$\boldsymbol{B}$为磁感应强度;$\boldsymbol{H}$为磁场强度;$\tilde{\varepsilon}_p$为等离子体的介电常数;$\tilde{\varepsilon}_r$为等离子体的相对介电常数;μ取真空磁导率μ_0。

对电场 E 的旋度再求一次旋度,并且交换偏微分和旋度的顺序,将磁场强度 H 的旋度代入后,得到均匀等离子体中的波动方程为

$$\nabla^2 E - \mu_0 \tilde{\varepsilon}_{\mathrm{p}} \frac{\partial^2 E}{\partial^2 t} = 0 \tag{3-52}$$

假设电磁波是沿 Z 轴传播的平面波,即

$$E = E_0 \exp(\mathrm{j}kz - \mathrm{j}\omega t) \tag{3-53}$$

其中,ω 为电磁波的角频率;k 为电磁波传播常数。通过变化可以得

$$k^2 = \omega^2 \mu_0 \tilde{\varepsilon}_{\mathrm{p}} = \omega^2 \mu_0 \varepsilon_0 \tilde{\varepsilon}_{\mathrm{r}} \tag{3-54}$$

令传播常数为

$$k = \beta - \mathrm{j}\alpha = \omega \sqrt{\mu_0 \varepsilon_0 \tilde{\varepsilon}_{\mathrm{r}}} \tag{3-55}$$

将等离子体的复介电系数式代入式(3−55),得到

$$
\begin{cases}
\beta = \omega \sqrt{\dfrac{\mu_0 \varepsilon_0}{2}} \sqrt{1 - \dfrac{\omega_{\mathrm{p}}^2}{\omega^2 + \nu_{\mathrm{p}}^2} + \sqrt{\left(1 - \dfrac{\omega_{\mathrm{p}}^2}{\omega^2 + \nu_{\mathrm{p}}^2}\right)^2 + \left(\dfrac{\nu_{\mathrm{p}}}{\omega}\dfrac{\omega_{\mathrm{p}}^2}{\omega^2 + \nu_{\mathrm{p}}^2}\right)^2}} \\[4mm]
\alpha = \omega \sqrt{\dfrac{\mu_0 \varepsilon_0}{2}} \sqrt{-1 + \dfrac{\omega_{\mathrm{p}}^2}{\omega^2 + \nu_{\mathrm{p}}^2} + \sqrt{\left(1 - \dfrac{\omega_{\mathrm{p}}^2}{\omega^2 + \nu_{\mathrm{p}}^2}\right)^2 + \left(\dfrac{\nu_{\mathrm{p}}}{\omega}\dfrac{\omega_{\mathrm{p}}^2}{\omega^2 + \nu_{\mathrm{p}}^2}\right)^2}}
\end{cases}
\tag{3-56}
$$

其中,传播常数虚数部分 α 称为衰减系数,表现了波在传播过程中的幅度衰减;传播常数实数部分 β 称为相位常数,表现了波在传播过程中的相位延迟。

3.2.2　等离子体电磁波传播特性

衰减系数 α 和相位常数 β 体现出了等离子体电磁波传播特性,对等离子体对电磁波的衰减系数与 $\omega/\omega_{\mathrm{p}}$ 和 ν/ω_{p} 的关系进行数值计算,得到如图 3.2 的结果。

如图 3.2 所示,在碰撞频率小于等离子体频率时,衰减系数随着入射电磁波频率的增大而减小,并且当入射电磁波频率大于等离子体频率时,衰减系数急剧减小;在碰撞频率接近等离子体频率时,衰减系数随着入射电磁波频率的增大

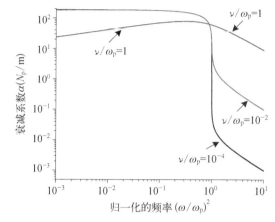

图3.2　衰减系数与归一化频率的关系曲线

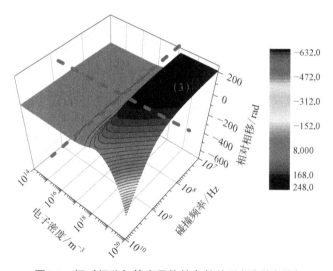

图3.3　相对相移与等离子体的参数关系（后附彩图）

先是增大，当入射电磁波频率大于等离子体频率时，衰减系数开始迅速减小。

如图3.3所示为等离子体引起电磁波的相对相移，仿真参数可以划分为四个区间：① 电子密度低、碰撞频率低的区域，等离子体对相对相移影响轻微，且相移与密度近似呈线性关系；② 电子密度低、碰撞频率高的区域，等离子体对相对相移影响最小，几乎可以忽略；③ 电子密度高、碰撞频率低的区域，等离子体对相移影响较大，呈现超前相位、与常规介质相反的特性；④ 电子密度高、碰撞频率高的区域，等离子体对相移影响较大，呈现滞后相位，与常规介质类似。

3.2.3 等离子体的去极化效应

等离子体会改变电磁波空间矢量随时间的变化特性，进而产生去极化效应。图3.4为电磁波入射等离子体极化方式发生变化的示意图。对于任意极化的电磁波穿透等离子体的过程可以分解成平行极化分量和垂直极化分量分别穿透等离子体后叠加，但是由于等离子体鞘套对平行极化波和垂直极化波透射系数不同，导致其穿过等离子体鞘套后将变为椭圆极化波。

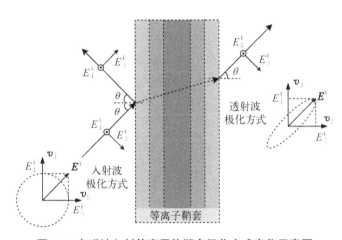

图3.4　电磁波入射等离子体鞘套极化方式变化示意图

当电磁波以入射角θ入射等离子体鞘套，经过等离子体鞘套内部的折射和反射作用后，得到穿透等离子体鞘套的椭圆极化波$\boldsymbol{E}^t$，通过极化合成$\boldsymbol{E}^t$可以表示为

$$\boldsymbol{E}^t = E_{\parallel}^t \, \boldsymbol{v}_{\parallel} + E_{\perp}^t \, \boldsymbol{v}_{\perp} = E_{\parallel}^i \tilde{T}_{\parallel} \, \boldsymbol{v}_{\parallel} + E_{\perp}^i \, \tilde{T}_{\perp} \, \boldsymbol{v}_{\perp} \tag{3-57}$$

其中，$\boldsymbol{v}_{\parallel}$和$\boldsymbol{v}_{\perp}$分别为图3.4中表示的平行极化和垂直极化单位方向矢量；$E_{\parallel}^i$和$E_{\perp}^i$分别为入射波分解成的平行极化分量和垂直极化分量；$E_{\parallel}^t$和$E_{\perp}^t$分别为透射波分解成的平行极化分量和垂直极化分量；$\tilde{T}_{\parallel}$和$\tilde{T}_{\perp}$分别为平行极化波和垂直极化波的透射系数。

采用椭圆极化波的轴比特性来表征透射波的极化特性，为了区分左旋极化波和右旋极化波的区别，设定左旋极化波的轴比为正数，右旋极化波的轴比为负数，因此，根据电磁波的极化理论可以得到透射波的轴比公式为

$$AR = \tan\left[\frac{1}{2}\arcsin\left(\frac{2 \mid E_{\parallel}^t \mid \parallel E_{\perp}^t \mid \sin \phi^t}{\mid E_{\parallel}^t \mid^2 + \mid E_{\perp}^t \mid^2}\right)\right] \tag{3-58}$$

其中,相位因子 ϕ^{t} 为垂直极化分量相对于平行极化分量的相位差。

对于极化方向与入射面成角度 φ 的线极化入射波, ϕ^{t} 具体计算为

$$\phi^{\mathrm{t}} = \phi^{\mathrm{t}}_{\perp} - \phi^{\mathrm{t}}_{\parallel} = \arg(E_0 \cdot \sin\varphi \cdot \tilde{T}_{\perp}) - \arg(E_0 \cdot \cos\varphi \cdot \tilde{T}_{\parallel}) \quad (3-59)$$

对于右旋极化波和左旋极化波的 $\phi^{\mathrm{t}}_{\mathrm{RHCP}}$ 和 $\phi^{\mathrm{t}}_{\mathrm{LHCP}}$,具体计算分别为

$$\begin{aligned}
\phi^{\mathrm{t}}_{\mathrm{RHCP}} &= \phi^{\mathrm{t}}_{\perp} - \phi^{\mathrm{t}}_{\parallel} = \arg(\mathrm{j} \cdot E_0 \cdot \tilde{T}_{\perp}) - \arg(E_0 \cdot \tilde{T}_{\parallel}) \\
&= \arg(E_0 \cdot \tilde{T}_{\perp}) - \arg(E_0 \cdot \tilde{T}_{\parallel}) + 90°
\end{aligned} \quad (3-60)$$

$$\begin{aligned}
\phi^{\mathrm{t}}_{\mathrm{LHCP}} &= \phi^{\mathrm{t}}_{\perp} - \phi^{\mathrm{t}}_{\parallel} = \arg(-\mathrm{j} \cdot E_0 \cdot \tilde{T}_{\perp}) - \arg(E_0 \cdot \tilde{T}_{\parallel}) \\
&= \arg(E_0 \cdot \tilde{T}_{\perp}) - \arg(E_0 \cdot \tilde{T}_{\parallel}) - 90°
\end{aligned} \quad (3-61)$$

根据式(3-60)和式(3-61)的比较可知,右旋极化波和左旋极化波的轴比具有相同的计算形式,右旋圆极化波的相位因子 $\phi^{\mathrm{t}}_{\mathrm{RHCP}}$ 和左旋圆极化波的相位因子 $\phi^{\mathrm{t}}_{\mathrm{LHCP}}$ 相差180°,这导致 $\mathrm{AR}_{\mathrm{RHCP}}$ 和 $\mathrm{AR}_{\mathrm{LHCP}}$ 符号相反。

3.3　等离子体电磁波传播计算方法

3.3.1　等效波阻抗法

均匀平面波垂直入射到等离子体表面时,其反射系数与透射系数不随电磁波极化方式的改变而改变,因为此时电场与磁场总是平行于分界面的,但是在电磁波斜入射至等离子体分界面时,则其电场方向(即电磁波极化方向)有两种基本情况:TE波和TM波斜入射到等离子中,两种波进入等离子时的反射系数和透射系数不同,所以在研究电磁波对等离子体的斜入射问题时,必须考虑电磁波的极化方式。

在讨论电磁波对非均匀等离子斜入射时,也要将非均匀等离子分为 n 层均匀等离子体,每层的宽度为 d_{i}。以下分别对电磁波为TE波和TM波时,斜入射等离子体的透射和反射系数求解进行讨论。

1. TE波对非均匀等离子体的斜入射

如图3.5所示,假设电磁波传播方向沿 z 轴和 x 轴正方向,分界面法线方向与 z 轴平行,则入射面为 xoz 平面,电场垂直于入射面,磁场平行于入射面。 θ_{i} 为入射角, θ_{r} 为反射角。 θ_{t} 为透射角。由图3.5可知 $\theta_{ni}=\theta_{nr}$, $\theta_{nt}=\theta_{(n+1)i}$。由斯涅尔

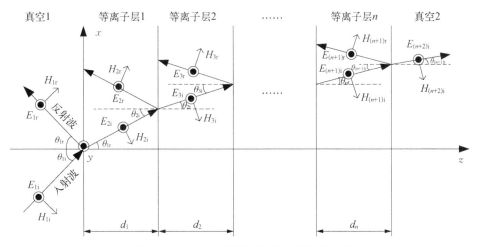

图3.5 TE波斜入射非均匀等离子体示意图

（Snell）定律可知

$$k_{n-1}\theta_{(n-1)i} = k_n\theta_{(n-1)t} \qquad (3-62)$$

真空1中平面电磁波电场和磁场分别为

$$E_1 = e_y(E_{1i}e^{-jk_1(\sin\theta_{1i}x + \cos\theta_{1i}z)} + E_{1r}e^{-jk_1(\sin\theta_{1r}x - \cos\theta_{1r}z)}) \qquad (3-63)$$

$$H_1 = e_x \frac{\cos\theta_{1i}}{\eta_1}(-E_{1i}e^{-jk_1(\sin\theta_{1i}x + \cos\theta_{1i}z)} + E_{1r}e^{-jk_1(\sin\theta_{1r}x - \cos\theta_{1r}z)})$$

$$+ e_z \frac{\sin\theta_{1i}}{\eta_1}(E_{1i}e^{-jk_1(\sin\theta_{1i}x + \cos\theta_{1i}z)} + E_{1r}e^{-jk_1(\sin\theta_{1r}x - \cos\theta_{1r}z)}) \qquad (3-64)$$

等离子体层中平面电磁波电场和磁场分别为

$$E_m = e_y(E_{mi}e^{-jk_m(\sin\theta_{mi}x + \cos\theta_{mi}(z - \sum_{i=1}^{m-1}d_i))} + E_{mr}e^{-jk_m(\sin\theta_{mr}x - \cos\theta_{mr}(z - \sum_{i=1}^{m-1}d_i))}) \quad (3-65)$$

$$H_m = e_x \frac{\cos\theta_{mi}}{\eta_m}(-E_{mi}e^{-jk_m(\sin\theta_{mi}x + \cos\theta_{mi}(z - \sum_{i=1}^{m-1}d_i))} + E_{mr}e^{-jk_m(\sin\theta_{mr}x - \cos\theta_{mr}(z - \sum_{i=1}^{m-1}d_i))})$$

$$+ e_z \frac{\sin\theta_{mi}}{\eta_m}(E_{mi}e^{-jk_m(\sin\theta_{mi}x + \cos\theta_{mi}(z - \sum_{i=1}^{m-1}d_i))} + E_{mr}e^{-jk_m(\sin\theta_{mr}x - \cos\theta_{mr}(z - \sum_{i=1}^{m-1}d_i))})$$

$$\qquad (3-66)$$

其中，$m = 2, 3, \cdots, n+1$。

真空2中平面电磁波电场和磁场分别为

$$E_{n+2} = e_y E_{(n+2)i} e^{-jk_{n+2}\left(\sin\theta_{(n+2)i}x + \cos\theta_{(n+2)i}\left(z - \sum_{i=1}^{n} d_i\right)\right)} \tag{3-67}$$

$$H_{n+2} = e_x \frac{\cos\theta_{(n+1)t}}{\eta_{n+2}}\left(-E_{(n+2)i}e^{-jk_{n+2}\left(\sin\theta_{(n+1)t}x + \cos\theta_{(n+1)t}\left(z - \sum_{i=1}^{n} d_i\right)\right)}\right)$$

$$+ e_z \frac{\sin\theta_{(n+1)i}}{\eta_{n+2}}\left(E_{(n+2)i}e^{-jk_{n+2}\left(\sin\theta_{(n+1)t}x + \cos\theta_{(n+1)t}\left(z - \sum_{i=1}^{n} d_i\right)\right)}\right)$$

$$\tag{3-68}$$

利用各层的边界连续性条件,即电场的 y 分量和磁场的 x 分量分界面两侧是连续的,由式(3-63)～式(3-68)可得TE波斜入射非均匀等离子的反射系数和透射系数。

最后一层的反射和透射系数为

$$\Gamma_{(n+1)\perp} = \frac{\eta_{n+2}\cos\theta_{(n+1)i} - \eta_{n+1}\cos\theta_{(n+1)t}}{\eta_{n+2}\cos\theta_{(n+1)i} + \eta_{n+1}\cos\theta_{(n+1)t}} \tag{3-69}$$

$$T_{n+1//} = 1 + \Gamma_{(n+1)//} \tag{3-70}$$

由式(3-69)、式(3-70)可以迭代出各层的波阻抗与反射系数、透射系数:
对 $m+1$ 层来说,有

$$Z_{m\perp} = \eta_{m+1}\frac{1 + \Gamma_{(m+1)\perp}e^{-j2k_{m+1}d_m\cos\theta_{(m+1)i}}}{1 - \Gamma_{(m+1)\perp}e^{-j2k_{m+1}d_m\cos\theta_{(m+1)i}}} \tag{3-71}$$

$$\Gamma_{m\perp} = \frac{Z_{m\perp}\cos\theta_{mi} - \eta_m\cos\theta_{(m+1)i}}{Z_{m\perp}\cos\theta_{mi} + \eta_m\cos\theta_{(m+1)i}} \tag{3-72}$$

$$T_{m\perp} = \frac{(1 + \Gamma_{m\perp})e^{-jk_{(m+1)}d_m\sec\theta_{(m+1)}}}{1 + \Gamma_{(m+1)\perp}e^{-j2k_{(m+1)}d_m\sec\theta_{(m+1)}}} \tag{3-73}$$

式(3-71)、式(3-72)、式(3-73)中 $m=n, n-1, \cdots, 1$。

所以总的反射系数和透射系数为

$$\Gamma_\perp = \Gamma_{1\perp} \tag{3-74}$$

$$T_\perp = \prod_{i=1}^{n+1} T_{i\perp} \tag{3-75}$$

2. TM波对非均匀等离子体的斜入射

TM波对非均匀等离子体的斜入射,假设电磁波传播方向沿 z 轴和 x 轴正方

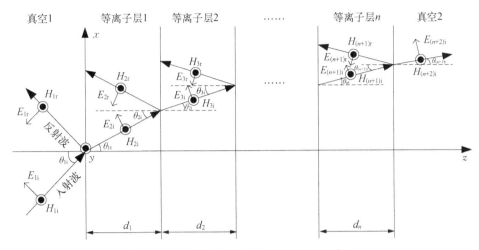

图3.6 TM波斜入射非均匀等离子体示意图

向,即入射面为xoz平面。电场平行于入射面,磁场垂直于入射面。其他条件与TE波对非均匀等离子体斜入射相同。

根据图3.6,真空1中平面电磁波电场和磁场分别为

$$E_1 = e_x\cos\theta_{1i}\left(E_{1i}e^{-jk_1(\sin\theta_{1i}x+\cos\theta_{1i}z)} - E_{1r}e^{-jk_1(\sin\theta_{1r}x-\cos\theta_{1r}z)}\right)$$
$$- e_z\sin\theta_{1i}\left(E_{1i}e^{-jk_1(\sin\theta_{1i}x+\cos\theta_{1i}z)} + E_{1r}e^{-jk_1(\sin\theta_{1r}x-\cos\theta_{1r}z)}\right) \quad (3-76)$$

$$H_1 = e_y\frac{1}{\eta_1}\left(E_{1i}e^{-jk_1(\sin\theta_{1i}x+\cos\theta_{1i}z)} + E_{1r}e^{-jk_1(\sin\theta_{1r}x-\cos\theta_{1r}z)}\right) \quad (3-77)$$

等离子体层中平面电磁波电场和磁场分别为

$$E_m = e_x\cos\theta_{mi}\left(E_{mi}e^{-jk_m(\sin\theta_{mi}x+\cos\theta_{mi}(z-\sum_{i=1}^{m-1}d_i))} - E_{mr}e^{-jk_{mr}(\sin\theta_{mr}x-\cos\theta_{mr}(z-\sum_{i=1}^{m-1}d_i))}\right)$$
$$- e_z\sin\theta_{mi}\left(E_{mi}e^{-jk_m(\sin\theta_{mi}x+\cos\theta_{mi}(z-\sum_{i=1}^{m-1}d_i))} + E_{mr}e^{-jk_m(\sin\theta_{mr}x-\cos\theta_{mr}(z-\sum_{i=1}^{m-1}d_i))}\right)$$
$$(3-78)$$

$$H_m = e_y\frac{1}{\eta_m}\left(E_{mi}e^{-jk_m(\sin\theta_{mi}x+\cos\theta_{mi}(z-\sum_{i=1}^{m-1}d_i))} + E_{mr}e^{-jk_m(\sin\theta_{mr}x-\cos\theta_{mr}(z-\sum_{i=1}^{m-1}d_i))}\right)$$
$$(3-79)$$

其中,$m=2,3,\cdots,n+1$。

真空2中平面电磁波电场和磁场分别为

$$\begin{aligned}
\boldsymbol{E}_{n+2} = {}& \boldsymbol{e}_x \cos\theta_{(n+1)t} \boldsymbol{E}_{(n+2)\mathrm{i}} \mathrm{e}^{-\mathrm{j}k_{n+2}\left(\sin\theta_{(n+1)t}x + \cos\theta_{(n+1)t}\left(z - \sum\limits_{i=1}^{n} d_i\right)\right)} \\
& - \boldsymbol{e}_z \sin\theta_{(n+1)t} \boldsymbol{E}_{(n+2)\mathrm{i}} \mathrm{e}^{-\mathrm{j}k_{n+2}\left(\sin\theta_{(n+1)t}x + \cos\theta_{(n+1)t}\left(z - \sum\limits_{i=1}^{n} d_i\right)\right)}
\end{aligned} \tag{3-80}$$

$$\boldsymbol{H}_{n+2} = \boldsymbol{e}_y \frac{1}{\eta_{n+2}} \boldsymbol{E}_{(n+2)\mathrm{i}} \mathrm{e}^{-\mathrm{j}k_{n+2}\left(\sin\theta_{(n+2)\mathrm{i}}x + \cos\theta_{(n+2)\mathrm{i}}\left(z - \sum\limits_{i=1}^{n} d_i\right)\right)} \tag{3-81}$$

利用各层的边界连续性条件,即电场的y分量和磁场的x分量分界面两侧是连续的,由式(3-76)~式(3-81)可得TM波斜入射非均匀等离子的反射系数和透射系数。

最后一层的反射和透射系数为

$$\Gamma_{(n+1)/\!/} = \frac{\eta_{n+1}\cos\theta_{(n+1)\mathrm{i}} - \eta_{n+2}\cos\theta_{(n+1)t}}{\eta_{n+1}\cos\theta_{(n+1)\mathrm{i}} + \eta_{n+2}\cos\theta_{(n+1)t}} \tag{3-82}$$

$$T_{(n+1)\perp} = \frac{\eta_{n+2}}{\eta_{n+1}}\left(1 + \Gamma_{(n+1)\perp}\right) \tag{3-83}$$

由式(3-82)、式(3-83)可以迭代出各层的波阻抗与反射系数、透射系数:
对$m+1$层来说,有

$$Z_{m/\!/} = \eta_{m+1} \frac{1 - \Gamma_{(m+1)/\!/}\,\mathrm{e}^{-\mathrm{j}2k_{m+1}d_m\cos\theta_{(m+1)\mathrm{i}}}}{1 + \Gamma_{(m+1)/\!/}\,\mathrm{e}^{-\mathrm{j}2k_{m+1}d_m\cos\theta_{(m+1)\mathrm{i}}}} \tag{3-84}$$

$$\Gamma_{m/\!/} = \frac{\eta_m\cos\theta_{m\mathrm{i}} - Z_{m/\!/}\cos\theta_{(m+1)\mathrm{i}}}{\eta_m\cos\theta_{m\mathrm{i}} + Z_{m/\!/}\cos\theta_{(m+1)\mathrm{i}}} \tag{3-85}$$

$$T_{m/\!/} = \frac{\left(1 - \Gamma_{m/\!/}\right)\mathrm{e}^{-\mathrm{j}k_{m+1}d_m\sec\theta_{(m+1)\mathrm{i}}}\cos\theta_{m\mathrm{i}}}{\left(1 - \Gamma_{(m+1)/\!/}\,\mathrm{e}^{-\mathrm{j}2k_{m+1}d_m\sec\theta_{(m+1)\mathrm{i}}}\right)\cos\theta_{(m+1)\mathrm{i}}} \tag{3-86}$$

式(3-84)、式(3-85)、式(3-86)中$m = n, n-1, \cdots, 1$。

所以总的反射系数和透射系数为

$$\Gamma_{/\!/} = \Gamma_{1/\!/} \tag{3-87}$$

$$T_{/\!/} = \prod_{i=1}^{n+1} T_{i/\!/} \tag{3-88}$$

3.3.2　等效传输线法

由于电磁波在等离子体内沿z方向传播呈现衰减的TEM波,与电磁场在有

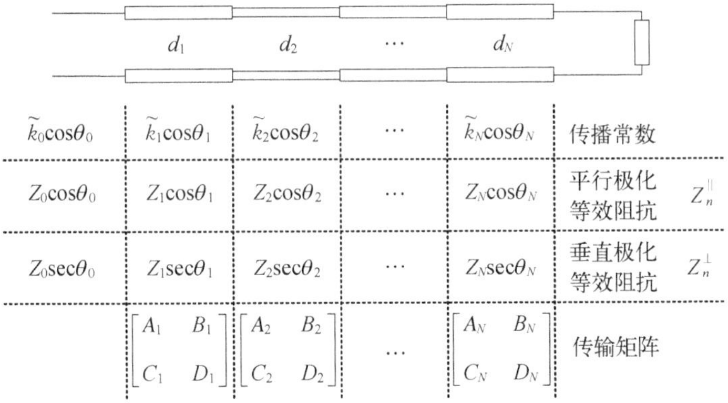

图3.7　等离子体鞘套的等效传输线计算模型

损耗微波传输线中的传播特性相类似，因此两种特征极化电磁波在分层等离子体鞘套内沿z方向传播可以等效为N个不同特征波阻抗传输线的级联，进而两种特征极化电磁波以任意角度入射等离子体鞘套的透射系数可以采用等效传输线法分别计算。下面给出基于等效传输线的两种特性极化波在等离子体内传播的计算方法。

图3.7为两种特征极化电磁波建立分层等离子体鞘套的等效传输线计算模型。对于第n层均匀等离子体，其厚度为d_n，电磁波在等离子体内沿z方向的传播常数为$\tilde{k}_n\cos\theta_n$，平行极化波和垂直极化波沿z方向的等效波阻抗分别为$Z_n^{\parallel}=Z_n\cos\theta_n$和$Z_n^{\perp}=Z_n\sec\theta_n$，其中$\theta_n$和$Z_n=\sqrt{\mu_n/\tilde{\varepsilon}_n}$分别为第$n$层介质中的复折射角和本征波阻抗。

对于平行极化波$E_{\parallel}$，第n层等离子体的传输矩阵为

$$
\begin{bmatrix} A_n & B_n \\ C_n & D_n \end{bmatrix} = \begin{bmatrix} \cosh(\mathrm{j}\tilde{k}_n\cos\theta_n d_n) & Z_n^{\parallel}\sinh(\mathrm{j}\tilde{k}_n\cos\theta_n d_n) \\ \sinh(\mathrm{j}\tilde{k}_n\cos\theta_n d_n)/Z_n^{\parallel} & \cosh(\mathrm{j}\tilde{k}_n\cos\theta_n d_n) \end{bmatrix} \quad (3-89)
$$

对于垂直极化波$E_{\perp}^{i}$，第n层等离子体的传输矩阵为

$$
\begin{bmatrix} A_n & B_n \\ C_n & D_n \end{bmatrix} = \begin{bmatrix} \cosh(\mathrm{j}\tilde{k}_n\cos\theta_n d_n) & Z_n^{\perp}\sinh(\mathrm{j}\tilde{k}_n\cos\theta_n d_n) \\ \sinh(\mathrm{j}\tilde{k}_n\cos\theta_n d_n)/Z_n^{\perp} & \cosh(\mathrm{j}\tilde{k}_n\cos\theta_n d_n) \end{bmatrix} \quad (3-90)
$$

根据微波网络理论，由两种极化波每一层等离子体传输矩阵分别相乘得到N层等离子体鞘套对于两种极化波的总传输矩阵，两者形式相同均为

$$\begin{bmatrix} A & B \\ C & D \end{bmatrix} = \begin{bmatrix} A_1 & B_1 \\ C_1 & D_1 \end{bmatrix} \begin{bmatrix} A_2 & B_2 \\ C_2 & D_2 \end{bmatrix} \cdots \begin{bmatrix} A_N & B_N \\ C_N & D_N \end{bmatrix} \tag{3-91}$$

从总传输矩阵可以得到电磁波以任意角度入射等离子体鞘套的传输系数。但是上述分析过程中并未考虑等离子体内折射波沿 x 方向传播的相位延迟，因此需要对传输系数的相位进行修正。根据折射波在等离子体内沿 x 方向的传播距离 L，得到电磁波穿透等离子体鞘套后沿 x 方向传播的相位延迟为 $e^{-jk_0\sin\theta_0 L}$，最终得到经过相位修正后的平行极化波和垂直极化波穿过等离子体鞘套的透射系数分别为

$$\tilde{T}_{\parallel} = \frac{2}{(A^{\parallel} + B^{\parallel}/Z_{N+1}^{\parallel}) + Z_0^{\parallel}(C^{\parallel} + D^{\parallel}/Z_{N+1}^{\parallel})} e^{-jk_0\sin\theta_0 L} \tag{3-92}$$

$$\tilde{T}_{\perp} = \frac{2}{(A^{\perp} + B^{\perp}/Z_{N+1}^{\perp}) + Z_0^{\perp}(C^{\perp} + D^{\perp}/Z_{N+1}^{\perp})} e^{-jk_0\sin\theta_0 L} \tag{3-93}$$

其中，$Z_0^{\parallel}$ 和 $Z_0^{\perp}$ 分别为平行极化波和垂直极化波在入射介质中的等效波阻抗；$Z_{N+1}^{\parallel}$ 和 $Z_{N+1}^{\perp}$ 分别为平行极化波和垂直极化波在透射介质中的等效波阻抗，对于本文的研究内容，入射介质和透射介质均为空气。

对于再入飞行器的测控通信，除了电磁波以任意角度入射等离子体鞘套的透射特性外，等离子体鞘套对电磁波的反射特性可以用于诊断再入等离子体的参数。因此，对电磁波以任意角度入射等离子体鞘套的反射特性也需要进行研究。同样根据等效传输线方法，可以得到平行极化波和垂直极化波斜入射等离子体鞘套的反射系数分别为

$$\tilde{R}_{\parallel} = \frac{(A^{\parallel} + B^{\parallel}/Z_{N+1}^{\parallel}) - Z_0^{\parallel}(C^{\parallel} + D^{\parallel}/Z_{N+1}^{\parallel})}{(A^{\parallel} + B^{\parallel}/Z_{N+1}^{\parallel}) + Z_0^{\parallel}(C^{\parallel} + D^{\parallel}/Z_{N+1}^{\parallel})} \tag{3-94}$$

$$\tilde{R}_{\perp} = \frac{(A^{\perp} + B^{\perp}/Z_{N+1}^{\perp}) - Z_0^{\perp}(C^{\perp} + D^{\perp}/Z_{N+1}^{\perp})}{(A^{\perp} + B^{\perp}/Z_{N+1}^{\perp}) + Z_0^{\perp}(C^{\perp} + D^{\perp}/Z_{N+1}^{\perp})} \tag{3-95}$$

3.3.3　射线跟踪法

图3.8为电磁波斜入射单层均匀等离子体的多次反射和透射计算模型。对于射线跟踪法，在等离子体内经过多次折射和反射过程后，透射波为所有出射射线 T_1、T_2、T_3⋯的叠加，总的透射系数可以表示成式（3-96）和式（3-97）所示的级数形式。

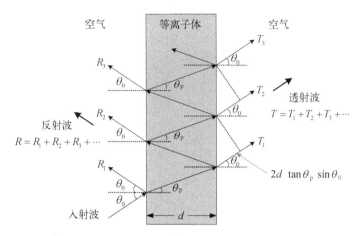

图3.8　电磁波斜入射单层均匀等离子体的多次反射和透射计算模型

对于垂直极化波的透射系数为

$$T_\perp = T_\perp^1 + T_\perp^2 + T_\perp^3 + \cdots$$

$$= t_\perp^{01} t_\perp^{10} P_d + t_\perp^{01} t_\perp^{10} P_d [(r_\perp^{10} P_d)^2 P_a] + t_\perp^{01} t_\perp^{10} P_d [(r_\perp^{10} P_d)^2 P_a]^2 + \cdots$$

$$= \frac{t_\perp^{01} t_\perp^{10} P_d}{1 - (r_\perp^{10} P_d)^2 P_a}$$

$$(3-96)$$

对于平行极化波的透射系数为

$$T_\parallel = T_\parallel^1 + T_\parallel^2 + T_\parallel^3 + \cdots$$

$$= t_\parallel^{01} t_\parallel^{10} P_d + t_\parallel^{01} t_\parallel^{10} P_d [(r_\parallel^{10} P_d) 2 P_a] + t_\parallel^{01} t_\parallel^{10} P_d [(r_\parallel^{10} P_d)^2 P_a]^2 + \cdots$$

$$= \frac{t_\parallel^{01} t_\parallel^{10} P_d}{1 - (r_\parallel^{10} P_d)^2 P_a}$$

$$(3-97)$$

其中，$t_\perp^{01}$和$t_\parallel^{01}$分别为射线从空气进入等离子体时垂直极化和平行极化波的菲涅耳透射系数；$t_\perp^{10}$和$t_\parallel^{10}$分别为射线从等离子体出射空气时垂直极化和平行极化波的菲涅耳透射系数；$r_\perp^{10}$和$r_\parallel^{10}$分别为射线从等离子体出射空气时垂直极化和平行极化波的菲涅耳反射系数；P_d表示电磁波在等离子体两个边界之间传播一次的相位延迟与幅度衰减；P_a表示相邻射线到达接收点处路径差引起的相位差。

$r_\perp^{10}$、$r_\parallel^{10}$、$t_\perp^{01}$、$t_\parallel^{01}$、$t_\perp^{10}$ 和 $t_\parallel^{10}$ 的计算公式为

$$r_\perp^{10} = \frac{Z_0\cos\theta_1 - Z_1\cos\theta_0}{Z_0\cos\theta_1 + Z_1\cos\theta_0}, \quad r_\parallel^{10} = \frac{Z_1\cos\theta_1 - Z_0\cos\theta_0}{Z_1\cos\theta_1 + Z_0\cos\theta_0} \qquad (3-98)$$

$$t_\perp^{01} = \frac{2Z_1\cos\theta_0}{Z_0\cos\theta_1 + Z_0\cos\theta_1}, \quad t_\parallel^{01} = \frac{2Z_0\cos\theta_0}{Z_0\cos\theta_0 + Z_1\cos\theta_1} \qquad (3-99)$$

$$t_\perp^{10} = \frac{2Z_0\cos\theta_1}{Z_1\cos\theta_0 + Z_1\cos\theta_0}, \quad t_\parallel^{10} = \frac{2Z_1\cos\theta_1}{Z_1\cos\theta_1 + Z_0\cos\theta_0} \qquad (3-100)$$

其中,Z_0 和 Z_1 分别为空气和等离子体的本征波阻抗; θ_0 为入射角; $\cos\theta_1$ 为等离子体内复折射角的余弦值,计算见文献[7]。

经过推导得到 P_d 和 P_a 的具体计算可表示为

$$P_d = \exp(-j\tilde{k}_p d\sec\theta_1) \qquad (3-101)$$

$$P_a = \exp(jk_0 \cdot 2d \cdot \tan\theta_p\sin\theta_0) \qquad (3-102)$$

其中,$\tilde{k}_p$ 为等离子体的传播系数; $\sec\theta_1$ 为等离子体内复折射角的正割值; $\tan\theta_p$ 为等离子体内等相位面折射角的正切值。

将式(3-98)代入式(3-96)和式(3-97)中,化简得到

$$T_\perp = \frac{2 \cdot \exp(-jk_0\sin\theta_0 d\tan\theta_p)}{2\cos(\tilde{k}_p\cos\theta_1 d) + j\sin(\tilde{k}_p\cos\theta_1 d) \cdot \left(\dfrac{Z_1\cos\theta_0}{Z_0\cos\theta_1} + \dfrac{Z_0\cos\theta_1}{Z_1\cos\theta_0}\right)}$$

$$(3-103)$$

$$T_\parallel = \frac{2 \cdot \exp(-jk_0\sin\theta_0 d\tan\theta_p)}{2\cos(\tilde{k}_p\cos\theta_1 d) + j\sin(\tilde{k}_p\cos\theta_1 d) \cdot \left(\dfrac{Z_1\cos\theta_1}{Z_0\cos\theta_0} + \dfrac{Z_0\cos\theta_0}{Z_1\cos\theta_1}\right)}$$

$$(3-104)$$

3.3.4 时域有限差分方法

时域有限差分方法自从1964年由 Yee 提出以来,由于其鲁棒性和建模灵活等特定,已广泛应用于电磁仿真领域。Yee 将 Maxwell 方程组的微分形式在直角坐标系中展开,采用中心差分方法来近似表示时间和空间的导数,将麦克斯韦方程组变化为6个相互耦合的标量方程。在空间采样上,Yee 网格的每一个电场分

量有4个磁场分量环绕,每一个磁场分量有4个电场分量环绕。在时间采样上电场和磁场相差半个时间步。这样在给定初始条件(电场或磁场初始值)和激励源的情况下,通过6个相互耦合的标量方程,求出下一时刻的磁场(电场)空间分布,进而求出下一个时间步的电场(磁场)空间分布情况。这样在时间轴上逐步推进计算出整个仿真空间的各个节点的电场分量和磁场分量,演示出整个仿真空间电磁环境的变化。

1. FDTD网格划分

麦克斯韦方程组两个旋度方程可以写为

$$\nabla \times \boldsymbol{H} = \frac{\partial \boldsymbol{D}}{\partial t} + \boldsymbol{J} \tag{3-105}$$

$$\nabla \times \boldsymbol{E} = -\frac{\partial \boldsymbol{B}}{\partial t} - \boldsymbol{J}_{\mathrm{m}} \tag{3-106}$$

其中,$\boldsymbol{E}$为电场强度,单位为V/m;$\boldsymbol{H}$为磁场强度,单位为A/m;$\boldsymbol{D}$为电通量密度,单位为C/m^2;$\boldsymbol{B}$为磁通量密度,单位为T;$\boldsymbol{J}$为电流密度,单位为A/m^2;$\boldsymbol{J}_{\mathrm{m}}$为磁流密度,单位为V/m^2。

各项同性介质的本构关系为

$$\begin{cases} \boldsymbol{D} = \varepsilon \boldsymbol{E} \\ \boldsymbol{B} = \mu \boldsymbol{H} \\ \boldsymbol{J} = \sigma \boldsymbol{E} \\ \boldsymbol{J}_{\mathrm{m}} = \sigma_{\mathrm{m}} \boldsymbol{H} \end{cases} \tag{3-107}$$

其中,ε为介质的介电常数,单位为F/m;μ为磁导系数,单位为H/m;σ表示电导率,单位为S/m;σ_{m}表示磁导率,单位为H/m。

将式(3-105)和式(3-106)在直角坐标系中展开为

$$\left.\begin{array}{l} \dfrac{\partial H_z}{\partial y} - \dfrac{\partial H_y}{\partial z} = \varepsilon \dfrac{\partial E_x}{\partial t} + \sigma E_x \\[3mm] \dfrac{\partial H_x}{\partial z} - \dfrac{\partial H_z}{\partial x} = \varepsilon \dfrac{\partial E_y}{\partial t} + \sigma E_y \\[3mm] \dfrac{\partial H_y}{\partial x} - \dfrac{\partial H_x}{\partial y} = \varepsilon \dfrac{\partial E_z}{\partial t} + \sigma E_z \end{array}\right\} \tag{3-108}$$

$$\left.\begin{array}{l} \dfrac{\partial E_z}{\partial y} - \dfrac{\partial E_y}{\partial z} = -\mu \dfrac{\partial H_x}{\partial t} - \sigma_m H_x \\[3mm] \dfrac{\partial E_x}{\partial z} - \dfrac{\partial E_z}{\partial x} = -\mu \dfrac{\partial H_y}{\partial t} - \sigma_m H_y \\[3mm] \dfrac{\partial E_y}{\partial x} - \dfrac{\partial E_x}{\partial y} = -\mu \dfrac{\partial H_z}{\partial t} - \sigma_m H_z \end{array}\right\} \qquad (3-109)$$

Yee将问题空间划分成一个个的矩形网格单元,空间中点场分量和磁场分量的分布如图3.9所示。

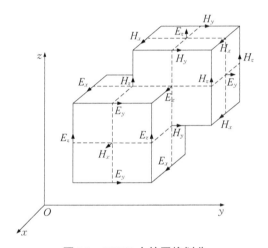

图3.9　FDTD中的网格划分

网格中磁场分量、电场分量的节点位置和取样时刻如表3.1所示。

表3.1　Yee元胞中各场分量节点位置和采样时刻

电磁场分量		空间取样位置			时间取样
		x坐标	y坐标	z坐标	
电场分量节点	E_x	$i+1/2$	j	k	
	E_y	i	$j+1/2$	k	n
	E_z	i	j	$k+1/2$	
磁场分量节点	H_x	i	$j+1/2$	$k+1/2$	
	H_y	$i+1/2$	j	$k+1/2$	$n+1/2$
	H_z	$i+1/2$	$j+1/2$	k	

如图 3.9 和表 3.1 所示，Yee 元胞中的每个电场分量都有 4 个磁场分量环绕，每个磁场分量都有 4 个电场分量环绕，电场分量和磁场分量的采样时间相差半个时间步。这样的空间取样不仅有利于 Maxwell 方程组的差分，而且也符合安培环路定理和法拉第电磁感应定理的自然结构。在时间上电场取样时刻和磁场取样时刻相差半个时间步长，便于用差分来替换式(3-108)和式(3-109)中的各场分量对时间的微分。

以式(3-108)中的第一式为例来介绍 Maxwell 方程组的差分近似，得到 FDTD 的差分迭代公式。用符号 $H(x,y,z,t)$ 和 $E(x,y,z,t)$ 表示空间中某时刻电场分量的场值和磁场分量的场值。用符号 $H_z^n(i,j,k)$ 和 $E_x^n(i,j,k)$ 代替磁场和电场在空间和时间上的离散值 $H_z(i\Delta x, j\Delta y, k\Delta z, n\Delta t)$，$E_x^n(i\Delta x, j\Delta y, k\Delta z, n\Delta t)$。可以用差分来取代(3-108)式中的微分算子，得到

$$
\frac{\partial H_z(x,y,z,t)}{\partial y}\bigg|_{t=(n+1/2)\Delta t} = \frac{H_z^{n+1/2}\left(i+\frac{1}{2}, j+\frac{1}{2}, k\right) - H_z^{n+1/2}\left(i+\frac{1}{2}, j-\frac{1}{2}, k\right)}{\Delta y}
$$
$$
+ O((\Delta x)^2)
$$
$$(3-110)$$

$$
\frac{\partial H_y(x,y,z,t)}{\partial z}\bigg|_{t=(n+1/2)\Delta t} = \frac{H_y^{n+1/2}\left(i+\frac{1}{2}, j, k+\frac{1}{2}\right) - H_y^{n+1/2}\left(i+\frac{1}{2}, j, k-\frac{1}{2}\right)}{\Delta z}
$$
$$
+ O((\Delta x)^2)
$$
$$(3-111)$$

$$
\frac{\partial E(x,y,z,t)}{\partial t}\bigg|_{t=(n+1/2)\Delta t} = \frac{E_x^{n+1}\left(i+\frac{1}{2}, j, k\right) - E_x^n\left(i+\frac{1}{2}, j, k\right)}{\Delta t} \quad (3-112)
$$
$$
+ O((\Delta x)^2)
$$

将式(3-108)、式(3-110)和式(3-112)中的近似项去掉并代入式(3-108)中第一式，即可得到该式在三维空间中 FDTD 迭代方程为

$$E_x^{n+1}\left(i + \frac{1}{2},\, j,\, k\right) = \mathrm{CA}(m) \cdot F_x^n\left(i + \frac{1}{2},\, j,\, k\right) + \mathrm{CB}(m)$$

$$\cdot \left[\frac{H_z^{n+1/2}\left(i + \frac{1}{2},\, j + \frac{1}{2},\, k\right) - H_z^{n+1/2}\left(i + \frac{1}{2},\, j - \frac{1}{2},\, k\right)}{\Delta y} \right. $$
$$\left. - \frac{H_y^{n+1/2}\left(i + \frac{1}{2},\, j,\, k + \frac{1}{2}\right) - H_y^{n+1/2}\left(i + \frac{1}{2},\, j,\, k - \frac{1}{2}\right)}{\Delta x} \right] \quad (3-113)$$

其中, $m = \left(i + \dfrac{1}{2},\, j,\, k\right)$; $\mathrm{CA}(m) = \dfrac{1 - \dfrac{\sigma(m)\Delta t}{2\varepsilon(m)}}{1 + \dfrac{\sigma(m)\Delta t}{2\varepsilon(m)}}$; $\mathrm{CB}(m) = \dfrac{\dfrac{\Delta t}{\varepsilon(m)}}{1 + \dfrac{\sigma(m)\Delta t}{2\varepsilon(m)}}$。

其余5个式子的推导过程与上式相似,此处不再赘述。

用上述方法可以得到6个相互耦合的FDTD差分迭代公式,这样通过前一时间步的电场分量(磁场分量)可以求出下个时间步的磁场分量(电场分量),通过这样反复迭代,逐步求出各时间步上的电场强度矢量和磁场强度矢量。于是在给定初值条件和激励源的情况下,通过FDTD迭代式在时间上逐步推进,可以求出仿真空间中各电场分量和磁场分量的场值随时间变化的情况。

2. FDTD方法的稳定性条件

FDTD方法是通过差分来近似Maxwell方程的中微分算子,所以只有当得到的差分方程在迭代过程中是收敛的、稳定的情况下,FDTD算法才有使用价值。差分方程解的收敛性是指差分方程的解随时间推进趋于麦克斯韦方程组的解。数值稳定条件是指在这种条件下FDTD迭代式的解不会随着时间步数的增加而无限制的增大,从而保证迭代式的解和麦克斯韦方程组的解之间的差有界。下文讨论稳定性对于时间步长和空间步长的要求和为减小数值色散空间步长的取值。

由麦克斯韦方程组可以推出在直角坐标系中的标量波动方程为

$$\frac{\partial^2 f}{\partial x^2} + \frac{\partial^2 f}{\partial y^2} + \frac{\partial^2 f}{\partial z^2} + \frac{\omega^2}{c^2} f = 0 \quad (3-114)$$

考虑上式平面波为时谐场则

$$f(x, y, z, t) = f_0 \exp[-j(k_x x + k_y y + k_z z - \omega t)] \tag{3-115}$$

对(3-114)中的求导进行差分近似为

$$\frac{\partial^2 f}{\partial x^2} \approx \frac{\exp(jk_x \Delta x) - 2 + \exp(-jk_x \Delta x)}{(\Delta x)^2} f = -\frac{\sin^2\left(\dfrac{k_x \Delta x}{2}\right)}{\left(\dfrac{\Delta x}{2}\right)^2} f \tag{3-116}$$

对式(3-114)中的其余两项类似处理,则式(3-114)变为

$$\frac{\sin^2\left(\dfrac{k_x \Delta x}{2}\right)}{\left(\dfrac{\Delta x}{2}\right)^2} + \frac{\sin^2\left(\dfrac{k_y \Delta y}{2}\right)}{\left(\dfrac{\Delta y}{2}\right)^2} + \frac{\sin^2\left(\dfrac{k_z \Delta z}{2}\right)}{\left(\dfrac{\Delta z}{2}\right)^2} - \frac{\omega^2}{c^2} = 0 \tag{3-117}$$

整理上式得

$$\left(\frac{c\Delta t}{2}\right)^2 \left[\frac{\sin^2\left(\dfrac{k_x \Delta x}{2}\right)}{\left(\dfrac{\Delta x}{2}\right)^2} + \frac{\sin^2\left(\dfrac{k_y \Delta y}{2}\right)}{\left(\dfrac{\Delta y}{2}\right)^2} + \frac{\sin^2\left(\dfrac{k_z \Delta z}{2}\right)}{\left(\dfrac{\Delta z}{2}\right)^2}\right] = \left(\frac{\omega \Delta t}{2}\right)^2 \tag{3-118}$$

为使仿真空间中传播的波都收敛,则

$$\left(\frac{c\Delta t}{2}\right)^2 \left[\frac{\sin^2\left(\dfrac{k_x \Delta x}{2}\right)}{\left(\dfrac{\Delta x}{2}\right)^2} + \frac{\sin^2\left(\dfrac{k_y \Delta y}{2}\right)}{\left(\dfrac{\Delta y}{2}\right)^2} + \frac{\sin^2\left(\dfrac{k_z \Delta z}{2}\right)}{\left(\dfrac{\Delta z}{2}\right)^2}\right] \leqslant 1 \tag{3-119}$$

上式成立的充分必要条件为

$$(c\Delta t)^2 \left[\frac{1}{(\Delta x)^2} + \frac{1}{(\Delta y)^2} + \frac{1}{(\Delta z)^2}\right] \leqslant 1 \tag{3-120}$$

由上式推出

$$c\Delta t \leqslant \cfrac{1}{\sqrt{\cfrac{1}{(\Delta x)^2} + \cfrac{1}{(\Delta y)^2} + \cfrac{1}{(\Delta z)^2}}} \qquad (3-121)$$

上式描述了 x 方向、y 方向、z 方向的步长间隔和时间间隔之间需要满足的关系,该条件称为 Courant 稳定性条件。

3.3.5 等离子体电磁波传播计算

等效波阻抗方法和等效传输线方法,均属于对麦克斯韦方程组在局部空间的近似求解,只是具体求解过程不同而已,同时只能求解平面波入射一维空间非均匀分布等离子体的电磁波传播问题,但是物理过程清晰明了,适用于剥离多种干扰因素下的理论和传播机理问题研究[7-14]。FDTD 方法不需要繁琐的矩阵求逆运算,物理概念清晰直观,而且可以灵活处理具有复杂形状和三维非均匀介质特性物体的电磁问题,已经广泛应用于各种物理场景下等离子体电磁波传播的计算[15-23]。下面重点对等效传输线方法和 FDTD 方法进行计算比较。

1. 均匀等离子体传播特性计算

仿真算例 1   取一维平面波斜入射 2 cm 厚度均匀等离子体,其中电子密度 $n_e = 1 \times 10^{18} \text{ m}^{-3}$、碰撞频率 $\nu = 2 \text{ GHz}$,入射角分别为 0°、30°、60°。采用 FDTD 方法和等效传输线(TLM)方法分别计算斜入射均匀等离子体功率反射系数及功率透射系数,比较结果分别见图 3.10 和图 3.11。图 3.12 给出了平面波以 30° 斜入射

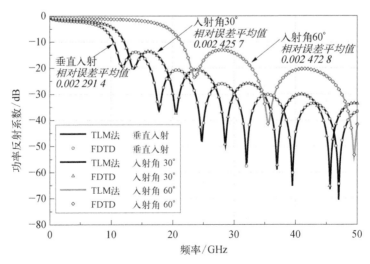

图 3.10   斜入射均匀分布等离子体功率反射系数比较

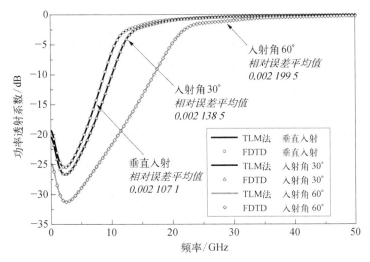

图3.11 斜入射均匀分布等离子体功率透射系数比较

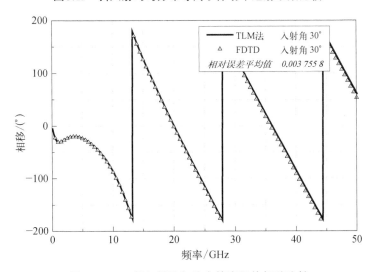

图3.12 30°斜入射均匀分布等离子体相差比较

均匀等离子体的相位差的比较结果。

FDTD计算共167个网格,其中等离子体位于31～147网格,UPML吸收边界位于两侧10个网格,其余为真空,空间步长 $\Delta d = 1.2 \times 10^{-4}$ m,时间步长 $\Delta t = 4 \times 10^{-14}$ s,平面波源为调制高斯脉冲,中心频率为25 GHz,有效带宽为50 GHz。

2. 非均匀等离子体电磁波传播计算

仿真算例2 取一维平面波垂直入射5 cm厚度双指数分布非均匀等离子体,

等离子体碰撞频率和电子密度分布满足式(3-122),入射角分别为0°、30°、60°。

$$\nu(z) = \begin{cases} \nu_{max} \cdot e^{-\frac{L_1-z}{L_{10}}}, & 0 \leqslant z \leqslant L_1 \\ \nu_{max} \cdot e^{-\frac{z-L_1}{L_{20}}}, & L_1 \leqslant z \leqslant L_2 \end{cases}, \quad n_e(z) = \begin{cases} n_{e(max)} \cdot e^{-\frac{L_1-z}{L_{10}}}, & 0 \leqslant z \leqslant L_1 \\ n_{e(max)} \cdot e^{-\frac{z-L_1}{L_{20}}}, & L_1 \leqslant z \leqslant L_2 \end{cases}$$

$$(3-122)$$

其中,ν_{max}=10 GHz;$n_{e(max)}$=1 × 10^{19} m^{-3};L_1=2 cm;L_2=5 cm;L_{10}=0.2 cm;L_{20}=0.5 cm。碰撞频率和电子密度分布见图3.13。

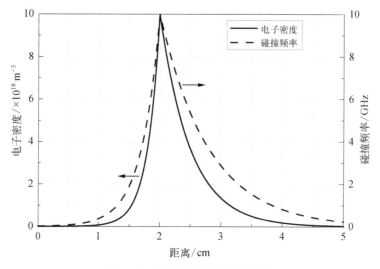

图3.13 指数分布等离子体曲线

FDTD计算共167个网格,其中等离子体位于31~147网格,UPML吸收边界位于两侧,其余为真空,空间步长 Δx=1.2 × 10^{-4} m,时间步长 Δt=4 × 10^{-14} s,平面波源为调制高斯脉冲,中心频率为25 GHz,有效带宽为50 GHz。斜入射双指数分布等离子体功率反射系数及功率透射系数比较结果分别见图3.14和图3.15。图3.16给出了平面波以30°斜入射双指数分布等离子体的相位差的比较结果。

综合上述仿真结果,FDTD和TLM方法在求解平面波入射等离子体的传播问题时,计算结果较为一致。在运算量方面,等效波阻抗和等效传输线方法均是麦克斯韦方程组的局部近似求解,运算量较小,而FDTD方法需要对整个电磁空间和时间进行中心差分计算,计算量和内存资源占用量都较大。因此,在求解平面电磁波入射一维和二维平面等离子体的传播特性时,等效波阻抗和等效传输

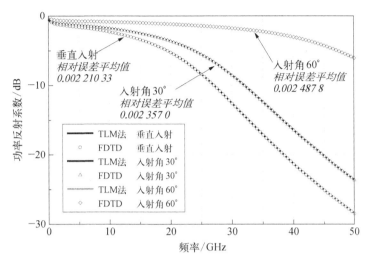

图3.14　斜入射双指数分布等离子体功率反射系数比较

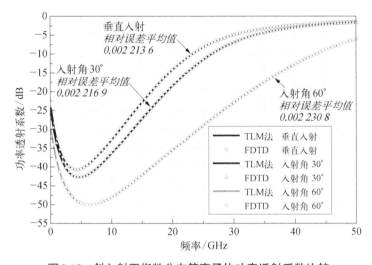

图3.15　斜入射双指数分布等离子体功率透射系数比较

线方法精度已经足够,并且具有计算时间短和资源占用量小的优势。FDTD方法在处理复杂等离子体和复杂电磁边界的电磁计算问题时显示出优势。

3.4　等离子体电磁波传播实验

为了验证理论计算,基于第二章中的大面积均匀非磁化等离子体模拟装置

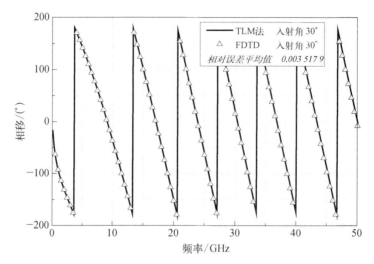

图3.16 30°斜入射双指数分布等离子体相位差比较

（DPSE），建立面向等离子体电磁波传播研究的实验系统，开展等离子体中电磁波传播特性测量实验[24]。

3.4.1 等离子体电磁波传播实验方法

1. 实验系统组成和原理

建立面向等离子体电磁波传播研究的实验系统，首先要解决屏蔽和防绕射的问题，为了使等离子发生器成为唯一的电波传播路径，采取了一系列屏蔽和防绕射措施，如图3.17～图3.19所示。图中的屏蔽舱内部还贴有泡沫吸波材料，避免了信号二次反射，舱体内外有两对天线，分别是传播测量天线和微波诊断天线。

为了模拟射频信号传输的过程中同时诊断电子密度，采用一台射频/微波信号发生器（AV1486）来模拟发射源，一台频谱分析仪（安捷伦N9030-MXA）分析接收信号强度，一台网络分析仪（安捷伦N5230A）同时记录诊断电波的相位信息。当等离子体密度增大，使等离子体频率超过电磁波频率时，电磁波将会出现明显的衰减，且衰减量会随电子密度进一步增大急剧上升，考虑到大部分测控通信系统的功率余量不超过30 dB，因此将信号衰减大于30 dB定义为出现"黑障"现象。

实验系统的防绕射性能决定了电磁屏蔽极限，也限制了等离子电波传播实验能观测的衰减最大值，因为当等离子引起的衰减高于屏蔽极限时，透射电波就

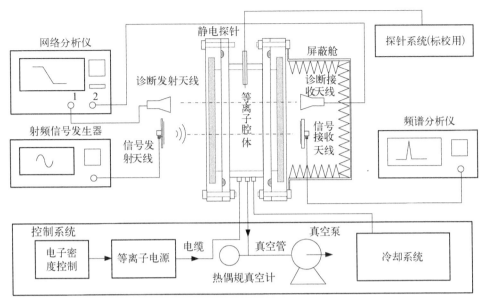

图3.17 等离子电波传播实验系统配置图

图3.18 等离子发生器与屏蔽舱

图3.19 诊断天线和信号收发天线

会被电磁泄漏所淹没。为获得较高的屏蔽效能,屏蔽舱采用厚1.2 mm的铜皮制成,与等离子腔体的接触部分采用了双层电磁密封胶条,并使用8枚螺栓紧固,根据Schelkunoff屏蔽效能理论,对于平面波,材料的屏蔽效能为

$$SE = A + R + B \tag{3-123}$$

其中,A为屏蔽材料的吸收损耗;R为反射损耗;B为屏蔽层内部的多次反射损耗。在金属等高衰减率材料中,通常可以忽略B项,得

$$SE = A + R = 1.314h\sqrt{f\sigma_r\mu_r} + 168.1 - 10\lg\left(\frac{f\mu_r}{\sigma_r}\right) \tag{3-124}$$

其中,h是屏蔽材料厚度,单位为mm;f是电波频率,单位为Hz;σ_r是屏蔽材料相对铜的电导率;μ_r是相对真空的磁导率。

由此可得出屏蔽层对于1 GHz电波的衰减高于500 dB,此时屏蔽舱的连接缝隙是主要的电磁泄漏来源。根据所选用电磁密封材料的指标,双层电磁密封结构能够在1 GHz以上频率获得80 dB以上的屏蔽效果,保证实验系统本身具有远高于"黑障"余量的屏蔽效能,此时电磁波的衰减将主要由等离子体决定。

2. 实验条件选择

① 实验频点选择。实验选择了具有典型工程应用价值的频点,例如UHF选用了超短波通信常用的455 MHz,L频段选择了GPS的L1频点(1.57 GHz),S频段选择了北斗上行频点(2.49 GHz)。

② 诊断电波频率选择。当放电产生的电子密度达到峰值(2.5×10^{17} m^{-3})时所对应的电磁波截止频率为

$$f_c = \frac{1}{2\pi}\sqrt{\frac{n_e q_e^2}{\varepsilon_0 m_e}} \approx 4.5/\text{GHz} \tag{3-125}$$

诊断频率f_d取10 GHz左右,高于截止频率f_c的2倍,且天线选择喇叭天线,保证诊断电波主波束能够从窗口穿过。

③ 实验厚度的选择。考虑到实际鞘套厚度会在几厘米到十几厘米范围变化,腔体选择了略大于实际鞘套的厚度,取18 cm。

3. 电磁波传播实验步骤

① 让电磁波自由穿透腔体空间,记录参考电平值P_0及初始相位值φ_0。

② 放电并逐渐增加电子密度,过程中间隔取$10\sim15$个工作状态,每个工作状态下保持放电功率恒定,持续1 min。

③ 每个工作状态下记录10组数据(每6 s记录一组),并根据10组数据的离散度来判断数据质量。

④ 数据处理。假设第i状态下第j组数据中,信号接收电平为P_{ij}(dBm),诊断电波的相位为φ_{ij},则电波衰减率S_{ij}和附加相移 $\Delta\varphi_{ij}$分别为

$$S_{ij} = (P_0 - P_{ij})/l \tag{3-126}$$

$$\Delta\varphi_{ij} = \varphi_0 - \varphi_{ij} \tag{3-127}$$

再代入

$$n_e \approx \frac{2\varepsilon_0 m_e \omega_d c}{e^2 l} \cdot \Delta\varphi = \frac{1.185 f_d}{l} \cdot \Delta\varphi \tag{3-128}$$

求得电子密度 n_{eij}，再以 n_e 为横坐标，S 为纵坐标绘制所有数据点。

3.4.2 典型频段的电磁波传播实验

1. 实验系统电磁建模及电波传播理论预期

在计算等离子介质层引起的电波附加衰减时，采用多层无限大平板模型具有相对足够的精度。因此，根据等离子发生器的结构，建立如图3.20所示的5层简化模型，并采用3.3.2节中介绍的传输矩阵法计算电波传播衰减。

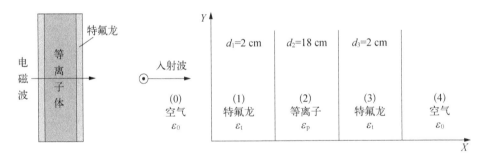

图3.20 等离子腔体的电波传播简化分层模型

在简化分层模型中，主要考虑等离子体和两侧观察窗的影响。等离子腔体的观察窗玻璃板在电波实验中被替换成特氟龙板材，以降低其与空气界面的阻抗跳跃，减少反射分量。特氟龙窗体的相对介电系数取 $\varepsilon_p=2.2$，厚度 $d_1=d_3=2$ cm。其中等离子体的复介电常数表示为

$$\varepsilon_p = \left(1 - \frac{-\omega_p^2}{\omega^2 + \nu^2} + j\frac{-\omega_p^2 \nu/\omega}{\omega^2 + \nu^2}\right)\varepsilon_0 \tag{3-129}$$

其中，ω_p 为第2层的等离子体频率；ν 是碰撞频率；ω 为电磁波角频率。则传播常数 k 可以表示为

$$k = \frac{\omega}{c} \sqrt{\varepsilon_{\mathrm{p}}} \tag{3-130}$$

由于等离子腔体的厚度小于直径,由2.5.3节的分析,在直径尺度上具有90%以上的均匀性,因此有理由推测在尺度更小的厚度方向上也具有较高的均匀性,可以将等离子层近似看作均匀介质层。所有层之间的传输矩阵方程可以写为

$$\begin{bmatrix} B_0 \\ A_0 \end{bmatrix} = [U_{0,1}] \ [U_{1,2}] \ [U_{2,3}] \ [U_{3,4}] \begin{bmatrix} 0 \\ A_4 \end{bmatrix} \tag{3-131}$$

其中,A_0、B_0、A_4分别表示入射波、反射波与透射波。再使用迭代方法,分别计算有等离子时的透射系数(传播衰减)S_{p},以及无等离子条件下的初始衰减S_0,两者相减得到等离子体鞘套引起的附加衰减值:

$$S = S_{\mathrm{p}} - S_0 = 20\lg\left(\frac{A_{\mathrm{p}4}}{A_{\mathrm{p}0}}\right) - 20\lg\left(\frac{A_4}{A_0}\right) \tag{3-132}$$

以电子密度n_{e}为横坐标,衰减值S为纵坐标,绘制理论衰减曲线。图3.21显示了455 MHz、1 GHz、1.57 GHz、2.49 GHz 四种频率电磁波的理论衰减值随电子密度的变化曲线。因为辉光放电属于冷等离子,又因气压很低,等离子碰撞频率v通常小于1 GHz,在此统一取500 MHz(低碰撞频率下取值的差异对结果曲线影响很小)。

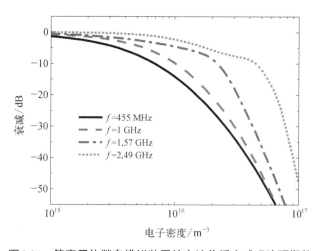

图3.21 等离子体鞘套模拟装置的电波传播衰减理论预期值

对比以上四条曲线,随着频率的提高,达到30 dB衰减(假定的"黑障"阈值)所对应的电子密度逐渐增大,说明提高频率有助于延缓"黑障"的出现,这与经验相符。但是其中2.49 GHz的衰减变化规律出现了一个反常的现象:衰减曲线随着电子密度增大出现了非单调下降的趋势,在电子密度4×10^{17} m^{-3}处出现了上翘的峰点,该现象在其他频率下未出现。其可能的原因分析如下。

当电磁波频率为2.49 GHz时,对应的波长(真空中,$\varepsilon_r = 1$)约12 cm,这个波长尺度略小于等离子腔体的厚度(18 cm)。当腔体被充满等离子体时,根据式:

$$\varepsilon = (1 + \alpha_e)\varepsilon_0 = \left(1 + \frac{-\omega_p^2}{\omega^2 + \nu^2} + j\frac{-\omega_p^2\nu/\omega}{\omega^2 + \nu^2}\right)\varepsilon_0 \qquad (3-133)$$

显然其等效的相对介电系数ε_r将小于1,即等效折射率也将小于1。这使得电磁波的波长在等离子腔体内部变长(与常规介质不同)。当在电子密度4×10^{17} m^{-3}时,波长恰好变长至18 cm左右,与等离子腔体发生谐振,其结果是出现具有频率选择性的信号增强。在更低的频率下,电磁波的波长已经比腔体厚度更长,所以波长的延长不会导致谐振现象的发生,衰减规律呈现单调下降特性。这也说明试验装置本身对等离子传播实验有一定的影响,特别是在进行电子密度微波诊断时,要避开腔体固有的谐振点。

2. 实验结果

搭建等离子中电波传播实验系统,进行L频段的电波衰减测量,其实验结果如图3.22所示,图中每个数据点对应一个实验状态的测量结果,每个测量结果取的是该状态下10次测量值的重心位置。

实验结果表明:

① 当电子密度逐渐增大时,UHF、L、S频段的电磁波都出现了不同程度的衰减现象,频率越高出现同等衰减所需的电子密度越大,与理论趋势吻合;

② 各频段的电磁波衰减均出现了超过30 dB的连续衰减,其中最大衰减值高达50 dB,远超过绝大多数测控通信、导航系统的功率裕量;

③ 实验结果与理论预期趋势基本吻合,大部分数据点与理论预期接近,这更进一步地说明了实验系统中电子密度诊断方法、电波测量系统及标校方法的有效性。

3. 误差分析

在等离子有关的实验研究中,通常电子密度诊断误差是最大的误差来

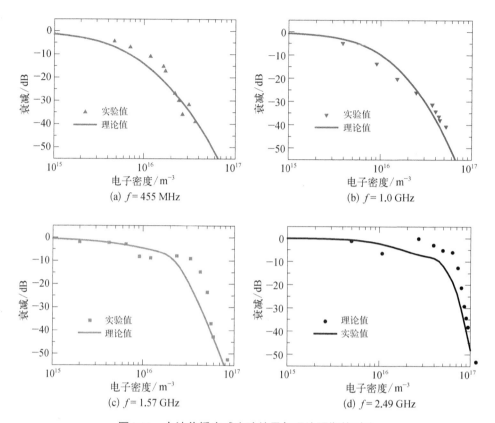

图3.22　电波传播衰减实验结果与理论预期值对比

源,在本系统中,电磁波相关测量仪器的精度远高于电子密度诊断精度。为了进一步分析误差,将实测衰减值与理论衰减值误差大于5 dB的数据点取出,将理论衰减值和实际衰减值分别折合成理论衰减率S_t和实际衰减率S_r,再根据式:

$$S_1 = 20 \lg e^{-\alpha} \approx -8.68\alpha/(\text{dB/m}) \tag{3-134}$$

反推出对应的传播系数的虚部(衰减系数)α_t和S_r,进一步计算理论电子密度n_{er}和实际电子密度n_{et},再按式(3-135)表示为误差数量级,结果见表3.2。

$$\sigma_n = \lg(n_{et}/n_{er}) \tag{3-135}$$

　　基于DPSE系统的电磁波传播特性测量系统,大部分实验状态数据点的电子密度离散度控制在10%以内,仅有少数点接近20%～30%,实验数据的一致性相比激波管等离子体电磁波传播测量实验系统有较大的提高,同时获得200

个数据点所耗时间不到20 min，相比激波管实验系统节约了大量的时间。

表3.2　测量误差折合成电子密度误差的分析

f=455 MHz			f=1 GHz		
实测衰减/dB	实测电子密度/m^{-3}	σ_n（电子密度误差）	实测衰减/dB	实测电子密度/m^{-3}	σ_n（电子密度误差）
−15.3	1.63×10^{16}	0.16	−20.2	1.52×10^{16}	0.12
−17.3	1.73×10^{16}	0.14	−26.0	2.44×10^{16}	0.01
−26.9	2.21×10^{16}	0.00	−31.4	3.67×10^{16}	0.06
−30.0	2.44×10^{16}	0.01	−34.2	4.00×10^{16}	0.05
−31.8	3.12×10^{16}	0.05	−36.4	4.34×10^{16}	0.06
−36.0	2.66×10^{16}	0.09	−38.0	4.45×10^{16}	0.05
−39.0	3.67×10^{16}	0.03	−40.7	5.22×10^{16}	0.07
f=1.57 GHz			f=2.49 GHz		
实测衰减/dB	实测电子密度/m^{-3}	σ_n（电子密度误差）	实测衰减/dB	实测电子密度/m^{-3}	σ_n（电子密度误差）
−14.8	4.25×10^{16}	0.20	−21.3	7.95×10^{16}	0.07
−23.5	5.06×10^{16}	0.15	−29.2	8.56×10^{16}	0.03
−37.1	5.61×10^{16}	0.16	−34.3	8.99×10^{16}	0.02
−42.8	5.95×10^{16}	0.11	−38.2	9.43×10^{16}	0.03
−52.5	8.49×10^{16}	0.15			

参考文献

［1］ 王晓刚.等离子体物理基础[M].北京：北京大学出版社,2014.

［2］ 郑春开.等离子体物理[M].北京：北京大学出版社,2009.

［3］ 胡希伟.等离子体理论基础[M].北京：北京大学出版社,2006.

［4］ 赵国斌.等离子体色散关系的理论研究[D].长春：长春理工大学,2009.

［5］ Okoniewski M, Okoniewska E. Drude dispersion in ADE FDTD revisited[J]. Electronics Letters, 2006, 42(9): 102-104.

［6］ Rosenbaum B. Apollo plasma sheath in-flight diagnostics[R]. NASA, Langley Research Center: TM-X55533, 1966.

［7］ 白博文.等离子体鞘套下电磁波极化特性及天线辐射特性研究[D].西安，西安电子科技大学,2015.

［8］ (苏)金茨堡.电磁波在等离子体中的传播[M].钱善琯,译.北京：科学出版社,1978.

［9］ 常雨.超声速/高超声速等离子体流场数值模拟及其电磁特性研究[D].长沙：国防科学技术大学,2009.

［10］ 李伟.飞行器再入段电磁波传播与天线特性研究[D].哈尔滨：哈尔滨工业大学,2010.

［11］ Taflove A, Hagness S C. Computational electrodynamics: the finite-difference time-domain method［M］. 3rdEd. Norwood: Artech House, 2005.

［12］ 张汉章, 吴是静, 董乃涵. 不均匀等离子体鞘套中电磁波的转播［J］. 地球物理学报, 1983, 26(01): 9～16.

［13］ 焦淑卿, 冯德光. 等离子体鞘套的反射系数与穿透系数［J］. 数学物理学报, 1984, 04(04): 456～466.

［14］ Chen Z, Xu J. The generalized TLM based FDTD summary of recent progress［J］. IEEE Microwave and Guided Wave Letters, 1997, AP−7(11): 12−14.

［15］ Li J T, Guo L X, Jin S S, et al. EM wave propagation characteristic in plasmasheath［J］. Dianbo Kexue Xuebao/Chinese Journal of Radio Science, 2011, 26(3): 494−499.

［16］ Luebbers R J, Hunsberger F, Kunz K S. A frequency-dependent finite-difference time-domain formulation for transient propagation in plasma［J］. IEEE Transactions Antennas and Propagation, 1991, AP−39(1): 29−34.

［17］ Kelley D F, Luebbers R J. Piecewise linear recursive convolution for dispersive media using FDTD［J］. IEEE Transactions Antennas and Propagation, 1996, AP−44(6): 792−797.

［18］ Chen Q, Katsurai M, AoyagiP H. An FDTD formulation for dispersive media using a current density［J］. IEEE Transactions Antennas and Propagation, 1998, AP−46(10): 1739−1746.

［19］ LiuS B, YuanN C, MoJ. A novel FDTD formulation for dispersive media［J］. IEEE Microwave and Wireless Components Letters, 2003, AP−13(5): 187−189.

［20］ Liu S B, Mo J, Yuan N C. PLJERC−FDTD formulation for magnetized plasma media［J］. IEEE Microwave and Wireless Components Letters, 2004, AP−15(5).

［21］ 葛德彪, 吴跃丽, 朱湘琴. 等离子体散射FDTD分析的位移算子方法［J］. 电波科学学报, 2003, 18(4): 359−362.

［22］ ScottC W, Panagiotis K, Carey M R. FDTD simulation of TE and TM plane waves at nonzero incidence in arbitrary layered media［J］. IEEE Transactions Antennas and Propagation, 2005, AP−53(5): 1721−1728.

［23］ 刘少斌. 色散介质时域有限差分方法［M］. 北京: 科学出版社, 2010.

［24］ 谢楷. 等离子体鞘套地面模拟技术及电波传播实验研究［D］. 西安: 西安电子科技大学, 2014.

第四章

电磁波在等离子体鞘套中的传播特性

等离子体鞘套是包覆在飞行器周围的弱电离等离子体,与电离层、热核聚变等离子体相比,具有宽参数、非均匀、强碰撞和高动态参数特征,与理想的无限大均匀稳态等离子体中的电磁波传播特性不同,研究等离子体鞘套中的电磁波传播特性必须考虑等离子体鞘套及其电磁波传播环境的独特性。

本章针对微波电磁波传播特性,采用分层等效法将等离子体鞘套等效为多层的无限大非均匀平板,利用第三章平面电磁波在等离子体中的传播计算方法计算传播特性。针对LF-HF频段的低频电磁波,考虑天线近场效应和等离子体鞘套的电小尺寸效应,论述球壳模型及计算方法,以RAM-C飞行器等离子体鞘套参数为例计算电磁波在不同高度条件下的传播特性,分析等离子体鞘套动态性对电磁波传播特性的影响规律。

4.1 微波电磁波在典型再入过程等离子体鞘套下的传播特性

微波是飞行器测控通信中最常用到的电磁波频段,其电磁波波长为毫米至厘米量级。由于天线体积较小,一般仅需在飞行器上开一个窗口即可,天线窗口处的等离子体鞘套参数是影响传播特性的主要因素。根据第二章的分析,等离子体鞘套在天线窗口处沿垂直于飞行器表面方向上参数的变化要比沿着表面方向更剧烈,因此,可等效为一个分层均匀的无限大平板覆盖于天线窗口上,其中每一层具有不同的电子密度和碰撞频率,可采用第三章的理论方法进行分析。

4.1.1 典型再入过程电磁波传播的幅相特性

本节将典型测控导航频段线极化电磁波和圆极化电磁波在典型再入过程

中的透射特性进行仿真计算。选用RAM-C飞行器再入全程的等离子体鞘套电子密度分布数据(见2.4节,具体数据见附录),并按照Bachynski给出不同再入高度下不同气体温度的碰撞频率特性曲线,选取不同高度下(气体温度为2 000 K)的碰撞频率,计算时选取的碰撞频率如表4.1所示。

表4.1   气体温度为2 000 K时不同高度下的碰撞频率

高度/km	碰撞频率/GHz	高度/km	碰撞频率/GHz
21	23.00	53	175
25	12.87	61	49.92
30	5.58	71	11.82
47	0.423	76	4.25

采用分层解析法和PLJERC-FDTD两种方法对电磁波垂直入射再入过程不同高度时等离子体鞘套发生的反射、透射及相移进行计算,结果如图4.1~图4.8所示。

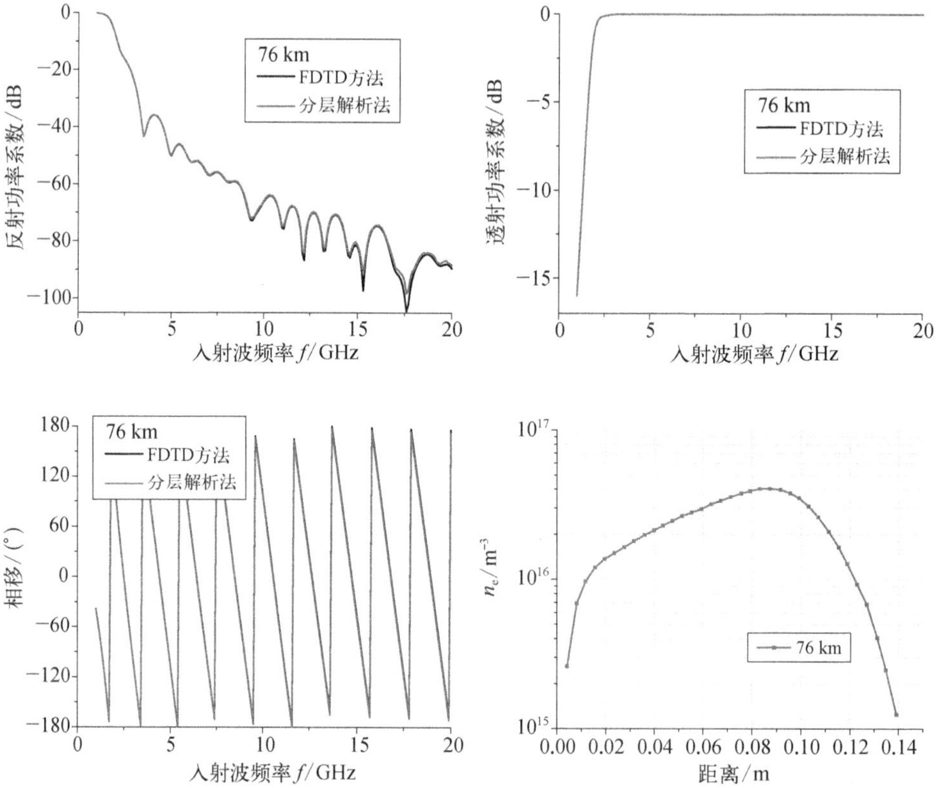

图4.1   76 km电磁波传播计算结果

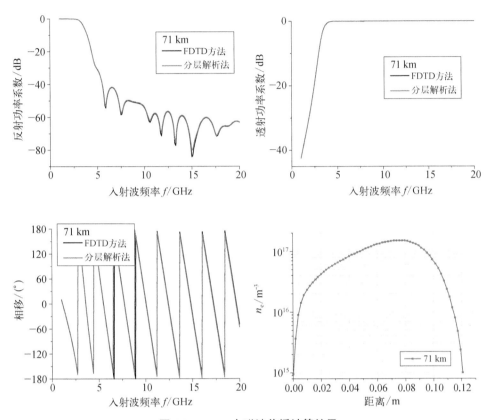

图 4.2　71 km 电磁波传播计算结果

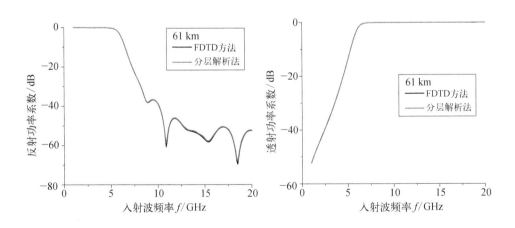

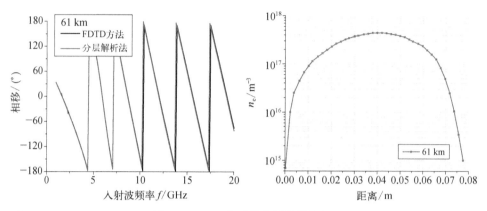

图4.3　61 km电磁波传播计算结果

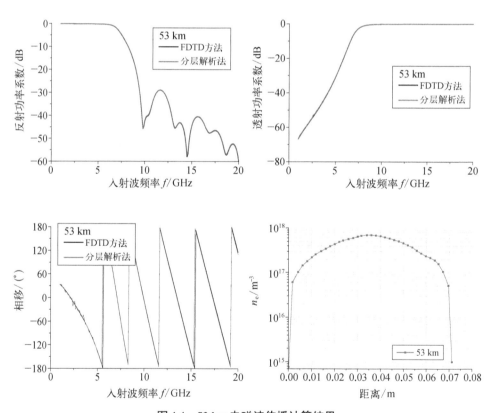

图4.4　53 km电磁波传播计算结果

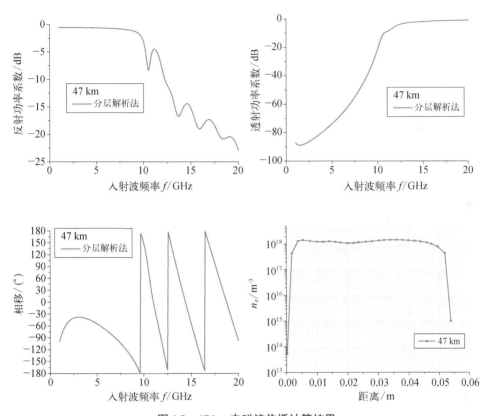

图4.5 47 km电磁波传播计算结果

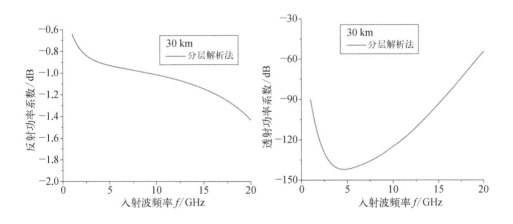

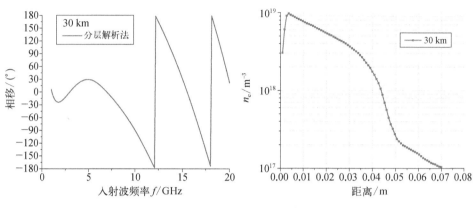

图4.6　30 km 电磁波传播计算结果

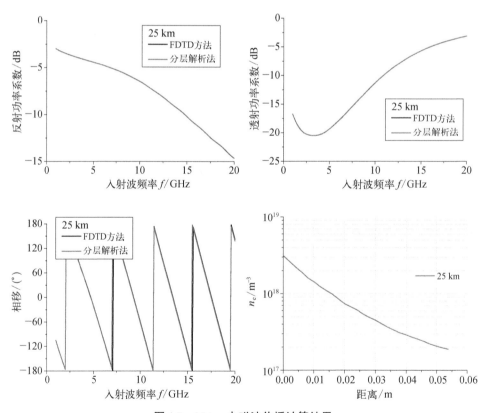

图4.7　25 km 电磁波传播计算结果

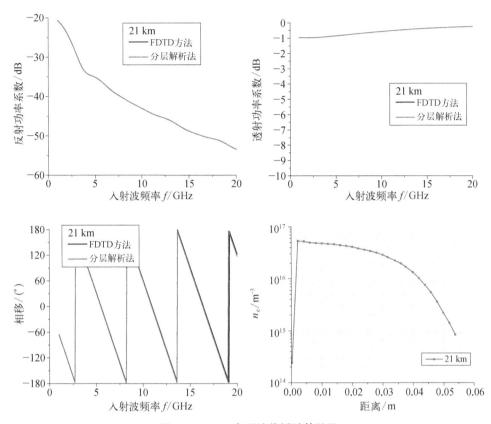

图4.8　21 km 电磁波传播计算结果

结果分析如下。

① 微波电磁波衰减随飞行高度的变化趋势：从图中各频段的功率透射系数可以看出，随着高度的降低，随着等离子体鞘套电子密度增大，各个频段信号功率衰减增大，30 km 时等离子体鞘套电子密度达到最大值，电磁波功率反射系数达到最大且功率透射系数达到最小，随后随着等离子体鞘套电子密度减弱，信号功率衰减减小。以 GPS 频段电磁波为例，76 km 时电磁波衰减为15 dB，可正常通信；71 km 时，电磁波衰减 40 dB，进入"黑障"；之后衰减不断增大，到 30 km 时衰减达到最大约 90 dB；25 km 时，衰减迅速减小到 17 dB，出"黑障"，恢复通信。

② 不同微波频段进出"黑障"的趋势：以 30 dB 作为"黑障"出现的阈值，GPS 导航频段的电磁波在再入过程中高度位于 71 km 时电磁波衰减大于 30 dB，随后不断增大，对于 20 GHz 的电磁波，则直到高度 30 km 左右时，电磁波衰减才

大于 30 dB,说明微波频率越高,则进入"黑障"的时间越晚;当高度低于 30 km 时,碰撞频率继续增大,而电子密度开始减小,当等离子体特征频率与碰撞频率均大于电磁波频率时,等离子体对频率较低的电磁波的衰减比频率较高的电磁波的衰减要小,导致低频先出"黑障"而高频后出"黑障"的现象,也就是再入通信中断出现的逆转现象。

③ 电磁波相位分析:对于稳态等离子体鞘套,相移是一个恒定值,当电磁波的透射衰减较小时,相位–频率的线性度均比较好,当电磁波透射衰减较大时,则会出现比较明显的色散现象,如图 4.5(c)和图 4.6(c)中小于 10 GHz 的电磁波相移所示。另外,当等离子体鞘套的电子密度出现动态变化时,电磁波的相位将会产生抖动,进而引起额外的寄生调制作用,等离子体鞘套动态性对电磁波的影响将在 4.3 节详细讨论。

4.1.2 典型再入过程电磁波传播的极化失配特性

本节将根据第三章的理论推导进行仿真计算,选取目前测控导航常用的 L、S、Ka 频段进行研究,得到以上各频段电磁波斜入射等离子体鞘套后的极化特性,给出等离子体鞘套和斜入射角度对各频段电磁波极化特性的影响规律。计算中,等离子体鞘套的厚度为 10 cm,电子密度为双高斯分布,其中 α_1=0.025,α_2=0.025,z_0=0.05,峰值电子密度分别取为 10^{16} m^{-3}、10^{17} m^{-3}、10^{18} m^{-3}、10^{19} m^{-3},碰撞频率分别取为 0.01 GHz、0.1 GHz、1 GHz、10 GHz。

1. 导航频段电磁波斜入射再入等离子体的极化特性

目前,我国的北斗卫星导航系统已经开始运行,然而导航电磁系统主要工作在 L 频段,频率较低,因而受等离子体鞘套影响将非常严重,因此,本节首要分析等离子体鞘套对北斗导航频段电磁波极化特性的影响。首先计算北斗导航频段(f=1.561 GHz)右旋圆极化电磁波以不同角度穿过等离子体鞘套后的极化特性,以及透射波与接收天线之间的极化失配损失,其中接收天线为北斗导航右旋圆极化天线。

(1)不同入射角对电磁波极化特性的影响

在不同峰值电子密度和不同碰撞频率情况下,计算得到北斗导航频段电磁波穿过等离子体鞘套后的轴比 AR 与入射角 θ_0 的关系曲线,如图 4.9 所示。

从图中的计算结果可以得到如下结论。

① 等离子体鞘套参数不变时,随着入射角的增加,电磁波轴比特性不断恶化,并且当入射角大于某临界角度,透射波的轴比由负值变为正值,透射波从右

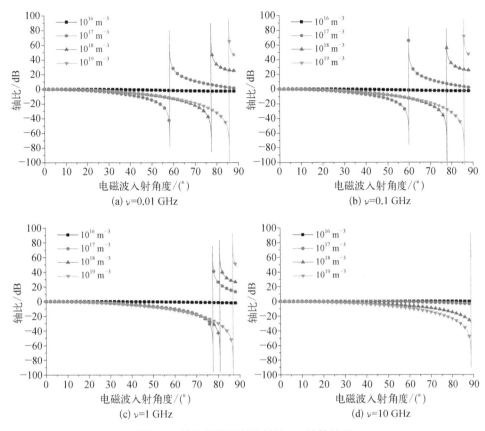

图4.9 导航频段透射波轴比AR计算结果

旋圆极化波转变为左旋椭圆极化波,电磁波发生极化反转现象,电磁波去极化效应十分严重。

② 电磁波入射角和等离子体鞘套峰值电子密度不变时,碰撞频率越小,电磁波轴比特性的恶化越严重,同时极化反转临界角度也越小,如峰值电子密度为10^{17} m^{-3},碰撞频率为0.01 GHz、0.1 GHz和1 GHz时的极化反转临界角分别为58°、60°和77°。

③ 当电磁波频率小于碰撞频率时,随着峰值电子密度的增加,电磁波轴比特性的恶化程度将增加,如入射角为70°,峰值电子密度为10^{17} m^{-3}、10^{18} m^{-3}和10^{19} m^{-3}对应的轴比分别为−1.6 dB、−9.2 dB和−14.6 dB。当电磁波频率大于碰撞频率时,在电磁波频率与峰值电子密度对应的特征频率相当时,电磁波轴比特性的恶化程度最为严重,如入射角为70°,碰撞频率为0.1 GHz,峰值电子密度为10^{16} m^{-3}和10^{18} m^{-3}时对应的轴比分别为−2.3 dB和−21.6 dB,而峰值电子

密度10^{17} m^{-3}对应的特征频率与电磁波频率较为接近,其轴比恶化为+12.6 dB。

（2）入射角对垂直极化与平行极化波相位差的影响

为了深入研究等离子体鞘套引起电磁波的极化反转现象,考虑到平行极化波和垂直极化波透射系数幅度的差异不足以改变透射波的极化旋向,因此透射波的极化旋向与其垂直极化与平行极化分量的相位差有关。如图4.10所示,计算了不同入射角情况下透射波中两个极化分量的相位差。

从图中的计算结果可以得到如下结论。

① 等离子体鞘套参数不变时,随着电磁波入射角的增加,垂直极化与平行极化分量的相位差逐渐由−90°向90°变化,并且当入射角大于某临界角度以后,相位差由负值变为正值,此时透射波从右旋圆极化波变为左旋椭圆极化波,电磁波发生了极化反转现象,这与电磁波轴比特性曲线给出的结果一致。

② 综合分析图中曲线可以得出,当电磁波入射角越大、等离子体鞘套碰撞

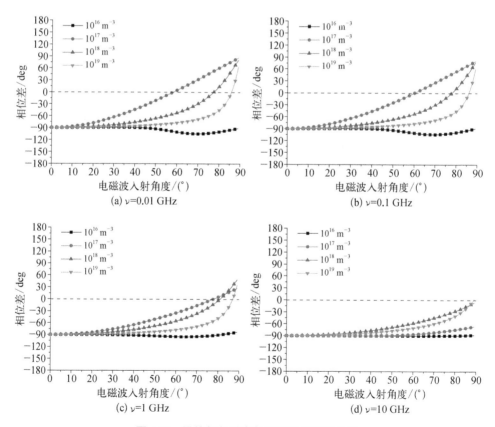

图4.10 导航频段垂直与平行极化波相位差

频率越小、峰值电子密度对应的特征频率与电磁波频率越接近时,电磁波垂直极化与平行极化分量的相位差相对于−90°的变化量越大,电磁波极化特性的恶化也越严重。因此可以得出,电磁波斜入射等离子体鞘套产生的去极化效应主要是由于电磁波垂直极化和平行极化分量相位差发生变化导致的。

（3）导航频段电磁波与天线的极化失配损失

在不同等离子体鞘套参数情况下,计算得到不同入射角与北斗导航接收天线之间的极化失配损失,如图4.11所示为极化失配损失等高灰度图,可以得到如下结论。

① 等离子体鞘套参数不变时,随着电磁波入射角的增加,极化失配损失不断增加,如当峰值电子密度为5×10^{16} m^{-3},碰撞频率为0.1 GHz时,入射角为30°、45°和60°的极化失配损失分别为0.34 dB、1.4 dB和3.5 dB。

② 电磁波的入射角和等离子体鞘套的峰值电子密度不变时,碰撞频率越小,极化失配损失越大,如当电磁波入射角为60°,峰值电子密度为5×10^{16} m^{-3}

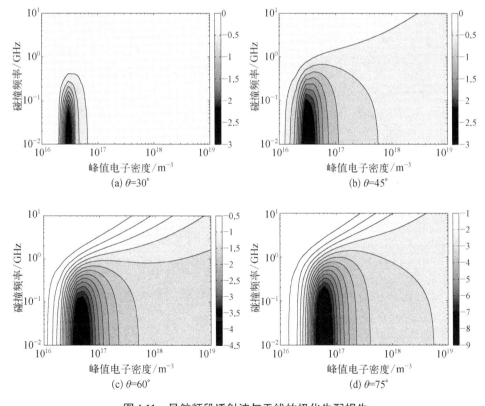

(a) θ=30°　　(b) θ=45°

(c) θ=60°　　(d) θ=75°

图4.11　导航频段透射波与天线的极化失配损失

时，碰撞频率为0.1 GHz、1 GHz和10 GHz对应的极化失配损失分别为3.5 dB、0.82 dB和0.01 dB。

③ 电磁波的入射角不变，当碰撞频率大于电磁波频率时，峰值电子密度越大，极化失配损失越大，如当入射角为60°，碰撞频率为5 GHz时，峰值电子密度为10^{17} m^{-3}、10^{18} m^{-3}和10^{19} m^{-3}对应的极化失配损失分别为0.1 dB、0.8 dB和1.14 dB。而当碰撞频率小于电磁波频率时，电磁波频率与峰值电子密度对应的特征频率越接近，极化失配损失越严重，如当入射角为60°，碰撞频率为0.01 GHz，峰值电子密度为5×10^{16} m^{-3}时，极化失配损失最严重可以达到-8.8 dB。

2. S频段圆极化波斜入射再入等离子体的极化特性

对于S频段测控系统，如果飞行器采用线极化发射系统，飞行器的运动引起电磁波极化方向的变化，导致与接收系统的极化失配。飞行器如果采用圆极化发射系统，可以抵抗多径引起的信号起伏，采用双圆极化分级技术还可以提高系统的接收系能，而且地面站大多采用圆极化接收系统[1]。因此，本小节以S频段（f=2.3 GHz）右旋圆极化电磁波为例，计算其以不同角度穿过等离子体鞘套后的极化特性，以及透射波与接收天线之间的极化失配损失，其中接收天线为右旋圆极化天线。

（1）不同入射角对电磁波极化特性的影响

在不同峰值电子密度和不同碰撞频率情况下，计算得到北斗导航频段电磁波穿过等离子体鞘套后的轴比AR与入射角θ_0的关系曲线，如图4.12所示。

从图中结果可以得到如下结论。

① 随着入射角的增加，电磁波轴比特性不断恶化。与导航频段相同，当入射角大于某临界角度，透射波的轴比由负值变为正值，也就是透射波从右旋圆极化波转变为左旋椭圆极化波，电磁波发生极化反转现象，电磁波去极化效应十分严重。

② 电磁波入射角和等离子体鞘套峰值电子密度不变时，碰撞频率越小，电磁波轴比特性的恶化越严重，同时极化反转临界角度也越小，如峰值电子密度为10^{17} m^{-3}，碰撞频率为0.01 GHz、0.1 GHz和1 GHz时的极化反转临界角分别为53°、76°和77°。

③ 当电磁波频率小于碰撞频率时，如图4.12（d），随着峰值电子密度的增加，电磁波轴比特性的恶化程度将增加，如入射角为60°，峰值电子密度为10^{17} m^{-3}、10^{18} m^{-3}和10^{19} m^{-3}对应的轴比分别为-1.1 dB、-6.2 dB和-10.1 dB。而当电磁波频率大于碰撞频率，电磁波频率与峰值电子密度对应的特征频率

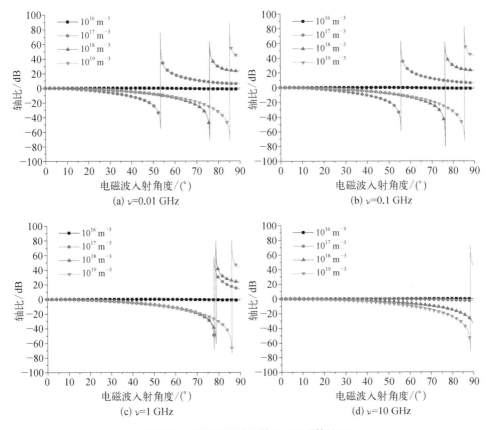

图4.12　S频段透射波轴比AR计算结果

越接近时,电磁波轴比特性的恶化程度越为严重,如入射角为60°,碰撞频率为0.1 GHz,峰值电子密度为10^{16} m^{-3}、10^{17} m^{-3}和10^{18} m^{-3}时对应的轴比分别为−0.5 dB、+22.2 dB和−12.6 dB,其中,10^{17} m^{-3}对应的特征频率2.8 GHz与电磁波频率2.3 GHz最为接近,其轴比特性恶化程度较其他情况严重。

（2）入射角对垂直极化与平行极化波相位差的影响

为了深入研究等离子体鞘套引起S频段电磁波的极化反转现象,考虑到透射波的极化旋向与其垂直极化与平行极化分量的相位差有关,因此对不同入射角情况下两个极化分量的相位差进行了计算,结果如图4.13所示。

从图中结果可以得到以下结论。

① 等离子体鞘套参数不变时,随着电磁波入射角的增加,垂直极化与平行极化分量的相位差逐渐由−90°向90°变化,并且当入射角大于某临界角度以后,相位差由负值变为正值,此时透射波从右旋圆极化波变为左旋椭圆极化波,电磁

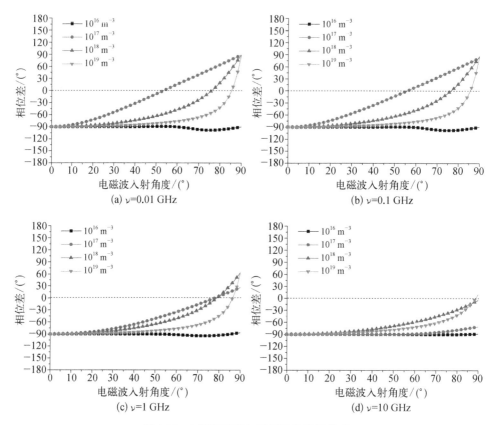

图4.13　S频段垂直与平行极化波相位差

波发生了极化反转现象,这与电磁波轴比特性曲线给出的结果一致。

②综合分析图中曲线可以得出,当电磁波入射角越大、等离子体鞘套碰撞频率越小、峰值电子密度对应的特征频率与电磁波频率越接近时,电磁波垂直极化与平行极化分量的相位差相对于$-90°$的变化量越大,电磁波极化特性的恶化也越严重。因此可以得出,电磁波斜入射等离子体鞘套产生的去极化效应主要是由于电磁波垂直极化和平行极化分量相位差发生变化导致的。

(3)S波段电磁波与接收天线的极化失配损失

在不同等离子体鞘套参数情况下,计算得到不同入射角与S波段右旋圆极化接收天线之间的极化失配损失,如图4.14所示为极化失配损失等高灰度图。

从图中可以得到如下结论。

①等离子体鞘套参数不变时,随着电磁波入射角的增加,极化失配损失不断增加,如当峰值电子密度为10^{17} m^{-3},碰撞频率为0.1 GHz时,入射角为30°、45°

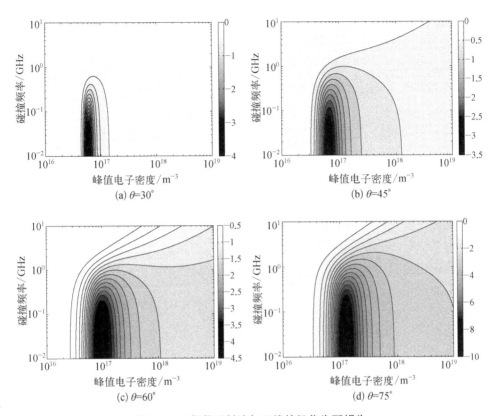

图4.14　S频段透射波与天线的极化失配损失

和60°的极化失配损失分别为0.4 dB、1.6 dB和3.7 dB。

　　② 电磁波的入射角和等离子体鞘套的峰值电子密度不变时,碰撞频率越小,极化失配损失越大,如当电磁波入射角为60°,峰值电子密度为10^{17} m^{-3}时,碰撞频率为0.1 GHz、1 GHz和10 GHz对应的极化失配损失分别为3.7 dB、1.3 dB和0.01 dB。

　　③ 电磁波的入射角不变,当碰撞频率大于电磁波频率时,峰值电子密度越大,极化失配损失越大,如当入射角为60°,碰撞频率为5 GHz时,峰值电子密度为10^{17} m^{-3}、10^{18} m^{-3}和10^{19} m^{-3}对应的极化失配损失分别为0.05 dB、0.8 dB和1.2 dB。而当碰撞频率小于电磁波频率时,电磁波频率与峰值电子密度对应的特征频率越接近,极化失配损失越严重,如当入射角为75°,碰撞频率为0.01 GHz,峰值电子密度为1.1×10^{17} m^{-3}时,极化失配损失最严重可以达到-8.9 dB。

　　3. Ka频段右旋圆极化波斜入射再入等离子体的极化特性

　　对于Ka新体制测控通信系统,对流层、降雨、冰晶、降雪、沙尘及电离层等大气环境都会对Ka频段电磁波产生法拉第旋转等去极化效应,而大气环境对圆极化电磁波的影响较小[1]。因此,本小节以Ka频段(f=27 GHz)右旋圆极化电磁波为例,计算其以不同角度穿过等离子体鞘套后的极化特性,以及透射波与接收天线之间的极化失配损失,其中接收天线为右旋圆极化天线。

(1)不同入射角对电磁波极化特性的影响

在不同峰值电子密度和不同碰撞频率情况下,计算得到北斗导航频段电磁波穿过等离子体鞘套后的轴比 AR 与入射角 θ_0 的关系曲线,如图4.15所示。

从图中的计算结果可以得到如下结论。

① 对于电磁波大于峰值电子密度对应的特征频率时,等离子体鞘套对Ka波段电磁波极化特性的影响较小。只有当电磁波与峰值电子密度对应的特征频率接近时,例如峰值电子密度为 10^{19} m^{-3},随着入射角的增加,电磁波轴比特性不断恶化,并且当入射角大于某临界角度,透射波的轴比由负值变为正值,透射波

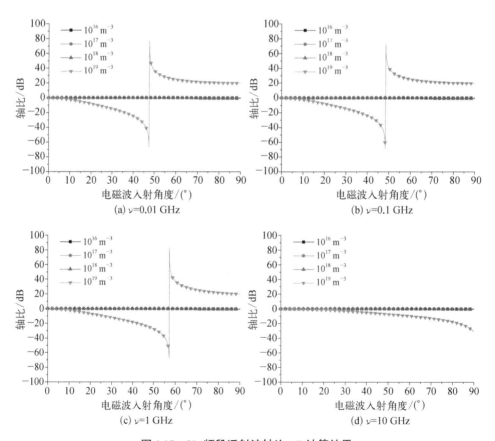

图4.15 Ka频段透射波轴比AR计算结果

从右旋圆极化波转变为左旋椭圆极化波,电磁波发生极化反转现象,电磁波去极化效应十分严重。

② 对于峰值电子密度为10^{19} m^{-3},固定电磁波入射角,碰撞频率越小,电磁波轴比特性的恶化越严重,同时极化反转临界角度也越小,例如碰撞频率为0.01 GHz、0.1 GHz和1 GHz时的极化反转临界角分别为46.8°、48.5°和57°。

（2）入射角对垂直极化与平行极化波相位差的影响

为了深入研究等离子体鞘套引起Ka频段电磁波的极化反转现象,考虑到透射波的极化旋向与其垂直极化与平行极化分量的相位差有关,因此对不同入射角情况下两个极化分量的相位差进行了计算,结果如图4.16所示。

从图中结果可以得到以下结论。

对于电磁波大于峰值电子密度对应的特征频率时,垂直极化与平行极化分量的相位差变化十分微弱。只有当电磁波与峰值电子密度对应的特征频率接近

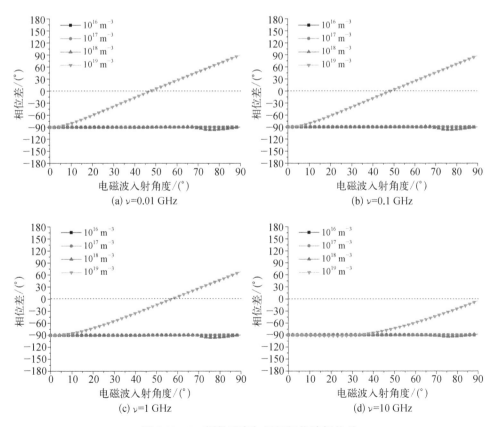

图4.16　Ka频段垂直与平行极化波相位差

时，例如峰值电子密度为10^{19} m^{-3}，随着电磁波入射角的增加，逐渐由$-90°$向$90°$变化，并且当入射角大于某临界角度以后，相位差由负值变为正值，此时透射波从右旋圆极化波变为左旋椭圆极化波，而且，碰撞频率越小，相位差变化随入射角的变化量越大。

因此可以得出，Ka波段电磁波斜入射等离子体鞘套产生的去极化效应主要是由于电磁波垂直极化和平行极化分量相位差发生变化导致的。

（3）Ka频段电磁波与接收天线的极化失配损失

在不同等离子体鞘套参数情况下，计算得到不同入射角与Ka频段右旋圆极化接收天线之间的极化失配损失，如图4.17所示为极化失配损失等高灰度图。

从图中可以得到，当电磁波远大于峰值电子密度对应的特征频率时，等离子体鞘套引起的极化失配损失较小。只有当电磁波频率与峰值电子密度对应的特征频率越接近，且碰撞频率越小，极化失配损失越严重。

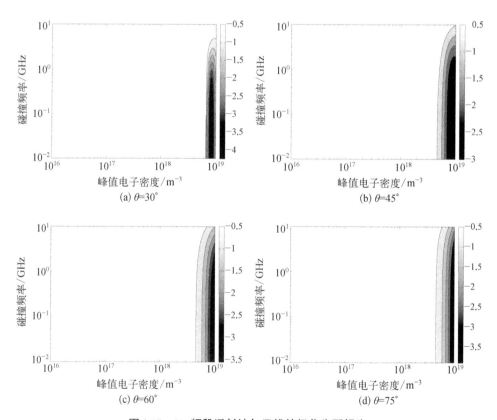

图4.17 Ka频段透射波与天线的极化失配损失

4.2　LF-HF频段电磁波在等离子体鞘套下的传播特性

当电波频率远低于等离子体碰撞频率时也能够以较低的衰减穿透等离子体鞘套,曾经被认为是一种可能减缓"黑障"的方法。过去研究者在考虑低频电磁波衰减时,仅从衰减系数考虑,然而考虑到实际的等离子体鞘套尺寸远小于LF-HF频段的电磁波波长,必须考虑到天线近场效应及等离子体鞘套的电小尺寸效应,因此有必要对该问题进行重新分析,在本节中将分别考虑在飞行器上发射与接收低频电磁波时的情况,建立模型并进行计算。

4.2.1　等离子体鞘套中低频电磁波传播模型

1. 飞行器发射低频电磁波时的电磁波传播模型

由于飞行器上的空间有限,当发射低频电磁波通信时,一般需采用环形的天线,而由于低频电磁波的波长远大于等离子体鞘套的尺度,因此等离子体鞘套实际上是位于低频环形天线的近场区,在近场区域内,电磁波的电场分量与磁场分量尚未发展成平面波,对于环形天线,其近场区域内的电磁场为一个低波阻抗。

根据一般的电磁波传播规律,等离子体对电磁波的衰减主要由两部分构成[2-4]:一是电磁波在等离子体中传播时,电子在电磁场的驱动下运动,再经过电子与其他粒子的碰撞将电磁波的能量转化为等离子体的无规则热能,亦即等离子体对电磁波的吸收衰减;二是由于在空气和等离子体界面上,由于阻抗不匹配引起的电磁波反射损耗。

首先,考虑等离子体对低频电磁波的吸收衰减。当电磁波的频率远低于等离子体频率时,如果等离子体中不存在碰撞,则电磁波将会发生截止现象,在等离子体内部指数衰减。但是如果等离子体中的碰撞频率也远大于电磁波的频率,则电磁波对电子的驱动效果会因为频繁的碰撞过程被减弱,即电子从电磁波中吸收能量的效率降低,进而降低电磁波能量向等离子体内能的转换效率,因此低频电磁波在强碰撞中的等离子体的吸收衰减将会大大降低[5]。

其次,考虑在空气和等离子体界面处的电磁波反射衰减问题。对于在空气中传播的低频平面电磁波,其特征阻抗为377 Ω,而等离子体的特征阻抗一般为复数,且其绝对值远小于377 Ω,根据反射系数的定义[6]$\Gamma=(\eta_2-\eta_1)/(\eta_2+\eta_1)$可知,电磁波将会在空气和等离子体界面处发生强烈的反射。而当采用环形天线发射电磁波时,电磁波的反射特性将会出现明显不同。

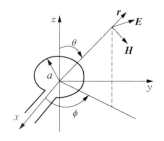

图4.18　小环天线周围的电、磁场分布

一般小环天线的周长远小于电磁波波长,可等效为一个磁偶极子天线,此时,小环天线周围的电场和磁场分布如图4.18所示。

在球坐标系下,小环天线周围磁场和电场的表达式为[7]

$$H_r = \frac{k^3 \pi a^2 I_0 e^{j(\omega t - kr)} \cdot \cos\theta}{4\pi} \left[\frac{j2}{(rk)^2} + \frac{2}{(rk)^3} \right] \quad (4-1)$$

$$H_\theta = -\frac{k^3 \pi a^2 I_0 e^{j(\omega t - kr)} \cdot \sin\theta}{4\pi} \left[\frac{1}{rk} - \frac{j}{(rk)^2} - \frac{1}{(rk)^3} \right] \quad (4-2)$$

$$E_\phi = -\frac{jk^2 \omega \mu_0 \pi a^2 I_0 e^{j(\omega t - kr)} \cdot \sin\theta}{4\pi} \left[\frac{j}{rk} + \frac{1}{(rk)^2} \right] \quad (4-3)$$

其中,I_0是环形天线的电流;$S = \pi a^2$是天线面积;r是场点到原点(天线中心点)的距离;ω是电磁波的角频率;μ_0是真空磁导率;$k = 2\pi/\lambda$是电磁波在真空中的传播常数;λ是电磁波在真空中的波长。根据H_θ与距离r的关系可以将天线周围的区域划分为近场区、远场区和过渡区三个区域[7]。

近场区:$r \leqslant 0.1\lambda/2\pi$,式中最后一项分量将占据主导地位,$H_\theta$与$r^3$成反比,且电场与磁场分量相位相差90°。

远场区:$r \geqslant 10\lambda/2\pi$,式中的第一项分量将起主导作用,$H_\theta$与$r$成反比,且电场与磁场分量相位相同。

过渡区:$0.1\lambda/2\pi < r < 10\lambda/2\pi$,三种分量的作用近似相等,电场和磁场的相位差为$0 \sim 90°$,且随着距离的改变而改变。

表4.2列出了在不同频率时的近场和远场划分。由于等离子体的厚度一般为$4 \sim 20$ cm左右,再加上防热层的厚度为$2 \sim 5$ cm,因此实际上只有对于频率小于10 MHz的电磁波,等离子体鞘套才在小环天线的近场区域内。在本节以后的分析中,将主要研究10 MHz以下电磁波的衰减特性。

表4.2 不同频率电磁波的近场和远场区分

f	100 kHz	1 MHz	10 MHz	100 MHz	1 GHz
近场区	< 47.7 m	< 4.77 m	< 47.7 cm	< 4.77 cm	< 0.5 cm
远场区	> 4 770 m	> 477 m	> 47.7 m	> 4.77 m	> 47.7 cm

在近场区域内,电磁波的等效波阻抗将与平面波的波阻抗(377 Ω)有明显不同,根据波阻抗的定义(电场和磁场分量之比),可以得出,当$\theta=90°$时,近场区域电磁波的等效波阻抗如下式所示,可知,近场区的波阻抗是一个复数,且与距离r和电磁波角频率ω成正比。

$$\eta = \frac{E_\phi}{-H_\theta} = \frac{j\omega\mu_0\left[j + 1/(rk)\right]}{-k\left[1 - j/(rk) - 1/(rk)^2\right]} \approx j\omega\mu_0 r, \ rk < 0.1 \quad (4-4)$$

以电磁波频率为1 MHz为例,当小环天线与等离子体层的距离为20 cm处时,近场区的波阻抗为j1.6 Ω左右,与等离子体的特征阻抗已经比较接近,因此反射损耗将会大大降低。

对于在近场区域下由均匀屏蔽体引起的电磁波衰减问题,存在很多种计算方法,Moser[8]在1967年就对这些方法进行了对比与分析,第一种方法通过计算在屏蔽体上产生的感应电流计算出屏蔽体另一侧感应出来的电、磁场强度;第二种方法是一种精确的求解结果,它通过求解整个空间的波矢量方程得出矢量位分布,再由矢量位分布求解出电、磁场强度。Moser根据这一方法推导出了一个积分表达式,但是由于表达式过于复杂,Moser并没有给出这一方法的结果;第三种方法将远场区的波阻抗值替换为近场区域内的波阻抗值,然后按照Schelkunoff[9]提出的等效传输线理论计算出屏蔽体的屏蔽效率,也即著名的电磁干扰屏蔽理论。为比较三种方法的有效性,Moser开展了近场区域内由金属引起的电磁波衰减实验研究,并与理论值进行了对比,结果表明电磁屏蔽理论的结果与实验值最为接近,因此可直接采用电磁屏蔽理论计算在近场区域内由均匀等离子体引起的电磁波衰减。

等离子体可以看作是一种特殊的屏蔽体,电磁波经过等离子体的衰减与电磁屏蔽理论中的屏蔽效能具有相同的物理意义,只是在数值上相差一个负号,屏蔽效能的定义为有屏蔽层和无屏蔽层时,电场或磁场的比值[7,10,11],表示为

$$SE = -20\lg(|E_t/E_{t0}|) = -20\lg(|H_t/H_{t0}|) \quad (4-5)$$

其中，$E_t(H_t)$ 和 $E_{t0}(H_{t0})$ 分别是有屏蔽体和无屏蔽体时的电场（磁场）强度。

电磁波的传输理论模型如图4.19所示，电磁波沿 +z 方向传播，在 z=0 处有一个厚度为 L 的屏蔽层，η_1、η_2、η_3 分别是在屏蔽层左侧、屏蔽层内部及屏蔽层右侧的波阻抗。利用电磁场在边界处切向分量相等的边界条件及在各介质内的电磁场表达式，可以求出透过屏蔽层之后的电磁场与屏蔽层之前的电磁场比值，即

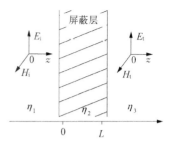

图 4.19　电磁波传输理论模型

$$\frac{E_t}{E_i} = \frac{H_t}{H_i} = \frac{pe^{-kL}}{1 - qe^{-2kL}} \qquad (4-6)$$

$$p = \frac{4\eta_2\eta_3}{(\eta_1 + \eta_2)(\eta_2 + \eta_3)} \qquad (4-7)$$

$$q = \frac{(\eta_1 - \eta_2)(\eta_2 - \eta_3)}{(\eta_1 + \eta_2)(\eta_2 + \eta_3)} \qquad (4-8)$$

其中，k 是电磁波在屏蔽层内部的传播常数。一般情况下，在屏蔽层两侧的介质为同一种介质，因此 η_1 与 η_3 相同，式（4-6）可以简化为[12]

$$\frac{E_t}{E_i} = \frac{H_t}{H_i} = \frac{4Ke^{-kL}}{(K+1)^2 - (K-1)^2 e^{-2kL}} \qquad (4-9)$$

其中，$K = \eta_1/\eta_2$，在近场区 η_1 由式（4-4）得出。利用式（4-9）可以得到 E_t 和 H_t 与入射电磁波场强的关系。E_{t0} 和 H_{t0} 与入射电磁波场强的关系可以将屏蔽层的波阻抗值替换为真空的波阻抗值。在得出用入射电磁波场表示的 E_t 和 E_{t0} 后，代入式（4-5）即可得出屏蔽层的屏蔽效率。

一般情况下，屏蔽层都是由金属制成的，对于其他的非金属介质，如果非金属介质的参数 $|\omega\varepsilon/\sigma| \ll 1$，即材料中的位移电流远小于传导电流，非金属介质也可以在相应的频率下等效为金属，其中 ω 是电磁波的角频率，ε 是介质的介电系数，σ 是介质的电导率。材料的波阻抗和传播常数可以由式（4-10）和式（4-11）得

$$\eta_{\text{metal}} = \frac{1+j}{\sigma} \cdot \sqrt{\frac{\omega\mu_0\sigma}{2}} \qquad (4-10)$$

$$k_{\mathrm{metal}} \approx (1+\mathrm{j})\sqrt{\frac{\omega\mu_0\sigma}{2}} \qquad (4-11)$$

真空中的波阻抗和传播常数为

$$\eta_{\mathrm{air}} = \sqrt{\mu_0/\varepsilon_0} \qquad (4-12)$$

$$k_{\mathrm{air}} = \mathrm{j}\omega\sqrt{\mu_0\varepsilon_0} \qquad (4-13)$$

将等离子体作为屏蔽层的情况时，要利用上面的理论计算衰减，首先需要对等离子体的 $|\omega\varepsilon/\sigma|$ 参数进行分析，只有在满足 $|\omega\varepsilon/\sigma| \ll 1$ 的条件时，等离子体的阻抗和传播常数才可以用式（4-10）和式（4-11）近似，此时用电磁屏蔽理论才可以得出较准确的衰减值。

图4.20给出了电子密度为 $10^{15} \sim 10^{19}~\mathrm{m}^{-3}$，碰撞频率为 $0.01 \sim 50~\mathrm{GHz}$，电磁

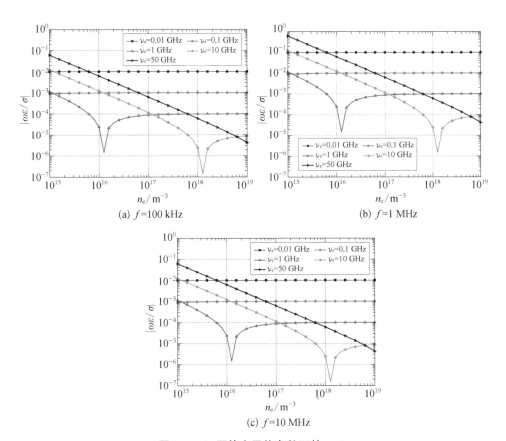

(a) $f=100~\mathrm{kHz}$

(b) $f=1~\mathrm{MHz}$

(c) $f=10~\mathrm{MHz}$

图4.20　不同等离子体参数下的 $|\omega\varepsilon/\sigma|$

波频率分别为100 kHz、1 MHz和10 MHz时的$|\omega\varepsilon/\sigma|$值。由图可知,低频情况下的$|\omega\varepsilon/\sigma|$参数近似与频率成正比关系。对于频率为100 kHz电磁波,$|\omega\varepsilon/\sigma|$的范围为$10^{-7}\sim0.1$;对于频率为1 MHz电磁波,$|\omega\varepsilon/\sigma|$的范围为$10^{-6}\sim1$;对于频率为10 MHz,$|\omega\varepsilon/\sigma|$的范围为$10^{-5}\sim10$,因此当电磁波频率低于10 MHz时,在大多数条件下,等离子体都可以等效为金属。只有在碰撞频率低于10 MHz或者电子密度低于$10^{16}\,m^{-3}$,同时碰撞频率高于50 GHz两种条件下,$|\omega\varepsilon/\sigma|$会接近1。由于碰撞频率越高,等离子体的性质越接近真空,因此对电磁波的衰减也将会越小;而在碰撞频率低于10 MHz时,等离子体的电导率和介电系数都很大,等离子体的导电性与介电特性对电磁波的衰减贡献程度接近,此时利用电磁屏蔽理论得出的值将会存在一定的误差。

2. 飞行器接收低频电磁波的电磁波传播模型

由地面发射的低频电磁波到达飞行器处后,已经发展为平面电磁波。对于小于10 MHz的电磁波频率,其在真空中的电磁波波长大于30 m,远大于飞行器及等离子体鞘套的尺寸,因此对于低频平面电磁波而言,等离子体鞘套为电小尺寸结构。

电尺寸是在电磁计算领域中的一个重要参数,它表征了物体的尺寸与电磁波波长之间的关系。当电磁波的波长远小于物体的尺寸时,称为电大尺寸;而当电磁波的波长远大于物体的尺寸时,称为电小尺寸。在电小尺寸下,由于电磁波的波长远大于物体尺寸,电磁波在物体上产生的相位差几乎可以忽略,物体近似处于一个均匀的时变电/磁场中,电场和磁场可以分别考虑。

精确的低频衰减特性可以建立等离子体鞘套的三维分布模型后通过数值模拟进行求解,但是详细的等离子体鞘套三维分布一般难以得到,而且数值模拟的耗时很长,因此本章将等离子体鞘套进行了简化,将其等效为一个由等离子体构成的球壳,然后通过等效电路的方法研究低频平面电磁波穿透等离子体鞘套后的衰减特性。

考虑低频电磁波照射等离子体鞘套的情况,电磁波频率为100 kHz、1 MHz和10 MHz,对应的电磁波波长分别为3 km、300 m和30 m,而等离子体鞘套的尺寸一般略大于飞行器的尺寸(米量级),因此等离子体鞘套相对于本文考虑的低频电磁波而言为电小尺寸。在电小尺寸下,等离子体鞘套的分布具体细节不占据主导地位,因此在本文中将其简化为具有一定厚度的等离子体球壳,如图4.21所示,其中d是球壳的厚度,表征等离子体鞘套的厚度,r是球壳的半径,为等离子体鞘套最大尺寸的1/2。照射等离子体鞘套的低频平面电磁波沿z方向传播,

其中电场方向为 +x 方向。电/磁场的衰减(S_E/S_H)定义为球壳中心处的电/磁场强度(E_i/H_i)与初始电/磁场强度(E_0/H_0)的比值,表示为

$$S_E = 20 \times \lg(E_i/E_0) \tag{4-14}$$

$$S_H = 20 \times \lg(H_i/H_0) \tag{4-15}$$

在一般的高频电磁波穿透等离子体分析中,S_E 和 S_H 是完全相同的,但是对于图4.21中低频电磁波的衰减,S_E 与 S_H 有所不同,需要分别进行考虑,S_E 与 S_H 可以通过等效电路模型的方法进行计算。

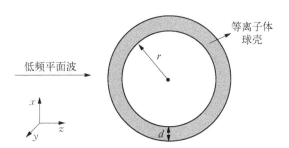

图4.21 低频平面波入射等离子体鞘套简化模型

(1)电小尺寸等离子体球壳下电场分量衰减计算的等效电路模型

一个由导体组成的球壳位于均匀静电场下时,可以通过电荷在球壳表面的重新分布将静电场完全屏蔽,使得在球壳内部的电场为0,如图4.22所示。对于一个球形的壳体,当电场被全部屏蔽时,球壳表面的电荷密度分布为[11]

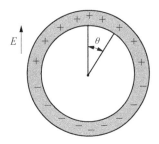

图4.22 静电场中球形屏蔽层的电荷分布

$$q(\theta) = 3\varepsilon_0 E_0 \cos \theta \tag{4-16}$$

其中,E_0 是初始电场的强度。

对上半球面的电荷密度进行积分,可以得出在上半球面上的总电荷数为

$$Q = 3\pi\varepsilon_0 E_0 r^2 \tag{4-17}$$

下半球面的总电荷数与上半球面总电荷数相同,符号相反。由式(4-17)可知,总电荷数与电场的强度成正比,因此当电场以较低的频率 f 改变时,球面上

的电荷也将随之改变,正负电荷将流经赤道线进行复合,流经赤道线的电荷数即为电荷的变化量,根据电流的定义(单位时间内流经截面的总电荷数),可以得出电流$I(t)$的表达式为

$$I(t) = \mathrm{d}Q/\mathrm{d}t = \mathrm{j}6f\pi^2\varepsilon_0 E_0 r^2 \mathrm{e}^{\mathrm{j}2\pi ft} \tag{4-18}$$

其中,假设电场按时谐规律变化。假设赤道线的高度为h,球壳的电导率为σ,则赤道线的电阻可近似表示为

$$R \approx \frac{h}{2\pi rd\sigma} \tag{4-19}$$

根据欧姆定律,赤道线上的电压为电流和电阻的乘积

$$V(t) = I(t) \times R \approx \frac{\mathrm{j}3\pi fr\varepsilon_0 E_0}{d\sigma} \cdot \mathrm{e}^{\mathrm{j}2\pi ft} \cdot h \tag{4-20}$$

由球面的对称性可知,在赤道线附近的等势面与赤道面平行,所以球壳中心处的电场与赤道线上的电场相同,即

$$E_\mathrm{i} = \frac{V(t)}{h} \approx \frac{\mathrm{j}3\pi fr\varepsilon_0 E_0}{d\sigma} \cdot \mathrm{e}^{\mathrm{j}2\pi ft} \tag{4-21}$$

将等离子体在低频条件下的电导率代入式(4-21),再将E_i的表达式代入式(4-14)中,即可以得出由等离子体球壳产生的电场衰减为

$$S_\mathrm{E} = 20 \times \lg\left(\frac{3\pi fr\varepsilon_0}{d} \cdot \frac{2\pi m_e \nu_e}{e_0^2 n_e}\right) \tag{4-22}$$

在以上的分析中,假设了电流在等离子体球壳内是均匀分布的,这在频率很低的情况下是正确的,但是随着频率的提高,电流将主要从球壳的表面流过,随着深度的增加,电流也逐步减小,一般将电流达到表面电流e^{-1}时的深度用趋肤深度δ来表示。当趋肤深度小于球壳的厚度时,与直流电流相比,其等效电阻将会显著增大。考虑趋肤深度影响后的电阻可以表示为

$$R_\mathrm{H} = \frac{d}{\delta} \cdot \frac{1}{1 - \mathrm{e}^{-d/\delta}} \cdot R \tag{4-23}$$

其中,趋肤深度的表达式为

$$\delta = \frac{1}{\sqrt{\pi f \mu \sigma}} \qquad (4-24)$$

另一方面,球壳内的电场也将沿球壳的表面到内部以指数规律 $e^{-d/\delta}$ 衰减,因此考虑趋肤深度影响后,由等离子体球壳引起的电场衰减公式为[13]

$$S_{\mathrm{E}} = 20 \times \lg\left(\frac{3\pi f r \varepsilon_0}{\delta} \cdot \frac{2\pi m_e \nu_e}{e_0^2 n_e} \cdot \frac{e^{-d/\delta}}{1 - e^{-d/\delta}}\right) \qquad (4-25)$$

(2)电小尺寸等离子体球壳下磁场分量衰减计算的等效电路模型

对于静磁场而言,如果金属球壳的相对磁导率为1,那么金属球壳将不会产生任何屏蔽效果。但是当磁场以频率 f 改变时,在导体球壳的表面将会感应出感应电动势,进而产生感应电流[图4.23(a)]。感应电流产生的磁场方向与原磁场方向相反,从而可以抵消掉一部分球壳内部的磁场强度,达到一定的屏蔽效果。若将球壳等效为一个多匝线圈,则以上过程可以表示为如图4.23(b)所示的电路,其中 V 是线圈两端的感应电压,L_s 是线圈的电感,R_s 是线圈的电阻。感应电压 V 的表达式为

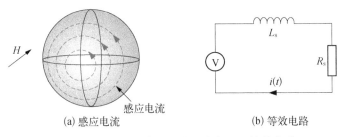

图4.23 等离子体球壳中的感应电流和等效电路

$$V = -\frac{\mathrm{d}}{\mathrm{d}t}\int \mu_0 \boldsymbol{H} \cdot \mathrm{d}\boldsymbol{S} = -\mathrm{j}\omega\mu_0 A H_0 \mathrm{e}^{\mathrm{j}\omega t} \qquad (4-26)$$

其中,$\boldsymbol{H} = H_0 \exp(\mathrm{j}\omega t)$ 是初始的时变磁场,A 是线圈垂直于磁场方向的等效面积。对于薄壁球壳,R_s 和 L_s 分别为[11]

$$R_s = \frac{2\pi n^2}{3d\sigma} \qquad (4-27)$$

$$L_s = \frac{2\pi\mu_0 r}{9}n^2 \tag{4-28}$$

其中,σ是球壳电导率;n是球壳等效线圈的匝数。根据欧姆定律,线圈中产生的电流为

$$i(t) = \frac{V}{R_s + j\omega L_s} = \frac{-j\omega\mu_0 A H_0 e^{j\omega t}}{R_s + j\omega L_s} \tag{4-29}$$

　　球壳内部的磁场$H_i \exp(j\omega t)$是由球壳中的电流感应出来的,其感应电动势应该等于电阻上的电压,即

$$V_i = -j\omega\mu_0 A H_i e^{j\omega t} = i(t) \cdot R_s \tag{4-30}$$

　　联合式(4-15)、式(4-26)~式(4-30),即可以得到磁场衰减为

$$S_H = 20 \times \lg\left|\frac{R_s}{R_s + j\omega L_s}\right| = 20 \times \lg\left|\frac{1}{1 + j\omega\mu_0 rd\sigma/3}\right| \tag{4-31}$$

　　与电场衰减情况类似,当考虑到趋肤深度的影响后,线圈的电阻增大,而磁场也将由球壳表面向球壳内部衰减,最后得出的磁场衰减表达式为[13]

$$S_H = 20 \times \lg\left|\frac{\dfrac{d}{\delta} \cdot \dfrac{1}{1 - e^{-d/\delta}}}{\dfrac{d}{\delta} \cdot \dfrac{1}{1 - e^{-d/\delta}} + \dfrac{j\omega\mu_0 rd\sigma}{3}} \cdot e^{-d/\delta}\right| \tag{4-32}$$

4.2.2　LF-HF频段电磁波在等离子体鞘套中的低衰减特性

1. 小环天线近场区低频电磁波穿透等离子体鞘套产生的衰减计算

(1) 均匀等离子体下近场区低频电磁波的衰减特性

　　本节计算在不同等离子体条件下近场区域内电磁波的衰减特性。均匀等离子体情况下的仿真条件如下,小环天线距离等离子体层20 cm,等离子体层厚度假设为10 cm,等离子体的电子密度范围为$10^{15} \sim 10^{19}$ m^{-3},碰撞频率范围为0.1~10 GHz,电磁波频率分别为100 kHz、1 MHz和10 MHz。计算结果如图4.24所示,图中同时给出了在远场情况下的电磁波衰减(通过分层计算方法得到)。

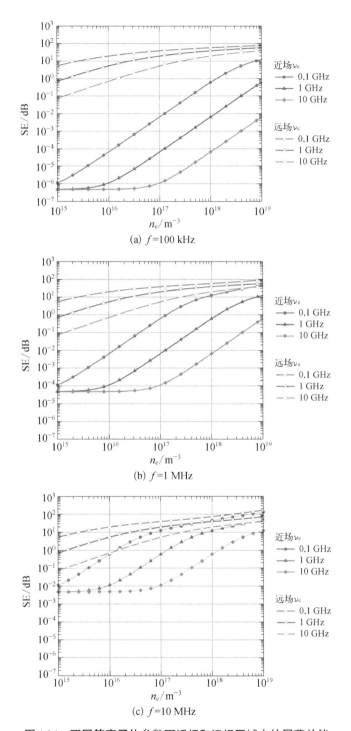

图 4.24 不同等离子体参数下近场和远场区域内的屏蔽效能

　　如图4.24所示,近场时得出的衰减与远场时得出的衰减相比,两者的趋势相同,都是随着电子密度的增大而增大,随着碰撞频率的增大而减小,但是近场时的电磁波衰减绝对值要远小于远场时的衰减绝对值,这是因为在近场时的反射损耗要远远小于在远场时的反射损耗。

　　从图4.24中可以看出,当$\nu_e > 1$ GHz时,即使在电子密度为10^{19} m^{-3}时,低于10 MHz的电磁波在近场条件下的衰减也小于30 dB。由于在高空时,空气稀薄,产生的等离子体碰撞频率也较低,因此在高空时的低频电磁波衰减较大。图4.24中还显示出相同条件下,频率越高,电磁波的衰减越大,如电子密度为10^{17} m^{-3},碰撞频率1 GHz时,频率为100 kHz的电磁波衰减为6.5×10^{-5} dB,频率为1 MHz的电磁波衰减为6.5×10^{-3} dB,而频率为10 MHz的电磁波衰减则为0.6 dB,所以在天线以及通信设备允许的条件下,应尽量选择载波频率较低的通信系统。

　　(2) RAM-C再入过程中近场区低频电磁波的衰减特性

　　本节以RAM-C飞行器再入过程中产生的等离子体鞘套参数为例,计算不同频率的低频电磁波在近场区内的衰减值。在近场区域内,由等离子体内部非均匀性引起的反射损耗几乎可以忽略,因此本节按照均匀等离子体的计算方法进行计算,其中电子密度取不同高度下的电子密度峰值,碰撞频率取气体温度为2 000 K时的值。仿真结果如图4.25所示,图中给出了在近场区的理论衰减值。

　　从图4.25中可以看出,对于低频电磁波而言,当高度低于60 km时,在近场区内,100 kHz的低频电磁波的衰减只有不到1 dB,可以几乎无衰减地穿透等离

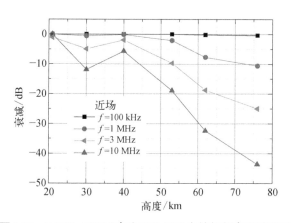

图4.25　RAM-C不同高度下近场区内的低频电磁波衰减

子体鞘套,1 MHz的低频电磁波衰减也不到10 dB,仍然可以高效的穿透等离子体鞘套,3 MHz的低频电磁波衰减最大约为20 dB,但是对于10 MHz的电磁波,衰减会达到20～30 dB,已经接近"黑障"的临界值。高度大于60 km时,由等离子体鞘套引起的100 kHz的电磁波衰减依然很小,而1 MHz的电磁波衰减会达到10 dB左右,3 MHz的电磁波衰减会达到约25 dB,而10 MHz的电磁波衰减则会超过30 dB。应该注意到,在本文中,选取的等离子体参数均为对应高度下最恶劣的情况,因此在实际中的衰减会小于计算值。

2. 低频平面电磁波入射等离子体鞘套情况下的传播特性

取球壳的半径为0.5 m,球壳的厚度10 cm。等离子体的电子密度和碰撞频率参数分别为10^{15}～10^{19} m^{-3}和100 MHz～50 GHz。电磁波的频率选择100 kHz、1 MHz和10 MHz,对应波长为30～3 000 m,满足远大于球壳尺寸的需求。在仿真中,共用到了三种方法,分别为等效电路法、吸收衰减法和商业软件CST数值模拟方法。仿真结果如图4.26～图4.28所示,其中实线和短虚线分别表示用等效电路方法得出的电场和磁场衰减,点虚线表示用吸收衰减

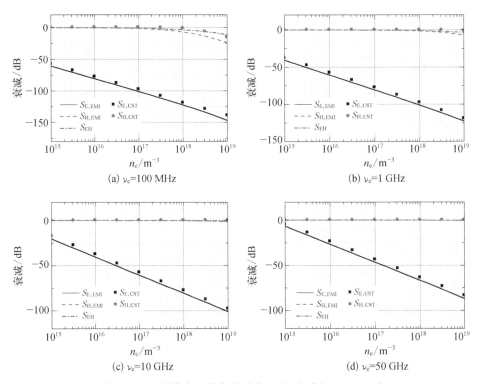

图4.26　不同等离子体条件的电/磁场衰减(f=100 kHz)

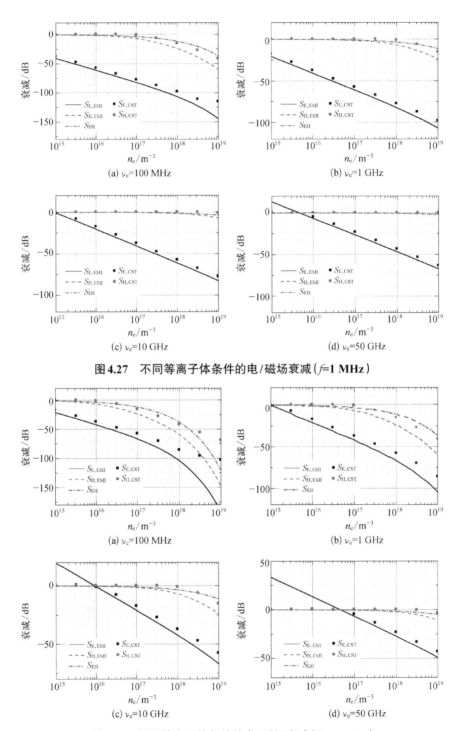

(a) ν_{c}=100 MHz

(b) ν_{c}=1 GHz

(c) ν_{c}=10 GHz

(d) ν_{c}=50 GHz

图4.27 不同等离子体条件的电/磁场衰减(f=1 MHz)

(a) ν_{c}=100 MHz

(b) ν_{c}=1 GHz

(c) ν_{c}=10 GHz

(d) ν_{c}=50 GHz

图4.28 不同等离子体条件的电/磁场衰减(f=10 MHz)

法得出的电场和磁场衰减,方点和圆点分别表示用CST仿真得出电场和磁场的衰减。

从图4.26～图4.28中,可以得出,由等效电路法和CST数值模拟方法得出的电、磁场衰减结果接近,这证明了等效电路法的有效性。与平面电磁波在常规情况下的衰减不同,电场衰减和磁场衰减不再相等,磁场衰减$|S_H|$远小于电场的衰减$|S_E|$,而吸收衰减法得出的值与磁场衰减较为接近。这说明在低频情况下,应该采用磁天线代替电天线来接收信号。

同时从图中还可以看出,由等效电路法得出的磁场衰减在碰撞频率增大时会出现大于0 dB,即电场强度比原值增大的情况,这是由于在等效电路方法中,假设了球壳表面的电荷全部流经赤道面,但实际上,随着电子密度的降低,球壳的电导率将会下降,在频率较高时,在半个球的电荷将不能全部流经赤道面,而等效电路方法中没有考虑到该情况,因此将得出错误的估计值。虽然如此,等效电路法仍然不失为一种简单有效的电/磁场衰减估计方法,将电场衰减大于0 dB的值替换为0 dB即可。

在三幅图的对比中,可以看出,随着频率的提高,由等效电路法得出的电/磁场衰减值与数值模拟方法得出的值偏差增大,这是由于频率增大时,电磁波波长减小,在等离子体球壳上的相位差逐步增大,电路等效法也因此逐步失效,但是在100 kHz～10 MHz范围内,误差仍在可接受的范围内。

为进一步了解磁场衰减与电子密度和碰撞频率的关系,利用等效电路法计算出的结果画出了磁场衰减与电子密度和碰撞频率的二维图,结果如图4.29所示。由图中可知,磁场衰减的等值线与电子密度和碰撞频率比值(n_e/ν_e)的等值线相重合,即磁场衰减实际上是n_e/ν_e的函数。如果以−30 dB作为"黑障"出现的临界值,则对于100 kHz的电磁波n_e/ν_e的临界值为1.7×10^5,对于1 MHz的电磁波n_e/ν_e的临界值为1.7×10^4,而对于10 MHz电磁波n_e/ν_e的临界值为1.7×10^3,其中n_e的单位是m^{-3},ν_e的单位是Hz。在飞行器周围产生的等离子体鞘套中,虽然电子密度和碰撞频率的分布不均,但是在驻点区电子密度较高的区域,碰撞频率也较高,因此等离子体鞘套的n_e/ν_e整体分布相对比较均匀,将等离子体鞘套等效为等离子体球壳的假设是合理的。

3. RAM−C再入过程中电小尺寸等离子体鞘套下的低频电磁波衰减特性

在再入过程中,随着高度的降低,电子密度会逐步增大,但同时由于气压的增大,等离子体鞘套中的碰撞频率也会逐步增大,因此在整个再入过程中,电子密度和碰撞频率的比值会维持在一个较低的水平。影响低频电磁波磁场衰减的

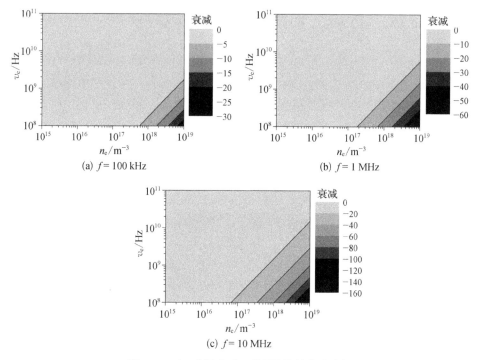

图4.29   电、磁场衰减二维图（等效电路法）

是电子密度和碰撞频率的比值，因此可以预期在整个再入过程中，低频电磁波的衰减都会比较低。

以RAM-C的再入过程为例，将RAM-C飞行器形成的等离子体鞘套进行球壳近似，由于RAM-C的最大尺寸为1.3 m左右，因此设定球壳的半径为0.65 m，等离子球壳的厚度按照不同高度下的厚度选取。分别计算频率为100 kHz、1 MHz、3 MHz和10 MHz时的低频电磁波的电场和磁场衰减，计算结果如图4.30所示。

由图中可知，对于低频电磁波的电场分量衰减远大于磁场分量的衰减，随着频率的提高，磁场衰减逐步增大，电场衰减则逐步减小。从图中可以看出，对于100 kHz和1 MHz的低频电磁波，在再入全程中的磁场衰减都小于30 dB；对于3 MHz的电磁波在60 km以上的衰减会大于30 dB；对于10 MHz的低频电磁波，在50 km以上的衰减会超过30 dB。同样应该注意到，在本文中，由于选取的等离子体参数均为对应高度下最恶劣的情况，因此在实际中的衰减会小于计算值，其中3 MHz是最有可能实现再入全程衰减都不大于30 dB，且在60～100 km电离层内进行通信的频点。而在电离层高度以下时，100 kHz和1 MHz的电磁

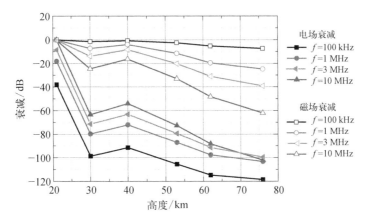

图 4.30 RAM-C 再入过程中电小尺寸等离子体鞘套下的低频电磁波衰减

波都可以以较小的衰减穿透等离子体鞘套,因此利用现有的一些通信系统,并设计适应的接收系统,将有希望在电离层以下实现穿透等离子体鞘套的基本通信。

4.3 等离子体鞘套动态特征下的电磁波传播特性

4.3.1 等离子体鞘套动态特征下的电磁波传播计算方法

1. 基于等效波阻抗的动态等离子体鞘套电磁波传播计算方法

动态等离子体的动态性体现在等离子体参数的时变性。电子密度的动态性导致等离子体复介电常数不再是恒稳的,而是随时间变化的。但媒质时间变化的周期 τ 远大于电磁波的振荡周期 T (如鞘套湍流 100 kHz 的变化对应于毫米波 30 GHz),因而在求解麦克斯韦方程时,只需要考虑媒质的空间分布,而媒质时变则会引起场量的宏观快慢变化(动态等离子体的幅度相位调制效应等)。因此,在计算媒质时变特征信息引起的宏观变化时,可以引入"冻结场"(frozen)的概念,即在一个波包穿透等离子体鞘套的时间之内,认为等离子体鞘套是稳定的,不随时间变化。所以,可在等效波阻抗法中引入时间项,对时间进行离散计算,每一个时间点,计算一次电磁波的透射系数与反射系数。

$$T(t) = \frac{E_{3i0}}{E_{1i0}} = \frac{2\eta_3(t)}{\eta_3(t) + \eta_2(t)} \cdot \frac{1 + \Gamma_0(t)}{1 + \Gamma(t)e^{-j2k_2(t)d}}e^{-jk_2(t)d} \tag{4-33}$$

式(4-33)中的每一项都是与时间有关的函数,表示均匀单层动态等离子体中的透射系数。事实上，将该方法应用于多层等离子体计算时，只需计算各相应时刻每个薄层的波阻抗及传播常数，然后对于每一时刻的等离子体采用等效波阻抗法进行确定性分析，就可以得到电磁波经过多层等离子后的透射和反射情况。

如图4.31所示，是基于等效波阻抗的动态等离子体中电磁波传播仿真模型，图中 η_0、ε_0 分别表示空气波阻抗和介电常数，$\eta_r(t)$、$\varepsilon_r(t)$ 分别表示动态等离子体的等效波阻抗和介电系数，均是时间与空间的函数。依据此模型，只需要知道等离子的空间分布及时间变化规律就可以计算出电磁波在动态等离子体中的传播情况。

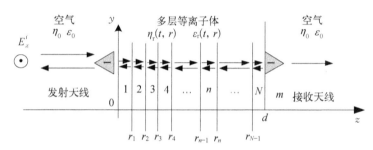

图4.31　基于等效波阻抗的动态等离子体中电磁波传播仿真模型

2. 基于FDTD的动态等离子体鞘套电磁波传播计算方法

针对基于PLJERC-FDTD的动态等离子体电磁波传播计算，在对介质建模时，同样引入时间项，改写离散差分式。假设等离子体模型为单成分流体模型，忽略离子运动。对于时变碰撞等离子有

$$\left.\begin{array}{l} \dfrac{\partial H_y}{\partial x} = cf \cdot \varepsilon_0 \dfrac{\partial E_z}{\partial t} + J_z \\[3mm] \dfrac{\partial E_z}{\partial x} = \mu_0 \dfrac{\partial H_y}{\partial t} \\[3mm] \dfrac{\partial J_z(t)}{\partial t} + \nu J_z(t) = \varepsilon_0 \omega_p^2(t) E_z(t) \end{array}\right\} \qquad (4\text{-}34)$$

其中，$cf = 1 - \varepsilon_{1r}\sin^2\theta$，令

$$\ddot{E}(t) = \omega_p^2(t) E_z(t) \qquad (4\text{-}35)$$

对式(4-34)中第三式做傅里叶变换有

$$J(\omega) = \frac{\varepsilon_0}{j\omega + \nu} \cdot \ddot{E}(\omega) = \sigma(\omega)\ddot{E}(\omega) \tag{4-36}$$

其中,

$$\sigma(\omega) = \frac{\varepsilon_0}{j\omega + \nu} \tag{4-37}$$

对式(4-36)逆傅里叶变换,可得

$$J(t) = \int_0^t \ddot{E}(t-\tau)\sigma(t)\mathrm{d}\tau \tag{4-38}$$

其中,

$$\sigma(\tau) = \varepsilon_0 \exp(-\nu\tau)U(\tau) \tag{4-39}$$

其中,$U(\tau)$为单位阶跃函数。

令式(4-38)中$t=n\Delta t$,采用Yee差分符号,式(4-38)可重写为

$$J_z(n\Delta t) = J_z^n = \int_0^{n\Delta t} \ddot{E}_z(n\Delta t - \tau)\sigma(\tau)\mathrm{d}\tau \tag{4-40}$$

同样,假设$\ddot{E}(t)$在Δt时间内为线性变化,则式(4-40)中$\ddot{E}(t)$可写为

$$\ddot{E}_z(n\Delta t - \tau) = \ddot{E}_z^{n-m} + \frac{\ddot{E}_z^{n-m-1} - \ddot{E}_z^{n-m}}{\Delta t}(t - m\Delta t) \tag{4-41}$$

将式(4-39)和式(4-41)代入式(4-40)并作相应变换,可得

$$J_i^n = \sum_{m=0}^{n-1} \left[\ddot{E}_i^{n-m}\sigma^m + (\ddot{E}_i^{n-m-1} - \ddot{E}_i^{n-m})\xi^m \right] \tag{4-42}$$

其中,

$$\sigma^m = \int_{m\Delta t}^{(m+1)\Delta t} \sigma(\tau)\mathrm{d}\tau = \frac{\varepsilon_0}{\nu}\left[1 - \exp(-\nu\Delta t) \right]\exp(-m\nu\Delta t) \tag{4-43}$$

$$\xi^m = \int_{m\Delta t}^{(m+1)\Delta t} (\tau - m\Delta t)\sigma(\tau)\mathrm{d}\tau = \frac{\varepsilon_0}{\nu^2\Delta t}\left[1 - (1 + \nu\Delta t)\exp(-\nu\Delta t) \right]\exp(-m\nu\Delta t)$$

$$\tag{4-44}$$

经处理可得

$$J_z^{n+1} + J_z^n = (\sigma^0 - \xi^0)\ddot{E}_z^{n+1} + \xi^0\ddot{E}_z^n + \psi_z^n \tag{4-45}$$

$$\psi_z^n = (\sigma^0 + \sigma^1 - \xi^0 - \xi^1)\ddot{E}_z^n + (\xi^0 + \xi^1)\ddot{E}_z^{n-1} + \exp(-\nu\Delta t)\psi_z^{n-1} \tag{4-46}$$

将式(4-36)代入式(4-46)可得ψ_z^n的差分格式为

$$
\begin{aligned}
\psi_z^n(i) = {}&(\sigma^0 + \sigma^1 - \xi^0 - \xi^1)(\omega_p^n)^2 E_z^n(i) \\
&+ (\xi^0 + \xi^1)(\omega_p^{n-1})^2 E_z^{n-1}(i) + \exp(-\nu\Delta t)\psi_z^{n-1}(i)
\end{aligned} \tag{4-47}
$$

将式(4-34)第一式进行差分离散,可得

$$
\begin{aligned}
(\nabla \times H)_z^{n+1/2} &= \frac{H_y^{n+1/2}\left(i + \dfrac{1}{2}\right) - H_y^{n+1/2}\left(i - \dfrac{1}{2}\right)}{\Delta x} \\
&= cf \cdot \varepsilon_0 \frac{E_x^{n+1}\left(i + \dfrac{1}{2}, j, k\right) - E_x^n\left(i + \dfrac{1}{2}, j, k\right)}{\Delta t} \\
&+ \frac{J_x^{n+1}\left(i + \dfrac{1}{2}\right) + J_x^n\left(i + \dfrac{1}{2}\right)}{2}
\end{aligned} \tag{4-48}
$$

其中,$cf = 1 - \varepsilon_1\sin^2\theta$,将式(4-34)代入式(4-48),并联立式(4-44)和式(4-47)可得电场强度的差分格式为

$$
E_z^{n+1}(i) = \frac{1}{1 + \dfrac{\Delta t}{2cf \cdot \varepsilon_0}(\sigma^0 - \xi^0) \cdot (\omega_p^{n+1})^2} \left\{
\begin{aligned}
&\left[1 - \dfrac{\Delta t}{2cf \cdot \varepsilon_0}\xi^0 \cdot (\omega_p^n)^2\right] E_z^n(i) \\
&+ \dfrac{\Delta t}{cf \cdot \varepsilon_0}(\nabla \times H)_z^{n+1/2} - \dfrac{\Delta t}{2cf \cdot \varepsilon_0}\psi_z^n(i)
\end{aligned}
\right\} \tag{4-49}
$$

磁场强度的离散格式不变。按照此离散格式就可计算电磁波在动态等离子体中的传播。

事实上基于等效波阻抗的动态等离子体中电磁波传播方法忽略了电磁波在等离子体中的传播过程,将等离子体对电磁波的影响浓缩到透射系数T的计算上。这种方法的好处是计算量大为减少,但是计算结果稍显粗糙。而基于

FDTD的计算方法能够复现电磁波在动态等离子体的传播过程,更为准确。等效波阻抗法中,只要分层数足够高,其计算精度也足够高,与FDTD方法的仿真结果基本一致,但是计算难度大为降低。

4.3.2　等离子体鞘套动态特征下的电磁波寄生调制特性

为了便于研究电磁波在动态等离子体的传播规律,初步假设存在单层均匀等离子体层,等离子体电子密度是动态时变的。为方便描述电子密度的时变特性,定义电子密度为

$$n_e(t) = \bar{n}_e \cdot \Delta(t), \quad t \geq 0 \qquad (4-50)$$

其中,$\bar{n}_e$为平均等电子密度;$\Delta(t)$为变化系数。假设平均电子密度为$1 \times 10^{18} \, \mathrm{m}^{-3}$,电子密度的变化规律满足$20 \sim 100 \, \mathrm{kHz}$粉红噪声分布,即频谱能量与频率成反比,频率越高,能量越小。变化系数$\Delta(t)$如图4.32所示。

碰撞频率假设为2 GHz。根据等效波阻法,计算频率为10 GHz,幅度为1 V的正弦波经过上述动态等离子层后的结果,其时域波形如图4.33(a)所示,电磁波的幅度上产生了时变衰减,从时域信号中,可计算出信号的相位抖动变化。如图4.33(b)所示可知,信号的相位出现了大范围的抖动。图4.33(c)显示了信号功率谱,说明信号经过动态等离子后发生了频率弥散。在此基础上,仿真计算了不同载波频率的入射波在动态等离子体中的传播,结果如图4.34和图4.35所示。

幅度、相位抖动程度与等离子电子密度、碰撞频率等因素有关。本文借鉴幅度调制与相位调制的调制度概念,定义动态等离子体引起的寄生调制程度,其中幅度调制度被定义为

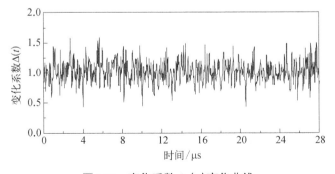

图4.32　变化系数$\Delta(t)$变化曲线

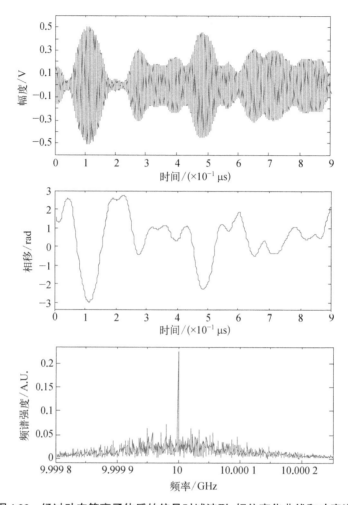

图 4.33　经过动态等离子体后的信号时域波形、相位变化曲线和功率谱

$$M_A = \frac{E_{Amax}(t) - E_{Amin}(t)}{E_{Amax}(t) + E_{Amin}(t)} \tag{4-51}$$

其中，$E_{Amax}(t)$ 表示幅度包络最大值；$E_{Amin}(t)$ 表示幅度包络最小值。

相位调制度被定义为

$$M_B = \frac{\varphi_{max}(t) - \varphi_{min}(t)}{2} \tag{4-52}$$

其中，$\varphi_{max}(t)$ 表示相对相移最大值；$\varphi_{min}(t)$ 表示相对相移最小值。

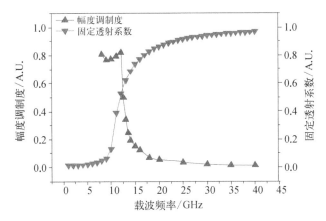

图4.34　经过动态等离子体的信号幅度调制度与固定透射系数

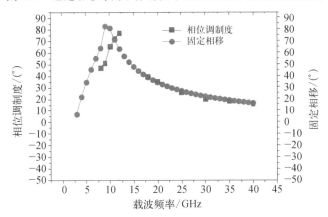

图4.35　经过动态等离子体的信号相位调制度与固定相移

图4.34是电磁波经过上述动态等离子层后的功率透射系数以及幅度调制随入射波频率的变化曲线。

由图4.34可知,信号透射出等离子体的能量随着入射波频率的增高而变大。而幅度调制度随着入射波频率的增高而减小。并且两者的变化曲线均在等离子截止频率附近出现拐点。

图4.35是电磁波经过上述动态等离子体层后的固定相移和相位调制随入射波频率的变化曲线。动态等离子体引起的固定相移和相位调制度的变化规律基本一致,在当电磁波载波频率接近于等离子体频率时是最高的,并且当载波频率大于等离子体频率时,均随着电磁波频率的增高而降低。但是,调制度的峰值点出现在等离子电子密度变化范围上限对应的截止频率点上。

由仿真分析可知,经过动态等离子体后的电磁波幅度和相位的调制变化是由等离子休抖动所决定的。一般来说,当碰撞频率一定时,电磁波频率与等离子体频率的比值 ω/ω_p 越大,动态等离子体引起的时变衰减和相位抖动的变化范围也越小。

参考文献

[1] 刘嘉兴.飞行器测控通信工程[M].北京:国防工业出版社,2010.

[2] 王柏懿.再入等离子鞘的电波传播特性[J].宇航学报,1982,3(2):83-103.

[3] Friel P, Rosenbaum B. Propagation of electromagnetic waves through reentry-induced plasmas[J]. Advances in the Astronautical Sciences, 1963, 11399.

[4] (苏)金茨堡.电磁波在等离子体中的传播[M].钱善瑎,译.北京:科学出版社,1979.

[5] Rybak J P, Churchill R J. Progress in Reentry Communications[J]. IEEE Transactions on Aerospace and Electronic Systems, 1970, 7: 879-894.

[6] 王家礼,朱满座,路宏敏.电磁场与电磁波[M].西安:西安电子科技大学出版社,2000.

[7] 杨克俊.电磁兼容原理与设计技术[M].北京:人民邮电出版社,2011.

[8] Moser J R. Low frequency shielding of a circular loop electromagnetic field source[J]. IEEE Transactions on Electromagnetic Compatibility, 1967, 9(1): 6-18.

[9] Schelkunoff S A. Electromagnetic Waves[M]. Toronto: Van Nostrand, 1951.

[10] 刘鹏程.电磁兼容原理及技术[M].北京:高等教育出版社,1993.

[11] 杨士元.电磁屏蔽理论与实践[M].北京:国防工业出版社,2006.

[12] Liu D L, Li X P, Xie K, et al. The propagation characteristics of electromagnetic waves through plasma in the near-fieldregion of low-frequency loop antenna[J]. Physics of Plasmas, 2015, 22(10): 102-106.

[13] Liu D L, Li X P, Liu Y M, et al. Attenuation of low-frequency electromagnetic wave in the thin sheath enveloping a high-speed vehicle upon re-entry[J]. Journal of Applied Physics, 2017, 121: 074903.

第五章

动态等离子体鞘套信道建模方法与信道特性

无线通信通过电波在各种不同媒质空间中传播达到传递信号的目的,信号通过任何传输媒介都不可避免产生衰减、时延、畸变等时域/频域失真,特别是临近空间复杂的传输环境和等离子体传播媒质,对信号传输产生更为复杂的影响。为了便于研究信道对信息传输的影响,必须要对相应的物理现象和传播机理有充分的认识和理解,建立表征信道一般特性的信道模型,以数学或者算法的形式来表征信道的输入输出关系,信道模型可以通过测量或者是基于物理传播现象的原理推导得到。

信道建模的主要挑战是将详细的物理传播模型转化为适于信号传输仿真的形式,从物理模型中提取出最本质的影响通信的参数来建模。本章首先简介临近空间飞行器所面临的复杂电磁环境和飞行器测控所关心的链路特性,其次针对信号及系统级仿真需求,根据高超声速飞行器动态等离子体鞘套的多尺度时变物理特征,论述适用于动态等离子体鞘套的自适应非平稳信道建模方法和信道模型。针对等离子体鞘套深衰落、快时变信道探测需求,阐述动态等离子体鞘套信道探测方法,以地面等离子体动态模拟装置为基础开展部分信道模型验证实验,总结出高超声速飞行器综合信道模型。

5.1 高超声速飞行器链路特性

5.1.1 高超声速飞行器复杂电磁环境

复杂电磁环境通常指的是在一定的作战时空内,人为电磁发射和多种自然电磁现象的总和。复杂电磁环境有广义和狭义的理解,主要分为两大类:威胁电磁环境和自然电磁环境。威胁电磁环境主要研究电磁兼容、电磁干扰、电子对抗领域的抗干扰/截获问题。自然电磁环境指的是自然界客观存在的各种影响电磁波传播的因素和环境。从电磁环境的角度来看高超声速临近空间，除了常规威胁电磁环境外，其特殊性还在于其所处的空域范围和飞行条件，这一类特殊的自然电磁环境指的是高超声速临近空间环境和高超声速条件下通信系统面临的复杂的特殊的电磁环境，这与传统的航空、航天电磁环境有显著的区别。

临近空间高速目标飞行器所具备的特点有飞行速度快、高机动性、飞行流域跨度大，正是这些特点使得其面临的电磁环境复杂化、动态化。

① 临近空间稀薄大气、跨流域、非平衡热化学等复杂物理特性，电磁传输参数复杂多变。

② 高速和高机动特性使得飞行器周围产生一种极其恶劣的电磁环境——等离子体鞘套。

③ 临近空间高超声速飞行器可与天基、地基、海基平台通信，通信场景复杂多变。

高超声速临近空间的范围从航天空域范围进入航空空域范围，包括了电离层、平流层和对流层。与航空环境稠密大气不同，飞行器在临近空间稀薄大气中飞行速度可以得到很大提升，与航天环境微乎其微的大气相比，临近空间稀薄大气与飞行器剧烈摩擦导致通信环境恶化。可以说，临近空间复杂的环境涵盖影响卫星通信和航空通信所有因素。在上行近－天（近空间－天基平

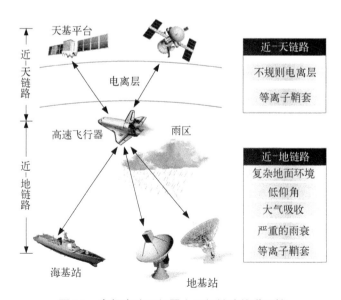

图5.1   高超声速飞行器上下行链路信道环境

台）链路上主要是不规则的电离层和高超声速高速引起的等离子体鞘套，在下行近－地（近空间－地基平台）链路上则涉及复杂的地面环境、低仰角多径问题、大气吸收、严重的雨衰和等离子体鞘套（图5.1）。具体影响信号和通信质量的链路综合效应如图5.2所示。

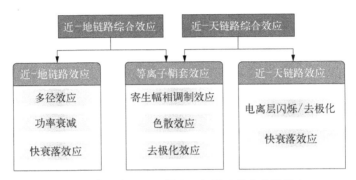

图5.2 高超声速飞行器上下行链路综合信道效应

5.1.2 高超声速飞行器链路特性

高超声速飞行器飞行过程穿越临近空间，除了等离子体鞘套电波衰减外，影响地空链路电波传播的因素包括：构成大气成分的分子吸收（氧气、水蒸气等）、降水（包括雨、雾、雪、雹、云等）、大气中的悬浮物（尘埃、烟雾等）和地表环境（包括植被、地面、障碍物等），这些因素的共同作用会使射频信号产生衰减、散射、极化改变和传播路径歪曲，将对无线通信系统的正常工作造成一定的影响，因此细致了解高超声速飞行器临近空间链路电波传播特性，合理设计链路余量才能保证测控通信系统的正常工作。通常通信频段越高其遭受影响的因素就越多，且频段越高，影响的程度越大。其中，雨衰的后果尤其重要，可能造成接收信号电平的严重下降，通信质量恶化乃至链路中断。因此，如何保证高的链路可用性及如何对链路预算做出合理的设计，是高超声速飞行器通信设计规划中的第一步。

1. 等离子体鞘套电波衰减

等离子体鞘套是一种有损电波传输介质，典型的再入过程S－Ka频段的电磁波衰减计算已经在4.1节详细阐述。对于S－Ka频段电磁波，再入高度为30～50 km区段，其电磁波衰减量甚至可超过60 dB，巨大的电磁波衰减量导致通信系统失效。

2. 自由空间损耗

高超声速飞行器存在时变的自由空间传播损耗，自由空间损耗的估算可根

据ITU-R建议书[1,2],对于点对点的通信问题,自由空间路径传播损耗可按照式(5-1)计算:

$$L_p = \left(\frac{4\pi d}{\lambda_c}\right)^2 = \left(\frac{4\pi d f_c}{c}\right)^2 \tag{5-1}$$

其中,d为传播距离;λ_c为载波波长;c为光速;f_c为载波频率。对于临近空间飞行器飞行高度和对地仰角的变化,L_p是变化的,通常用分贝表示传输损耗公式为

$$L_p = 32.45 + 20\lg d + 20\lg f \tag{5-2}$$

其中,d的单位为km;f的单位为GHz。

由于临近空间飞行器与接收端的距离是实时变化的,传输损耗的大小也随之改变。临近空间飞行器与地面直线距离为20～100 km,假定其通信仰角为5°～90°,且不考虑地球曲面的影响,可得到通信双方传播距离范围为20～1 147 km,通信频段可能从S波段到Ka波段(2～40 GHz)。当通信仰角为90°时其损耗如图5.3所示,大致范围为125～164 dB。仰角越低,其路径损耗越大,例如高度为100 km,仰角为5°时,最大衰减可达190 dB。

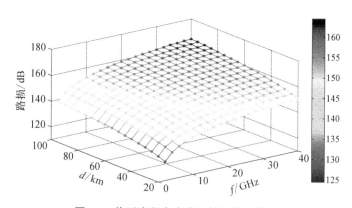

图5.3　临近空间自由空间损耗估值范围

3. 临近空间大气损耗

临近空间的空域范围包含了对流层、平流层和部分电离层,无线电波通过对流层信号遭受的影响最大,会受到其中的氧分子、水蒸气分子和云、雾、雨、雪的吸收和散射,从而对信号产生了损耗。这种损耗与电波频率、波束的仰角、气候的好坏以及地理位置等有密切的关系。对流层对于低于1 GHz的通信系统影

响几乎可以忽略不计,但是对于采用高频点通信的场合应予以重视。

（1）气体吸收

气体吸收对于厘米波和毫米波而言,一般是氧分子、水蒸气分子对电磁能量的吸收。在某一通信频率上,总的吸收为各种吸收线吸收能量的总和。气体吸收对信号强度造成的损耗与信号的频率、仰角、海拔高度和水蒸气密度等密切有关。根据ITU-R建议给出的常规水蒸气密度7.5 g/m³[3],不失一般性,地面站高度为1 km,仰角为20°,总的气体吸收量随频率变化曲线如图5.4所示,可以看出晴空和降雨天气下,20 GHz通信频点衰减量分别为0.4 dB和0.52 dB,10～40 GHz内峰值分别为0.89 dB和1.17 dB。频率对于吸收量的影响并非完全呈线性,在强吸收线附近起伏较大。在选择通信频点的时候需要综合考虑,建议在高频段通信时,在20～40 GHz范围内选择30 GHz左右的频点较为合理。

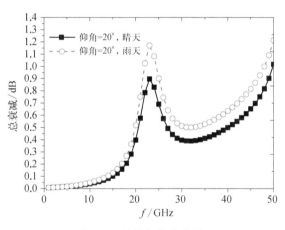

图5.4　总的气体吸收量

（2）降雨衰减

对于工作在10 GHz以上频段的无线通信系统,降雨将是影响性能的最为主要的因素,降雨不仅引起信号衰减、去极化,降雨的散射还会引起不同系统间的干扰。ITU-R建议给出了计算雨衰的详细步骤[4,5]。以西安测控站（纬度34.3°,地面站海拔高度0.420 km,圆极化ξ=45°）为例,计算0.01%时间降雨率对不同工作频率临近空间飞行器（仰角为40°）地空斜路径上的降雨衰减值。表5.1给出了西安测控站不同频率下的雨衰计算结果,随着频率的增加,雨衰值急剧增加,高频频点20 GHz和30 GHz分别为14.16 dB和23.82 dB。分析气体衰减时认为30 GHz作为临近空间飞行器的通信频点比较合适,这里可看出降雨造成的影响远远超过气体衰减,这个时候想要发挥高频段通信的优势,就需要采取适当的雨衰对抗措施了。

表5.1 西安测控站不同频率下的雨衰值

频率/GHz	K	α	γ_r	$r_{0.01}$	$v_{0.01}$	$A_{0.01}$/dB
4	0.000 6	1.099 1	0.016 0	0.905 1	1.353 7	0.112 5
10	0.009 5	1.270 4	0.404 9	0.943 2	1.386 5	3.043
15	0.035 1	1.141 6	1.024 0	0.975 7	1.433 1	8.230 7
20	0.072 1	1.082 7	1.767 6	0.949 5	1.467 6	14.16
25	0.118 5	1.046 2	2.608 2	0.824 9	1.494 9	18.49
30	0.177 0	1.011 1	3.511 6	0.780 8	1.510 8	23.82
35	0.248 0	0.971 5	4.376 8	0.759 8	1.522 1	29.09
40	0.330 0	0.934 3	5.218 0	0.747 4	1.530 3	34.31

(3)云雾损耗

云和雾的水粒子都很小,因此它们的损耗率可以表示为[6]

$$\gamma_c = K_1 M \tag{5-3}$$

其中,K_1为损耗率系数[单位:$(dB/km)/(g/m^3)$],其值与温度和通信频率有关;M为液态水含量(单位:g/m^3)。对于能见度为300 m的中雾和能见度为50 m的大雾来说,M的典型值分别为0.05 g/m^3和0.5 g/m^3。如果云层或者雾层厚度为L_c,则相应的斜路径损耗可表示为

$$A_c = \frac{K_1 M L_c}{\sin \theta} \tag{5-4}$$

K_1在通信频率为10～40 GHz,温度为-8～20℃的值范围为0.02～0.8 dB,且与温度成反比关系,与频率成正比关系,仰角为20°时,可估算得到云雾造成的衰减范围大致为0.005～1.14 dB。

(4)大气闪烁和去极化

大气闪烁是由于大气折射率的不规则起伏(大气湍流的存在)引起接收信号幅度的起伏。大气闪烁的衰落持续时间约为几十秒,从通信角度来说,这么长的持续时间对应的信道是平坦衰落的。接收信号幅度的闪烁包括两种效应:一种是来波本身幅度的起伏;一种是来波的波前不相干性引起的天线增益的降低。研究表明幅度引起的标准偏差近似可表示为天线仰角、频率、温度、水气

压强的函数[5,7],针对高超声速临近空间飞行器测控环境需求特点,取温度值为15°,水气压强为1 000 Pa,天线口径为3 m,天线仰角为30°,当工作于20 GHz和30 GHz时,其标准偏差分别为0.116 dB和0.151 dB。不同天线仰角和通信频率下大气标准偏差的定性分析结果见图5.5。随着通信频率的增加,大气闪烁的影响越大,且仰角越低,大气闪烁越强。

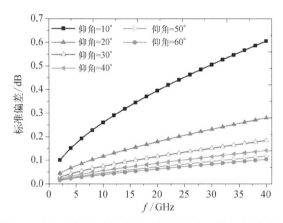

图5.5 大气闪烁标准偏差与通信频率和天线仰角的关系

4.电离层效应

高超声速飞行器除了与地基测控站点通信,还需要与天基平台通信,而低轨卫星、中轨道卫星等都在高层空域,这样通信双方的传播路径必将穿过电离层。电离层的电子浓度相对于高动态飞行器等离子鞘要低得多,其对通信的影响也更小。频段为300 MHz~10 GHz电离层的影响都不大,临近空间飞行器所选用的S波段以上的射频段已经大于电离层的临界频率,可穿透电离层,但仍有轻度的电离层效应,本书按照国际电联的建议对电离层的影响进行定量评估。

电离层中无线通信信号遭受的折射、色散和群时延都直接正比于穿过电离层的传播路径累计的总电子含量(total electron content, TEC),法拉第旋转也近似正比于TEC。由于电子浓度具有昼夜、季节、太阳周期变化性,即使知道精确的传播路径,也很难得到准确的N_T计算结果。从建立模型角度考虑,TEC的值通常定义为截面积为1 m²的天顶路径上的电子总量。这样一个垂直柱体内的TEC的值可能为$10^{15}\sim10^{18}$,且其峰值通常发生在阳光普照的白天,一旦知道了TEC,就可以估计法拉第旋转和群时延了。

(1)法拉第旋转

线极化波通过电离层时由于电磁场的存在和等离子体媒质的各向异性,会使得其极化面相对于入射波方向产生缓慢的旋转,这就是法拉第旋转效应。旋转角度的大小与电波频率、地球磁场强度、等离子体的电子密度、传播路径长度有关,可表示为

$$\theta = 2.36 \times 10^2 \times B_{av} \times N_T \times f^{-2} \qquad (5-5)$$

其中,B_{av} 为地球平均磁场强度,单位为 Wb/m^2;f 为通信频率,单位为 GHz。

通常地球磁场较弱,在两极的强度不到 10^{-4} T,平均强度为 0.6×10^{-4} T。图 5.6 给出了法拉第旋转与总电子含量通信频率的函数关系。

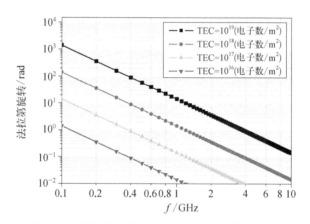

图5.6   法拉第旋转角度值与TEC和频率的关系

无论是线性极化还是圆极化天线,通常用交叉极化鉴别度(XPD)来度量极化纯度。而法拉第旋转与XPD的关系为

$$XPD = -20\lg(\tan\theta) \qquad (5-6)$$

考察S波段(2～4 GHz),XPD值为 8.5～21 dB,其值越大,说明极化纯度越好,天线系统受到的影响越小。另外,法拉第旋转造成的影响也可用天线系统极化损失来表示,其在一定程度上使得主方向上的接收能量有所衰减。极化损耗和法拉第旋转角的关系大致为

$$P_{loss} = -10\lg\cos\theta \qquad (5-7)$$

因此对于 2～4 GHz,估算其极化损耗为 0.039～0.64 dB,频率越大,损耗越小。

（2）群时延

电离层中带电粒子的存在会减缓无线通信信号的传播速度。除自由空间传播时间外，额外引入的时延称为群时延t，对于与临近空间高动态飞行器通信的高层卫星通信系统来说，群时延是一个非常重要的考虑因素，可采用以下公式计算：

$$t = 1.345 \times N_T/f^2 \times 10^{-7} \qquad (5-8)$$

其中，t为相对于真空中传播而言的时延，单位为s；f为通信频率，单位为Hz；N_T为沿斜线传播路径上的总电子含量，单位为：电子数/m²。

群时延与通信频率和TEC的关系见图5.7，可以看出，通信频点越低，群时延越大，500 MHz时，群时延范围为5 ns～5 μs之间，可见在TEC较高的时，5 μs的群时延已经严重影响信号的完整性，会使得高速数据信号产生码间干扰和严重失真。对于S波段2 GHz的频点，当TEC从10^{16}电子数/m²变化到10^{19}电子数/m²时，对应的信号群时延近似从0.4 ns增加到300 ns。如果此时临近空间天基通信平台进行高速数据传输（数据率可到1～10 Mbps，码元宽度为0.1～1 μs），此时通信质量将会受到较大的影响。当然，也可以看出采用高频段，其群时延能够大大降低，进而提高通信带宽及通信速率。

（3）电离层闪烁

电离层闪烁是由于电离层的电子密度起伏引起的无线电波信号幅度、相位和到达角的快速变化现象。电离层闪烁主要发生在赤道地区和极区，电离层闪烁现象与通信系统的工作频率、地理位置、地磁活动情况和季节、时间等因素密

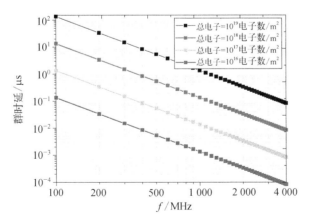

图5.7　电离层群时延与通信频率的关系

切相关,且与地磁纬度和当地时间关系。闪烁指数一般与峰-峰值抖动强度有关,与信号的强度分布函数有直接关系。由图5.8可见,在临近空间通信关注的频段内的部分频段(2～10 GHz)依然不可忽略,在正常的弱闪烁情况下,2 GHz时对信号会造成7.5 dB的衰落(强闪烁时为11.5 dB),4 GHz时为2 dB(强闪烁时为4.8 dB),6 GHz时为0.93 dB(强闪烁时为2.8 dB),10 GHz时为0.35 dB(强闪烁时为1.5 dB)。在更高的频点时,基本上可以忽略其影响。

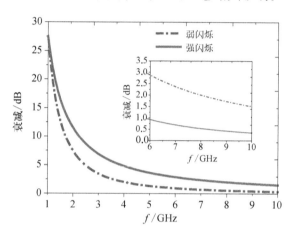

图5.8 电离层闪烁与频率的关系

(4)电离层吸收效应

研究表明在没有实测数据的情况下,对于频率高于30 MHz的信号,其电离层吸收损耗可用$\sec(i)/f^2$来近似估计,其中i为电离层传播路径的天顶角。对于赤道和中纬度地区,频率高于70 MHz时几乎不用考虑吸收。临近空间飞行器的通信主要考虑高纬度地区的极光吸收和极冠区吸收,但实际上其多处于中纬度地区。根据ITU-R给出的数据,实际上此时吸收衰减极小,几乎小于0.01 dB,且随着频率增加,影响进一步降低。因此认为电离层对于临近空间可能采用的S-Ka波段的通信,其吸收效应可以忽略。

5.2 动态等离子体鞘套信道建模方法和信道模型

从无线通信角度而言,导致通信中断的原因一方面是严重的电波衰减[9,10],另一方面对信道特性的认识存在不足,目前所采用的通信方法无法适配等离子体鞘套信道环境,即使在电波频率大于等离子体频率这一可穿透区域内仍然存在信号质量的恶化,导致传统的测控信号体制难以适应[11]。因此,为寻找适应这一特殊复杂信道下的通信体制和方法,高超声速动态等离子体鞘套信道模型的研究至关重要。本节针对高超声速等离子体鞘套的动态时变特性,阐述了一种新的动态等离子体鞘套多状态马尔科夫信道建模方法,该方法以动态等离子体鞘套电子密度的数学模型为基础,采用准稳态蒙特卡洛电磁计算方法获取时变的动态衰减,然后采用可逆跳变马尔科夫-蒙特卡洛算法(reversible jump Markov chain Monto Carlo,RJ-MCMC)建立多状态马尔科夫信道模型。所建立的信道模型可很好地吻合电波计算的时变衰减,且该方法无需人为设置状态数目,具有自适应估计多状态数目的能力[8]。

5.2.1　动态等离子体鞘套信道特征

早期国内外等离子体鞘套对信号特性影响的研究主要集中在幅度衰减方面,这些研究主要针对稳态等离子体鞘套环境,研究表明稳态等离子体鞘套使信号产生了幅度衰减和相位固定偏移。对于等离子体鞘套信道的认识,早期传统的研究关注的多是在一定飞行条件下的稳态等离子体的传播衰减仿真计算问题[12-14]。实际上,等离子体鞘套物理参数具有明显的动态时变特性,动态性存在的原因主要是飞行器姿态调整、攻角变化、湍流扰动和非均匀烧蚀等因素。物理参数的动态时变必然导致电磁介电参数的时变性,进而引起信号的寄生调制效应[15,16]。文献[17]等初步探讨了湍流扰动对电波幅度和相位抖动的影响。早期研究者在幅相调制方面开展过等离子体调制效应的理论研究[18],文献[19-21]在地面模拟产生装置上已可明显观察到信号的幅相调制效应。

飞行器的姿态变化、湍流、压力脉动、烧蚀剥落等众多复杂随机过程的紧密耦合带来了等离子体鞘套参数的动态性,例如等离子体鞘套的时变特性引起的信道时间选择性,等离子体鞘套色散引起的频率选择性。同时动态等离子体鞘套信道环境和传统的无线通信(移动通信、卫星通信等)信道环境有较大的不同,主要体现在:状态变化特性、时变特性和频变特性。状态变化指的是飞行过程中大时间尺度宏观上信道状态的改变,即某一信道参数特征仅持续一段时间,然后可能进入下一个信道状态;时变特性是指等离子体鞘套信道时间随机变化特性,高速带来的高动态大多普勒将引起强时间选择性,限制可靠传输码率的上限;频变特性是指等离子体鞘套信道的频率选择特性,涵盖了等离子体鞘套对电波频段的选择性以及内部动态性等离子体内部不均匀散射体微多径传播导致的频率选择性。

由于影响等离子电磁参数动态变化的因素不同,造成幅度衰减的波动范围较大,若采用单一的随机过程描述将不够准确,因此可以考虑采用多状态马尔科夫链来进行描述,多状态马尔科夫过程比单个随机过程建模方法精确度更高。文献[22,23]关注到这一问题,对于电子密度不同程度抖动(粉红噪声)带来的时变衰减进行了马尔科夫信道建模,采用等概率划分准则建立多状态马尔科夫信道,得到了8状态的马尔科夫信道模型。但是该方法需要预设信道状态数,且状态数在不同的飞行条件(不同的等离子体环境)下可能是不同的,该方法对于等离子体动态性带来的信道状态数和参数的估计适应性较差。

5.2.2　动态等离子体鞘套非平稳信道建模方法

针对飞行条件和流体状态等多尺度复杂因素导致的信道非平稳性,本书论述了一种新的多状态马尔科夫信道建模方法,该方法从电子密度变化快慢的物理机理出发,阐述了时变电子密度多尺度物理模型,然后在此基础上采取准稳态蒙特卡洛方法和经典电磁计算方法获取这种复杂随机变化介质的电波传播的时变场强结果,最后在此基础上采用可逆RJ-MCMC建立多状态马尔科夫信道模型,该方法能够自适应的估计信道状态数目和信道参数。

1. 动态等离子体电子密度多尺度时变模型

飞行器的高度、速度和攻角也是缓变的,且流体中仍存在湍流扰动、烧蚀剥落过程等不稳定的因素,这些不稳定因素通常是快变随机过程。飞行器飞行条件和流场条件的变化将导致等离子物理参数的动态变化,其中最为主要的是电子密度的动态变化。

在电波计算中最主要的等离子体参数是电子密度,高超声速等离子体稳态电子密度主要由高度和马赫数确定,且通常服从一定的非均匀分布,影响动态性的因素主要有攻角变化和湍流扰动。这些因素影响等离子体物理参数变化的缓慢程度是不同的,以某一出射方向为例,高度和速度的缓慢变化使电子密度的稳态非均匀分布也在缓变,攻角的变化在几十赫兹也较为缓慢,这两种缓变因素在测控通信信号码元时间内造成的衰减变化不大;而湍流扰动的变化频率则较快,可达100 kHz,与原始测控信号码元速率相当,必须考虑其快变带来的影响,如图5.9所示。每一时刻的电子密度可表征为一非均匀分布函数叠加一快变的随机变化过程,其中随机过程表征湍流烧蚀引起的电子密度快变过程,这一随机过程可由高斯过程描述。

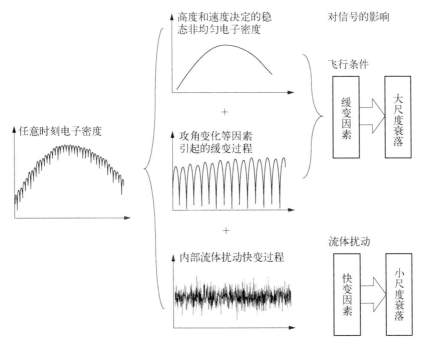

图 5.9　动态等离子体鞘套物理参数变化描述

　　文献表明电子密度的变化与温度和压强的变化近似呈正比例关系：

$$\frac{\Delta n_e}{\bar{n}_e} \propto \frac{\Delta p}{\bar{p}} \propto \frac{\Delta T}{\bar{T}} \tag{5-9}$$

其中，$\bar{n}_e$ 为平均电子密度；Δn_e 为电子密度的变化量；$\bar{p}$ 为平均压强；Δp 为压强变化量；$\bar{T}$ 为平均温度；ΔT 为温度的变化量。文献[24,25]表明 $\Delta p/\bar{p}$ 和 $\Delta T/\bar{T}$ 均服从高斯分布规律，因此 $\Delta n_e/\bar{n}_e$ 也必将服从高斯分布。因此本文将每一时刻的电子密度建模为一广义高斯过程，即 n_e 服从 $n(u_{\text{plasma}}, \sigma_e)$，其中均值 u_{plasma} 为缓变过程中某时刻的非均匀电子密度分布函数，方差 σ_e 为此时刻电子密度抖动的程度。考虑到完整三维电子密度模型的复杂性，可将整个飞行轨迹段天线处通信链路方向上的电子密度建模为以下数学关系：

$$n_e[z, t \mid (\theta, \varphi)] \sim n(u_{\text{plasma}}, \sigma_e^2)$$
$$u_{\text{plasma}} = n_{eT_{\text{AOA}}}[z \mid (\theta, \varphi)] \tag{5-10}$$

$n_e[z, t \mid (\theta, \varphi)]$ 为天线位置出射方向 (θ, φ) 下 t 时刻距离飞行器表面 z 处电子

密度值，t 时刻的非均匀电子密度 u_{plasma} 可由电子密度 $n_{eT_{\text{AOA}}}[z|(\theta,\varphi)]$ 和攻角的变化规律推导得到，$n_{eT_{\text{AOA}}}[z|(\theta,\varphi)]$ 为 T_{AOA} 时刻的非均匀电子密度，表示的离散间隔时间较大时的稳态流体计算结果，可通过CFD计算获取。

美国国家航空航天局给出了RAM-C-Ⅲ高超声速飞行器的电子密度的数据集。文献[26]给出了几个有限的高度（21.3 km、25.1 km、30.6 km、39.9 km、47.5 km、53.3 km、61.6 km、71 km、76 km）非均匀电子密度分布数据，目前没有公开的连续高度的电子密度分布的数据。为了获得连续的随时间变化的缓慢变化非均匀电子密度，就必须利用电子密度和攻角之间的关系。电子密度峰值呈现出与高超声速过程迎角改变正相关，如图5.10所示，而等离子体厚度与迎角变化负相关变化，从而连续随时间变化缓慢的电子密度数据可通过简单的内插和拟合方法得到，如图5.11所示的一个攻角周期内缓变的非均匀电子密度的示意图。

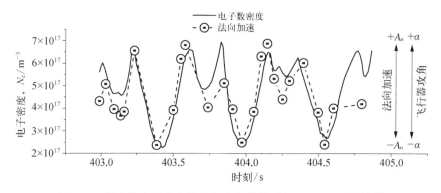

图5.10　缓变的电子密度峰值与攻角的关系（RAM-C-Ⅱ数据）

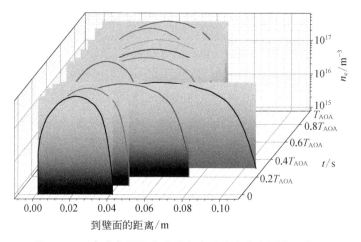

图5.11　一个攻角周期内非均匀电子密度分布缓变示意图

　　对于湍流等离子体,由于流场运动的随机性,使得电磁波的传播呈现极大的复杂性及不确定性。如果采用传统的数值模拟方法,难以获取研究所需统计信息,可采用基于随机介质电磁波传播理论对湍流等离子体鞘套与电磁波的相互作用进行研究。

　　根据科尔莫戈罗夫(Kolmogorov)提出的大雷诺数湍流局地结构理论,得到折射指数起伏的谱函数,然后根据随机介质的电磁波传播理论得到透射电磁波电场对数振幅起伏和相位起伏的相关函数,从而得到对数振幅起伏和相位起伏的方差,根据对数振幅起伏和相位起伏的方差就可估计透射电场的振幅和相位偏离没有湍流扰动时平衡态值的平均程度。

　　方差σ_e可通过湍流结构函数间接推导得出,这里按照一种基于Kolmogorov谱的电子密度方差估算方法来估算其范围。根据Kolmogorov提出的大雷诺数湍流局部结构理论,得到湍流中被动保守量θ起伏的结构函数与电子起伏的关系[27,28]。根据电子密度起伏Δn_e与温度起伏ΔT之间的关系有

$$\Delta n_e = n_{e0}\left(\frac{1}{4} + \frac{E_i}{2KT_0}\right)\frac{\Delta T}{T_0} \tag{5-11}$$

温度、压强、密度之间的关系有

$$\frac{\Delta p}{p_0} = n\frac{\Delta \rho}{\rho_0} = \frac{n}{n-1}\frac{\Delta T}{T_0} \tag{5-12}$$

考虑被动保守量θ是温度、压强、密度的函数,即

$$\theta = f(T, p, \rho) \tag{5-13}$$

可知电子密度起伏与被动保守量起伏存在确定的函数关系为

$$\Delta n_e = f(\Delta\theta) \tag{5-14}$$

从而可得电子密度起伏与被动保守量起伏的结构函数之间的关系。

　　该方法基于Kolmogorov湍流局地结构理论,寻找被动保守量(类似于能量守恒量),通过被动保守量与温度压强和密度的关系。可推导出电子密度与被动保守量结构函数的关系。由于目前缺乏相关飞行器的数据[29,30],通过火箭尾焰的部分数据估算出归一化方差最大可达0.3,意味着其最大电子密度抖动范围可能超过平均电子密度,这也与高超声速飞行器测试电子密度相关数据相吻合。

2.准稳态蒙特卡洛时变电波衰减量计算方法

目前关于时变等离子体的传播问题研究,一般采用随机介质理论来分析,文献[31]根据大雷诺数湍流局部结构理论得到折射指数起伏的谱函数,然后根据随机介质的电磁波传播理论得到透射电磁波电场对数振幅起伏和相位起伏的相关函数,从而得到对数振幅起伏和相位起伏的方差,但无法说明其服从的分布形式,无法应用于信道建模。采用前述建立的电子密度时变模型,利用一种准稳态蒙特卡洛方法获取直接的时变衰减数据,然后在此基础上直接建立相应的信道模型。

具体计算步骤如图5.14所示的流程图。

步骤1:根据电子密度数学模型的广义高斯随机过程,进行蒙特卡洛随机采样,得到一个攻角变化周期T_s时间内的N个非均匀电子密度样本。$n_{e\,sample}(z,t) = [n_{e1}(z,t_1), n_{e2}(z,t_2), \cdots, n_{eN}(z,t_N)]$,$t_N < T_s$,其中$n_{ei}(z,t_i)$为$t_i$时刻非均匀电子密度样本。

步骤2:针对t_i时刻非均匀电子密度样本$n_{ei}(z,t_i)$,$i=1,2,\cdots,N$,建立均匀分层电磁参数(复介电常数)模型。这里采用均匀分层的解析求解方法,

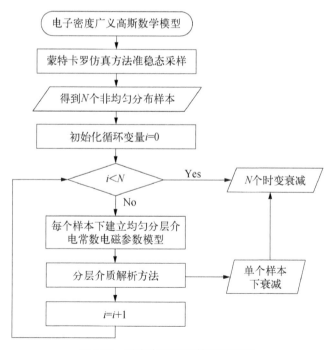

图5.12   时变电波衰减算法流程图

首先划分层数 N_{num} 层，得到 t_i 时刻样本下第 m 层等离子特征频率 $\omega_{p,m}(t_i)$，

$\omega_{p,m}(t_i) = \sqrt{\dfrac{n_{ei,m}(z,t_i)e^2}{\varepsilon_0 m_e}}$，其中 $\varepsilon_0 = 8.85 \times 10^{-12}$ F/m 为真空中绝对介电常数，

$n_{ei,m}(z,t_i)$ 为 t_i 时刻样本下第 m 层 z 处的电子密度，e 为自由电子电荷数，m_e 为自由电子质量。t_i 时刻样本下第 m 层的复介电常数为

$$\varepsilon^m(t_i) = \varepsilon_r^m(t_i)\varepsilon_0 \qquad (5-15)$$

$$\varepsilon_r^m(t_i) = 1 - \frac{\omega_{p,m}(t_i)}{\omega^2 + \nu_m^2} + j\frac{\omega_{p,m}(t_i)(\nu_m/\omega)}{\omega^2 + \nu_m^2} \qquad (5-16)$$

其中，$\varepsilon_r^m(t_i)$ 为 t_i 时刻样本下第 m 层的相对复介电常数；ν_m 为时刻 t 时等离子碰撞频率；ω 为入射电磁波角频率。此时，t_i 样本下第 m 层等离子电磁波幅度衰减 $\alpha_m(t_i)$ 为

$$\alpha_m(t_i) = \frac{\omega}{\sqrt{2}c}\sqrt{\sqrt{\mathrm{Re}\left[\varepsilon_r^m(t_i)\right]^2 + \mathrm{Im}\left[\varepsilon_r^m(t_i)\right]^2} - \mathrm{Re}\left[\varepsilon_r^m(t_i)\right]}$$

$$= \frac{\omega}{\sqrt{2}c}\sqrt{\frac{\omega_{p,m}^2(t_i)}{\omega^2 + \nu_m^2} - 1 + \sqrt{\left(1 - \frac{\omega_{p,m}^2(t_i)}{\omega^2 + \nu_m^2}\right)^2 + \left(\frac{\nu_m}{\omega}\frac{\omega_{p,m}^2(t_i)}{\omega^2 + \nu_m^2}\right)^2}}$$

$$\qquad (5-17)$$

其中，m 表示等离子层数，$m \in (1, N_{num})$；$\mathrm{Re}[\cdot]$ 表示取实部；$\mathrm{Im}[\cdot]$ 表示取虚部。

进一步得到 t_i 时刻样本下电磁波穿过整个等离子体的电磁波幅度衰减 $y_{amp}(t_i)$ 为

$$y_{amp}(t_i) = \prod_{m=1}^{N_{num}} \alpha_m(t_i) \qquad (5-18)$$

步骤 3：针对每一个电子密度样本重复步骤 2，得到 T_s 时间内 N 个时变场强幅度结果 $Y_{amp}(i)$ 和时变衰减为

$$Y_{amp}(i) = \left[y_{amp}(t_1), y_{amp}(t_1), \cdots, y_{amp}(t_i), \cdots, y_{amp}(t_N)\right] \qquad (5-19)$$

至此完成了对动态等离子体鞘套电波时变结果的计算。

3. 动态等离子体鞘套非平稳信道建模方法

等离子体动态时变衰减在一段时间内存在较大范围跨度，因此采用单一的随机过程模拟无法准备描述信道。动态等离子体鞘套信道随着飞行条件和流体条件的变化呈现多状态非平稳特性。多状态模型模拟精度较高，但是模型的状态个数和每个状态内随机过程的参数估计将是一个难点问题。另外，在各状态下的值因为流体内部湍流的快速变化的使得小尺度衰落不确定。因此，隐马尔科夫模型（hidden Markov model，HMM）非常适合用来建模这种参数未知的动态等离子体鞘套信道。HMM是一个统计马尔科夫模型，假设被建模系统是马尔科夫过程与不可观测（隐藏）的状态。然而，确定模型状态的数量和估算在每个状态下的随机过程的参数是困难的。本节提出采用RJ-MCMC来解决这一难题[32]。

MCMC算法在Bayesian估计中起着核心作用，其基本思想是建立一个关于参数平稳分布的马尔科夫链。一开始MCMC算法仅可以用来解决后验分布的概率密度函数有标准度量形式的问题，不可以用来解决变维参数估计问题。但是近年来随着贝叶斯估计需求的发展，由Green提出的RJ-MCMC算法可以很好地解决这种变维参数估计的情况[33]，而文献[34]介绍了这种方法用于陆地移动卫星信道（land mobile satellite channels，LMSC）建模的情况，所以可以将其用在动态等离子体鞘套信道建模中，实现不同环境下马尔科夫信道状态数的自适应估计。

（1）动态等离子体鞘套非平稳信道隐Markov模型

在本文中考虑一个二维时变序列(y_t, z_t)，其中y_t表示信号穿过等离子的衰减序列，z_t表示与观测值y_t相对应的隐状态序列，$z_t \in \{1, \cdots, k\}$，k表示马尔科夫模型中可能的状态数，并且隐状态序列z_t与马尔科夫模型状态转移矩阵A密切相关，若求出z_t序列，根据式（5-20）便可以求出马尔科夫模型状态转移矩阵A：

$$a_{ij} = n_{ij}/n_i, \quad 0 \leqslant i, j \leqslant k \qquad (5-20)$$

其中，n_{ij}表示序列z_t从状态i跳转到状态j的个数；n_i表示状态序列处在状态i的个数。

为了保证马尔科夫模型能适应多种环境下等离子体鞘套的动态性，可以将其建模为高斯过程，这样整个模型的概率密度函数可以用混合高斯过程Y来描述，如式（5-21）所示，其优势在于混合高斯过程可以用来拟合任意概率密度函数,实现数学形式上的统一。其中ω_j表示状态j在混合高斯过程中的状态概率,即第j个高斯过程在混合高斯过程中占的比率。(μ_j, σ_j^2)表示$f_j(y)$的均值和方差。

$$Y \sim \sum_{j=1}^{k} \omega_j \cdot N(\mu_j, \sigma_j^2) \qquad (5-21)$$

除了状态序列z_t和特定状态下的分布$f_j(y)$未知以外,状态数k也是未知且在不同的等离子体环境下是不同的。

（2）自适应信道参数估计方法——RJ-MCMC算法

因为RJ-MCMC是一种参数空间上的搜索算法,所以要对参数空间先验分布做出限定:

① k服从范围在$[1, 2, \cdots, k_{\max}]$泊松分布,$k_{\max}$表示允许的最大状态数;

② 状态概率ω_j构成向量ω,而ω服从Dirichlet分布,即$\omega \sim D(\delta_1, \delta_2, \cdots, \delta_K)$,并且$\delta_1, \delta_2, \cdots, \delta_k$初始化为1;

③ μ_j服从高斯分布,即$\mu_j \sim N(\xi, \kappa^{-1})$,而$\sigma_j$服从逆伽马分布,即$\sigma_j^{-2} \sim G(\alpha, \beta)$,其中$\beta$服从伽马分布,即$\beta \sim G(g, h)$,并且其中的超参数分别为$\alpha=2, \kappa=R^{-2}$,$\xi=y_{\min}+R/2, g=0.2, h=10/R^2, R=y_{\max}-y_{\min}$

根据文献可知,该马尔科夫信道模型的整体联合概率密度函数如式（5-22）所示:

$$\begin{aligned} p(\eta, k, \omega, z, \mu, \sigma, y) = &\, p(\beta)p(k)p(\omega \mid k, \delta)p(z \mid \omega, k) \\ &\, p(\mu \mid k, \eta)p(\sigma \mid k, \eta)p(y \mid z, \mu, \sigma) \end{aligned} \qquad (5-22)$$

其中,$\eta=(\alpha, \beta, \xi, \kappa)$表示超参数矩阵。

马尔科夫模型初始状态数设为1,其他参数初始值根据预先设定的先验分布设置。在第h次迭代时,状态空间为$x=(\eta, k, \omega, z, \mu, \sigma, y)$,在第$h+1$次迭代时,状态空间变为$x'=(\eta', k', \omega', z', \mu', \sigma', y')$。状态空间从$x$变为$x'$一般由连续的6步组成: ① 更新$\omega$; ② 更新$(\mu, \sigma)$; ③ 更新$z$; ④ 更新$\beta$; ⑤ 分裂过程和合并过程; ⑥ 出生过程和死亡过程。

其中每一步都有可能接受或拒绝,由接受概率决定。前四步是一种特殊的Metropolis-Hastings移动,称为Gibbs采样算法。不同于一般的MH采样,Gibbs采样的接受概率总是为1。后两步是RJ-MCMC算法的核心,因为状态数的变化就是由此算出,接受概率的具体计算过程可以从Green原始文献找到。

这6步具体移动过程如下。

① 状态概率 ω 的更新如下所示：

$$\omega' \sim \text{Dirichlet}(\delta_1 + n_1^{(h)}, \cdots, \delta_K + n_k^{(h)}) \qquad (5-23)$$

其中，$n_j^{(h)}$ 是在第 h 次迭代中状态序列 z_t 位于状态 j 的个数。

② 每个状态下高斯分布参数 (μ, σ) 的更新如下所示：

$$\mu_j' \sim N\left\{ \frac{\sigma_j^{-2} \sum\limits_{i: z_i^{(h)}=j} y_t + \kappa\xi}{\sigma_j^{-2} n_j^h + \kappa}, \ [\sigma_j^{-2} n_j^{(h)} + \kappa]^{-1} \right\}$$
$$\sigma_j^{-2} \sim \Gamma\left[\alpha + \frac{1}{2} n_j^{(h)}, \ \beta + \frac{1}{2}\sum\limits_{i: z_i^{(h)}=j} (y_t - \mu_j')^2\right] \qquad (5-24)$$

③ 状态序列 z_t 的更新如下所示：

$$(z_i'=j) \sim \arg\max\left\{ \frac{\omega_j'}{\sigma_j'}\exp\left[-\frac{(y_t - \mu_j')^2}{2\sigma_j'^2}\right] \right\} \qquad (5-25)$$

④ 超参数 β 的更新如下：

$$\beta' \sim \Gamma\left(g + \kappa\alpha, \ h + \sum_j \sigma_j'^{-2}\right) \qquad (5-26)$$

⑤ 分裂和合并过程。合并过程是随机选择两个信道状态 i 和 j 形成一个新的状态 j^*。隐状态序列中的 $(z_t)_i$ 和 $(z_t)_j$ 变为新状态序列 $(z_t)_{j^*}$，而其他状态序列 $(z_t)_m m \neq i$、j 不变。分裂过程与合并过程相反，它是随机选择一个状态 j^* 将其变为两个状态 i 和 j。文献[6]介绍了分裂合并过程的参数变化和接受概率计算的详细过程，这里不再赘述。进入分裂过程还是合并过程依赖于概率 d_k 和 b_k，它们分别表示了当前状态数为 k 时进入合并过程和分裂过程的概率，并且有 $b_k=1-d_k$。在本文中，$k=1$ 时，$d_k=0$；$k=2, \cdots, k_{\max}-1$ 时，$d_k=1/2$；$k=k_{\max}$ 时，$d_k=1$。

⑥ 出生和死亡过程。与合并和分裂过程类似，它们也是变维的一个重要过程。出生过程是从预设的先验分布中随机产生一个新的状态，而死亡过程是从状态中随机选择一个杀死。进入出生过程还是死亡过程同样依赖于 d_k 和 b_k，概率值与上述描述基本相同。

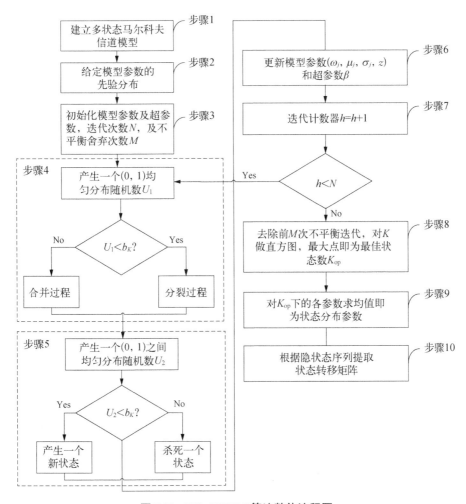

图5.13 RJ-MCMC算法整体流程图

该算法的流程框图如图5.13所示,其中分裂合并过程和出生死亡过程是该算法的核心,它们实现参数估计的变维操作。最后去除迭代中前M次不平衡参数(通常取$M=N/3$),对$k^{(i)}$,$i=N-M+1,N-M+2,\cdots,N-1,N$作直方图,求出最大值$k_{op}$即为最佳状态数。

对于$k^{(i)}=k_{op}$中的参数(ω,μ,σ)求其数学期望,得到的就是各参数的估计值,在此基础上再根据式(5-25)估计出隐状态序列z_t,按照式(5-20)求出状态转移矩阵的各参数。

至此,马尔科夫模型中的各参数估计完毕,可以根据建立的该模型产生的信道仿真值来模拟实际信道环境。

5.2.3 高超声速动态等离子体鞘套信道模型

文献[35]提供了根据典型高度的非均匀分布的电子密度。在这项研究中，本书采用RAM-C-Ⅱ飞行条件在30 km为基准的高度，根据文献[10,26]攻角在−5°~+5°内按照近似正弦规律变化。一个攻角周期内不同时刻的非均匀电子密度样本通过上一小节所述的方法获得。由于缺乏实际飞行试验数据，且现有的文献没有提供关于电子密度抖动的强度的直接信息，这里假定等离子体干扰电子密度的归一化抖动方差分别为0.05、0.1和0.2，即电子密度的最大波动强度可以高达15%、30%和60%。

在上述条件下，入射电磁波30 GHz随时间变化衰减的时域结果可由准静态蒙特卡洛方法和均匀分层解析算法的组合方法获得。时变衰减结果在不同电子密度的抖动下随时间变化如图5.16所示。仿真结果表明，三种不同的电子密度的波动的平均衰减几乎相同，整体变化规律是相似的，与攻角变化规律类似，主要原因在于在三种情况下都是一样大尺度衰落条件，非均匀电子密度的上信号衰减的影响几乎是相同的。然而信号的波动程度与电子密度波动水平的增加而显著增加。图5.14(c)的波动和最大偏差比图5.14(a)和图5.14(b)的大。

抖动方差σ_e=0.05时变衰减和电子密度随攻角变化如图5.15所示。可以看出衰减中有两个明显的分群现象，造成这一现象的原因在于攻角的变化规律近似正弦，导致电子密度周期性的增加和较小。当攻角增大时，电子密度相应的增加，衰减也增大，反之，衰减降低。因此衰减结果呈现出周期性的变化趋势且与攻角变化相反。同时，在每一时刻可以观察到细微的随机抖动，这主要是由于流体扰动引起的小尺度衰落。攻角的变化频率远小于流体扰动频率，因此流体扰动对信号幅度的影响变成为叠加在攻角引起的慢衰落上的快速的抖动。从信号衰落的角度考虑，攻角慢变化引起的衰落可建模为大尺度衰落，流体扰动引起的快速衰减可建模为小尺度衰落。

1. 多状态马尔科夫信道参数估计

电磁计算获取的时变等离子衰减结果建模为隐马尔科夫模型，采用前面阐述的RJ-MCMC算法来估计马尔科夫状态数目和信道参数。仿真采用3 000次迭代，去除前面1 000次不平衡结果，由于状态数目k在每次迭代过程中是可变的，因此需要取最大可能值。统计得到抖动方差σ_e=0.05时状态数目k的直方图如图5.16所示，可以看出可能得的状态数目为1~4，其中最大概率为2，因此认为将其建模为两状态模型最为合适。抖动方差为σ_e=0.1 和σ_e=0.2时的估计状态数k=2。这一结果与实际的仿真条件一致。仿真过程中有两种物理因素影响衰

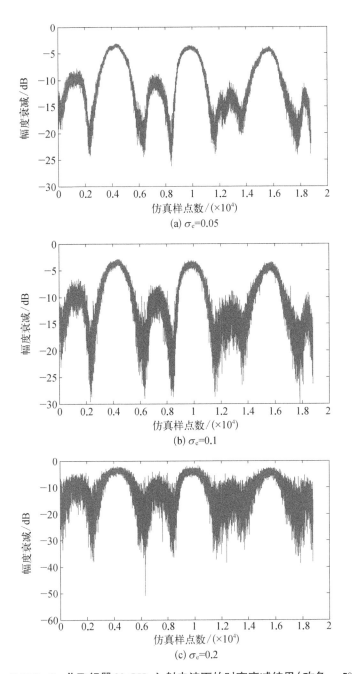

(a) $\sigma_e=0.05$

(b) $\sigma_e=0.1$

(c) $\sigma_e=0.2$

图5.14　**RAM-C-Ⅱ飞行器30 GHz入射电波下的时变衰减结果（攻角：-5°～+5°）**

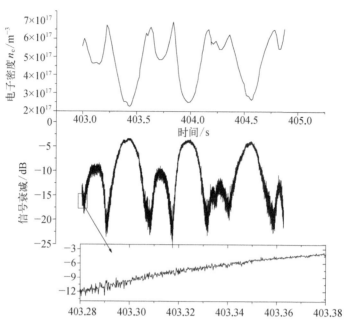

图5.15 时变衰减和等离子体密度随着攻角变化情况（$\sigma_e=0.05$）

落，一种是攻角的慢变化和流体的快扰动。攻角从正到负的变化过程使得衰减呈现出两种相对独立的大尺度过程，即前面所说的分群现象，可采用两个相对独立的高斯过程建模。而流体扰动造成的快速抖动是叠加在每一个大尺度衰落过程上的小尺度衰减，这一小尺度衰落过程不决定状态数目，但会直接影响高斯过程的方差、状态间的跳转概率及两个过程之间的相关性，这一细节可通过表5.2～表5.4看出。

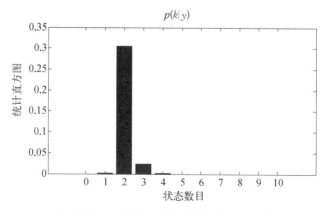

图5.16 状态数目估计 k 直方图（$\sigma_e=0.05$）

表5.2　RJ-MCMC算法估计的马尔科夫信道参数(σ_e=0.05)

	均值μ/dB	方差σ	状态概率ω	状态转移矩阵A	
				状态1	状态2
状态1	−12.96	4.985	0.201	0.965	0.035
状态2	−4.61	1.149	0.799	0.011	0.989

表5.3　RJ-MCMC算法估计的马尔科夫信道参数(σ_e=0.1)

	均值μ/dB	方差σ	状态概率ω	状态转移矩阵A	
				状态1	状态2
状态1	−12.59	5.25	0.225	0.931	0.069
状态2	−4.60	1.15	0.775	0.021	0.979

表5.4　RJ-MCMC算法估计的马尔科夫信道参数(σ_e=0.2)

	均值μ/dB	方差σ	状态概率ω	状态转移矩阵A	
				状态1	状态2
状态1	−11.79	5.836	0.238	0.813	0.187
状态2	−4.81	1.376	0.762	0.055	0.945

2. 信道模型和原始数据统计结果比较

采用本节所提方法建立的动态等离子体马尔科夫信道模型和原始衰减数据的一阶统计特性PDF和CDF结果对比如图5.17和图5.18所示。在不同抖动方差下两者的吻合度非常好。图5.17中可直观地看出等离子体鞘套衰减的概率密度函数由两个高斯分布组成,均值即为分群的中心,这与等离子体的两种动态性假定条件完全一致。但是,随着电子密度抖动方差的增加,两个高斯过程的均值越来越近,这也导致了在中间部分仿真误差的增加。根据电磁计算结果可知,混合高斯过程的均值主要是由大尺度衰落引起(缓变的非均匀电子密度分布),同时信道估计结果表明小尺度电子密度抖动的影响也不可忽略,如果方差足够大,两个高斯过程的中心越来越近,则可采用单高斯过程来描述。

从以上的分析可以看出,建立等离子体鞘套的马尔科夫信道模型可以有效地对等离子体鞘套的动态性进行分群,其数学表达式的物理意义明确。虽然现在对于等离子体鞘套动态性所涵盖的因素还不完善,但是随着动态性机理研究的深入,马尔科夫信道模型可以进行有效方便地扩展,只需要改变状态数以及状

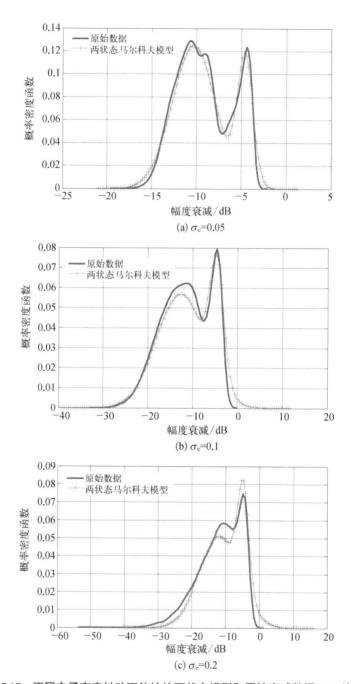

图5.17　不同电子密度抖动下估计的两状态模型和原始衰减数据 PDF 比较

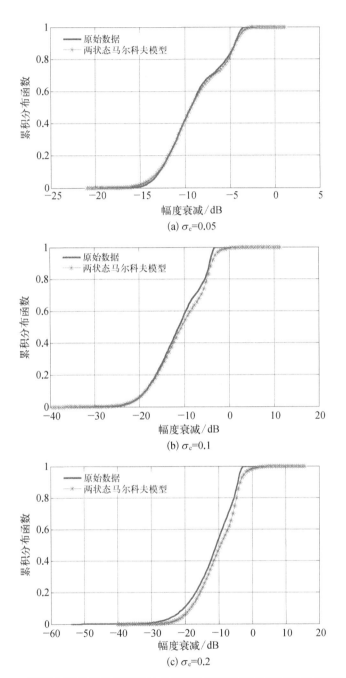

(a) σ_e=0.05

(b) σ_e=0.1

(c) σ_e=0.2

图 5.18　不同电子密度抖动下估计的两状态模型和原始衰减数据 CDF 比较

态下的分布参数即可,并且对于不同条件下的飞行器等离子体鞘套而言,其数学表达式统一,易于理解。

为了表征引起高超声速等离子体的动态特性的无线电信号的时间变化特性,基于理论无线电衰减计算结果和RJ-MCMC算法提出自适应多状态马尔科夫信道建模方法。信道的建模过程从明确等离子体鞘套动态物理参数开始,这些参数根据其时间变化率和典型的TT&C信号速率之间的比例关系,分类大尺度飞行条件的变化和小尺度的流体扰动。首先,建立了随时间变化的电子密度的准高斯数学模型。在此模型中,平均值是在传播方向上的非均匀电子密度分布,对应于在飞行条件的迎角的大规模变化,而方差是电子密度抖动则对应于小尺度的流体快速扰动。其次,提出了一种准静态蒙特卡洛方法采样时变的电子密度的数学模型,得到大量非均匀分布电子密度样本,并通过均匀分层算法为计算获取每个采样时刻的无线电波衰减结果。时变衰减的振幅PDF统计规律性表明等离子体鞘套信道模型难以通过单一的数学函数来描述。因此,采用HMM模型建立一种多状态马尔科夫信道来呈现这种复杂的信道特性,并采用RJ-MCMC算法估计信道状态数目数量、各状态下的信道参数及状态转移矩阵。模拟结果表明,该方法的第一阶统计特性用于建立所提出的信道模型可以有效地反映原始衰减数据的时间变化的特征。

为了便于电磁波衰减计算和信道建模,提出了一种随时间变化的电子密度模型,其中平均电子密度是非均匀分布可以通过CFD模拟计算来获得。然而,湍流扰动所造成的电子密度快速变化很难通过流体计算获得,这也是流体力学涉及湍流数值计算的一个普遍难题。本节仿真中有限的电子密度数据和推导出的方差范围都可能会影响信道参数的准确度,尤其是转移矩阵。湍流扰动的电子密度抖动的统计规律已经被流体力学学者研究,真实数据的缺乏并不会影响所提出的信道建模方法的应用。建立的信道模型是否准确地反映实际信道依赖于对物理特性的了解。该方法具有很强的推广性和可扩展性。因此,如果考虑更多的动态因素,如压力波动和烧蚀的干扰,则信道的状态数量和信道参数仍然可以使用RJ-MCMC估计算法来估计。

5.3 动态等离子体鞘套信道测量方法

从动态等离子体鞘套信道理论建模过程可知,等离子体鞘套信道是一种深衰落、快时变信道。研究和理解动态等离子体鞘套对信号的影响,最为直接的方式就是进行相应的信道探测,因此开展动态等离子体鞘套信道的实际探测意义重大。通过对不同实际飞行场景信道测量数据的处理分析和信道参数的提取,对于建立基于实测数据的信道模型和理论信道建模的修正具有重大的参考价值。本节针对动态等离子体鞘套特殊信道环境,提出适用的信道探测方案,以期为未来实际飞行信道探测奠定理论基础。

5.3.1　等离子体鞘套信道测量及信道参数提取方法

高速飞行器等离子体鞘套信道的探测面临深度衰落的困难,同时由于等离子体鞘套信道具有快速时变的新特点,现有的常用信道测量方法在处理增益、时变探测敏感度和时延分辨率等多个方面,已经不能完成对高速目标等离子体信道的探测任务。

动态等离子体鞘套信道具有信号损耗大、高动态快时变和乘性干扰复杂的特点,在信道探测方案选取上需要满足以下条件。

① 由于高超声速飞行器等离子体鞘套导致信道损耗非常大,要解决这个深衰落信道探测问题通常需要在发射端加大发射功率,为了应对可能存在的非线性功放畸变及信道参数提取问题,需要选择包络恒定的探测信号。

② 在高超声速飞行环境中接收信噪比极低,使得信道探测增益较低,需要发射序列具有良好的自相关性能来提高信道探测的性能增益,并且可以通过探测信号的自相关性来确定信号的起始位置,进而实现精确同步。

③ 由于等离子体鞘套信道呈现高动态快时变特性,信号的幅度衰落非常剧烈,所设计的探测方案必须要能够对动态时变特征实现准确估计,对信道的幅度衰落变化实时跟踪。

目前在无线信道探测领域,基于脉冲压缩信道探测算法针对深衰落快时变信道探测是比较有效的,经典的算法有基于chirp信号的脉冲压缩信道探测方法。脉冲压缩在峰值功率受限的条件下,可以增加发射机的平均功率,同时可保证比较好的多径分辨能力。本节基于性能优异的恒包络零自相关序列(const amplitude zero auto-correlation,CAZAC),提出两种能够探测动态等离子体的潜在的解决方案。

1. 基于CAZAC信号的脉冲压缩信道探测方法

CAZAC序列的优良特性主要有:恒包络特性,保证最佳的发射效率;理想的周期自相关特性,自相关峰值尖锐;低峰均比特性,便于功率放大器的实现。

CAZAC序列的自相关特性要比一般的伪随机序列号好,并且对其傅里叶逆变换之后得到的序列的自相关性依然非常强。

CAZAC序列可以通过如下公式进行构造:

$$
c[n] = \begin{cases} e^{\left\{ \frac{j2\pi K}{L} \left[n + \frac{n(n+1)}{n} \right] \right\}}, & L \text{ 为奇数} \\ e^{\left\{ \frac{j2\pi K}{L} \left[n + \frac{n^2}{2} \right] \right\}}, & L \text{ 为偶数} \end{cases} \tag{5-27}
$$

其中,L表示CAZAC序列的长度;K表示一个与L互质的数,工程上一般选择$K=L-1$。为了更好地与chirp扩频信号进行相似性对比,此处取L为偶数,将离散的CAZAC序列换成时间连续信号。

假设探测信号码率为R_b,信号周期为T_s,则变换之后的时域CAZAC连续信号可以表示成

$$
c(t) = e^{\left\{ \frac{j2\pi K}{T_s \times R_b} \left[t \times R_b + \frac{(t \times R_b)^2}{2} \right] \right\}} = e^{\left[\frac{j2\pi K}{T_s} \left(t + \frac{R_b \times t^2}{2} \right) \right]} \tag{5-28}
$$

将CAZAC时间连续信号与chirp信号进行对比,得

$$
\begin{cases} y_{chirp}(t) = A\cos\left(2\pi f_c t + \pi \frac{B}{T} t^2 + \phi \right), & \frac{-T}{2} \leq t \leq \frac{T}{2} \\ c_{CAZAC}(t) = e^{\left[\frac{j2\pi K}{T} \left(t + \frac{R_b \times t^2}{2} \right) \right]}, & 0 \leq t \leq T \end{cases} \tag{5-29}
$$

可以看出CAZAC与chirp信号相似,信号频率都是时变的,其中CAZAC连续信号的中心频率为K/T,CAZAC连续信号带宽为$K \times R_b$。基于两种信号的相似之处,且CAZAC在时频域的自相关性能更为优异,因此可以将CAZAC序列应用到脉冲压缩体制之中进行信道探测。

基于CAZAC序列的脉冲压缩信道探测方案的发送端和接收端整体设计如图5.19所示。

首先发送端要生成满足探测的CAZAC序列(CAZAC序列的内部生成系数K大小的选取和探测序列长度的选择是设计的重点);然后对CAZAC信号组帧,组帧成满足探测条件的帧格式;再对其滤波成型、D/A转换、功率放大后从天线发送出去。

在接收端,首先要对天线接收到的进行低噪放大、BPF滤波及下变频,再对

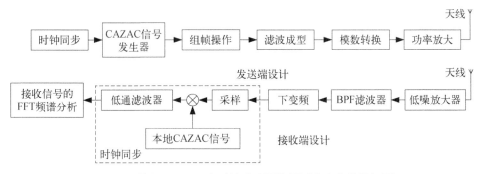

图5.19　基于CAZAC序列的脉冲压缩探测方案收发端框图

其进行采样处理得到接收端序列,然后对接收序列进行帧同步,将接收序列和本地CAZAC序列进行混频,再通过低通滤波器(low pass filter, LPF)获得基带接收信号,然后对基带接收信号频谱分析提取信道冲激响应(channel impulse response, CIR)的实时变化。基于CAZAC序列的脉冲压缩探测方案的压缩处理模块具体流程如图5.20所示。

图5.20　基于CAZAC序列的脉冲压缩探测方案数理流程图

2. 基于CAZAC序列周期循环相关的深衰落快时变信道探测方法

基于CAZAC序列的循环滑动相关探测方案的收发端设计框图如图5.21所示,首先发送端要生成满足探测的 CAZAC 序列;然后对CAZAC信号组帧,组帧成满足探测条件的帧格式;再对其滤波成型、D/A转换、功率放大后从天线发送出去。在接收端,首先对经过信道传输的信号进行下变频、过采样处理,得到基带信号。

接收信号数据处理如图5.22所示。首先,在同步的基础上对相邻的N个接收信号数据进行平滑处理,用来降低接收信号的噪声;再利用帧前导码进行同步,然后将本地经过采样的CAZAC序列进行循环移位操作并与接收到的信号序列进行循环相关处理,得到信道的冲激响应。利用冲激响应就可以进一步得到所探测信道的多普勒功率谱和时延功率谱。

以探测动态性最大为200 kHz的时变等离子体信道为例,基于CAZAC序列的循环滑动相关探测方案的具体执行过程具体步骤如下。

步骤一:在发送端,根据探测信道的信道特性和CAZAC序列构造公式,生

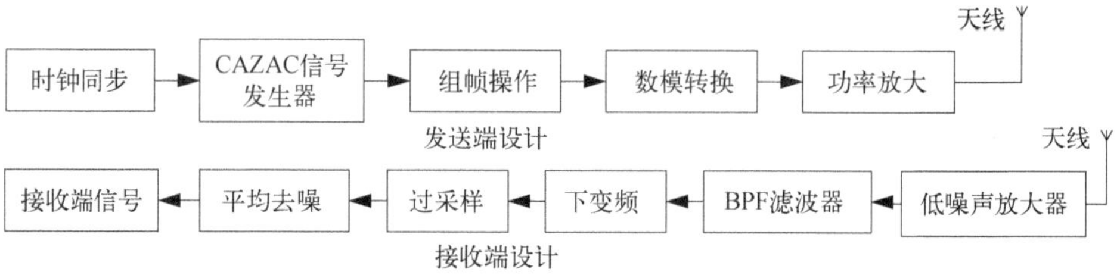

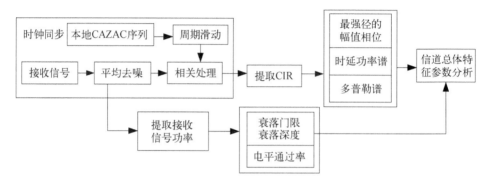

图 5.21　基于 CAZAC 序列的循环滑动相关探测方案收发端设计框图

图 5.22　基于 CAZAC 序列的循环滑动相关探测方案的数据处理框图

成适用于信道衰落探测的 CAZAC 探测序列。

步骤二：将发送天线发出的 CAZAC 探测信号通过高超声速飞行器综合信道模拟信道，假设信道变化频率为 200 kHz。

步骤三：在接收端，经过同步后得到接收经过信道衰落之后的信号 $r(t)$。

步骤四：对 $r(t)$ 进行处理之后，得到本地采样的接收序列 $r(i)$。

步骤五：将接收端最终信号序列 $r(i)$ 与本地发送端生成 CAZAC 序列进行周期循环相关处理，得到信道的实时衰落变化，即为实时的信道冲激响应。

步骤六：进一步根据提取的动态等离子体鞘套信道的信道冲激响应，对信道的幅度和相位实时变化、信道的时延功率谱和信道的多普勒功率谱进行提取。

步骤一具体如下。

① 根据动态等离子体信道特性，假设信道最大变化频率 df=200 kHz，带宽选择为 B=200 MHz，则通过经验公式 $L=B/(10 \times df)$ 计算得到 CAZAC 探测序列长度 L=100，通过信号发生器产生带宽为 200 MHz、序列长度为 100 的 CAZAC 序列，则 CAZAC 序列的构造公式为

$$c[n] = \exp\left[\frac{\mathrm{j}2\pi K}{100}\left(n + \frac{n^2}{2}\right)\right] \qquad (5-30)$$

其中, K 为CAZAC序列的内部生成系数,是任意一个与100互质的数,这里取为 $K=L-1=99$, $n=1,2,\cdots,100$。

② 以产生的长度为100的CAZAC序列帧为基础帧,进行周期连续组帧,形成长帧。

③ 将形成的长帧序列进行滤波成型、数模转换、功率放大和上变频后经射频天线发出作为信道探测信号。

发送过程中CAZAC长序列帧形成时域连续信号 $c(t)$:

$$c(t) = \exp\left[\frac{\mathrm{j}2\pi K}{T_\mathrm{s}}\left(t + \frac{R_\mathrm{b} \times t^2}{2}\right)\right] \tag{5-31}$$

其中, T_s 为信号持续时间; $K=L-1=99$; $R_\mathrm{b}=200$ MHz。

步骤四具体如下。

① 对经过信道传输的信号通过高速示波器接收,进行低噪放大、带通滤波、下变频和模数转换,得到基带信号 $r_0(k)$,其中模数转换中的采样环节选取过采样,采样频率 $f_\mathrm{s}=800$ MHz,用过采样的方法来降低噪声。

② 对相邻的 N 个接收信号数据进行平均去噪处理(图5.23),降低信号噪声,得到接收端最终信号 $r(i)$, N 的选取为

$$N = \frac{f_\mathrm{s}}{B} = \frac{800\ \mathrm{MHz}}{200\ \mathrm{MHz}} = 4 \tag{5-32}$$

步骤五具体包括:将接收端最终处理得到的信号序列 $r(i)$ 与本地发送端生成的CAZAC序列进行循环滑动相关处理,得到信道的实时衰落变化,其中循环滑动移位相关示意图如图5.24所示。

步骤六具体如下。

① 对提取出来的信道冲激响应进行直接取幅度和相位,得到信道实时幅度和相位变化。

② 提取时延功率谱,时延功率谱表示为信道冲激响应的二阶矩,提取示意

图5.23　求平均去噪示意图

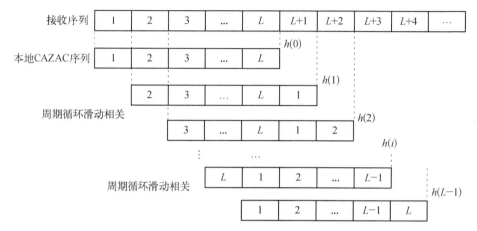

图5.24 循环滑动相关示意图

图如图5.25所示。

③ 提取多普勒功率谱,对于多普勒功率谱的估计,采用求取信道冲激响应的自相关函数并对该函数进行傅里叶变换。本文后续均采用最大熵谱估计算法对多普勒功率谱进行估计。

5.3.2 等离子体鞘套信道测量方法仿真实验

本小节主要在幅度和相位实时跟踪、时延功率谱的估计和多普勒功率谱的估计等方面对三种探测方案性能进行仿真对比,通过计算机仿真搭建的信道模型,对基于chirp扩频信号的脉冲压缩探测方案、基于CAZAC序列的脉冲压缩探测方案及基于CAZAC序列的循环滑动相关探测方案进行了理论仿真对比,分析三种探测方法的探测性能。

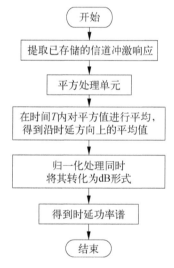

图5.25 信道时延功率谱提取流程图

1.信道幅度和相位跟踪性能

以表5.5中单径莱斯信道为基础,对比三种探测方案的幅度和相位跟踪能力。

表5.5 理论信道参数及计算机仿真条件

信道类型	单径莱斯
序列长度	200
码元速率	200 Mbps

（续表）

载波频率	1.6 GHz
信噪比	$[-30,-25,-20,-15,-10,-5,0,5]$
最大多普勒	200 kHz
采样频率	800 MHz
莱斯因子	10

图5.26给出了三种探测方案提取的信道冲激响应的均方误差对比,可以看出,在 $-30\sim5$ dB 的高超声速环境下,基于CAZAC序列的周期循环滑动相关信道探测方案最优,并且在信噪比为 -20 dB 的条件下,信道冲激响应的均方误差达到 10^{-2} 次方量级,可满足低信噪比信道探测要求。

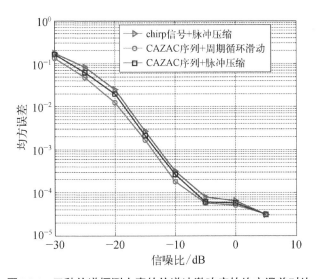

图5.26　三种信道探测方案的信道冲激响应的均方误差对比

基于chirp扩频信号的脉冲压缩探测方案幅度跟踪结果如图5.27,当信噪比 $\geqslant-5$ dB 的时候,该探测方案可以很好地对幅度进行跟踪;当信噪比 $\leqslant-10$ dB 的时候,该探测方案已经不能对幅度实现良好地跟踪,尤其是当信噪比 $=-20$ dB 的时候,幅度测量结果看不出任何趋势。

基于CAZAC序列的脉冲压缩探测方案幅度跟踪结果如图5.28所示。当信噪比 $\geqslant-10$ dB 的时候,该探测方案可以很好地对幅度进行跟踪;当信噪比 $\leqslant-15$ dB 的时候,该探测方案已经不能对幅度实现良好地跟踪,尤其是当信噪比 $=-20$ dB 的时候,幅度测量结果已经看不出任何趋势了。

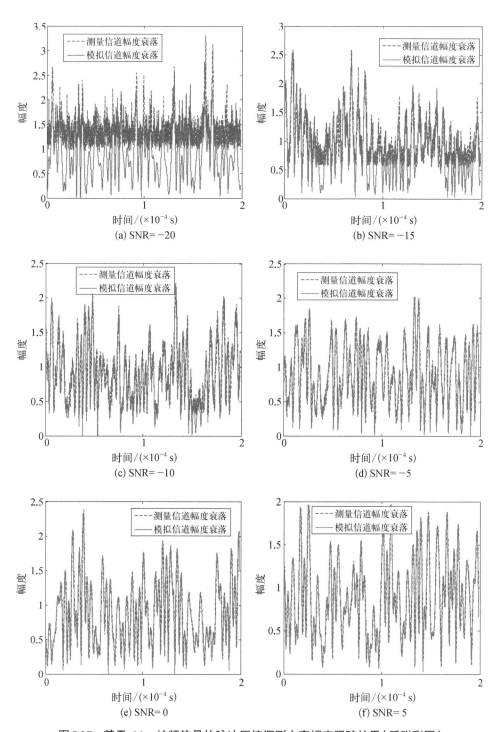

图5.27 基于chirp扩频信号的脉冲压缩探测方案幅度跟踪结果（后附彩图）

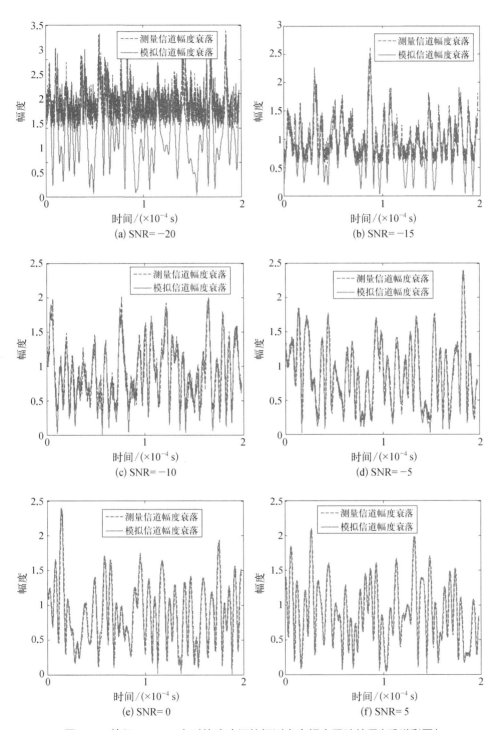

图 5.28　基于 CAZAC 序列的脉冲压缩探测方案幅度跟踪结果（后附彩图）

基于CAZAC序列的循环滑动相关探测方案幅度跟踪结果如图5.29所示。在SNR≥−10 dB的时候,该探测方案可以对幅度进行良好跟踪,效果较好;在SNR=−15 dB的时候,该探测方案依然能够对幅度进行跟踪,但是跟踪误差明显高于SNR>−15 dB的情况;在SNR=−20 dB的时候,该探测方案已经不能对幅度进行跟踪。

基于chirp扩频信号的脉冲压缩探测方案测量的相位跟踪结果如图5.30所示。当SNR=0 dB、5 dB的时候,该探测方案可以对相位实现比较好的跟踪趋势;当SNR≤−5 dB的时候,该探测方案基本上对相位也可以实现一定的跟踪效果,可以看出存在较大的误差;当SNR≤−15 dB的时候,相位测量结果呈现明显的模糊,已经看不出任何相位测量结果。

基于CAZAC序列的脉冲压缩探测方案相位跟踪结果如图5.31所示如。当SNR=0 dB、5 dB的时候,该探测方案可以对相位实现比较好的跟踪趋势;当SNR≤−5 dB的时候,该探测方案基本上对相位也可以实现一定的跟踪效果,可以看出存在较大的误差;当SNR≤−15 dB的时候,相位测量结果呈现明显的模糊,已经看不出任何相位测量结果。

基于CAZAC序列的循环滑动相关探测方案测量的相位跟踪结果如图5.32所示。当SNR=0 dB、5 dB的时候,该探测方案可以对相位实现比较好的跟踪趋势;当SNR≤−5 dB的时候,该探测方案基本上对相位也可以实现一定的跟踪效果,可以看出存在较大的误差;当SNR≤−15 dB的时候,相位测量结果呈现明显的模糊,已经看不出任何相位测量结果。

综上,从信道冲激响应幅度和相位跟踪能力上来说,基于CAZAC序列的循环滑动相关探测方案在低信噪比表现方面明显优于另两种方案。

2. 信道多普勒功率谱探测性能

接下来对三种探测方案在不同信噪比条件下的多普勒跟踪性能进行分析,信道仿真参数条件见表5.5。

基于chirp扩频信号的脉冲压缩探测方案估计的多普勒功率谱结果图5.33所示,在SNR=−20 dB的时候,基于chirp扩频信号的脉冲压缩探测方案可以对最大+200 kHz的多普勒频偏实现准确估计,但是在−200 kHz的频偏处存在一定误差,并且整个多普勒功率谱与实际的多普勒功率谱的谱形状不太符合;在SNR=−15 dB的时候,该探测方案可以对+200 kHz的最大多普勒频偏实现准确估计,但是在−200 kHz的频偏处存在一定误差,但是整个多普勒功率谱的谱形状与实际的相符合;在SNR为−10~5 dB的时候,该探测方案可以对探测信道

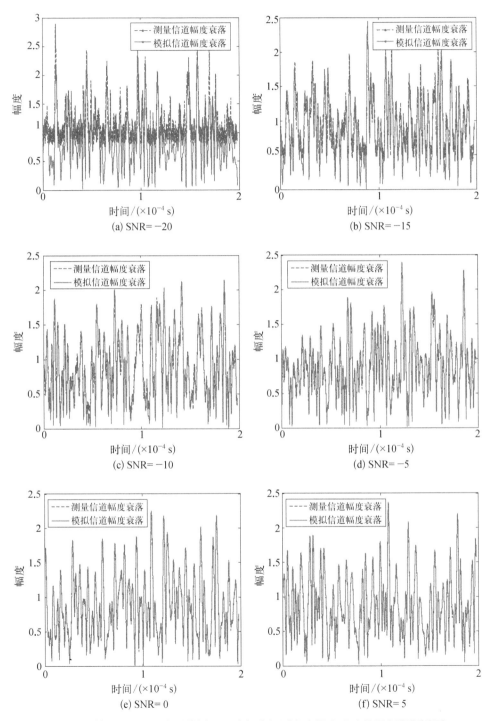

图5.29　基于CAZAC序列的循环滑动相关探测方案幅度跟踪结果(后附彩图)

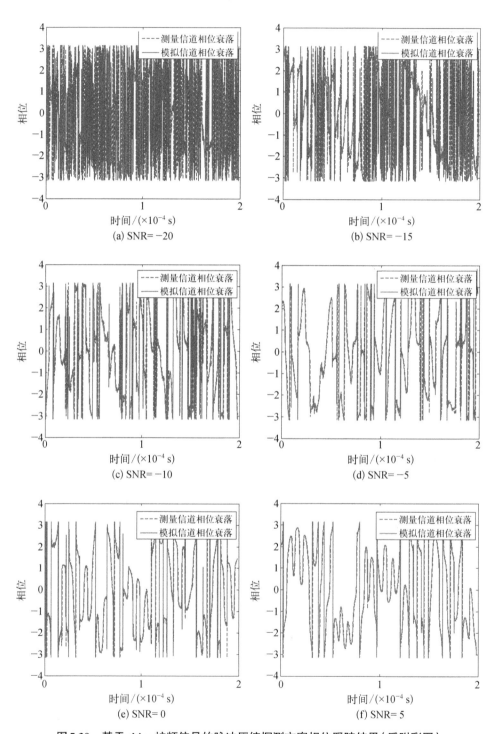

图5.30 基于chirp扩频信号的脉冲压缩探测方案相位跟踪结果(后附彩图)

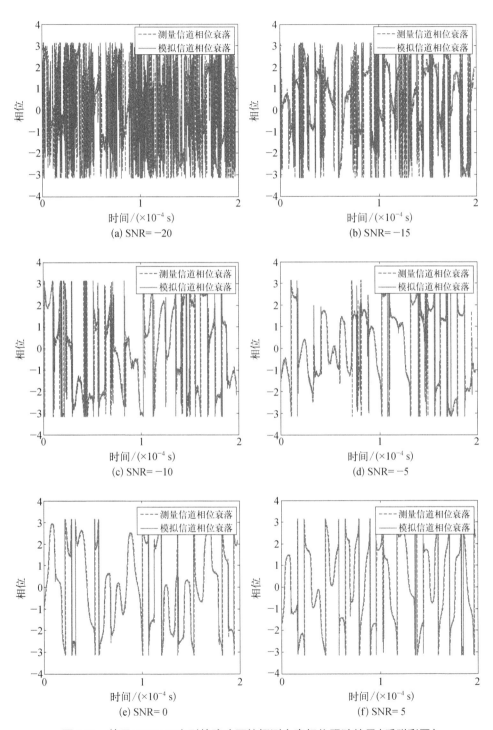

图5.31　基于CAZAC序列的脉冲压缩探测方案相位跟踪结果（后附彩图）

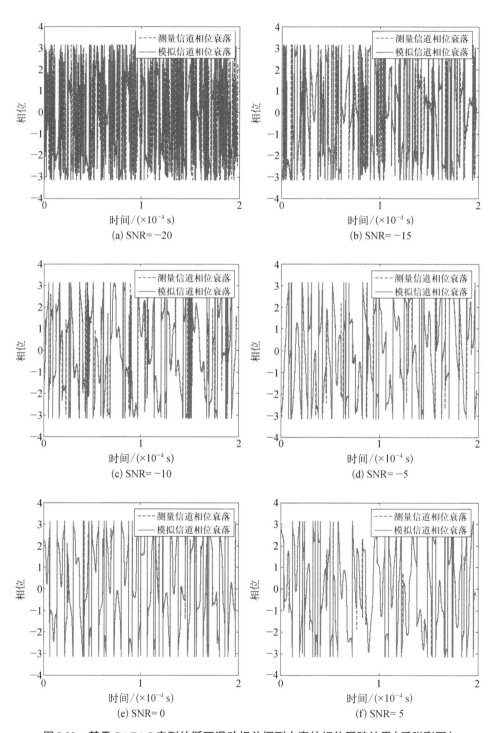

图5.32 基于CAZAC序列的循环滑动相关探测方案的相位跟踪结果(后附彩图)

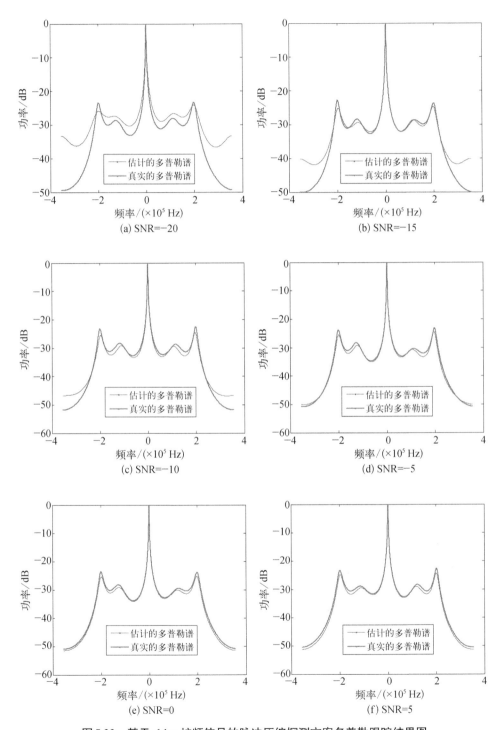

图5.33 基于chirp扩频信号的脉冲压缩探测方案多普勒跟踪结果图

的 ±200 kHz 的最大多普勒频偏实现精确估计,并且估计的多普勒谱形状与实际的多普勒功率谱相吻合。

基于 CAZAC 序列的脉冲压缩探测方案估计的多普勒功率谱结果如图 5.34 所示,在信噪比为−20 dB 的时候,基于 CAZAC 序列的脉冲压缩探测方案估计的多普勒功率谱已经严重偏离了实际的形状,无法对 200 kHz 的最大多普勒频偏实现准确估计;在信噪比为−15 dB 的时候,该探测方案可以对 +200 kHz 的最大多普勒频偏实现准确估计,但是在−200 kHz 的频偏处无法判断出多普勒功率谱谱峰的位置,无法准确估计多普勒频偏,并且整个多普勒功率谱与实际的多普勒功率谱的谱形状不太相符合;在信噪比为−10 ～ 5 dB 的时候,该探测方案可以对探测信道的 ±200 kHz 的最大多普勒频偏实现精确估计,并且估计的多普勒谱形状与实际的多普勒功率谱相吻合。

基于 CAZAC 序列的循环滑动相关探测方案估计的多普勒功率谱结果如图 5.35 所示,在信噪比为−20 dB 的时候,基于 CAZAC 序列的循环滑动相关探测方案可以对 ±200 kHz 的最大多普勒频偏实现准确估计,但是整个多普勒功率谱已经与实际的多普勒功率谱的谱形状稍有偏差;在信噪比为−15 ～ 5 dB 的时候,该探测方案可以对探测信道的 ±200 kHz 的最大多普勒频偏实现精确估计,并且估计的多普勒谱形状与实际的多普勒功率谱相吻合。

3. 信道时延功率谱探测性能

时延功率谱提取的仿真条件如表 5.6 所示。三种方案的探测结果分别如图 5.36、图 5.37、图 5.38 所示。可以看出,在估计探测信道多径时延时,基于 CAZAC 序列的循环滑动相关探测方案明显优于其他两种探测方案,在信噪比为−20 dB 的时候,依然可以对三径的时延值实现精确估计,并且在信噪比为−20 dB 的时候,该探测方案估计的时延功率谱的谱峰相对功率值为最大,即谱峰最高。

表5.6 时延功率谱提取计算机仿真条件

信道类型	三径莱斯
序列长度	200
码元速率	200 Mbps
载波频率	1.6 GHz
信噪比	$[-20, -15, -10, -5, 0, 5]$
最大多普勒	200 kHz
采样频率	800 MHz
仿真时延	$[5 \times 10^{-7}\,\mathrm{s}, 7.5 \times 10^{-7}\,\mathrm{s}, 1 \times 10^{-6}\,\mathrm{s}]$

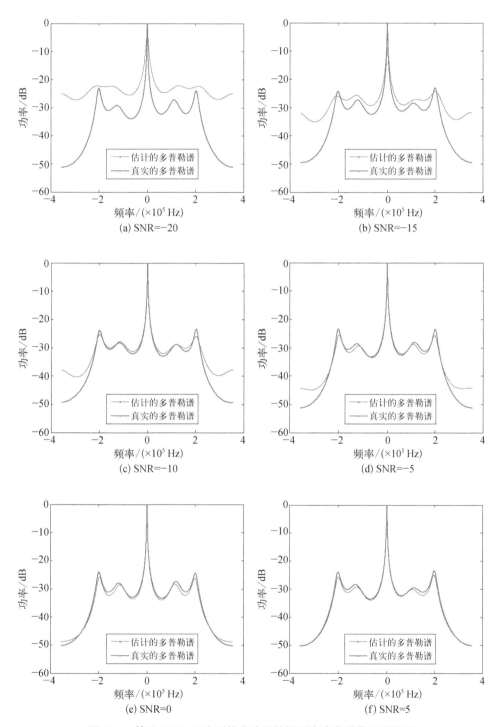

图5.34 基于CAZAC序列的脉冲压缩探测方案多普勒跟踪结果

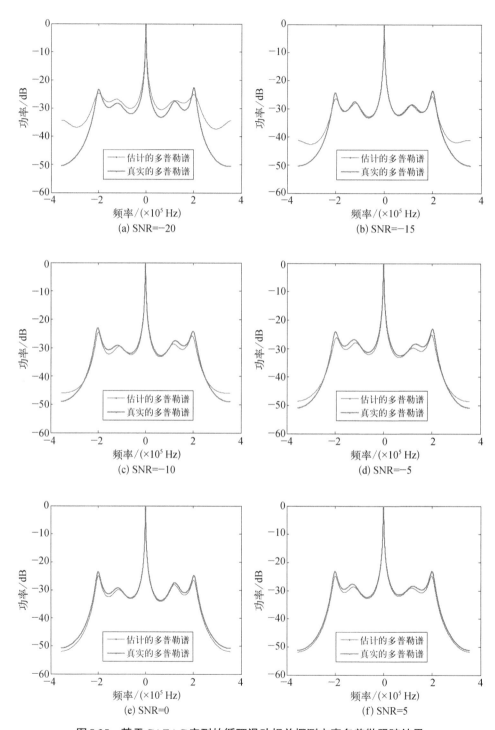

图5.35　基于CAZAC序列的循环滑动相关探测方案多普勒跟踪结果

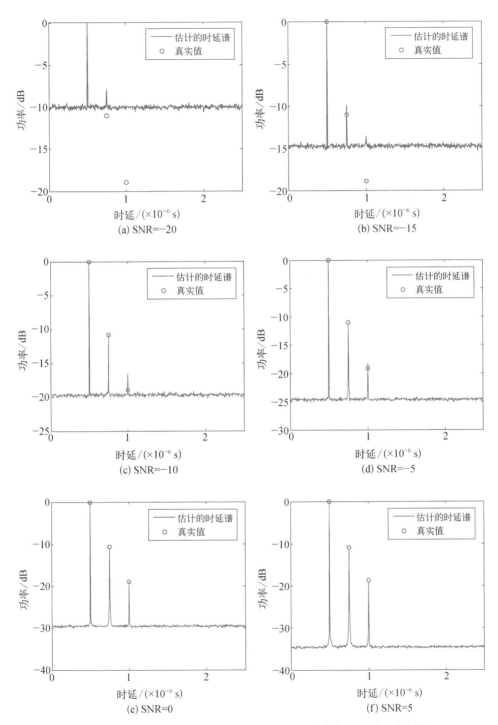

图5.36　基于chirp扩频信号的脉冲压缩探测方案估计的时延功率谱

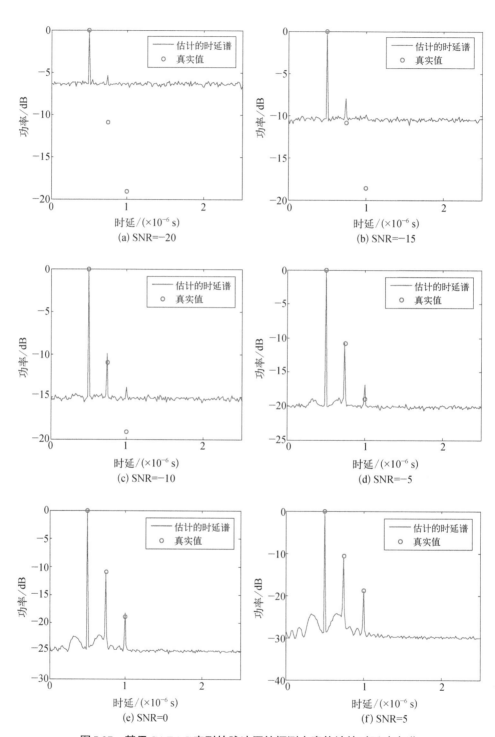

图5.37　基于CAZAC序列的脉冲压缩探测方案估计的时延功率谱

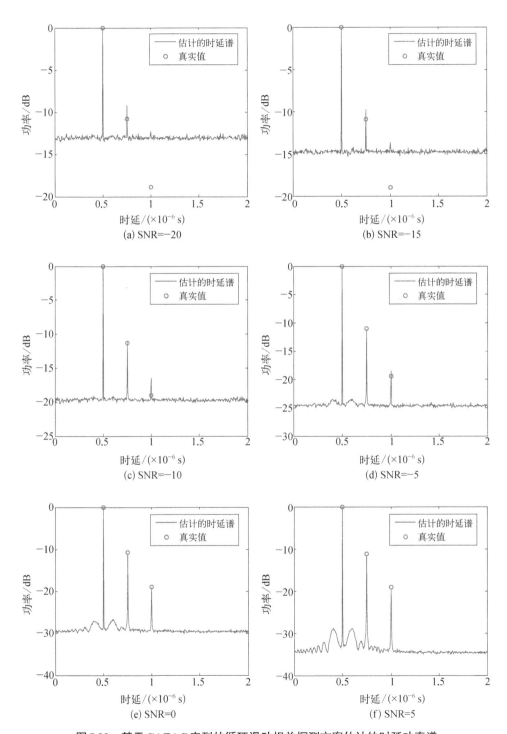

图5.38 基于CAZAC序列的循环滑动相关探测方案估计的时延功率谱

通过以上信道冲激响应的均方误差分析、幅度相位跟踪能力、信道时延功率谱的估计性能及多普勒功率谱的性能分析仿真实验能够看出：在信噪比为 $-20\sim-10$ dB 的低信噪比情况下，基于 CAZAC 序列的循环滑动相关探测方案在探测性能上明显优于另外两种探测方案。该方法能够对快速变化信道情况进行有效提取，性能稳定，可满足高超声速飞行器动态等离子体鞘套信道探测的基本要求。

5.3.3　动态等离子体鞘套信道地面模拟实验

5.2 节动态等离子体鞘套信道建模方法目标适用于实际飞行器可能出现的多尺度时变性，包括飞行条件大尺度时变和等离子体内部流体扰动小尺度时变特征。本小节在 DPSE 等离子体鞘套模拟装置上，开展信道探测方法的实验验证工作。该装置可模拟信道建模理论中等离子体内部时变引起的动态性信道模拟（即小尺度时变因素模拟），探测实验的目的是从探测信号中提取等离子体时变性特征，并给出探测的信道小尺度统计特性。

实际测试搭建的实验环境如图 5.39 所示。所用到的实验设备有：Tektronix AWG70001A 任意信号发生器、DPSE02 等离子体产生装置、Agilent PXA 频谱分析仪和 Agilent DSO-X95004Q 高速数字示波器。DPSE02 为西电电子科技大学自行研制的地面动态等离子体发生装置，该装置是基于射频调制放电实现动态等离子体的产生设备。实验分为三组不同的条件。

① 等离子体平均电子密度不同，时变频率为 30 kHz，载波频率为 2.4 GHz。

当动态等离子体变化频率为 30 kHz，载波频率为 2.4 GHz 的时候，其他实验条件如表 5.7 所示。

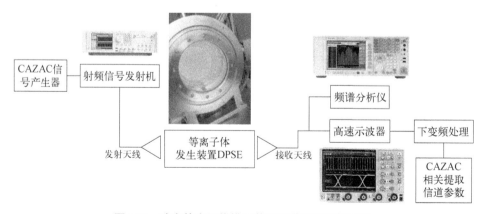

图5.39　动态等离子体模拟装置信道测量环境配置

表5.7　变化频率固定为30 kHz，载频为2.4 GHz的实验条件

探测序列	序列长度	载波频率	等离子体变化频率
CAZAC	100	2.4 GHz	30 kHz
抖动幅度	发端码率	采样率	平均电子密度
0.8 V	20 Mbps	20 MHz	$3 \times 10^{16}\, m^{-3}, 5 \times 10^{16}\, m^{-3}, 8 \times 10^{16}\, m^{-3}$

从图5.40可以看出，探测方案可以准确探测到动态等离子体30 kHz的变化频率，频率估计误差接近与0。在载频达到2.4 GHz之后，当电子密度达到$8 \times 10^{16}\, m^{-3}$的时候，在谐波频率$\pm 60$ kHz处，依然可以出现谱峰，即不仅在等离子体变化频率± 30 kHz处出现谱峰，在谐波频率± 60 kHz处依然出现，与前期的理论分析一致。

如图5.41所示，在载波频率达到2.4 GHz的时候，可以看出在不同的电子密

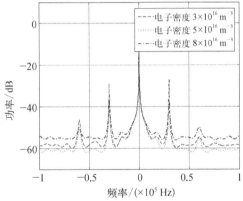

图5.40　变化频率为30 kHz，载频为2.4 GHz的多普勒功率谱对比

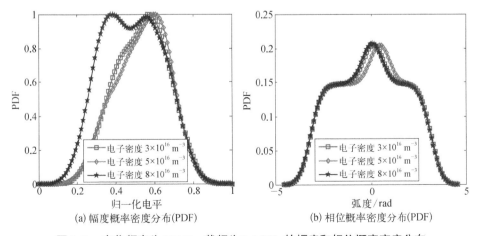

(a) 幅度概率密度分布(PDF)　　　　(b) 相位概率密度分布(PDF)

图5.41　变化频率为30 kHz，载频为2.4 GHz的幅度和相位概率密度分布

度下随着电子密度的升高,幅度概率密度分布有趋向于双高斯分布的趋势。在不同电子密度条件下,相位概率密度分布形式基本是一致的,但是已经偏离常见的无线信道下的衰落数学模型。

② 平均等离子体电子密度为5×10^{16} m^{-3},时变频率不同,载波频率为1.575 GHz。

当均值电子密度固定为5×10^{16} m^{-3},载频为1.575 GHz的时候,其他对应的实验条件如表5.8所示。

表5.8 电子密度固定为5×10^{16} m^{-3},载频为1.575 GHz的实验条件

探测序列	序列长度	载波频率	等离子体变化频率
CAZAC	100	1.575 GHz	100 kHz, 120 kHz, 150 kHz
抖动幅度	发端码率	采样率	平均电子密度
0.8 V	20 Mbps	20 MHz	5×10^{16} m^{-3}

从图5.42可以看出,该方案准确地测出了等离子体100 kHz、120 kHz和150 kHz的变化频率,频率探测估计误差几乎为0,能够准确地探测到动态等离子体鞘套信道的时变性,并且随着变化频率的增加,多普勒功率谱谱峰的峰值功率在减小。

如图5.43所示,可以看出在不同的等离子体变化频率下,幅度概率密度分布的变化趋势基本是一致的,服从正态分布;相位概率密度分布的变化趋势也基本一致,服从双高斯分布。

③ 等离子体变换频率为200 kHz,不同平均电子密度,载波频率为2.4 GHz。

当动态等离子体变化频率固定为200 kHz,载波频率为2.4 GHz的时候,其他对应的实验条件如表5.9所示。

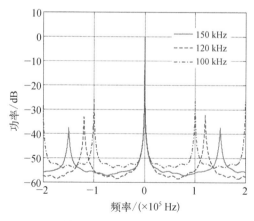

图5.42 不同等离子体变化频率的多普勒功率谱对比

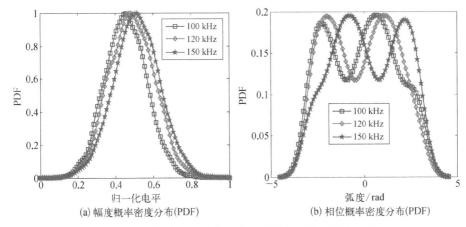

(a) 幅度概率密度分布(PDF)　　　　(b) 相位概率密度分布(PDF)

图5.43　不同等离子体变化频率的幅度和相位概率密度分布

表5.9　变化频率为200 kHz,载频为2.4 GHz的实验条件

探测序列	序列长度	载波频率	等离子体变化频率
CAZAC	50	2.4 GHz	200 kHz
抖动幅度	发端码率	采样率	电子密度
0.8V	200 Mbps	1.6 GHz	$1.6 \times 10^{16}\,\mathrm{m}^{-3}, 2.5 \times 10^{16}\,\mathrm{m}^{-3}$

　　估计的动态等离子体鞘套信道的多普勒功率谱如图5.44所示。检测到的200 kHz的动态等离子变化频率存在0.1 kHz的误差,这在工程中是可以接受的。这一结果表明,在实际环境中,该检测算法的性能是由动态等离子体本身的高电子密度的条件和高时间变化综合影响的,由于等离子体是一种色散的非线性介

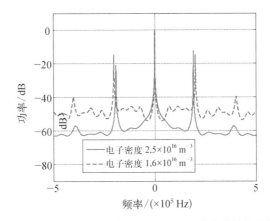

图5.44　变化频率为200 kHz,载频为2.4 GHz时信道的多普勒功率谱

质,这可能对检测信号产生一个复杂的耦合效应。

图5.45给出的在不同电子密度下幅度概率密度分布和相位概率密度分布同样已经偏离常见的无线信道下的衰落数学模型(莱斯和瑞利分布)。在同一频率下,均值电子密度越高,其概率密度分布偏离正态分布越明显。

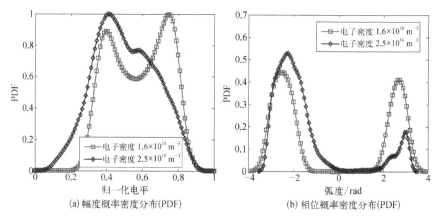

(a) 幅度概率密度分布(PDF)   (b) 相位概率密度分布(PDF)

图5.45   变化频率为200 kHz,载频为2.4 GHz时的幅度和相位概率密度分布

由于地面模拟的动态等离子体鞘套信道没有准确的理论信道模型,因此未给出动态等离子体鞘套信道的时域幅度和相位探测结果,给出的是探测信道冲激响应的幅度和相位统计结果,结果发现动态等离子体鞘套信道的幅度和相位概率密度分布不再服从无线信道的一些理论分布模型,这一现象值得深入研究。

5.4   高超声速飞行器综合信道特性

5.4.1   高超声速飞行器空间信道特性

高超声速高动态飞行器的主要特征是高速、高机动特性($10 \sim 25Ma$)以及由此带来的等离子体鞘套问题。高速、高机动的移动性将使得大气传播信道明显区别于低动态飞行器,一方面高速运动引起的多普勒效应将导致信道相干时间变短,使得信道呈现的快衰落特征不可忽略;另一方面更为致命的是动态等离子体鞘套信道对通信信号深衰落和乘性寄生调制。

1. 高超声速飞行器空间信道相干时间

由于多普勒频移决定了衰落信道的平均衰落率、平均电平通过率、平均衰落持续时间等重要信道特性,所以在高超声速通信信道中必须反映这一特性。

高超声速飞行器的频移是其与通信端径向速度相关的有规律函数：

$$f_{d,t} = \frac{v(t)}{\lambda} \cos \alpha(t) = f_c \times \frac{v(t)}{c} \times \cos \alpha(t) \qquad (5-33)$$

其中，$f_{d,t}$是多普勒频移；$\alpha(t)$是入射电波与移动终端运动方向之间的夹角；$v(t)$是飞行器的径向运动速度，对高超声速飞行器来说，其速度可能是有规律变化的；f_c为载波频率；λ是信号的波长。

由式（5-33）工作频率越高，收发端径向速度越大，多普勒频移就越大。飞行器从地面升起时有最大多普勒频移；飞行器通过地面站上空时多普勒频移为零。当飞行器速度达到$20Ma$，载波频率为30 GHz时，最大的多普勒频移$f_{d,max}$可达± 680 kHz。

高超声速飞行器的速度在$5 \sim 25Ma$之间，高动态飞行器为了克服等离子的影响，通常会提高射频频率，此时待评估的通信频段为$10 \sim 40$ GHz，这样其最大多普勒频移范围为$113 \sim 1\,130$ kHz。取一种典型情况为$20Ma$、30 GHz频点，那么此时的最大频移为680 kHz。信道相干系数至少为0.5的信道相干时间由下式确定：

$$T_0 \approx \frac{0.423}{f_d} \qquad (5-34)$$

可得到相干时间范围为$0.374 \sim 3.74$ μs，在典型频点和速度下为0.622 μs。从信道角度看，当信息符号的速率T_s大于相干时间时可认为信道是快衰落的；反之，则认为是慢衰落的。通常图像视频等数据通信场合传输扩频后的速率可达$1 \sim 10$ Mbps或以上，则码片时间T_{chip}为$0.1 \sim 1$ μs。码片时间T_{chip}与T_0大致相当，那么T_s就比T_0要大得多，则可认为高超声速飞行器到地面端的信道是快衰落的。

2. 高超声速飞行器空间信道相干带宽

表征信道另外一个重要特征参数是信道的相干带宽。由于无法进行实际测试，本书进行定性建模分析。对信道相干带宽的估算首先需要知道均方时延扩展σ_τ，采用简化模型进行计算分析。假设在地基测控站发射的信号存在一条直射路径和$2 \sim 3$条反射多径（实际上可理解为很多细小散射路径和反射路径的等效），通常这里的多径是由对流层云层的散射/反射造成的，并简化认为反射云层在同一高度[36]。

图5.46给出了示意图,(a)为正常斜路径下的情况,(b)为简化的过顶模型。H为临近空间飞行器高度,高度范围为20～80 km;h为对流层反射云层高度,参考对流层云层高度范围,可知h的范围为8～16 km。

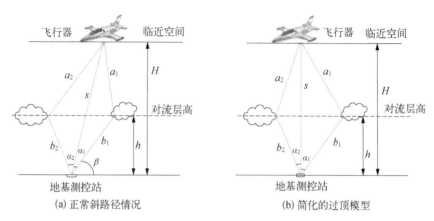

图5.46 反射路径时延估算

如图5.46(a)所示,直射路径为s,第一条路径为a_1、b_1,第二条路径为a_2、b_2。每条路径相对主径的时延τ_i为

$$\tau_i = \frac{a_i + b_i - s}{c} \tag{5-35}$$

$$s = H/\cos(\alpha_1 + \beta) \tag{5-36}$$

$$b_1 = h/\cos\beta \tag{5-37}$$

$$a_1 = \sqrt{s^2 + b_1^2 - 2sb_1\cos\alpha_1} \tag{5-38}$$

可以看出时延与角度α_i和β的取值有很大关系。为计算方便,可进一步简化为图5.46(b)的垂直天顶模型,认为地基测控站和飞行器垂直(即$\alpha_i+\beta=\pi/2$)。图5.47和图5.48给出了路径时延与飞行器高度和云层高度的关系。

由图5.47可以看出,在反射云层一致的情况下,飞行器高度越高,路径时延反而越小了。在关注的仰角角度范围内(30°～70°),时延值为5～128 μs。

图5.48可以看出,在飞行器高度一致的情况下,反射云层高度越高,路径时延越大。在关注的角度范围内(30°～70°),时延值为5～136 μs。一般地,取典型情况H=50 km,对流层高度h=10 km,且忽略地基测控站和飞行器本身高度的影响。α_i的范围取30°～80°,可得到τ_i的范围为7～250 μs(倾角为80°可达250 μs)。

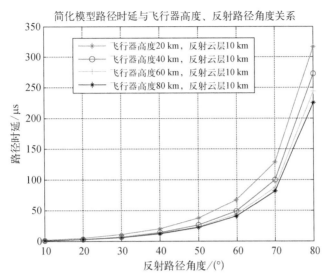

图5.47　路径时延与飞行器高度、反射路径角度关系

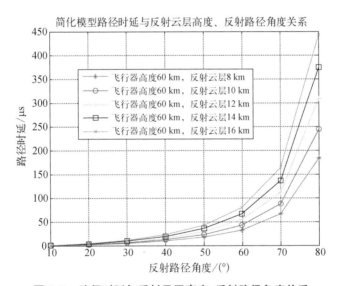

图5.48　路径时延与反射云层高度、反射路径角度关系

在多径之间相对功率比上参考低轨道卫星，范围为 $5 \sim 20$ dB。这里取相对主径的功率分别为 -6 dB、-10 dB，时延为 10 μs、100 μs，对应的基本上是 $30°$ 和 $70°$ 反射路径的时延，则得到离散时延功率谱示意图如图5.49所示。

多径时延扩展是 $p(\tau)$ 的二阶中心矩的平方根[37]，这样就可以利用式（5-39）计算平均附加时延为

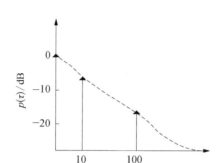

图5.49　三径时延功率分布

$$\bar{\tau} = \frac{\sum_i p(\tau_i)\tau_i}{\sum_i p(\tau_i)} = \frac{0 \times 1 + 10 \times (10^{-0.6}) + 100 \times (0.1)}{1 + 10^{-0.6} + 0.1} \qquad (5-39)$$

$$= 9.26 \ \mu s$$

给定功率谱的二阶附加时延为

$$\bar{\tau}^2 = \frac{\sum_i p(\tau_i)\tau_i^2}{\sum_i p(\tau_i)} = \frac{(10)^2 \times (10^{-0.6}) + (100)^2 \times (0.1)}{1 + 10^{-0.6} + 0.1} \qquad (5-40)$$

$$= 758.68 \ \mu s^2$$

则得到均方时延扩展[38]为

$$\sigma_\tau = \sqrt{<\bar{\tau}^2> - <\bar{\tau}>^2} = \sqrt{758.7 - (9.26)^2} \ \mu s = 25.9 \ \mu s \quad (5-41)$$

那么信道相干系数至少为0.5的信道相关带宽为[39]

$$f_0 = \frac{1}{5\sigma_\tau} = 7.7 \ kHz \qquad (5-42)$$

　　如果通信信号带宽大于f_0,则信道表现为频率选择性衰落;若信号带宽小于相干带宽7.7 kHz,则信道为平坦衰落信道。需要注意的是,当信道处于频率选择性衰落时,将需要适当的均衡接收等技术。

通常对于一般的遥控来说,其数据率比较低,可认为此时信道为平坦衰落;对于直扩遥测来说,以及可能需要与地面通信端实时传输图像视频等大量高码率的数据通信场合,那么其信号带宽将远大于相干带宽,这里将高超声速飞行器信道建立为频率选择性信道更为合理。

5.4.2　高超声速飞行器综合信道模型

高超声速飞行器一方面面临着对抗等离子体鞘套的影响要求,一方面面临着未来高速数据通信的需求(除了大量的遥测信息外,还可能存在大容量的地形匹配图像、实时视频数据需要高速实时发送出去)。通过前述章节的研究可以看出,Ka频段在这一方面具有很大的优势:一方面通过提高通信频点可以削弱电离层、等离子体鞘套的影响;另一方面这一频段能提供较大的通信带宽,能够兼容各种宽带通信调制方式,为通信体制的制定提供很大的空间。5.2节研究了高超声速临近空间飞行器不同环境下的信道特性,但是在实际应用过程中不可能如此简单独立,需要考虑多种复杂的信道环境的综合效应和影响,这就要求针对不同的复杂信道进行高超声速飞行器信道模型的综合建模[40]。

本小节给出近空间飞行器在Ka频段下的上下行链路的综合信道模型:近地高动态综合信道模型、近空高动态综合信道模型。在综合信道建模过程中,首先综合考虑高超声速飞行器与地面测控平台、天基测控平台通信时所经历的不同信道环境,其次对综合信道进行分析建模,给出综合信道的仿真实现结构,然后评估了现有典型测控体制的通信质量,最后给出在这些综合信道下提高通信性能适当建议。

近空间飞行器的通信对端可能是地面测控平台,包括陆基地面站和海基测控舰船;也可能是天基测控平台,诸如中继通信卫星、中低轨道组网卫星等。图5.50给出了近空间飞行器及其通信对端所处的空域。可以看出,这两种通信情况下对应的分别是近空间到地面信道环境和近空间到空域信道环境,两种通信对象经历的信道差异较大,因此有必要对近空间飞行器可能同时存在的截然不同的两种通信信道进行分类建模分析。

对于上述两种复杂信道环境,需要考虑的信道因素将明显不同。当近空间飞行器与地面测控平台通信时,通信双方可能经历的有自由空间衰落、大气衰落影响(主要是雨衰)、多径效应和多普勒频移及等离子体鞘套的影响,其中多普勒频移和雨衰的影响则更大程度上依赖于所选择的频段和地域,通过合适的手段可以降低其影响。

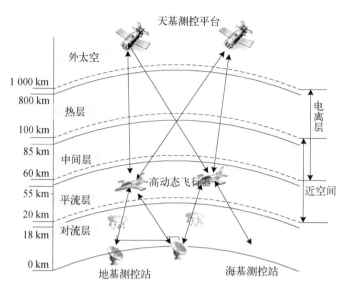

图5.50　高超声速飞行器近空间飞行器通信场景

当近空间飞行器与天基测控平台通信时,通信双方经历的空间环境要好于地基测控平台,此时已经不需要考虑大气衰落部分。但是遭受电离层效应,这一部分的影响也需要考虑。此时主要为自由空间的自由衰落,且无多径产生,信道呈现平坦衰落特性。但飞行器与卫星平台仍存在较大的相对速度,存在较大的多普勒效应,信道又呈现快衰落特性,因此空间传播路径上的信道可以建模为非频率选择性快衰落。图5.51给出了高超声速飞行器在近空间不同通信场合下的信道分类及其构成。具体如下,其中括号部分为可选项(由于天气和时间不同,可能不存在)。

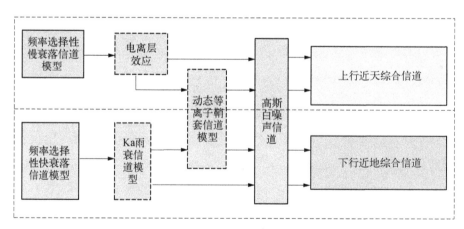

图5.51　高超声速飞行器近空间综合信道模型组成

① 近-地综合信道模型。频率选择性快衰落信道+（Ka雨衰信道模型）+等离子体鞘套信道+AWGN。

② 近-天综合信道模型。非频率选择性快衰落信道+（电离层效应）+等离子体鞘套信道+AWGN。

1. 下行近-地链路综合信道模型

根据高超声速近空间高动态飞行器大气信道部分特性的分析可知，近-地高动态下大气传播信道可建模为频率选择性快衰落信道，高动态飞行器与地面测控站平台通信时除了可能存在雨衰的影响外，最为严重的是动态等离子体鞘套的影响。近-地高动态综合信道模型如图 5.52 所示，包括乘性的频率选择性快衰落信道、乘性的Ka雨衰信道、乘性动态等离子体鞘套信道和加性高斯白噪声信道。该综合信道模型的仿真实现如图 5.53 所示。

总体来说，频率选择性快衰落使得系统性能变差，雨衰信道和等离子体鞘套信道的加入使得系统性能进一步恶化，其中等离子体鞘套的影响更为关键。雨衰信道、大气传播信道和等离子体鞘套信道在综合信道中的影响比重在不同的应用场合下不同，三者之间的比重没有明确的关系。

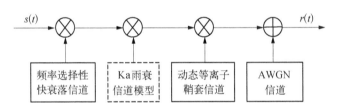

图5.52　近-地综合信道模型

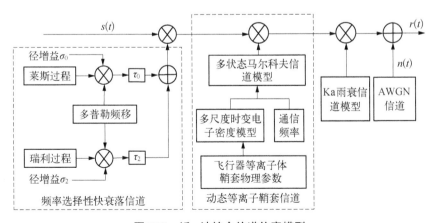

图5.53　近-地综合信道仿真模型

2. 上行近-天链路综合信道模型

近空间高动态飞行器在执行任务过程中,同样不存在对流层各种天气效应的影响,因此就不用考虑多径效应、雨衰问题。在近-地高动态综合信道的频率非选择性快衰落信道基础上,最为致命的将是等离子体鞘套的影响。因此在近-天高动态综合信道中需要将等离子体鞘套作为重点来研究。等离子体鞘套信道特性的具体分析前面章节论述结果认为目前衰减对其影响最为严重,同时考虑到动态性研究参数的不足,仅仅研究其大尺度衰落特性造成的影响。图5.54给出了近-天高动态综合信道模型,图5.55给出的是近-天高动态综合信道的仿真实现。其中等离子体鞘套信道部分将根据飞行器等离子体鞘套的物理参数,通过流体仿真计算获取等离子体的电参数,结合所用的通信频率,采用电磁计算方法得到等离子体鞘套的大尺度衰减系数。

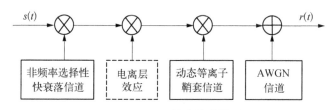

图5.54 近-天综合信道模型

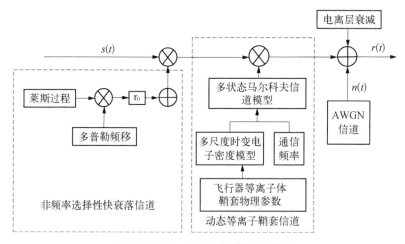

图5.55 近-天综合信道仿真模型

3. 综合信道对抗建议

综合来看,等离子体鞘套和近地环境下的雨衰所造成的影响最大,对于近地空间通信时的雨衰效应可以用比较成熟的方法来规避或者降低其影响,实现起来也较为容易。高超飞行带来的等离子体鞘套的影响将是未来测控通信亟待克服的难题。如果想要提高各类综合信道下通信系统的性能,克服综合信道特性的影响,则需要在接收对抗技术上采取相对应的措施,主要包括以下几种。

(1) 抗多径传播效应引起的信号的频率选择性失真

信道呈现频率选择性失真会对通信造成极大的影响,特别是在近空间飞行器与地面测控平台低仰角通信时更为严重。对抗频率选择性失真的方法有以下两种。

1) 信道估计和自适应均衡技术

可采用较为成熟的基于导频的信道估计技术得到信道的非线性特征,为均衡提供依据。基本思想是在信号序列中插入已知的导频信息序列,计算得到导频部分信道信息,再估计出整个信道的状态信息,为后续均衡使用,进而提高衰落环境下的性能。

频率选择性会导致信号的ISI失真,而均衡器能够降低这一问题。均衡器的基本思想是将分散的码元能量汇聚到原码元持续时间内,本质上说,它实际上是信道的逆向滤波器。如果信道是频率选择性的,均衡器就会增加小振幅的频率分量,同时减小大振幅的频率分量,把信道不好的特性纠正过来,这样就可以在接收端获得具有平坦衰落特性的信号。均衡器必须能够自适应地改变以适应近空间信道的时变性。常用的均衡器有判决反馈均衡器(decision feedback equalizer, DFE)、最大似然序列估计(maximum likelihood sequence estimation, MLSE)均衡器和频域均衡器(frequency domain equalizer, FDE)等,实际系统应用中,需要根据系统性能要求和实现复杂度选择合适的均衡器类型。

2) 扩频和OFDM技术

众所周知,直接序列扩频技术具有很强的对抗干扰能力,也可以用来很好地降低频率选择性信道引起的ISI失真。在多径时延大于扩频码片时间的情况下,扩频系统能够通过相关接收技术有效地去除多径干扰。扩频使得原信号带宽展宽,而宽带的扩频信号能够跨越频率选择性信道频率响应中的多个零陷,关键是必须满足扩频带宽W_{DS}(码片速率R_{chip})要大于相干带宽f_0这一条件,W_{DS}越大效果将会越好。

OFDM技术将一个高码元速率的信息序列分割为N个码元组,这样每个码元组的码元速率得到降低。降低子载波码元速率$W \approx 1/T_s$,使其小于信道相干带宽,从而避开了频率选择性的零陷。

(2) 抗大多普勒导致的时间选择性失真-快衰落特性

降低快衰落特性的影响可以一方面采用鲁棒的调制方式,并采用非相干或者差分相干的解调技术,避免相位跟踪以降低检测器的检测时间;另一方面增加信号的冗余度和提高码元速率($W \approx 1/T_s$),使其大于衰落速率($f_d=1/T_0$)。高效的纠错编码也可以改善快衰落失真,纠错编码不提供信号更多的能量,但对于给定的差错性能,它能够降低所需的 E_b/N_0 值。

大动态多普勒频偏的估计补偿在接收端也是一个难题,特别是在低信噪比下的频偏捕获和动态跟踪。可采用基于循环谱的频偏估计技术,循环谱技术能在很低的信噪比下估计出大频偏,且算法速度较快。跟踪部分则要考虑锁频锁相环的联合设计,需要结合实际需求设计最佳的环路形式。

(3)抗等离子体鞘套信道的深度衰落特性

深度衰落会导致信号在接收机部分的信噪比极低,这就要求采用一些极低信噪比信号检测及处理技术。首先在发送接收方面需要尽可能地提高接收信号的信噪比,可采用时间分集、空间分集、极化分集等多种分集技术,分集技术的目的就是要利用加性独立不相关的信号来提高接收信号信噪比,利用最大量选择、最大比率等增益合并技术及最优化分集技术,其次要在接收端采用低信噪比下的信号检测算法,可采用基于高阶统计量、循环谱、混沌理论方面的微弱信号检测技术。

纠错编码技术与交织技术的结合也能很好地对抗深度衰落引起的长时间差错,交织技术本质上就是一种时间分集。

最本质的是降低等离子体鞘套的影响,可以从等离子体削弱技术方面开展深入研究,降低飞行器表面的电子密度,进而降低其对信号的衰减。等离子体鞘套削弱技术研究在本文绪论部分的有较为详细的综述。

(4)抗鞘套的动态性引起的调制效应

电子密度的抖动不规则性会导致产生随机相位调制/相位噪声。这一现象在信道建模中由于各种原因尚没有考虑,但其影响不可忽略。等离子体鞘套的动态性对信号相位的影响在测控体制的设计中必须考虑,需要选择能够对抗相位抖动/噪声的鲁棒调制技术。现有的测控通信系统多采用相位调制技术,而相位调制对相位抖动极其敏感,因此这里可以考虑选择非相位调制的测控体制,以避免相位的影响,或者开展适应寄生调制效应的新的解调判决方法。

参考文献

[1] ITU –R. Rec. ITU –R P.525 –2: Calculation of free-space attenuation [M]. Genava: ITU Electronic Publication, 1994: 1–21.

［2］　ITU －R. Rec. ITU －R P.676 －7: Attenuation by atmospheric gases［M］. Geneva: ITU Electronic Publication, 2007: 1－23.

［3］　ITU－R. Rec. ITU－R P.836－4: Water vapour: surface density and total columnar content ［M］. Geneva: ITU Electronic Publication, 2009: 1－16.

［4］　弓树宏.电磁波在对流层中传输与散射若干问题研究［D］.西安:西安电子科技大学, 2008.

［5］　ITU －R. Rec. ITU －R P.618 －10: Propagation data and prediction methods required for the design of Earth-space telecommunication systems［M］. Geneva: ITU Electronic Publication, 2009: 1－26.

［6］　ITU －R. Rec. ITU －R P.840 －5: Attenuation due to clouds and fog［M］. Geneva: ITU Electronic Publication, 2012: 1－10.

［7］　许正文.电离层对卫星信号传播及其性能影响的研究［D］.西安:西安电子科技大学, 2005.

［8］　Shi L, Liu Y, Fang S, et al. Adaptive multistate markov channel modeling method for reentry dynamic plasma sheaths［J］. IEEE Transactions on Plasma Science, 2016, 44(7): 1083－1093.

［9］　Starkey R P. Hypersonic vehicle telemetry blackout analysis［J］. Journal of Spacecraft and Rockets, 2015, 52(2): 426－438.

［10］　Kim M K. Electromagnetic manipulation of plasma layer for re-entry blackout mitigation ［D］. Michigan: The University of Michigan, 2009.

［11］　He G, Zhan Y, Ge N. Adaptive transmission method for alleviating the radio blackout problem［J］. Progress In Electromagnetics Research, 2015, 152: 127－136.

［12］　Bai B, Li X, Liu Y, et al. Effects of reentry plasma sheath on the polarization properties of obliquely incident EM waves［J］. IEEE Transactions on Plasma Science, 2014, 42(10): 3365－3372.

［13］　Xi X, Li Z, Liu J, et al. FDTD simulation for wave propagation in anisotropic dispersive material based on bilinear transform［J］. IEEE Transactions on Antennas and Propagation, 2015, 63(11): 5134－5138.

［14］　Wang M, Li H, Dong Y, et al. Propagation matrix method study on Thz waves propagation in a dusty plasma sheath［J］. IEEE Transactions on Antennas and Propagation, 2016, 64(1): 286－290.

［15］　Anthony D, Richard G. Mean and fluctuating electron density in equilibrium turbulent boundary layers［J］. AIAA Journal, 1971, 9(8): 1533－1538.

［16］　Lin T C, Sproul L K. Influence of reentry turbulent plasma fluctuation on EM wave propagation［J］. Computers and Fluids, 2006, 35(7): 703－711.

［17］　Liu Z, Bao W, Li X, et al. Effects of pressure variation on polarization properties of obliquely incident RF waves in re-entry plasma sheath［J］. IEEE Transactions on Plasma Science, 2015, 43(9): 3147－3154.

［18］　Lontano M, Lunin N. Density-modulation effects on the propagation of an electromagnetic wave in a plasma［J］. Journal of Plasma Physics, 1992, 48(2): 209－214.

［19］ 杨敏, 李小平, 刘彦明, 等. 信号在时变等离子体中的传播特性［J］. 物理学报, 2014, 63 (8): 261-270.

［20］ 高平, 李小平, 杨敏, 等. 时变等离子体鞘套相位抖动对 GPS 导航的影响［J］. 宇航学报, 2013, 34 (10): 1330-1336.

［21］ Yang M, Li X, Xie K, et al. Parasitic modulation of electromagnetic signals caused by time-varying plasma［J］. Physics of Plasmas, 2015, 22(10): 102106SCI: 000364403600022.

［22］ He G, Zhan Y, Ge N, et al. Channel characterization and finite-state markov channel modeling for time-varying plasma sheath surrounding hypersonic vehicles［J］. Progress in Electromagnetics Research, 2014, 145: 299-308.

［23］ He G, Zhan Y, Ge N, et al. Measuring the time-varying channel characteristics of the plasma sheath from the reflected signal［J］. IEEE Transactions on Plasma Science, 2014, 42(12): 3975-3981.

［24］ Demetriades A. Electron fluctuations in an equilibrium turbulent plasma［J］. AIAA Journal, 2015, 2(7): 1347-1349.

［25］ Chung K M, Lu F K. Hypersonic turbulent expansion-corner flow with shock impingement ［J］. Journal of Propulsion and Power, 1992, 11(3): 441-447.

［26］ Jones W L, Cross Λ E. Electrostatic probe measurements of plasma parameters for two re-entry flight experiments at 25000 feet per second［J］. NASA Langley Research Center TN D-6617, 1972.

［27］ Schreyer A M, Gaisbauer U, Krämer E. Fluctuation measurements in the turbulent boundary layer of a supersonic flow［J］. General and Introductory Mathematics, 2010, 7: 4100035-4100036.

［28］ Funaki I, Ogawa H, Kato T, et al. Microwave attenuation measurement of full-scale solid rocket motor plumes［C］. Maui, Hawaii: the 33rd Plasmadynamics and Lasers Conference, 2002.

［29］ Gusakov E, Heuraux S, Popov A, et al. Reconstruction of the turbulence radial profile from reflectometry phase root mean square measurements［J］. Plasma Physics and Controlled Fusion, 2012, 54(4): 446-452.

［30］ Duan L, Choudhari M. Numerical study of pressure fluctuations due to a mach 6 turbulent boundary layer［C］. Grapevine, Texas: the 51st AIAA Aerospace Sciences Meeting, 2013.

［31］ Liu Z W, Bao W M, Li X P, et al. Influence of plasma pressure fluctuation on RF wave propagation［J］. Plasma Science and Technology, 2016, 18(2): 131-137.

［32］ Rabiner L. A tutorial on hidden Markov models and selected applications in speech recognition［J］. Proceedings of the IEEE, 1989, 77: 257-286.

［33］ Green P J. Reversible jump Markov chain Monte Carlo computation and Bayesian model determination［J］. Biometrika, 1995, 82(4): 711-732.

［34］ Alasseur C, Scalise S, Husson L, et al. A novel approach to model the land mobile satellite channel through reversible jump markov chain monte carlo technique［J］. IEEE Transactions on Wireless Communications, 2008, 7(2): 532-542.

［35］ Akey N D. Overview of RAM Reentry Measurements Program［J］. NASA Langley

Research Center, NASA Special Publication, 1970, 252.

［36］ Shi L, Guo B L, Liu Y M, et al. Research on integrated channel model for Near-space hypersonic vehicle［J］. Yuhang Xuebao/Journal of Astronautics, 2011, 32(7): 1557－1563.

［37］ Tse D, Viswanath P. Fundamentals of wireless communication［M］. Cambridge: Cambridge University Press, 2005.

［38］ Sklar B. Digital communications, fundamentals and applications［M］. New Jersey: Prentice Hall PTR, 2001: 958－960.

［39］ Goldsmith A. Wireless Communication［M］. West Sussex, UK: John Wiley & Sons, 2005.

［40］ 石磊.近空间飞行器信道特性研究［D］.西安: 西安电子科技大学,2012.

第六章
等离子体鞘套通信适应性技术

　　动态等离子体鞘套引起信号衰减、时延、畸变等时域/频域失真,从信号传输角度引起信号深度衰落及寄生调制效应,是造成通信质量降低的主要因素。

　　本章在动态等离子体鞘套信道模型的基础上,分析动态等离子体鞘套下典型测控通信信号的传输特性,仿真分析 MPSK、FSK 和 Multi-h CPM 等通信调制信号在等离子体鞘套中的传输特性,进行相应的传输实验研究。针对等离子体鞘套引起的深度衰落,提出一种基于驻波检测的等离子体鞘套下自适应通信技术,根据信道环境变化,对码速率和信息进行自适应调整,保障重要信息的传输连续性。针对等离子体鞘套引起的寄生调制效应,提出动态等离子体鞘套下调相信号自适应判决方法,将欧式空间的检测问题转化成分类问题,大幅度降低了寄生调制效应对信号传输的影响。通信适应性技术可以提高等离子体鞘套环境下的通信可靠性,并在实飞环境下具有一定的工程可行性。

6.1　动态等离子体鞘套下测控通信信号的传输特性

　　动态等离子体鞘套中的电磁波传播特性研究及建立动态等离子体鞘套的信道模型,都是为了研究动态等离子体鞘套下的测控通信信号传输特性。前文实验和仿真计算已经证明,当等离子体截止频率小于电磁波频率时,电磁波的大部分能量能够穿透等离子体,一定程度上缓解了"黑障"问题。但是由于等离子体鞘套的动态特性,造成信号传输特性的恶化,依然有可能导致信息错误[1]。然而,通信信号的调制体制、信号模型不同,动态等离子体鞘套对其的影响机理和造成的后果也完全不一样。研究动态等离子体鞘套对测控通信信号传输的影响,就不得不针对不同调制体制的测控通信信号,逐一分析研究。

根据国际空间数据系统咨询委员会(Consultative Committee for Space Data Systems, CCSDS)公布的CCSDS 401.B-G-1中针对射频信道以及调制方式的规定,测控通信体制中经常采用的信道调制体制主要有:BPSK、QPSK、FSK、FQPSK、CPM、SOQPSK等角度调制方式[1]。其中,遥测调制体制目前普遍采用PCM/FM、PCM-PSK-PM和PCM-CDMA-BPSK。由于解调技术的进步,尤其在采用最大似然检测算法之后,PCM/FM等现有测控体制的解调性能得到了极大地改善,但是,由于其体制本身的固有特征,其频谱性能远不能满足未来高码率遥测系统的带宽需求。所以,寻求更为先进的遥测新体制已成为迫切需要进行的工作。

为了能在带宽内得到较高的传输速率,并且又能在较低的信噪比条件下达到所要求的误码率,这就对调制提出下述几点要求:

① 调制的频谱利用率高,单位带宽能传送的比特率高,即bit/s比率要大;

② 调制的频谱应有较小的旁瓣,以避免对邻道产生干扰;

③ 能适应强干扰信道,抗衰落、抗干扰性能好,解调所需的信噪比低;

④ 调制解调电路易于实现。

多指数连续相位调制(multi-h continuous phase modulation, Multi-h CPM)具有包络恒定、相位连续等优点[2-4],其调制指数并不单一,而是通过某种机制选择多个合适的调制指数,并让它们按照一定的循环变化规律连续使用,因此得名。这样做的好处主要有两方面:第一,频谱更加紧凑,带外滚降速度更快,频带利用率进一步提高;第二,误码特性更好,因为采用多个调制指数,使相位网格图上的相邻相位路径要经过更长的码元才可能合并,所以各路径间对应的译码序列的最小欧式距离变大,解调性能更好,理论误码率曲线更低。Multi-h CPM体制因为这些优良特性而在未来无线电遥测系统中具有广阔的应用前景。所以,有必要考虑Multi-h CPM等测控新体制在动态等离子体鞘套中的传输特性。

本章主要介绍现有测控通信体制采取BPSK、QPSK及FSK调制解调体制,以及即将应用于测控领域的Multi-h CPM两种测控新调制技术的信号模型、信号特性和解调算法,并在动态等离子体鞘套的信道模型的基础上,仿真计算分析了动态等离子体鞘套对典型测控通信信号的信号特性影响。

6.1.1 动态等离子体鞘套对MPSK信号的影响

1. MPSK调制体制信号模型与信号特性

目前,测控业务等低码率数据信道广泛采用以BPSK为基础的副载波调制体制,载波通常用调相方式。这种体制使遥测遥控数据与测距、侧音能以多副载波方式共用一个射频信道,但是缺点是占用带宽大,调制解调过程有损失,尤其是频带资源日益有限的情况下,主副载波的缺点日益突出,必须努力寻求既节省频带,又有优良性能的新体制。一种已经用到的方法是采用QPSK调制体制,它所需带宽为BPSK的一半,而在理想信道条件下,QPSK性能与BPSK相同。

BPSK与QPSK都是相移键控(MPSK)调制中的一种。表达式为

$$s_{\mathrm{mpsk}}(t) = \sqrt{\frac{2E_{\mathrm{s}}}{T_{\mathrm{s}}}} \cos\left[2\pi f_{\mathrm{c}}t + \frac{2(i-1)}{m}\pi\right], \, 0 < t < T_{\mathrm{s}}, \, i = 1, 2, \cdots, m \quad (6-1)$$

其中,T_{s}为符号持续时间。如果MPSK信号集的基底函数:

$$\phi_1(t) = \sqrt{\frac{2}{T_{\mathrm{s}}}} \cos(2\pi f_{\mathrm{c}}t) \quad\quad\quad (6-2)$$

$$\phi_2(t) = \sqrt{\frac{2}{T_{\mathrm{s}}}} \sin(2\pi f_{\mathrm{c}}t) \quad\quad\quad (6-3)$$

定义在 $0 \leqslant t \leqslant T_{\mathrm{s}}$ 的间隔内,那么信号集内的m个信号可由基底信号表示为:

$$s_{\mathrm{mpsk}}(t) = s_{\mathrm{I}}(t) - s_{\mathrm{Q}}(t) = \sqrt{E_{\mathrm{s}}} \cos\left[(i-1)\frac{\pi}{2}\right]\phi_1(t) - \sqrt{E_{\mathrm{s}}} \cos\left[(i-1)\frac{\pi}{2}\right]\phi_2(t),$$

$$i = 1, 2, \cdots, m$$

$$(6-4)$$

对于BPSK信号,M等于2,则表达式为

$$s_{\mathrm{bpsk}}(t) = \begin{cases} \sqrt{\dfrac{2E_{\mathrm{s}}}{T_{\mathrm{s}}}} \cos(2\pi f_{\mathrm{c}}t + \pi) & \text{二进制的 1} \\[3mm] & \quad\quad 0 \leqslant t \leqslant T_{\mathrm{s}} \quad (6-5) \\[3mm] \sqrt{\dfrac{2E_{\mathrm{s}}}{T_{\mathrm{s}}}} \cos\left(2\pi f_{\mathrm{c}}t + \dfrac{\pi}{2}\right) & \text{二进制的 2} \end{cases}$$

对于QPSK信号来说,M等于2,则表达式为

$$s_{\mathrm{mpsk}}(t) = \sqrt{\frac{2E_{\mathrm{s}}}{T_{\mathrm{s}}}} \cos\left[2\pi f_{\mathrm{c}}t + (i-1)\frac{\pi}{2}\right], \, 0 \leqslant t \leqslant T_{\mathrm{s}}, \, i = 1, 2, \cdots, 4$$

$$(6-6)$$

BPSK 解调通常使用相干解调方式。BPSK 信号相干检测基本原理如图 6.1 所示。相位检测器、载波提取、积分器和位定时构成一个相关器。相关器等效于匹配滤波器,可实现对接收信号的最佳滤波,得到最大峰值功率的输出信噪比。

QPSK 解调方式与 BPSK 类似,其相干检测原理如图 6.2 所示。

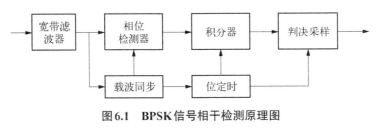

图 6.1 BPSK 信号相干检测原理图

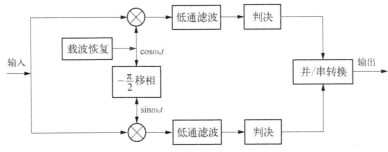

图 6.2 QPSK 相干检测原理图

基带的二进制双极性不归零信号与载波相乘,可得 BPSK 信号的功率谱为

$$P_{\mathrm{BPSK}}(f) = \frac{1}{4}\big[P_{\mathrm{s}}(f+f_{\mathrm{c}}) + P_{\mathrm{s}}(f-f_{\mathrm{c}})\big] \tag{6-7}$$

根据基带信号的功率谱密度可得

$$
\begin{aligned}
P_{\mathrm{BPSK}}(f) = {}& f_{\mathrm{s}}P(1-P)\big[\,|\,G(f+f_{\mathrm{c}})\,|^{2} + |\,G(f-f_{\mathrm{c}})\,|^{2}\,\big] \\
& + \frac{1}{4}f_{\mathrm{s}}^{2}(1-2P)^{2}\,|\,G(0)\,|^{2}\big[\delta(f+f_{\mathrm{c}}) + \delta(f-f_{\mathrm{c}})\big]
\end{aligned} \tag{6-8}
$$

如果 "0" 与 "1" 出现的概率相等,功率谱可化简为

$$P_{\mathrm{BPSK}}(f) = \frac{T_{\mathrm{S}}}{4}\left[\left|\frac{\sin\pi(f+f_{\mathrm{c}})T_{\mathrm{S}}}{\pi(f+f_{\mathrm{c}})T_{\mathrm{S}}}\right|^{2} + \left|\frac{\sin\pi(f-f_{\mathrm{c}})T_{\mathrm{S}}}{\pi(f-f_{\mathrm{c}})T_{\mathrm{S}}}\right|^{2}\right] \tag{6-9}$$

此时功率谱密度不存在离散谱分量,且带宽为基带信号带宽的 2 倍。QPSK

信号功率谱表达式与BPSK完全相同,如式(6-9)所示,但此时T_s应该用$T=2T_s$替换。MPSK信号的功率谱密度如图6.3所示。从图中可以看出,QPSK的频谱更紧凑,比BPSK好一倍。但是两者的频谱旁瓣都很大。

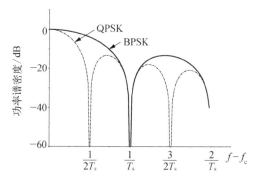

图6.3 MPSK信号的功率谱

2. 动态等离子体鞘套对MPSK信号的影响

第二章研究表明,当电磁波经过动态等离子体后,其电磁波幅相均发生了寄生调制现象。动态等离子体的变化特性传递到了经过等离子体后的电磁波上,以QPSK信号为例,经过动态等离子体后,QPSK信号的幅度和相位均发生了寄生调制。

$$s_I(t) = \sqrt{E_s} \cdot \exp(-\alpha(t) \cdot z) \cdot \cos\left[(i-1)\frac{\pi}{2} - \beta(t) \cdot z\right] \cdot \phi_1(t)$$

$$i = 1, 2, \cdots, m$$

$$s_Q(t) = \sqrt{E_s} \cdot \exp(-\alpha(t) \cdot z) \cdot \cos\left[(i-1)\frac{\pi}{2} - \beta(t) \cdot z\right] \cdot \phi_2(t)$$

$$(6-10)$$

其中,$s_I(t)$和$s_Q(t)$表示信号的I、Q分量;$\alpha(t)$和$\beta(t)$表示动态等离子引起的幅度和相位上的抖动。QPSK信号是恒包络信号,信息存在于其相位变化上,若等离子引起的幅度相位调制与码率处于同一量级,寄生调制干扰无法通过均衡、同步或自动增益控制等环节消除,干扰将传递到信号检测环节上去,此时信号不再是恒包络,幅度出现了起伏,而相位项引入了乘性干扰,可能会使星座点的距离减小,增加差错概率。

本文基于第四章动态等离子体鞘套信道模型,分别仿真了不同载频下的BPSK信号和QPSK信号在动态等离子体鞘套中的传播过程。动态等离子体的平均电子密度$\bar{n}_e$设为10^{18} m^{-3},$\Delta n_e(t)$按照频谱范围为20~100 kHz的粉红噪声变化,对应的电子密度变化范围为 $1.43 \times 10^{17} \sim 1.8 \times 10^{18}$ m^{-3}。对经过等离子体鞘套信道后的基带信号进行分析,图6.4和图6.5是不同载频的情况下,QPSK和BPSK信号的星座图。

图6.4是载频分别为10 GHz、12 GHz、17 GHz和35 GHz时经过动态等离子体鞘套信道模型的QPSK信号星座图。当载波频率逐渐减小(10 GHz或12 GHz),接近于等离子体频率,由于存在严重的相位抖动,其星座图出现了严重的旋转现象,并出现了交叠,星座点在交叠区域难以区分;当载波频率逐渐增加到35 GHz,远高于等离子体频率时,动态等离子体所引起的相位抖动对星座图的畸变影响并不严重,采用一般的判决方法即可成功将符号判断出来。

进一步对载波频率分别为10 GHz、12 GHz和17 GHz的BPSK信号进行仿真,结果如图6.5所示,可见频率越低,其星座图旋转越剧烈,且其旋转是有规则

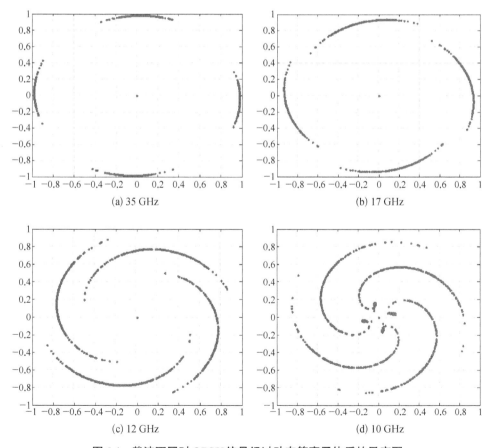

(a) 35 GHz (b) 17 GHz

(c) 12 GHz (d) 10 GHz

图6.4　载波不同时QPSK信号经过动态等离子体后的星座图

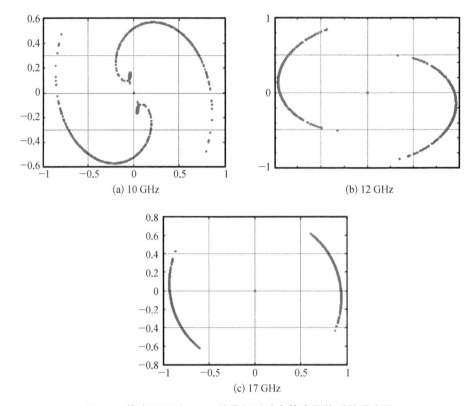

(a) 10 GHz　　　　(b) 12 GHz

(c) 17 GHz

图6.5　载波不同时BPSK信号经过动态等离子体后的星座图

可循的,其星座点的模值和角度的变化具有确定的规律。

　　动态等离子体所引起星座点的旋转与相位噪声引起的相位旋转不同,其旋转不仅有相位角上的旋转,而且幅度上也因为调制效应发生衰减。所以,其星座点的模(幅度)与相位角有对应关系,从公式(6-10)可推导出每一个星座点的坐标为

$$\sqrt{I^2 + Q^2} = \sqrt{E_s} \cdot \exp[-\alpha(t) \cdot z] \tag{6-11}$$

$$\frac{I}{Q} = \tan\left[(i-1)\frac{\pi}{2} - \beta(t) \cdot z\right] \tag{6-12}$$

　　式(6-11)表示星座点的模,式(6-12)表示星座点的相位角。可以看到,星座点的模和相位角变化分别由动态等离子体的衰减系数$\alpha(t)$和相移系数$\beta(t)$及均匀等离子的长度决定。若等离子体非均匀,则由动态等离子体的衰减系数

和相移系数在电磁波传输方向上的线积分决定。

　　从以上分析可知,提高入射波频率可以减小动态等离子引起的调制效应,降低星座点的旋转。但是,由图6.4可知,即使等离子体频率远高于等离子频率,达到Ka频段时,其相位调制度仍会达到20°左右,最大的相位差可达40°左右,这对于调相信号的判决,尤其是QPSK信号来说,将产生非常大的干扰。

　　本文对动态等离子体对QPSK信号的判决影响进行了仿真。假设QPSK信号码速为2 Mbit/s,载波频率分别为12 GHz和35 GHz。将QPSK信号射入动态等离子体,等离子参数不变。假设载波成功被捕获,下变频后,得到了信号的星座图,如图6.6所示。

　　当载波频率为12 GHz时,接近于等离子体频率时,动态等离子体所引起的相位变化对星座图的畸变影响非常严重,由于存在严重的相位抖动,其星座图出现了严重的旋转现象,如图6.6(a)所示。当载波频率为35 GHz,远高于等离子体频率时,动态等离子体所引起的相位抖动对星座图的畸变影响并不严重,此时,采用一般的判决方法即可成功地将符号判断出来,如图6.6(b)所示。采用相干解调,计算无动态等离子体和有动态等离子体,载波为12 GHz和35 GHz时的误码率随信噪比的变化曲线,如图6.7所示。

　　从图6.7中可知,在同等信噪比的情况下,载波频率为35 GHz时的误码率比载波频率12 GHz时低许多。即使信噪比达到30 dB的情况下,采用一般的判决方法,也不可能对符号成功判决,误码率高。

　　一般再入过程的等离子体鞘套电子密度为$10^{16} \sim 10^{18}$ m^{-3},其对应的截止频率为$0.898 \sim 8.98$ GHz,若采用C、X波段的通信信号,则即使载波频率大于截止

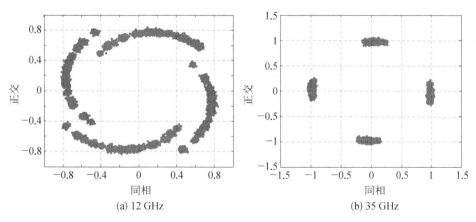

(a) 12 GHz　　　　　　　　　　　　(b) 35 GHz

图6.6　SNR=30 dB时,12 GHz、35 GHz载波QPSK信号经过动态等离子体鞘套后的星座图

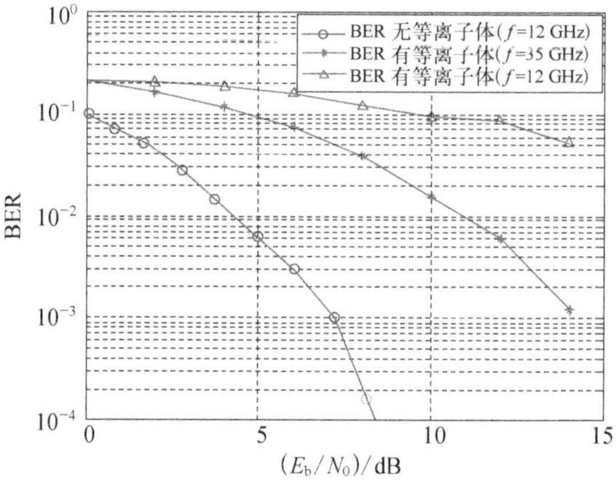

图6.7 QPSK信号误码率曲线

频率,但ω/ω_p接近1,等离子时变特性所引起的调制效应最为严重,仍会造成通信中断,而采用Ka波段的通信信号,这种调制效应将会大大削弱,但也无法彻底消除。对于调相信号来说,仍存在非常大的干扰。

6.1.2 动态等离子体鞘套对FSK信号的影响

1. FSK调制体制信号模型与信号特性

2FSK信号也是测控通信中常用的信号形式之一,其调制是正弦载波的频率随二进制基带信号在f_1和f_2两个频率点间变化。二进制移频键控信号可以看成是两个不同载波的二进制振幅键控信号的叠加。

若二进制基带信号的1符号对应于载波频率f_1,0符号对应于载波频率f_2,则二进制移频信号的时域表达式为

$$s_{2FSK}(t) = \Big[\sum_n a_n g(t - nT_s) \Big] \cos(w_1 t + \varphi_n) + \Big[\sum_n b_n g(t - nT_s) \Big] \cos(w_2 t + \theta_n)$$

$$(6-13)$$

其中,

$$a_n = \begin{cases} 0, & \text{发送概率为} P \\ 1, & \text{发送概率为} 1 - P \end{cases} \tag{6-14}$$

$$b_n = \begin{cases} 0, & \text{发送概率为} 1 - P \\ 1, & \text{发送概率为} P \end{cases} \tag{6-15}$$

可以看出，b_n 是 a_n 的反码，即若 $a_n=1$，则 $b_n=0$；若 $a_n=0$，则 $b_n=1$，于是 $b_n=\overline{a_n}$。φ_n 和 θ_n 分别代表第 n 个信号码元的初始相位。在二进制移频键控信号中，φ_n 和 θ_n 不携带信息，通常可令 φ_n 和 θ_n 为零。因此，二进制移频键控信号的时域表达式可简化为

$$s_{2FSK}(t) = \left[\sum_n a_n g(t-nT_s)\right]\cos w_1 t + \left[\sum_n \overline{a_n} g(t-nT_s)\right]\cos w_2 t \quad (6-16)$$

二进制移频键控信号的产生，可以采用模拟调频电路来实现，也可以采用数字键控的方法来实现。图 6.8 为 2FSK 调制体制的原理图，图中两个振荡器的输出载波受输入的二进制基带信号控制，在一个码元 T_s 期间输出 f_1 或 f_2 两个载波之一。

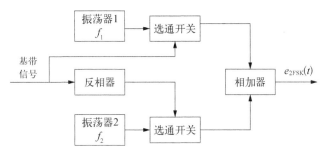

图6.8　2FSK调制体制的原理图

2. 动态等离子体鞘套对 FSK 信号的影响

经过动态等离子体后，2FSK 信号可以写成

$$s_{2FSK}(t) = \left[\sum_n a_n g(t-nT_s)\right]\exp[-\alpha(t)\cdot z]\cos[\omega_1 t - \beta(t)\cdot z]$$

$$+ \left[\sum_n \overline{a_n} g(t-nT_s)\right]\exp[-\alpha(t)\cdot z]\cos[\omega_2 t - \beta(t)\cdot z]$$

$$(6-17)$$

幅度和相位均发生了寄生调制，两个频点都随着等离子的变化发生了飘移，但主频点仍不变。本文基于第四章动态等离子体鞘套信道模型，仿真了载频为 12 GHz 的 2FSK 信号经过动态等离子体鞘套前后的频谱图，如图 6.9 所示。动态等离子体的平均电子密度 $\bar{n}_e$ 设为 10^{18} m^{-3}，$\Delta n_e(t)$ 按照频谱范围为 20～100 kHz 的粉红噪声变化，对应的电子密度变化范围为 1.43×10^{17}～1.8×10^{18} m^{-3}。由图可见，2FSK 信号频率间隔为 20 kHz。从图

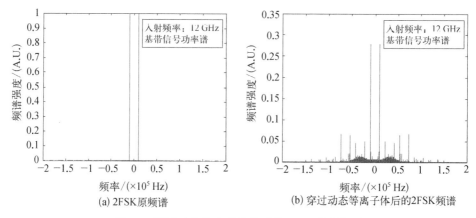

图6.9 经过动态等离子体前后的 2FSK 信号频谱

中可以看出，两主频幅度降低，等离子体的抖动频谱被叠加到了信号功率谱上，有可能引起检测误判决。

事实上，代表信号"0"的频点 ω_1 与代表信号"1"的频点 ω_2 两者的间距基本保持不变，两个频点的变化基本保持同步。由前文分析可知，2FSK 信号的抗误码特性主要受两个频点间距影响，即频率间距越大，抗误码特性越好。所以，本文分别仿真了在相同载频下，不同频率间距情况下的 2FSK 信号经过等离子体后的检测判决结果，结果如表 6.1 所示。

表6.1 载波频率12 GHz，码速为10 kbps时，2FSK测控信号动态等离子体中传输仿真结果
（电子密度变化范围：$1.43 \times 10^{17} \sim 1.8 \times 10^{18}$ m^{-3}；抖动频率范围：$20 \sim 100$ kHz）

2FSK 频率间隔	频率误差（注：偏离标准频点的误差平均值）	误 码 率
10 kHz	565 Hz	1.73×10^{-2}
20 kHz	411 Hz	1.32×10^{-2}
100 kHz	535 Hz	2.2×10^{-4}
1 MHz	623 Hz	1.7×10^{-4}

从表 6.1 中所示可以看出，相同载频情况下，其动态等离子体引起的频率误差基本一致。但是，随着频率间隔的上升，检测误码率越来越小，当频率间隔大于动态等离子体的最大抖动频率时，其误码率显著下降。并且对比 BPSK 信号的误码率可知，相同载波频率（12 GHz）下，只要频率间隔足够大，动态等离子体鞘套引起的寄生调制效应对 2FSK 信号的影响远小于对 MPSK 信号的影响，所以调频信号的抗动态等离子体特性要好于调频信号。

6.1.3　动态等离子体鞘套对 **Multi-h CPM** 信号的影响

1. Multi-h CPM 调制体制信号模型

在带宽受限的条件下, Multi-h CPM 比其他的调制方式有更好的传输性能。根据记忆长度的不同, Multi-h CPM 可以分为部分响应调制和全响应调制, 由于部分响应调制的频谱利用率比全响应调制要高, 因此, 部分响应的 Multi-h CPM 在卫星通信和靶场遥测领域应用广泛, 其中包括美军的宽带全球卫星通信的 AISR 终端及先进靶场遥测计划组织规定的 ARTM Tier Ⅱ 信号[5-8]。

Multi-h CPM 信号本质上是一种调频体制, 其波形通常表示为如下形式:

$$s(t) = \sqrt{\frac{2E_b}{T}} \cos(w_c t + \phi(t, \alpha) + \phi_0) \qquad (6-18)$$

其中, E_b 为信号码元能量; T 为码元间隔宽度; w_c 为载波的角频率; ϕ_0 为载波初相位; $\phi(t, \alpha)$ 为代表调制信号信息的时变相位, 其表达式为

$$\varphi(t, \alpha) = 2\pi \sum_{k=-\infty}^{n} h_k \alpha_k q(t - kT), \ nT \leqslant t \leqslant (n+1)T \qquad (6-19)$$

其中, h_k 为调制指数, 若干个调制指数 $[h_1, h_2, \cdots, h_k]$ 以 k 为周期循环变化, 在每个码元周期内保持不变; α_k 为 M 进制的码元序列, $\alpha_k \in \{\pm 1, \cdots, \pm M-1\}$; n 为整数。相位响应脉冲为

$$q(t) = \int_0^t f(\tau) \mathrm{d}\tau \qquad (6-20)$$

频率响应脉冲 $f(t)$ 在时间间隔 $(0, LT)$ 内受限, 即

$$f(t) = f(LT - t), \ \int_0^{LT} f(\tau) \mathrm{d}\tau = q(LT) = \frac{1}{2} \qquad (6-21)$$

虽然频率响应函数 $f(t)$ 是不连续的, 但对它的积分 $q(t)$ 却是连续的, 因此 $q(t)$ 的连续性也决定了调制信号的相位 $\phi(t, \alpha)$ 的连续性。频率响应函数 $f(t)$ 仅在有限时间段 $[0, LT]$ 内具有非零的函数值, 根据 L 的取值的不同, 有下列情形:

① 如果 $L=1$, $g(t)$ 在区间 $[0, T]$ 内具有非零的函数值, 则 CPM 调制信号称为全响应 CPM 信号;

② 如果 $L > 1$, $g(t)$ 在区间 $[0, LT]$ 内具有非零的函数值, 则 CPM 调制信号

称为部分响应CPM信号。

频率响应函数$f(t)$有两种常用的脉冲形状：即矩形脉冲REC和升余弦脉冲RC,其表达式分别为

$$REC: f(t) = \begin{cases} \dfrac{1}{2LT}, & 0 \leqslant t \leqslant LT \\ 0, & 其他 \end{cases} \qquad (6-22)$$

$$RC: f(t) = \begin{cases} \dfrac{1}{2LT}\left(1 - \cos\dfrac{2\pi t}{LT}\right), & 0 \leqslant t \leqslant LT \\ 0, & 其他 \end{cases} \qquad (6-23)$$

将式(6-22)和式(6-23)代入到式(6-20)中,计算出的相位响应脉冲$q(t)$均为

$$q(t) = \begin{cases} 0, & t < 0 \\ \displaystyle\int_0^1 f(t)\,\mathrm{d}t, & 0 \leqslant t \leqslant LT \\ \dfrac{1}{2}, & t > LT \end{cases} \qquad (6-24)$$

2. Multi-h CPM调制体制信号特性

由理论分析可知,Multi-h CPM信号的功率谱特性取决于调制指数、关联长度、进制数成形脉冲等参数,当这些参数变化时,信号带宽也会随之变化。本文选择先进靶场遥测计划组织规定的ARTM CPM调制体制进行分析。其调制参数如下。

调制指数: 4/16,5/16。

符号集ai的进制数M: 4,$(-3,-1,1,3)$。

成型脉冲类型:升余弦脉冲。

成型脉冲关联长度L: 3。

图6.10是BPSK、OQPSK、SOQPSK-MIL、SOQPSK-TG与ARTM-CPM等多种调制体制的频谱图,其中,ARTM-CPM具有最好的频谱特性,相对于BPSK等信号,基本没有旁瓣。IRIG-106同时给出了几种接收信号带宽的计算方法,常用的方法有99%能量带宽测量法和-25 dBm带宽测量法。顾名思义,99%能量带宽包含了

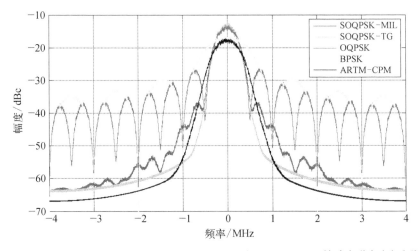

图6.10 BPSK、OQPSK、SOQPSK-TG、SOQPSK-MIL和ARTM-CPM的功率谱密度（后附彩图）

信号99%的能量。表6.2给出了不同调制体制的归一化99%能量带宽，从表中可以看出，相比于码元速率，无论如何选取参数，PCM/FM的带宽总是大于比特率，而ARTM-CPM、FQPSK-JR和SOQPSK-TG的带宽均小于比特率，尤其是ARTM-CPM具有更高的频谱利用率。

表6.2 10 Mb/s 码率下IRIG-106调制体制的99%能量带宽[9]

调制体制	99% 能量带宽
NRZ PCM/FM, 成型滤波器BW=0.7R, Δf=0.35R	1.16R
NRZ PCM/FM, 无成型滤波器, Δf=0.25R	1.18R
NRZ PCM/FM, 无成型滤波器, Δf=0.35R	1.78R
NRZ PCM/FM, 无成型滤波器, Δf=0.40R	1.93R
NRZ PCM/FM, 成型滤波器BW=0.7R, Δf=0.40R	1.57R
最小相移键控(MSK), 无滤波器	1.18R
FQPSK-B, FQPSK-JR、SOQPSK-TG	0.78R
ARTM-CPM	0.56R

Multi-h CPM的解调检测算法可以分为相干检测和非相干检测算法。早期对CPM接收机的研究都是在假定同步已经建立（即接收机精确地知道载波相位和符号定时），信道为加性高斯白噪声的前提下进行的。相干接收机对同步有很高的要求，而非相干接收机则仅需要知道符号定时，完全不需要知道载波相位。在实际应用中，CPM 相干接收机对载波同步的要求较高，而锁相环的一些缺点

如假锁、失锁、相位抖动等使得载波恢复非常困难,因而非相干接收机凭借其简单廉价的优势获得了广泛的应用。由于信道固有的非线性特性,CPM 的相干检测和非相干检测普遍采用最大似然序列检测(MLSD),由于本身的解调算法过于复杂,在计算上采用 Viterbi 算法进行简化[10]。

3. 动态等离子体鞘套对 Multi-h CPM 信号的影响

经过动态等离子体鞘套后,Multi-h CPM 信号可以表示为[11,12]

$$s(t) = \sqrt{\frac{2E_b}{T}} \cdot \exp[-\alpha(t) \cdot z] \cos[w_c t + \phi(t, \alpha) + \phi_0 - \beta(t) \cdot z]$$

$$(6-25)$$

动态等离子的时变特性被调制进信号的幅相上,由于 CPM 信号是恒包络信号,对幅度包络的起伏变化不敏感。但是连续相位调制对相位的变化非常敏感,相位项引入了寄生调制相,对信号的影响很大,直接导致其相位不再连续变化,相位网格树完全混乱,呈现跳变的过程,无法正常解调。

表6.3是采用两种减复杂度算法和最佳相干解调算法对经过动态等离子体鞘套信道的 Multi-h CPM 信号进行解调的结果。动态等离子的平均电子密度为 12×10^{17} m^{-3},电子密度变化范围为 $1.43 \times 10^{17} \sim 1.8 \times 10^{18}$ m^{-3},抖动频率范围为 $20 \sim 100$ kHz,设定载波频率为 12 GHz、17 GHz、35 GHz,此时载波频率比平均等离子频率(8.98 GHz)高很多,但是其误码率仍非常高,说明其对动态等离子体鞘套引起的随机相位调制非常敏感,难以正确解调。

表6.3 ARTM CPM 信号动态等离子体中传输误码率仿真结果
(电子密度变化范围: $1.43 \times 10^{17} \sim 1.8 \times 10^{18}$ m^{-3};抖动频率范围: $20 \sim 100$ kHz)

载波频率	MLSD	脉冲截断	Laurent 分解
12 GHz	0.52	0.48	0.56
17 GHz	0.41	0.47	0.45
35 GHz	0.12	0.21	0.19

本节针对飞行器测控通信系统,在第三章的基础上,通过理论与仿真分析研究了动态等离子体鞘套信道对现有的 MPSK 信号和 2FSK 信号的影响机理。即使载波频率高于等离子体截止频率,由于动态等离子体引起的幅相调制效应,造成 MPSK 信号星座图中星座点的严重旋转,解调检测时的阈值减少。旋转程度与载波频率成反比,并且星座图的旋转图形与等离子体的变化

形式无关,只要载波频率、等离子体变化范围确定,星座图的形状也确定了。在此基础上,对经过动态等离子体鞘套信道后的 BPSK、QPSK 信号进行解调计算。当载波频率为 12 GHz 时,星座点发生了混叠,误码特性恶化非常严重,即使信噪比达到 30 dB 时,其误码率仍非常高;当载波频率为 35 GHz 时,星座图旋转并不明显,可以正常判决,但是抗误码特性仍有较大损失。QPSK 信号相比 BPSK 信号,其判决阈度为 BPSK 信号的一半,同样条件下,QPSK 抗误码特性更差。

动态等离子体鞘套同样会引起 2FSK 幅相上的随机抖动。但是,随着频率间隔的上升,检测阈值越高,误码率就越小,并且当频率间隔大于动态等离子体的最大抖动频率时,其误码率显著下降。所以,2FSK 可以很好地对抗等离子体鞘套引起寄生调制影响。

本节同时对 Multi-h CPM 测控新体制展开了研究,并且分析仿真了动态等离子体鞘套对其的影响。Multi-h CPM 具有频谱利用率高,抗噪特性好等优势,是未来将要采用的测控通信体制,但是其解调复杂度非常高,本文采用基于脉冲截断和基于 Laurent 分解的两种检测算法应用于 Multi-h CPM 的解调,在抗误码性能损失很小的代价下,大幅度降低了解调复杂度。通过仿真发现动态等离子体鞘套引起的随机相位调制非常敏感,难以正确解调。

为了验证本节的仿真结果,本章下一节将研究动态等离子体的产生方法,进行 MPSK、2FSK 及 Multi-h CPM 信号在动态等离子体中的传输实验,实验研究其传输特性,与仿真结果相互对比。

6.2　动态等离子体鞘套中通信信号传输实验

上一节仿真了多种测控通信信号在动态等离子体鞘套中的传输过程,并分析了动态等离子体对测控通信信号的影响。本节将在此基础上进行动态等离子体中测控通信信号的传输实验研究。本节的研究重点在于实现多种测控通信信号的调制解调。本章将基于 USRP2 软件无线电平台,实现 L、S、C 波段的 MPSK、MFSK 与 Multi-h CPM 等测控体制的产生与解调。本节利用任意规律的动态等离子体装置,模拟动态等离子体环境。利用 USRP2 软件无线电平台产生多种调制体制的测控通信信号,进行动态等离子体中测控通信信号传输实验[13-16]。实验分析动态等离子体对通信信号传输的影响,并与仿真结果相对比,给出解决因动态等离子体带来通信质量恶化问题的建议。

6.2.1 实验原理与实验方法

利用动态等离子体产生装置,建立了一套测控通信信号传输实验系统,实验系统如图6.11所示。实验中使用两对天线分别放置于等离子发生腔体两端,让电磁波穿透放电腔体内部等离子体。一对X波段天线用于等离子体诊断;另一对为信号天线,是一对标准增益喇叭天线,其频带宽度为2.17~3.3 GHz,VSWR小于1.2,中心频点处增益为15 dB,其主瓣波束宽度为55°,主瓣尺寸小于透波窗口尺寸,发射天线距离窗口35 cm。接收天线固定于屏蔽腔体内,距离窗口约15 cm。在接收端,将接收天线置于屏蔽舱之内,屏蔽层内层贴上铁氧体屏蔽材料,以降低反射、散射和绕射电磁波对测量的干扰,使接收天线只接受来自发射天线的发射,经过等离子体后到达的直射路径信号。

采用USRP2作为测控通信信号的产生发射与接收模块,搭建通信信号传输系统,分析动态等离子体对实际测控通信信号的影响。接收端同时采用高速示波器对经过动态等离子体的测控通信信号进行分析。高速示波器型号为Tek OSA73304D,带宽为20 GHz。实验现场如图6.12所示。

本实验采用USRP2软件无线电平台,配合WBX和RFX2400射频子板,其频率范围分别为50 MHz~2.2 GHz和2.3~2.9 GHz,发射功率为50 MW(17 dBm)。

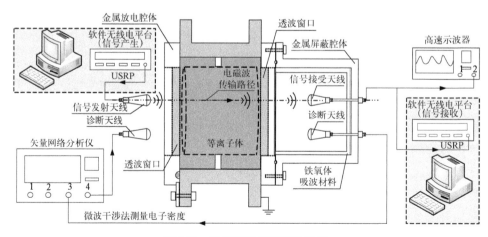

图6.11　通信信号传输实验系统

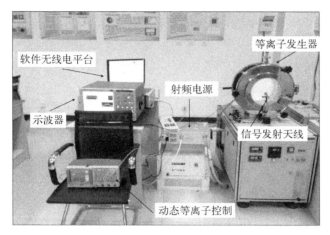

图6.12　测控信号传输特性实验现场

子板尽可能将频率调至目标频率。子板频率设定以后,数字下变频(digital down converter, DDC)或数字上变频(digital up converter, DUC)会补偿其频率误差。对于射频子板需要注意的是,最终调谐频率与目标频率之间存在4 MHz的误差。

基带信号的调制、解调、脉冲成形、载波同步、码元同步等基带信号处理步骤都在计算机上通过GNU Radio完成,经过USRP2上变频后,产生实际通信信号,由天线发射,经过等离子后,信号被接收天线接收,下变频后,由USRP2输入进计算机,进行数据分析与解调、解码等工作,实时的对传输数据进行记录分析。处理过程如图6.13所示。

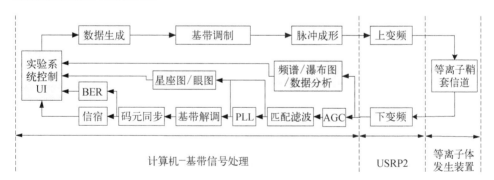

图6.13　信号传输过程与处理框图

本章将在此软件无线电平台上完成MPSK、FSK、SOQPSK及Multi-h CPM等测控调制解调体制,用于动态等离子体中测控通信信号传输实验的信号源。接收端同时采用示波器(Tek OSA73304D)进行矢量信号分析,实时观测测控通信信号的星座图、频谱等信息。

6.2.2 MPSK/FSK/Multi-h CPM信号实验

1. MPSK信号在动态等离子体中的传输实验结果分析

本章首先利用USRP2软件无线电平台和动态等离子体发生装置,进行了BPSK信号的传输实验。软件无线电平台产生载波为2.4 GHz,码率为100 kbps的BPSK信号。设定放电气压为10 Pa,通过调节输入功率使平均电子密度分别为3.0×10^{16} m^{-3}、4.5×10^{16} m^{-3}和5.6×10^{16} m^{-3},对应的截止频率为1.55 GHz、1.91 GHz和2.12 GHz,均低于载波频率。设置调制包络源为$20 \sim 100$ kHz粉红噪声信号,方差设为0.1。

对经过动态等离子体后的BPSK信号星座图进行了测量,如图6.14所示,可以看出,即使载波频率大于等离子体频率,但随着电子密度的增加,其入射波频率与等离子频率越来越相近,寄生调制效应更明显,星座点旋转更加剧烈,星座点间距离减小,造成信号检测判决阈度的降低,按照传统测控接收机检测方法仍然无法完成可靠通信。对于实际接收机来说,由于存在自动

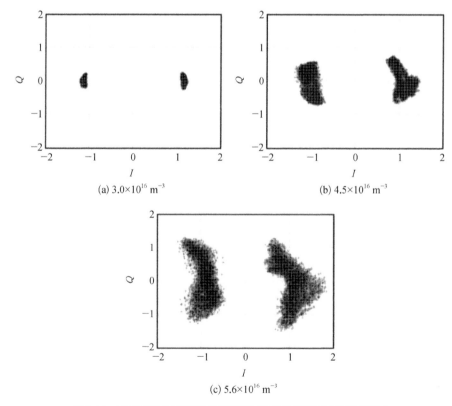

(a) 3.0×10^{16} m^{-3}　　　　　(b) 4.5×10^{16} m^{-3}

(c) 5.6×10^{16} m^{-3}

图6.14　BPSK信号经过动态等离子体后的星座图(实验结果)

增益控制（AGC）环节和相位同步环节的作用，信号的平均幅度基本恒定，初相基本为零。从图6.14中可以看出，星座点的中心基本处于（−1,0）和（1,0）点上[17]。

与此同时，本章在相同的等离子条件及BPSK信号条件下，仿真分析了BPSK信号在动态等离子体产生装置中的传播过程，并与实验结果进行对比。按照等效波阻抗法计算垂直入射的电磁波信号在等离子中传播，设定仿真模型的等离子体电子密度与实验一样，等离子长度d=18 cm，信噪比为30 dB。对BPSK信号的传输过程进行仿真，结果如图6.15所示，从仿真结果上可看出，相同的等离子体起伏强度及载波频率下，等离子频率越大，相位旋转越强烈，仿真结果与实验结果基本一致。实验结果和仿真结果均表现出电子密度越大，其加性随机噪声也增大的趋势。这是因为等离子体密度增大后，信号衰减变大，AGC放大信号幅度的同时，也将噪声放大，进而使信噪比降低。

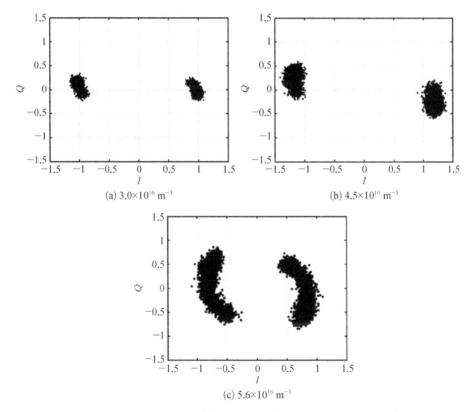

(a) 3.0×10¹⁶ m⁻³　　(b) 4.5×10¹⁶ m⁻³

(c) 5.6×10¹⁶ m⁻³

图6.15　BPSK信号经过动态等离子体后的星座图（仿真结果）

同时,本章对BPSK信号的眼图进行测量分析。眼图是衡量通信系统性能的一种直观图形,从眼图中可以观察出码间串扰和噪声的影响,从而估计系统的优劣。图6.16分别是电子密度分别为0、3.0×10^{16} m^{-3}、4.5×10^{16} m^{-3}和5.6×10^{16} m^{-3}时的眼图。表6.4对比了不同电子密度下的眼图参数。可知,随着等离子密度的增加,等离子密度越来越接近等离子体频率,等离子体引起的衰减越来越大,导致眼图的整体幅度越来越小,而随着寄生调制效应的增强,噪声越来越大,"眼睛"张开的眼宽越来越小,而线迹的宽度却越来越大。这就意味着码间串扰越大,造成误码率增加,严重时可能导致通信失败。

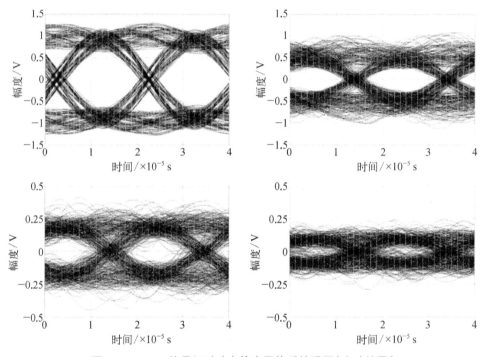

图6.16　BPSK信号经过动态等离子体后的眼图(实验结果)

表6.4　眼图参数与误码率对比

电子密度/10^{16} m^{-3}	眼高/μs	眼宽/V	眼幅度/V	眼交叉比	误码率
0	26.7	0.965	1.73	49.8	1.7×10^{-4}
3.0	24.1	0.189	1.02	50.2	0.32×10^{-2}
4.5	12.4	0.058 9	0.387	50	1.2×10^{-2}
5.6	2.2	0.020 9	0.217	50.2	0.27

通过实验表明：即使载波频率大于等离子频率，由于动态等离子体引起的寄生幅度相位调制效应影响，信号星座点间距离减小，信号检测判决阈度降低，眼图模糊，码间串扰增加，造成误码率的增加，通信可靠性下降。

由此可见，等离子体鞘套对电磁波传播的影响非常复杂，解决"黑障"问题是一项系统工程，仅仅通过提高电磁波频率、电磁二维窗等物理手段，增加电磁波的透射率，并不能完全解决等离子体鞘套带来的通信质量下降的问题。提高载波频率与等离子截止频率之比，可以在一定程度上缓解动态等离子引起的寄生调制，但是并不能完全消除。针对寄生调制效应的影响，应采用物理手段与信号处理方法相结合的应对方法。动态等离子引起的调制效应在一定程度上，与相位噪声引起的干扰是类似的，都会造成信号星座图的旋转。调制效应与等离子体的参数密切相关，可以通过对等离子体电子密度以及其动态变化的测量，推算出调制效应引起的信号畸变的规律，为信号处理提供先验知识，消除调制效应对信号传输的干扰，从而提高通信的可靠性。

扩频技术由于采用了伪随机编码作为扩频调制的基本信号，使它具有抗干扰能力强、发射功率谱低、不易被发现、截获概率低、码分多址通信能力良好的优点。在测控中，应用伪随机编码测距，可大大提高测距精度和准确度。一定长度扩频码可以用来鉴别多径信号。适当的选择信号形式，还可以使系统同时具有通信及遥测、遥控、测距、测速功能。

在现有的伪码扩频测控系统中，各种信号不再用不同的副载频来区分，而是采用包式数传或时分多路，即上下行遥控、测控、遥测、数传数据等按一定格式分别统一打包再封装成帧，然后统一进行伪码扩频后再对载波进行调制，并送入信道进行传输。所以在这种系统中，无论是遥测、遥控还是通信数据，在传输信号中，都是以同样的传输数据形式出现，每一种信号完全依赖帧格式区分。

综上所述，扩频测控就是将遥测、遥控和通信等各类信息按照统一的数据帧格式扩频（与PN码模2加）以后，以载波调制（PSK）形成传输信号，其中用来扩频的PN码同时可用于测距。

现有主要的扩频系统有直序扩频（DS-SS）和调频扩频（FH-SS），调频扩频系统经常与FSK系统结合，而测控体制中多采用直接序列扩频技术与PSK结合。本章设定载波频率分别为1 GHz、1.575 GHz，设定码速为1 Mbps，进行BPSK-DS信号在动态等离子体中的传输实验，结果如表6.5、表6.6所示。

表6.5　载波频率1 GHz的BPSK-DS(直扩BPSK)测控信号等离子体中传输实验结果

平均电子密度	电子密度抖动形式	电子密度峰值	解扩前EVM	解扩前误码率	解扩后误码率
—	—	—	2.027%	0	0
0.9×10^{16} m^{-3}	粉红噪声 20 ~ 100 kHz	$4.0 \times 10^{15} \sim 1.32 \times 10^{16}$ m^{-3}	48.34%	0.052	0
1.2×10^{16} m^{-3}	粉红噪声 20 ~ 100 kHz	$6.2 \times 10^{15} \sim 1.61 \times 10^{16}$ m^{-3}	68.94%	0.125	0

表6.6　载波频率1.575 GHz的BPSK-DS(直扩BPSK)测控信号等离子体中传输实验结果

平均电子密度	电子密度抖动形式	电子密度峰值	解扩前EVM	解扩前误码率	解扩后误码率
—	—	—	1.355%	0	0
0.9×10^{16} m^{-3}	粉红噪声 20 ~ 100 kHz	$4.0 \times 10^{15} \sim 1.32 \times 10^{16}$ m^{-3}	19.43%	0.019	0
1.2×10^{16} m^{-3}	粉红噪声 20 ~ 100 kHz	$6.2 \times 10^{15} \sim 1.61 \times 10^{16}$ m^{-3}	28.67%	0.080	0

从表中可以看出,同样载波频率情况下,电子密度越高,星座图EVM越大,解扩前误码率越高。同样电子密度情况下,载波频率越高,星座图EVM越低,解扩前误码率越低。然而,解扩后,误码率显著降低,本章统计了5×10^4码元,无论电子密度多大,误码率均为0。

本章通过实验模拟直扩QPSK信号在动态等离子体的传输过程,载波频率1.575 GHz,设定其码速为1 Mbps,在相同的等离子条件下进行了信号传输实验,其结果如表6.7所示。

表6.7　载波频率1.575 GHz的QPSK-DS(直扩QPSK)测控信号等离子体中传输实验结果

平均电子密度	电子密度抖动形式	电子密度峰值	解扩前EVM	解扩前误码率	解扩后误码率
—	—	—	4.355%	0	0
0.9×10^{16} m^{-3}	粉红噪声 20 ~ 100 kHz	$4.0 \times 10^{15} \sim 1.32 \times 10^{16}$ m^{-3}	31.94%	8.1×10^{-4}	0
1.2×10^{16} m^{-3}	粉红噪声 20 ~ 100 kHz	$6.2 \times 10^{15} \sim 1.61 \times 10^{16}$ m^{-3}	36.01%	3.8×10^{-3}	0

在相同等离子条件下,由于QPSK信号相对于BPSK信号判决阈度小一半,所以,等离子动态性造成的调制效应对QPSK信号影响更大,星座点更容易发生

交叠,使误码率增加,但是扩频技术依然能够有效地提高通信质量,降低误码率。

通过动态等离子体中测控通信信号的实验可以得出,调相信号受到动态性影响较为严重,即使在等离子体截止频率小于载波频率的情况下,也会有较大误码,但是扩频技术可以很好地提升测控体制的抗误码特性。

2. FSK 信号在动态等离子体中的传输实验结果分析

本章利用 USRP2 软件无线电平台和动态等离子体发生装置,进行了不同频率间隔下的载频分别为 1 GHz、1.575 GHz 的 2FSK 信号的传输实验。其实验结果如表 6.8～表 6.11 所示。表 6.8、表 6.9 是载波频率为 1.0 GHz,码速为 1 Mbps,频率间隔分别为 10 kHz 和 100 kHz 时的实验结果。

表 6.8　载波频率 1.0 GHz,频率间隔 10 kHz 的 2FSK 测控信号等离子体中传输实验结果

平均电子密度	电子密度抖动形式	电子密度峰值	频率误差	误码率
—	—	—	265 Hz	0
$0.9 \times 10^{16} \text{ m}^{-3}$	粉红噪声 20～100 kHz	$4.0 \times 10^{15} \sim 1.32 \times 10^{16} \text{ m}^{-3}$	771 Hz	0
$1.2 \times 10^{16} \text{ m}^{-3}$	粉红噪声 20～100 kHz	$6.2 \times 10^{15} \sim 1.61 \times 10^{16} \text{ m}^{-3}$	3 935 Hz	0.000 4

表 6.9　载波频率为 1.0 GHz,频率间隔 100 kHz 的 2FSK 测控信号等离子体中传输实验结果

平均电子密度	电子密度抖动形式	电子密度峰值	频率误差	误码率
—	—	—	296 Hz	0
$0.9 \times 10^{16} \text{ m}^{-3}$	粉红噪声 20～100 kHz	$4.0 \times 10^{15} \sim 1.32 \times 10^{16} \text{ m}^{-3}$	974 Hz	0
$1.2 \times 10^{16} \text{ m}^{-3}$	粉红噪声 20～100 kHz	$6.2 \times 10^{15} \sim 1.61 \times 10^{16} \text{ m}^{-3}$	3 499 Hz	0

表 6.10、表 6.11 是载波频率为 1.575 GHz、码速为 1 Mbps 时,频率间隔分别为 1 MHz 和 100 kHz 时的实验结果。对应的频谱图如图 6.17 和图 6.18 所示。

表 6.10　载波频率 1.575 GHz,频率间隔 1 MHz 的 2FSK 测控信号等离子体中传输实验结果

平均电子密度	电子密度抖动形式	电子密度峰值	频率误差	误码率
—	—	—	323 Hz	0
$0.9 \times 10^{16} \text{ m}^{-3}$	粉红噪声 20～100 kHz	$4.0 \times 10^{15} \sim 1.32 \times 10^{16} \text{ m}^{-3}$	654 Hz	0

（续表）

平均电子密度	电子密度抖动形式	电子密度峰值	频率误差	误码率
1.2×10^{16} m^{-3}	粉红噪声 20～100 kHz	$6.2 \times 10^{15} \sim 1.61 \times 10^{16}$ m^{-3}	5 195 Hz	0

表 6.11　波频率 1.575 GHz，频率间隔 100 kHz 的 2FSK 测控信号等离子体中传输实验结果

平均电子密度	电子密度抖动形式	电子密度峰值	频率误差	误码率
—	—	—	287 Hz	0
0.9×10^{16} m^{-3}	粉红噪声 20～100 kHz	$4.0 \times 10^{15} \sim 1.32 \times 10^{16}$ m^{-3}	719 Hz	0
1.2×10^{16} m^{-3}	粉红噪声 20～100 kHz	$6.2 \times 10^{15} \sim 1.61 \times 10^{16}$ m^{-3}	2186 Hz	0

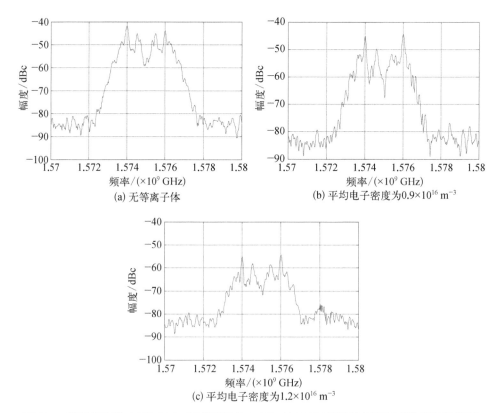

(a) 无等离子体　　(b) 平均电子密度为 0.9×10^{16} m^{-3}

(c) 平均电子密度为 1.2×10^{16} m^{-3}

图 6.17　载波频率为 1.575 GHz、频率间隔为 1 MHz 的 2FSK 测控信号经过等离子后的频谱

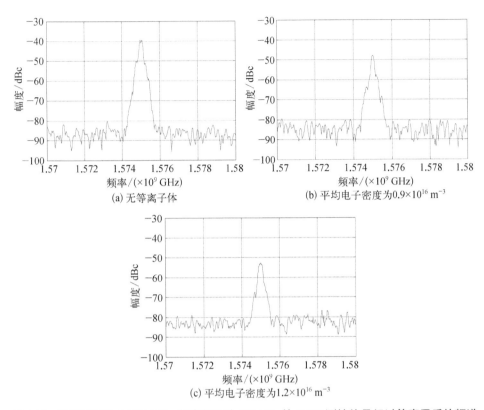

(a) 无等离子体

(b) 平均电子密度为0.9×10^{16} m^{-3}

(c) 平均电子密度为1.2×10^{16} m^{-3}

图6.18　载波频率为1.575 GHz、频率间隔为100 kHz的2FSK测控信号经过等离子后的频谱

　　从实验结果可以看出,2FSK信号相比QPSK信号来说,动态等离子引起的调制效应会导致2FSK信号频谱扩展,但是只要保证设定频差仍大于频谱扩展量,即频差足够大(设定大于等离子动态变化最大频率),2FSK就具有很好的抗干扰效果,受等离子体调制效应的影响很小,基本无误码(统计了5×10^4码元)。但是频率误差随着等离子密度的增加而变大,这与仿真结果并不相符。这是因为实验中所采用的码速大于频率间隔,"1"信号和"0"两个频带发生了混叠,所以当干扰较大时,其频率误差变大。但是仿真所选用的码速远小于频率间隔,基本无混叠,所以频率误差基本不变。但是频率误差较大的情况也并不影响2FSK信号的解调。所以,对于数字调频信号,只要频率间隔大于等离子的最大变化频率,就可以有效避免等离子动态性引起的干扰。

　　3. Multi-h CPM信号在动态等离子体中的传输实验结果分析

　　本章利用USRP2软件无线电平台和动态等离子体发生装置,进行了载频为1.575 GHz的ARTM CPM信号的传输实验,解调检测方法采用脉冲截断法。如

图6.19、图6.20和图6.21所示,分别是经过动态等离子体前后的相位网格。从图中可以看到,经过等离子后,其状态数已经完全混乱,无法进行正常地解调。而从其星座图6.22中可以看到,一旦加入动态等离子体,星座点之间无法区分。解调结果如表6.12所示。

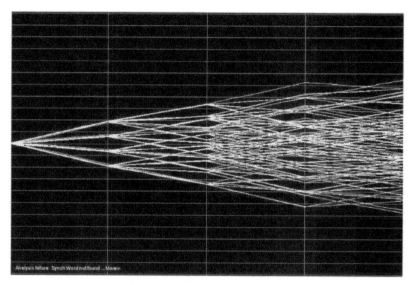

图6.19　无等离子体时,载波频率为 **1.575 GHz** 的 **ARTM CPM** 测控信号相位网格

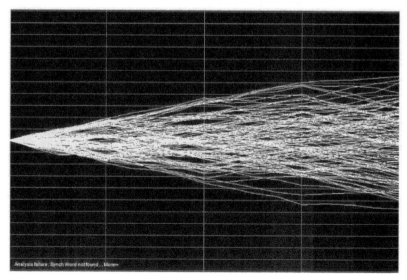

图6.20　有等离子体时,载波频率为 **1.575 GHz** 的 **ARTM CPM** 测控信号相位网格(平均电子密度为 0.9×10^{16} m^{-3})

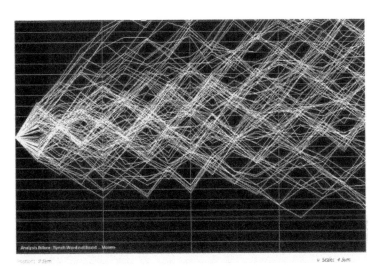

图6.21 有等离子体时，载波频率为 **1.575 GHz** 的 **ARTM CPM** 测控信号相位网格（平均电子密度为 $1.2 \times 10^{16}\ \mathrm{m}^{-3}$）

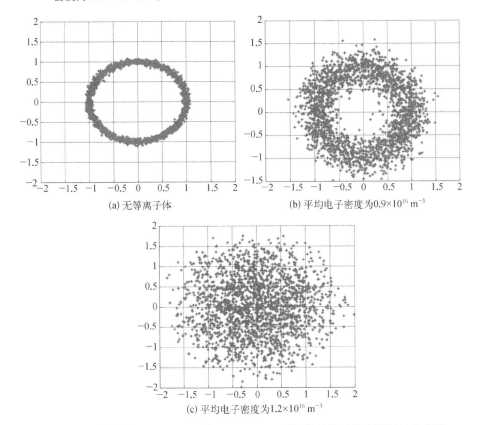

(a) 无等离子体

(b) 平均电子密度为$0.9\times10^{16}\ \mathrm{m}^{-3}$

(c) 平均电子密度为$1.2\times10^{16}\ \mathrm{m}^{-3}$

图6.22 载波频率为 **1.575 GHz** 的 **ARTM CPM** 测控信号经过等离子后的星座图

表6.12 载波频率35 GHz, ARTM CPM信号动态等离子体中传输误码率仿真结果
（电子密度变化范围: $4.0 \times 10^{15} \sim 1.32 \times 10^{16}$ m^{-3}; 抖动频率范围: $20 \sim 100$ kHz）

载波频率/GHz	MLSD	脉冲截断	Laurent 分解
12	0.52	0.48	0.56
17	0.41	0.47	0.45
35	0.12	0.21	0.19

实验和仿真结果均表明,连续相位调制对动态等离子体鞘套引起的幅相寄生调制非常敏感,存在动态等离子体的情况下性能迅速恶化。

实验验证了动态等离子体引起的幅相调制作用会造成MPSK信号的星座图旋转、眼图模糊等现象,并进行了不同等离子密度下、不同载波频率的MPSK信号传输实验,验证了调制程度与等离子体密度和载波频率之间的关系。与此同时,为MPSK信号加入了扩频解扩环节,有效提高了系统的抗误码性能,提高增益可以在一定程度上缓解深度衰落对信号传输的影响。对于2FSK信号实验来说,实验验证了提高2FSK信号的频率间隔,尤其是当频率间隔大于等离子体最大变化频率时,可以提高系统的抗误码特性。此外,将扩频系统与调频信号进行有效的结合,例如将跳频扩频(FHSS)与2FSK结合,是解决等离子动态性引起的寄生调制干扰的可能途径之一。

对于Multi-h CPM信号传输实验,实验和仿真均表明连续相位调制对动态等离子体鞘套引起的幅相寄生调制非常敏感,难以在存在动态等离子体的情况下正常工作。

综合仿真与实验结果,等离子体鞘套对通信信号传输的主要影响可以归结成两个方面:① 等离子体鞘套引起的强衰减作用会造成通信信号的信噪比严重降低,使得信号强度严重降低,信噪比迅速恶化,最严重的情况下,信号强度远低于接受门限,完全失去通信能力;② 等离子体鞘套的动态特征会引起乘性噪声,区别于高斯信道的加性噪声影响,这种效应会引起幅相寄生调制效应,严重影响通信系统的正确解调对通信系统提出了新的要求。所以,对通信技术的改进需要从这两个方面入手。

6.3 基于驻波检测的等离子体鞘套下自适应通信技术

为了提高通信信号的信噪比,从编码增益角度,以牺牲信息速率换取信噪比的提高,但是在飞行全程,始终以低码速率进行通信性价比非常低。本节提出一种基于驻波检测的等离子体鞘套下自适应通信技术,实时监测信道环境变化,根据信道环境实时改变通信码速率,达到兼顾信息速率和信息传输可靠的目的。

6.3.1　等离子体鞘套下自适应码率通信技术

等离子体是一种色散有耗介质,如果天线近场覆盖这样一种介质,就会对天线造成两方面的影响:① 大量的电波能量会被等离子体鞘套反射,被天线吸收的后向散射会造成回波损耗;② 出现在天线近场的等离子体鞘套将会引起天线近场介电常数的改变,进而引起天线阻抗失配。这两方面的影响都会造成天线驻波比的变化,最终造成天线方向图的变化[18,19]。

1. 基于驻波检测的信道状态感知

以 S 波段 2.3 GHz 微带全向天线为例,仿真分析等离子体鞘套对天线驻波比的影响,图 6.23 为天线结构和仿真模型。因为在传播方向上天线窗口的大小小于等离子体的不均匀度,所以在仿真模型中,等离子鞘被简化为多层。在天线与等离子体之间加入一个厚度为 4 cm、相对介电系常数为 3 的耐热材料。

等离子体鞘套分布参考"RAM-C"项目的再入等离子体分布数据,选择71 km、61 km、53 km、47 km 和 25 km 这 5 个典型的海拔高度。在每个海拔高度等离子体密度分布垂直于飞行器,其分布规律由阶跃函数离散成 100 层,具体的分布见图 6.24(a)。根据公式 $v=3 \times 10^8 \times \rho T/\rho_0$,可得该点处的等离子碰撞频率,其中 T 为热力学温度,ρ 和 ρ_0 分别是相应海拔高度和地面的大气密度。每个高度的碰撞频率为 5 MHz、22 MHz、79 MHz、0.6 GHz 和 6.2 GHz。仿真结果如图

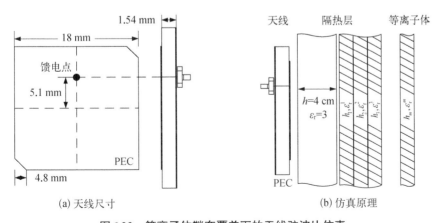

(a) 天线尺寸　　　　　　　　　　(b) 仿真原理

图 6.23　等离子体鞘套覆盖下的天线驻波比仿真

6.24（b）～（f）所示。天线回波损耗受到两个因素影响：① 由于返回的后向散射波的影响，返回损耗比原始弯曲高得多；② 天线的中心频率偏离预期的频率。正频率偏移出现相对介电常数 $\varepsilon_r < 1$ 的海拔为 76 km，负偏移出现相对介电常数 $\varepsilon_r < 0$ 的海拔低于 54 km。窄带天线中心频率偏移和返回的后向散射都影响电压驻波比，其中影响宽带天线电压驻波比的主要因素是反向散射效应。

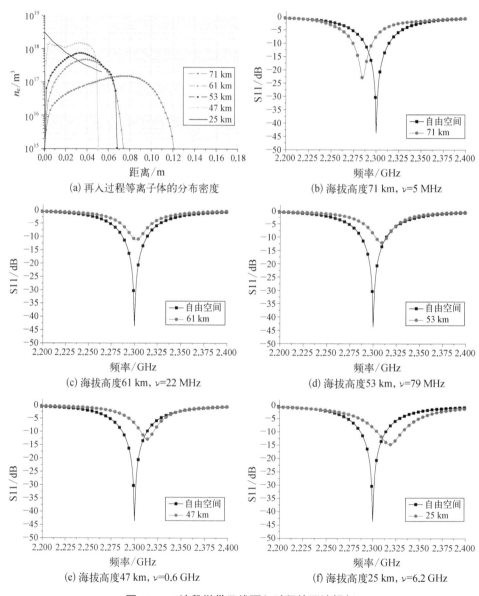

(a) 再入过程等离子体的分布密度

(b) 海拔高度71 km, ν=5 MHz

(c) 海拔高度61 km, ν=22 MHz

(d) 海拔高度53 km, ν=79 MHz

(e) 海拔高度47 km, ν=0.6 GHz

(f) 海拔高度25 km, ν=6.2 GHz

图6.24　S波段微带天线再入过程的回波损耗

2. 自适应码率控制技术

基于上述的理论和仿真结果，提出一种自适应再入遥测通信系统，图6.25为该系统的系统框图。该系统在传统再入遥测系统的基础上加以改进，增加的模块包括码速率调节模块和一个实时驻波比监测电路。为了实现与传统的遥测系统的兼容，该系统采用频移键（2FSK）调制方式，同时自适应数据速率控制器采用直接序列扩频（DS/SS）法。扩频因子可以选择$1 \sim 2^N$使得有多个级别数据率，理想情况下额外获得的传播为

$$G_s = 20\lg 2^N \tag{6-26}$$

电压驻波比的检测电路会触发数据速率自适应系统。天线的反射功率P_r由环形耦合器分离然后由功率测量计测量。电压驻波比的计算方法为

$$\text{VSWR} = \frac{1 + \varGamma}{1 - \varGamma} = \frac{1 + \sqrt{P_r / P_o}}{1 - \sqrt{P_r / P_o}} \tag{6-27}$$

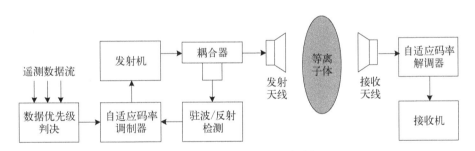

图6.25　自适应再入通信系统的框图

设定调制方式为2FSK，无等离子体鞘套或者鞘套影响较小时，领信号以4.096 Mbps全速模式传输，所有的遥测数据都会被发送。一旦等离子体鞘套对天线驻波比的影响大于一个固定阈值时，扩频因子变为16 398，比特率会降低到250 bps，进而使系统获得了42 dB的额外增益。

3. 实验结果分析

（1）实验装置

利用动态等离子体产生装置（DPSE）搭建了一套实验系统对自适应码速率调整方法进行实验验证，实验系统由信号发生器、等离子体产生装置、频谱分析仪、屏蔽室和等离子控制单元组成，如图6.26所示。设定电子密度变化范围为$1.0 \times 10^{15} \sim 2.5 \times 10^{17}\ \text{m}^{-3}$。

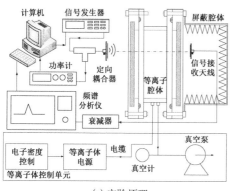

(a) 实验原理　　　　　　　　　　　　　　　(b) 实验配置

图6.26　实验配置图

信号载波频率为2.3 GHz,信号调整方式为2FSK,由宽带任意波形发生器(AWG7122, Tektronix)产生。信号的接收和解码由频谱分析仪(N9030A Agilent)和计算机[安装矢量信号分析软件(VSA, 89600A, Agilent)]完成。在等离子发生器关闭的情况下,通过可调衰减器设置功率裕量大约为20 dB。

反射信号由环行器从馈线分离出来,并通过功率计(U2000, Agilent)读出,然后通过计算机计算出驻波比,当驻波比超过阈值,扩频因子增加到2^N,比特率减少到$1/2^N$,从而得到额外的扩频增益。选择三个扩频因子:1 024、4 096和16 384,相应的比率分别为4 000 bps、1 000 bps和250 bps。设定等离子体发电气压为15～20 Pa,然后通过射频电源增加功率100～2 000 W,使电子密度从1.0×10^{15} m^{-3}增加到1.7×10^{17} m^{-3}。与此同时,电子密度由朗缪尔探针系统诊断记录,并且对每个电子密度情况下,由VSA矢量分析软件得到解调信息。

(2) 结果与讨论

随着等离子体电子密度的增加,天线阻抗也发生变化。如图6.27所示,离散点是测量的天线阻抗。天线阻抗实验结果的趋势与数值计算结果是一致的。可以清楚地观察到,随着电子密度的增加,天线阻抗偏离其初始值,导致反射的增加。

FSK信号的幅度误差定义为测量矢量幅度和基准之间的差异,并且可由下式进行计算:

$$\mathrm{Err} = \frac{f_{\mathrm{actual, dev}}}{f_{\mathrm{ideal, dev}}} = \frac{1}{f_{\mathrm{ideal, dev}}} \cdot \frac{1}{M} \left| \sum_{i=0}^{M} (f_{\mathrm{ideal,}\, i} - \langle f_{\mathrm{actual,}\, i} \rangle) \right| \qquad (6-28)$$

其中,M是FSK的调制格式;$f_{\mathrm{ideal,}\, i}$是FSK频率对应位置i的理想符号位置;$\langle f_{\mathrm{actual,}\, i} \rangle$

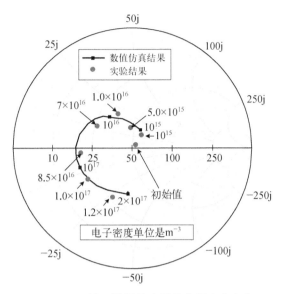

图6.27　天线阻抗随等离子体电子密度变化

代表解调符号位置i的值。当此参数在50%以上，通信是不可能准确解调的。图6.28给出在不同的低比特率（分别为4 000 bps、1 000 bps和250 bps）下的FSK平均幅度误差的实验结果。随着电子密度的增加，由于等离子体产生的衰减，接收信号强度降低，从而增大了FSK误差。通过观察电压驻波比的变化，不断调整码速率，保证FSK幅度误差小于50%，以保证不间断的通信。例如，如果设置一个1.3的阈值，一旦电子密度大于1.7×10^{16} m^{-3}，驻波比就会被检测为超过阈值，数据速率会立即自动从4 Mbps降低到4 kbps，并且错误率也会立即从47%下降到接近0。

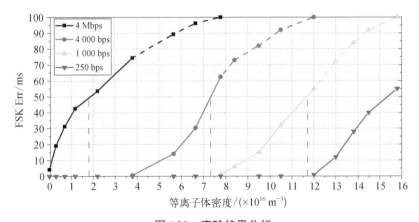

图6.28　实验结果分析

对于最大的FSK误差50%，当比特率分别为4 Mbps、4 kbps、1 kbps和250 bps时，电子密度的限值分别是1.8×10^{16} m^{-3}、7.4×10^{16} m^{-3}、1.15×10^{17} m^{-3}和1.55×10^{17} m^{-3}。较低的比特率会带来额外的增益，可以容忍较高的等离子体密度。随着比特率从4 Mbps降低到250 bps，对等离子体密度的忍耐程度增加1个数量级。

6.3.2　基于信息分级的等离子体鞘套下通信编码技术

在自适应码率通信技术的基础上，本书进一步提出一种自适应信道分级编码系统（图6.29）。该系统较传统通信系统主要有三部分改进：自适应信道分级编码模块、VSWR实时监测模块和信道实时估计模块。

通过发射天线电压驻波比能对信道容量进行实时估计，根据信道容量大小将信道通信质量划分为优、良、差三个等级，并以此为依据对自适应信道分级编码模块的相关参数进行实时调整，以达到最优的通信效果。

等离子体鞘套信道是典型的变参信道，且变化频率达到几十千赫兹的程度，其变参特性使之可看成一个大尺度时变的深度衰落信道。数字喷泉码是一种新型、无码率、简单高效的编码方案，具有很强的鲁棒性，能够适应等离子体鞘套这种大尺度时变的深度衰落信道。喷泉码以编码包为最小单元在信道中进行传输，信源端按照一定规则从k个源信息中选取若干个信息组合生成任意数量的编码包。接收端，只要收到其中任意$k(1+\varepsilon)$个编码分组，就可以通过译码，以很高的成功概率恢复出所有的信源信息，其中ε表示译码开销。

喷泉码编码过程中的一个关键因素是度分布选择。度分布决定了编码过程中编码数据包的度值选择，设计合理的度分布算法可以在充分保持编码数据包之间联系的情况下，尽可能地减少编码过程中多余的相关性，提高喷泉码的性能。

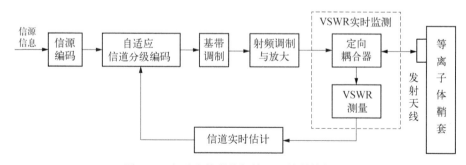

图6.29　自适应信道分级编码系统整体框图

传统的度分布函数主要有二进制指数度分布函数和鲁棒度分布函数。

采用鲁棒孤子度分布函数进行编码的优点是产生的编码数据包的度相对较大,编码过程中能尽可能地覆盖所有的源信息,但缺点是产生度较小的编码包较少,译码过程容易因为缺少度为1的编码包而使译码过程中断,图6.30中圆点线所示的是采用鲁棒孤子度分布函数进行编码时传输冗余度和译码率之间的关系。

为了综合这两种度分布函数优缺点,本书采用一种囊括这两种度分布函数的混合度分布函数,即混合度分布函数中同时包含二进制指数度分布函数和鲁棒孤子度分布函数,两种函数在混合度分布函数中的比例可根据信道质量进行调整。图6.30给出了采用混合度分布函数进行编码时传输冗余度和译码率之间的关系。

普通的度分布函数选取策略是针对所有信源信息进行等概率选取,对于所有信息,编码增益都是一样的。但是,等离子体鞘套引起的深度衰落和复杂多变的噪声环境使得任何一种数据传输方式都不能保证数据的完全可靠传输。相对于传统的传输方式,基于喷泉码的数据传输方式虽然在传输性能上有了一定的提升,但仍需要接收足够多的数据包才能完成对原始信息的译码恢复。而在通信中重点关心的往往是某些信息,特别是在等离子体鞘套这种大尺度时变的深度衰落信道中,信道带宽时变性很大,在带宽小时仅需要保证某些关键信息的传输可靠性。因此在实际的通信中,可以将信道中传输的数据划分为不同的重要级别,其中一部分数据的重要程度比其他部分高,通信过程中需采取相

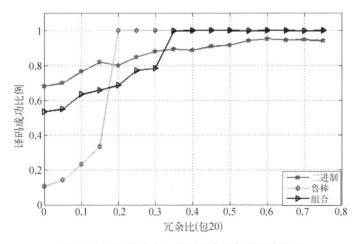

图6.30 不同度分布函数下冗余度与译码率关系

应措施对重要数据提供特别的保护。对此,本文提出信道分级编码的思想,首先将信息按照重要性分为不同的等级,然后对不同等级信息实施不等差错保护,具体做法为在混合度分布函数的基础上使用加窗式度分布函数,窗的个数等于信息的等级数目,窗的大小等于本等级的信息与前面所有等级的信息数目之和,如图6.31所示。

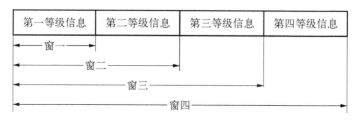

图6.31　加窗式度分布函数参数配置图

等离子体鞘套信道参数的时变性,使其对通信的影响也存在时变性,为了适应这种时变性就需根据信道变化调整信息发送策略,本文提出了利用信道反馈进行自适应信道分级编码策略,整体策略框图如图6.32所示,根据天线电压驻波比测量的数据对信道的衰落程度进行估计,根据不同的信道衰落程度确定喷泉编码策略,分别针对信息等级、混合式度分布函数的比例、窗函数参数适应性调整,然后进行编码。

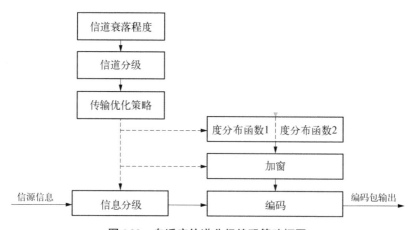

图6.32　自适应信道分级编码策略框图

衰落较大时,对信息进行细分级,增加等级数目,同时进一步提炼关键信息,减少第一等级的信息数目,同时以此为依据调整加窗式度分布函数中窗的个数和大小;增大二进制指数度分布函数在混合度分布函数中的比例,使接收端能接收到足够多的度小的编码包,使译码过程易于进行。以此牺牲次要信息传输效率,优先保证高等级信息的可靠传输。

衰落较小时,对信息进行粗分级,减少等级数目,增大第一等级信息数目,同时以此为依据调整加窗式度分布函数中窗的个数和大小;增大鲁棒孤子度分布函数在混合度分布函数中的比例,使接收端在译码能顺利进行的前提下能接收到更多度大的编码包,便于在小传输冗余条件下将所有信息译出,以实现在保证高等级信息可靠传输的前提下,提高全部信息传输效率。

现以240个信源信息的分级传输为例,假定信源信息的重要性随序号增大依次降低。传输的编码包个数为1 440个,编码包长度等于单个信息长度。图6.33表示的是每个信息在所有编码包中累积出现的次数,高等级信息在所有编码包中累积出现的次数明显多于低等级,这实现了高等级信息的高概率传输。

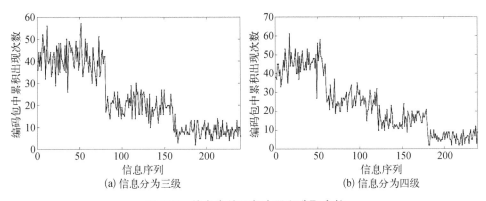

图6.33　信息在编码包中累积选取次数

为了衡量本文提出的利用信道容量反馈进行自适应分级编码策略的效果,本文对不同等级数据的编码增益进行了分析。

定义第n等级的编码增益G为

$$G_{Ln} = P_r + P_b = 10\lg\frac{xl_b}{kl_r} + 10\lg\frac{xP_{Ln}}{\dfrac{xl_b}{kl_r}} = 10\lg\frac{xl_b}{kl_r} + 10\lg\frac{kl_rP_{Ln}}{l_b} \quad (6-29)$$

其中,P_r为传输冗余度带来的信息增益;P_b为信息分级编码带来的信息增益;x为传输的编码包数目;l_b为每个编码包的长度;k为信源信息数目;l_r为信源中每个信息包含的码元数目;P_{Ln}为等n等级中某一信息在编码包中出现的概率。

$$P_{L1} = \frac{1}{n}\left[\sum_{d=1}^{d=k_1}\mu(d) \times \frac{C_{k_1-1}^{d-1}}{C_{k_1}^{d}}\right] + \frac{1}{n}\left[\sum_{d=1}^{d=k_2}\mu(d) \times \frac{C_{k_2-1}^{d-1}}{C_{k_2}^{d}}\right] + \cdots + \frac{1}{n}\left[\sum_{d=1}^{d=k_n}\mu(d) \times \frac{C_{k_n-1}^{d-1}}{C_{k_n}^{d}}\right]$$

$$P_{L2} = \frac{1}{n}\left[\sum_{d=1}^{d=k_2}\mu(d) \times \frac{C_{k_2-1}^{d-1}}{C_{k_2}^{d}}\right] + \cdots + \frac{1}{n}\left[\sum_{d=1}^{d=k_n}\mu(d) \times \frac{C_{k_n-1}^{d-1}}{C_{k_n}^{d}}\right]$$

$$\cdots$$

$$P_{Ln} = \frac{1}{n}\left[\sum_{d=1}^{d=k_n}\mu(d) \times \frac{C_{k_n-1}^{d-1}}{C_{k_n}^{d}}\right]$$

$$(6-30)$$

其中，$\mu(d)$ 为编码时所使用的度分布函数。

$$k_1 = m_1$$
$$k_2 = m_1 + m_2$$
$$\cdots$$
$$k_n = m_1 + m_2 + \cdots + m_n = k$$

$$(6-31)$$

其中，$m_1, m_2, \cdots, m_n$ 分别表示第一等级，第二等级，$\cdots$，第 n 等级中各等级的信息数目。

　　对等离子体鞘套下，自适应分级编码通信方法进行仿真验证，其径向平均电子密度变化范围为 $0 \sim 1.85 \times 10^{18}$ m^{-3}，对应的等离子体等效频率为 $0.63 \sim 12.2$ GHz，厚度 $0 \sim 0.1$ m，电子密度与厚度之间服从双高斯分布模型。碰撞频率约为 1 GHz，载波频率为 2.6 GHz，调制方式为 BPSK 调制。仿真结果如图 6.34 所示，随着电子密度的增加，高等级信息译码成功率显著提高。

6.4　动态等离子体鞘套下调相信号自适应判决方法

　　实验和仿真都证明了动态等离子体的寄生调制效应会使调相信号的星座图发生旋转，造成判决裕度下降，误码率升高，导致通信质量恶化，无法正常通信。针对此困难，从机器学习中得到启发，通过有监督学习（supervised learning）中支持向量机方法，可以把旋转的星座图看成是一种分类问题，用已知正确的训

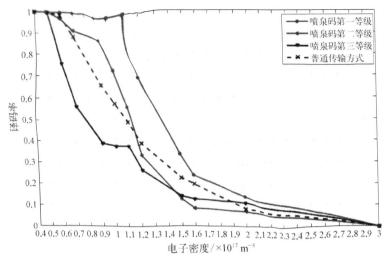

图6.34　仿真结果

练样本建立支撑向量机模型,从而对接收信号进行判决分类。获得正确训练样本是另外一个难题,解决方式之一是利用前导码也就是已知码元作为训练样本,这就要牺牲一定的带宽;二是利用反射测量方法,经过分析时变等离子体的反射信号和透射信号,发现反射波与受等离子体影响的透射波具有强相关性,其中幅度衰减具有负相关关系,相位波动具有正相关关系。通过测量等离子体鞘套反射信号的幅相变化,预测出受等离子体影响的透射信号,从而规避了对等离子体鞘套参数实时诊断测量的困难,建立训练样例,利用支持向量机将原本线性不可分的判决检测问题变换为线性可分问题。仿真结果表明,该方法对动态等离子体鞘套下的调相信号判决具有很高的正确性,为解决"黑障"问题提供了新思路。但是同时支持向量机(support vector machine, SVM)训练算法也存在时间复杂度较大,计算时间较长等问题,而且该方法只能解决再入飞行器接收外界信号恶化问题,而对于外界接收飞行器信号通信质量恶化问题则无法解决。

　　本章根据实验和仿真结果调相信号星座图聚集旋转的特点,从机器学习的无监督学习切入,用聚类的方法对经过动态等离子体的调相信号进行解调,提出一种基于谱聚类(spectral clustering)的调相信号自适应判决方法。

6.4.1　基于支持向量机自适应判决方法

1. 算法概述

图6.35是基于支持向量机调相信号判决方法应用场景图,针对再入飞行器

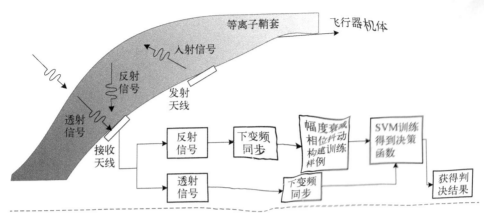

图6.35　基于支持向量机调相信号判决方法应用场景图

接收外界信号问题(即弹载接收问题),利用反射信号与透射信号的强相关性,建立训练样例,运用支持向量机有监督学习技巧进行解调。

该方法主要原理是利用测量反射波的幅度和相位,根据其相关性来估计信道特性,预测透射信号,产生训练样例,将样本空间映射到高维特征空间,利用支持向量机将经过等离子体鞘套的信号在高维空间进行分类判决,以减弱等离子体鞘套对调相信号判决反馈的影响,实现等离子体鞘套下的可靠信号传输。该方法分为三个步骤:构造训练样例;建立决策函数;判决检测。

(1) 反射测量法获取训练数据与数据预处理

构造训练样例首先利用反射测量获取数据,然后进行数据处理,类别划分,归一化等,具体如下。

1) 数据获取

步骤1:设定入射载波调制频率 f,通过反射测量法,发射单频信号,获取反射信号的幅值衰减时间离散序列数组 $a(n)$ 与相位波动时间离散序列数组 $b(n)$,其中采样频率为等离子体最大变化频率的 m 倍(根据奈奎斯特采样定律,$m \geq 2$);然后据电波与等离子体相互作用机理,衰减值与相位波动值具有一一对应的关系,按照这种一一对应关系,构建二维反射数组 $R(n) = \{\alpha(n), \beta(n)\}$。

步骤2:根据电波与等离子体相互作用机理,反射信号与等离子体影响的透射信号的幅度衰减呈负相关关系,相位波动呈现正相关关系,构建二维透射数组 $T(n) = \{\tilde{\alpha}(n), \tilde{\beta}(n)\} = \{\tilde{\alpha}(n), \beta(n)\}$,其中 $\tilde{\alpha}(n)$ 是 $\alpha(n)$ 取均值反向求得,即 $\tilde{\alpha}(n) = -\alpha(n) + 2\mathrm{avg}[\alpha(n)]$,$\mathrm{avg}[\alpha(n)]$ 代表的是 $\alpha(n)$ 的平均值,同时把幅度衰减和相位波动范围按比例变化到与接收的透射信号范围一致。

步骤3：将二维透射数组 $T(n)$ 按照 $\tilde{\alpha}(n)$ 幅度衰减值的大小重新排列，构建新的二维参考数组 $\tilde{T}_1(n) = \{\tilde{\alpha}_1(n), \tilde{\beta}_1(n)\}$。

步骤4：将 MPSK 多进制调相信号的 m 维星座数据点表示为极坐标形式 $X(m) = \{r(m), \theta(m)\}$，其中 $r(i)=1, i=1, \cdots, m$，$r(m)$ 和 $\theta(m)$ 分别表示星座点的模值和相位值。

步骤5：将透射矩阵 $\boldsymbol{T}$ 的幅度衰减与 m 维星座数据点矩阵 $\boldsymbol{X}$ 的模值相乘，相位值相加，得到训练样例矩阵：

$$
\boldsymbol{S}(m, n) = X(m) \times \tilde{T}_1(n) =
\begin{bmatrix}
(\tilde{\alpha}_1(1), \theta(1) + \tilde{\beta}_1(1)) & (\tilde{\alpha}_1(2), \theta(1) + \tilde{\beta}_1(2)) & \cdots & (\tilde{\alpha}_1(n), \theta(1) + \tilde{\beta}_1(n)) \\
(\tilde{\alpha}_1(1), \theta(2) + \tilde{\beta}_1(1)) & (\tilde{\alpha}_1(2), \theta(2) + \tilde{\beta}_1(2)) & \cdots & (\tilde{\alpha}_1(n), \theta(2) + \tilde{\beta}_1(n)) \\
\cdots & \cdots & & \cdots \\
(\tilde{\alpha}_1(1), \theta(m) + \tilde{\beta}_1(1)) & (\tilde{\alpha}_1(2), \theta(m) + \tilde{\beta}_1(2)) & \cdots & (\tilde{\alpha}_1(n), \theta(m) + \tilde{\beta}_1(n))
\end{bmatrix}
$$

$$(6-32)$$

2）数据类别划分

根据训练样例矩阵，产生训练样例类别矩阵：

$$
\boldsymbol{L}(m, n) =
\begin{bmatrix}
1 & 1 & \cdots & 1 \\
2 & 2 & \cdots & 2 \\
\cdots & \cdots & \cdots & \cdots \\
m & m & \cdots & m
\end{bmatrix}
\tag{6-33}
$$

其中，$\boldsymbol{L}(m,n)$ 的每个元素表示 $\boldsymbol{S}(m,n)$ 中每个元素的类别。

3）数据归一化

数据归一化（数据标准化）是对需要处理的原始数据经过某种算法计算将其限定在需要的范围之内。它能将有量纲的表达式，经过一定的数学变换，变为纯量（即无量纲的表达式）。在统计学中，统计数据的概率分布往往归一化在 0～1，归纳统一样本数据的统计分布性也是通过归一化得到的，但并不是所有的原始数据都需要归一化处理。归一化一方面可以加快训练速度，使得更快的建立分类超平面，另一方面相对没有归一化的数据建立起来的训练模型，它的模型更精准，准确率更高。需要注意的是，训练数据使用归一化后的数据，测试数据也要使用归一化后的数据。

本文对数据的归一化采用 min-max 方法，归一化函数如下：

$$x' = \text{lower} + (\text{upper} - \text{lower}) \frac{x - \min}{\max - \min} \qquad (6-34)$$

其中，max 为原始数据的最大值；min 为原始数据的最小值，归一化范围为 [lower, upper]。但是当有新数据加入原始数据之中，则需要重新进行归一化处理。归一化使得预测的训练样例更加准确。

（2）建立决策函数

采用 RBF 径向基核函数进行非线性分类，径向基核函数数学表达式为

$$K(\boldsymbol{x}, \boldsymbol{x}_i) = \exp\left(-\frac{\|\boldsymbol{x} - \boldsymbol{x}_i\|^2}{2\sigma^2}\right) \qquad (6-35)$$

首先利用交叉验证方法，对最佳的惩罚因子 c 和径向基核函数方差 σ 进行选取。注意，当模型的性能根据相移键控信号的维数 m，任取两维，构造 $m(m-1)/2$ 个二分类支持向量机，输入训练样例与训练样例类别矩阵，对支持向量机进行训练；利用拉格朗日乘子法，分别计算出 $m(m-1)/2$ 个最优的分类决策函数：

$$f_j(\boldsymbol{x}) = \text{sgn}(w_j^* \boldsymbol{x} + b_j^*) \quad j = 1, 2, \cdots, \frac{m(m-1)}{2} \qquad (6-36)$$

其中，w_j^* 和 b_j^* 表示第 j 个二分类支持向量机的分类超平面最优解；$\boldsymbol{x}$ 表示输入信号。

（3）对仿真数据进行训练判决

设定入射载波调制频率 f，调制方式选用 MPSK，将经过等离子体鞘套后的实际 m 维相移键控信号，进行下变频同步处理之后，表示成幅度和相位的向量形式 $\boldsymbol{x}$，然后进行归一化，分别输入给 $m(m-1)/2$ 个分类决策函数，判断输入信号属于对应的类别。建立 m 维判决数组 Z，每个元素表示判断为第 i 类的次数，取 max $[Z(i)]$ 的 i 为输入信号 $\boldsymbol{x}$ 的判决检测结果。最后计算误码率。

图 6.36 是基于支持向量机的调相信号自适应判决方法整个流程示意图。

2. 仿真结果分析

当外界信号经过大气信道被再入飞行器接收时，环境中的各种噪声也被吸收进来，而再入飞行器发射再接收的反射信号只是经过了等离子体鞘套，并没有混入大气中的噪声，所以在利用测量发射信号估计整个信道特性的时候，需要考虑大气噪声，这样才能准确实时预估整个信道特性，提高训练算法的精度。

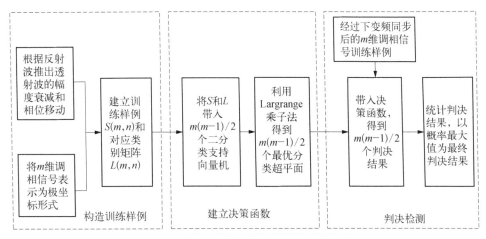

图6.36　基于支持向量机判决方法流程图

（1）信噪比已知的情况

假设信噪比已知，仿真中给反射信号也添加了同样的高斯白噪声，接着进行支持向量机SVM训练判决。经过等离子体鞘套的BPSK信号的检测结果星座图如图6.37所示，从图中可以看出，交叠的BPSK信号的星座点完全被区分开来，在不经过等离子体信道的图6.37（c）可以直接判决。

图6.38是判决matlab程序中入射频率为9 GHz通过等离子体的显示结果，训练样例选用300个，测试样例为3 000个。

这里选用RBF径向基核函数，训练样例300个，测试样例3 000个，判决正确率达到了100%，即没有误码。从图6.38可以看出，截取部分测试码元样例预测结果和实际结果对比，完全正确。说明该方法仿真中具有很高的有效性。

（2）信噪比未知的情况

在实际的飞行器再入过程中，由于大气噪声的影响，测量反射信号并不能完全预估整个信道特性，所以需要对大气信噪比进行初步的估计。上文的判决均是建立在对高斯白噪声信道的信噪比已知的情况下，对训练样例添加了相同信噪比的高斯白噪声，如果信噪比处于未知状态，会导致训练样例的不准确，支持向量机SVM判决法会出现较大的误码。

对反射测量法获得的训练样例在不加噪声、加噪声信噪比SNR=15 dB和信噪比SNR=20 dB三种情况BPSK信号传输影响进行仿真，码速为5 Mbit/s，载波频率为9 GHz，均匀选取训练样例为1 000个。等离子其他参数不变。运用支持向量机判决法进行判决，得到BPSK信号判决准确率，如表6.12所示。

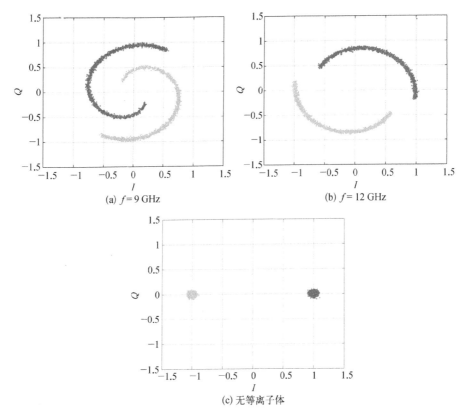

(a) f = 9 GHz (b) f = 12 GHz

(c) 无等离子体

图6.37 BPSK信号判决星座图

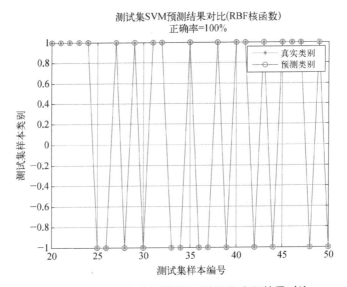

图6.38 截取部分测试样例预测结果和实际结果对比

表6.13　SVM判决法BPSK信号准确率

测试样例SNR ＼ 准确率 ＼ 训练样例SNR	0 dB	5 dB	10 dB	15 dB	20 dB	25 dB	30 dB
不加噪声	73.11%	86.33%	93.66%	97.62%	99.58%	100.00%	100.00%
15 dB	75.01%	89.56%	94.19%	99.66%	98.69%	95.82%	96.37%
20 dB	78.67%	80.54%	99.31%	99.93%	100.00%	99.90%	99.09%
传统判决	58.86%	62.16%	63.25%	63.27%	63.49%	63.39%	63.42%

从表6.13可以看出,基于支持向量机的判决方法整体正确率很高(即误码率低),均高于传统判决。当训练样例不添加任何噪声的时候,随着接收信号(测试样例)信噪比的增加,支持向量机判决算法准确率呈现下降趋势,当大气信道中的信噪比(即测试样例信噪比)达到20 dB以上时,正确率非常高,几乎没有误码。当训练样例SNR与测试样例SNR一致时,准确率最高,给训练样例添加合适信噪比的模拟噪声,能有效地降低判决误码率。所以,SVM算法必须在对信道中的信噪比有一个良好的估计的前提下进行。

6.4.2　基于谱聚类自适应判决方法

1. 判决方法流程

由于等离子体鞘套的动态特性会对通信信号产生寄生调制效应,导致通信中断,基于谱聚类提出新的判决算法,主要原理是利用N-cut切割,根据星座图数据构造对应的拉普拉斯矩阵,对拉普拉斯矩阵的前m个最大特征值对应的特征向量进行聚类,然后对应为原始星座图数据点的类型,运算量大大降低。

谱聚类判决方法步骤如下。

第1步:输入n个下变频解调后星座图数据点,设集合为$X=\{x_1, x_2, \cdots, x_n\}$,判决数目为$m$,例如QPSK,又称4 psk。$m=4$。

第2步:利用距离公式计算出星座图数据点的相似矩阵W,定义

$$W_{ij} = \exp\left[-\frac{d(S_i, S_j)}{2\sigma^2}\right]$$

,如果$i \neq j$,$W_{ij} = 0$。距离$d(S_i, S_j)$通常取欧氏距离$\|S_i - S_j\|^2$,σ是在聚类算法运行前输入的尺度参数。

第3步:通过相似矩阵W计算出规范化拉普拉斯矩阵L,$L = D^{-1/2}WD^{-1/2}$。

第4步：接着利用第3步骤获得的拉普拉斯矩阵L，计算出它的m（QPSK时，$m=4$）个最大特征值，及其所对应的特征向量$\{v_1, v_2, \cdots, v_m\}$，把特征向量组构造特征矩阵$V=\{v_1, v_2, \cdots, v_m\} \in R^{n \times k}$。

第5步：对特征向量矩阵V进行规范化操作获取规范化矩阵Y，其中

$$Y_{ij} = \frac{V_{ij}}{\sqrt{\sum_j V_{ij}^2}}。$$

第6步：用经典的聚类算法K-means算法将规范化矩阵V的行向量聚成m类。

第7步：如果K-means聚类规范化矩阵Y的第i行数据划归为第j类，那么将原星座图数据点x_i也划分到第j类。

第8步：根据发生的部分前导码对应译码，把每个星座数据点的第j类转化为01代码，计算误码率，例如QPSK分为1、2、3、4类，分别对应00、01、10、11。

方法流程图如图6.39所示。

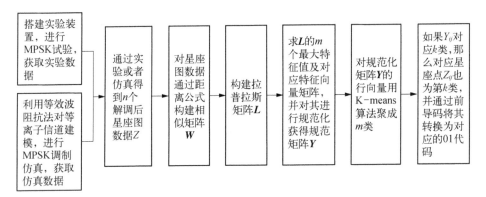

图6.39　谱聚类法判决流程示意图

2. 仿真结果与分析

为了验证方法的有效性，根据等效波阻抗法，建立等离子信道物理模型，然后对QPSK信号进行通信仿真，下变频后，获得星座图数据。

仿真条件为：调制方式为QPSK，动态时变等离子层，等离子体厚度为30 mm，电子密度变化范围为$3.33 \times 10^{17} \sim 1 \times 10^{18}$ m^{-3}，电子密度的抖动频率为100 kHz（采用正弦抖动），碰撞频率为1 GHz。载波入射频率分别为9 GHz、12 GHz、35 GHz，信噪比25 dB。解调下变频后得到QPSK信号星座图，如图6.40所示。

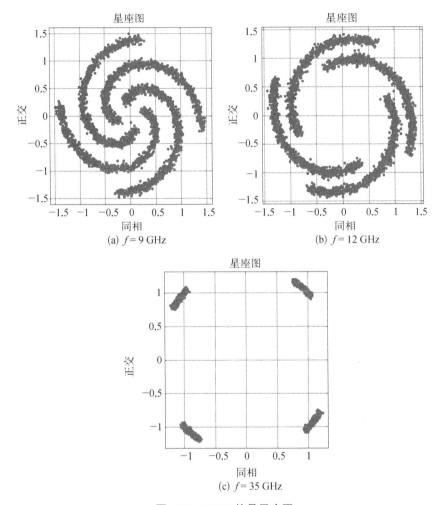

图6.40 QPSK信号星座图

从图6.40可知,在载波入射频率为9 GHz时候,QPSK星座图旋转非常剧烈,寄生调制效应最为明显,传统判决无法区分。当载波入射频率增加到12 GHz的时候,星座图旋转程度降低,但还是发生了较大程度旋转,此时为线性不可分,依然无法正常通信,进一步增加入射频率达到35 GHz,星座图旋转较小。

对仿真得到的QPSK星座图数据,应用基于谱聚类判决方法,判决结果如图6.41所示。

从分类星座图结果可以看出,基于谱聚类的新型判决方法,可以有效地识别三种不同载波入射频率下的星座图,即使是当载波频率为9 GHz,接近与等离

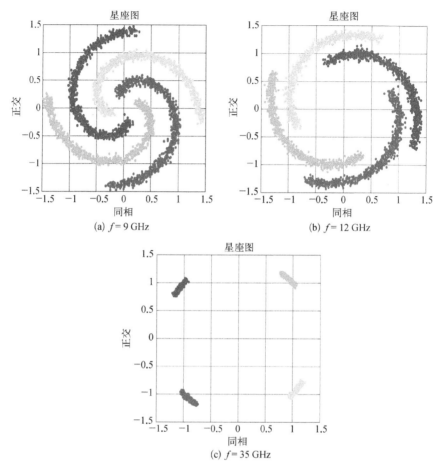

图6.41　QPSK信号基于谱聚类判决算法星座图（后附彩图）

子体的截止频率时，判决算法依然能分辨出来。等离子体对调相信号造成的双重寄生调制，造成星座图的畸变有很好的识别能力，仿真结果证明了该新型判决算法的有效性。值得注意的是，数据成帧时需要加前导码，确定哪一类为00、01、10、11。分类成功后，对应将类别转换为01码元。

　　图6.42为在不同载波频率条件下，传统判决方法和谱聚类判决发的QPSK信号误码率随信噪比变化的曲线对比图（对于大量数据可以分段处理聚类），从图中可以看出，有等离子体时，利用传统判决方法，当载波频率为9 GHz，由于存在严重的幅度和相位抖动，误码率基本维持在0.3左右；载波频率为12 GHz时，星座图也发生了严重的旋转，误码率依旧很高。对比利用基于谱聚类的新型判决方法（对于大量数据可以采用分段处理聚类，提高判决速度），当载波频率为

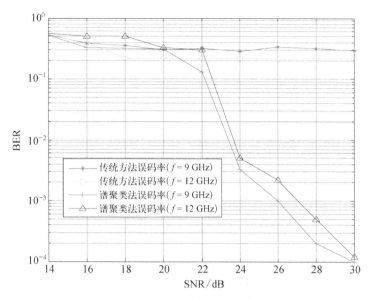

图6.42 QPSK信号误码率曲线

9 GHz和12 GHz的时候,寄生调制效应都非常强,星座图旋转剧烈,判决容差裕度显著减小,在低信噪比的情况下,误码率总体来说还是比较高,无法进行正常的通信。但是随着信噪比的增加,误码率呈现显著下降的趋势。当载波频率为9 GHz,信噪比达到26 dB时候,误码率已经降低为0.1%。对比传统方法,误码率总体上显著降低,随着信噪比的增加,基于谱聚类的自适应判决算法的优势越来越明显。

参考文献

[1] 刘嘉兴.飞行器测控通信工程[M].北京:国防工业出版社,2010.

[2] Geoghegan M. Description and performance results for a multi-h CPM telemetry waveform [C]. Milcom 2000, 21st Century Military Communications Conference Proceedings, IEEE, 2000: 353-357.

[3] Sasase I, Mori S. Multi-h phase-coded modulation[J]. Communications Magazine, IEEE, 1991, 29(12): 46-56.

[4] Premji A N, Taylor D P. A practical receiver structure for multi-h CPM signals[J]. IEEE Transactions on Communications, 1987, 35(9): 901-908.

[5] Dave B A, Rao R. Generalized asymmetric multi-h phase-coded modulation for M-ary data transmission[C]. Niagara Fall, Ontario: Conference on Electrical and Computer Engineering, IEEE, 2004: 559-562.

[6] Cariolaro G, Erseghe T, Laurenti N, et al. New results on the spectral analysis of multi-h

CPM signals[J]. IEEE Transactions on Communications, 2011, 59(7): 1893−1903.

[7] Lane W D, Bush A M. Spread-spectrum multi-h modulation[C]. Boston: IEEE Military Communications Conference, 1989, 8(5): 759−763.

[8] Raveendra K, Srinivasan R. Coherent detection of binary multi-h CPM[J]. IEE Proceedings F-Communications, Radar and Signal Processing, 1987, 134(4): 416−426.

[9] Podemski R, Holubowicz W, Yongacoglu A. Noncoherent reception of multi-h signals[C]. Trondheim: IEEE International Symposium on Information Theory, 1994: 332.

[10] Perrins E, Rice M. Optimal and reduced complexity receivers for M-ary multi-h CPM[C]. Atlanta: Proceedings of the Wireless Communications and Networking Conference, IEEE, 2004: 1165−1170.

[11] 杨敏,李小平,刘彦明,等.信号在时变等离子体中的传播特性[J].物理学报,2014,63(8): 261−270.

[12] 高平,李小平,杨敏,等.时变等离子体鞘套相位抖动对GPS导航的影响[J].宇航学报,2013,34(10): 1330−1336.

[13] Chang C, Wawrzynek J, Brodersen R W. BEE2: A high-end reconfigurable computing system[J]. IEEE Design and Test of Computers, 2005, 22(2): 114−125.

[14] Fähnle M. Software-defined radio with GNU radio and USRP/2 hardware frontend: setup and FM/GSM applications[J]. Hochschule Ulm University of Applied Sciences, Institute of Communication Technology, 2010.

[15] Bjorsell N, De Vito L, Rapuano S. A GNU radio-based signal detector for cognitive radio systems[C].Binjiang: Proceedings of the Instrumentation and Measurement Technology Conference, IEEE, 2011: 1−5.

[16] Peng S, Morton Y. A USRP2−based reconfigurable multi-constellation multi-frequency GNSS software receiver front end[J]. GPS Solutions, 2013, 17(1): 89−102.

[17] Yang M, Li X, Xie K, et al. Parasitic modulation of electromagnetic signals caused by time-varying plasma[J]. Physics of Plasmas, 2015, 22(2): 879−103.

[18] He G, Zhan Y, Ge N, et al. Channel characterization and finite-state markov channel modeling for time-varying plasma sheath surrounding hypersonic vehicles[J]. Progress in Electromagnetics Research, 2014, 145(1933): 299−308.

[19] He G, Zhan Y, Ge N, et al. Measuring the time-varying channel characteristics of the plasma sheath from the reflected signal[J]. IEEE Transactions on Plasma Science, 2014, 42(12): 3975−3981.

第七章

等离子体鞘套下天线特性及补偿方法

作为飞行器电子系统的组成模块，天线系统负责辐射和接收电磁信号，是测控通信系统的重要环节。等离子体鞘套作为一种特殊的复介电系数介质，会影响飞行器天线的性能，造成天线频偏、失配和辐射方向图畸变等现象[1-3]，进一步增加测控通信信号的衰减和畸变程度，加剧"黑障"问题。

本章首先从理论上介绍等离子体下天线特性分析方法，明确等离子体鞘套电子密度是影响天线方向图和增益的主要因素；论述等离子体鞘套下天线电磁计算模型与数值计算方法，通过典型再入等离子体鞘套覆盖下天线的阻抗、辐射方向图，阐述等离子体鞘套对天线特性的影响规律；提出一种等离子体鞘套环境的天线阻抗自适应补偿技术并进行了实验验证，该方法是提升再入飞行器天线发射和接收能力的有效技术手段，可为等离子体鞘套环境天线设计以及通信系统功率裕量预算提供参考。

7.1 等离子体对天线辐射特性的影响机理

7.1.1 多层有耗介质覆盖下天线特性分析方法

图7.1给出一个同轴馈电的N层有耗介质覆盖矩形微带天线的示意图，对于图中所示的天线结构，利用贴片表面总电场切向为0这一边界条件可得到如下两个谱域积分方程：

$$\iint (\tilde{G}_{xx} \tilde{J}_x + \tilde{G}_{xy} \tilde{J}_y) \exp[-\mathrm{j}(k_x x + k_y y)] \mathrm{d}k_x \mathrm{d}k_y = \iint \tilde{G}_{xz} \tilde{J}_z \exp[-\mathrm{j}(k_x x +$$

$$k_y y)] \mathrm{d}k_x \mathrm{d}k_y$$

(7-1)

$$\iint(\tilde{G}_{yx}\tilde{J}_x + \tilde{G}_{yy}\tilde{J}_y)\exp[-j(k_xx + k_yy)]dk_xdk_y = \iint\tilde{G}_{yz}\tilde{J}_z\exp[-j(k_xx + k_yy)]dk_xdk_y$$

$$(7-2)$$

其中，$\tilde{G}_{xx}$、$\tilde{G}_{xy}$、$\tilde{G}_{xz}$、$\tilde{G}_{yx}$、$\tilde{G}_{yz}$、$\tilde{G}_{yy}$为电场谱域格林函数各分量；$\tilde{J}_x$和$\tilde{J}_y$为贴片表面未知电流的x和y向谱分量；$\tilde{J}_z$为同轴探针的馈电电流的谱域分量。获得电场谱域格林函数各分量的表达式后，即可通过求解式（7-1）和式（7-2）得到贴片上的表面未知电流各分量。在求出微带贴片上的电流分布之后，又可进一步得到天线的输入电压驻波比和方向图等特性。

对于图7.1的天线，由于它是由包含垂直电流源的同轴探针馈电的，且存在贴片表面未知电流，是一种三维电流源激励的情况，因而已有的仅考虑平面电流源激励的多层介质谱域格林函数递推公式不再适用。为此，从麦克斯韦方程出发，根据边界条件，利用谱域法和波矩阵技术，推导出了N层介质覆盖微带天线结构的三维电流源谱域格林函数的新

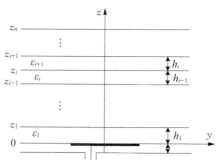

图7.1　多层有耗介质覆盖下天线特性分析模型

的解析计算公式，其详细的推导过程见文献[4]。

参见图7.1所示天线结构，假定一个普通矩形微带天线上，覆盖N层无穷大介质板，其中各层介质板为均匀有耗介质，它们相对介电常数为ε_{ri}，各覆盖层的厚度为h_i，各层介质的磁导率为μ_0，根据参考文献[8]可得出贴片上（$z=0$平面上）电场谱域格林函数的解析计算公式如下：

$$\tilde{G}_{xxi}(k_x,\ k_y) = k_0\eta_0(B^hk_y^2/k_t^2 + B^ek_x^2/k_t^2) \qquad (7-3)$$

$$\tilde{G}_{xyi}(k_x,\ k_y) = k_0\eta_0\,k_xk_y/k_t^2(B^e - B^h) \qquad (7-4)$$

$$\tilde{G}_{yxi}(k_x,\ k_y) = \tilde{G}_{xyi}(k_x,\ k_y) \qquad (7-5)$$

$$\tilde{G}_{yyi}(k_x,\ k_y) = k_0\eta_0(B^hk_x^2/k_t^2 + B^ek_y^2/k_t^2) \qquad (7-6)$$

$$\tilde{G}_{zi}(k_x,\ k_y) = j k_0\eta_0 B^e k_x/\gamma^2 \qquad (7-7)$$

$$\tilde{G}_{yzi}(k_x,\ k_y) = (k_y/k_x)\,\tilde{G}_{zi}(k_x,\ k_y) \qquad (7-8)$$

其中，

$$B^h = (A_{11}^h + A_{21}^h)/U^h \tag{7-9}$$

$$\begin{bmatrix} (A_{11}^h) & (A_{12}^h) \\ (A_{21}^h) & (A_{22}^h) \end{bmatrix} = \prod_{i=1}^{N} \frac{1}{1 + R_i^h} \begin{bmatrix} e^{j\gamma_i h_i} & R_i^h e^{j\gamma_i h_i} \\ R_i^h e^{-j\gamma_i h_i} & e^{-j\gamma_i h_i} \end{bmatrix} \tag{7-10}$$

$$R_i^h = (\gamma_i - \gamma_{i-1})/(\gamma_i + \gamma_{i-1}) \tag{7-11}$$

$$R_i^e = (\varepsilon_{ri}\gamma_{i+1} - \varepsilon_{ri+1}\gamma_i)/(\varepsilon_{ri}\gamma_{i+1} + \varepsilon_{ri+1}\gamma_i) \tag{7-12}$$

$$U^h = \{j\gamma \cot(\gamma h)[(A_{11}^h) + (A_{21}^h)] - \gamma_1[(A_{11}^h) - (A_{21}^h)]\} \tag{7-13}$$

$$U^e = \{j(k_0^2\varepsilon_r/\gamma)\cot(\gamma h)[(A_{11}^e) + (A_{21}^e)] - (k_0^2\varepsilon_r/\gamma)[(A_{11}^e) + (A_{21}^e)]\} \tag{7-14}$$

$$\gamma = \sqrt{\varepsilon_r k_0^2 - k_t^2} \tag{7-15}$$

$$\gamma_i = \sqrt{\varepsilon_r k_0^2 - k_t^2} \tag{7-16}$$

$$k_t = \sqrt{k_x^2 + k_y^2} \tag{7-17}$$

将式(7-9)和式(7-10)中的上标"h"换成"e"即得B^e、A_{11}^e、A_{12}^e、A_{21}^e和A_{22}^e各分量表达式。从上式中k_0为自由空间波数,η_0为自由空间波阻抗。式(7-3)~式(7-8)即为推导出的N层介质覆盖的微带天线结构的谱域格林函数新的解析计算公式。在得到谱域格林函数的计算公式后,即可求解积分方程式(7-1)和式(7-2)。假定同轴探针在(x_p, y_p)点馈电,探针上有常电流I_0,则可得探针上电流的谱域计算公式为

$$\tilde{J}_z = I_0 \exp[j(k_x x_p + k_y y_p)] \tag{7-18}$$

设贴片表面上未知电流为

$$\tilde{J}_s(x, y) = J_x(x, y)\tilde{x} + J_y(x, y)\tilde{y} \tag{7-19}$$

将$J_x(x, y)$和$J_y(x, y)$用一组基函数展开,然后取傅里叶变换,可得其谱域表达式为

$$\tilde{J}_x(k_x, k_y) = \sum_{n=1}^{N_x} C_{xn} \tilde{J}_{xn}(k_x, k_y) \tag{7-20}$$

$$\tilde{J}_y(k_x, k_y) = \sum_{n=1}^{N_y} C_{yn} \tilde{J}_{yn}(k_x, k_y) \tag{7-21}$$

式(7-20)和式(7-21)中的$\tilde{J}_{xn}(k_x,k_y)$和$\tilde{J}_{yn}(k_x,k_y)$是所选的基函数的谱域表达式。将式(7-18)、式(7-20)和式(7-21)代入式(7-1)和式(7-2),应用伽辽金法即可求解积分方程式(7-1)和式(7-2)而得到电流系数C_{xn}和C_{yn}。得到微带贴片上的表面电流分布后,天线的有关特性参数可进一步计算出来。

7.1.2 等离子体对天线特性影响分析

等离子体是典型的色散有耗介质,还具有空间非均匀分布特性。前一小节的分析模型适合于分析简化情况下多层等离子体覆盖下的微带天线特性。为了理论研究,将再入等离子体鞘套的空间分布简化为高斯分布,如式(7-22)所示:

$$n_e(z) = \begin{cases} n_{e(peak)}\exp[-a_1(z-z_0)^2] & (0 \leqslant z < z_0) \\ n_{e(peak)}\exp[-a_2(z-z_0)^2] & (z \geqslant z_0) \end{cases} \tag{7-22}$$

其中,a_1和a_2分别表示电子密度分布曲线的上升和下降系数;$n_{e(peak)}$和z_0分别表示电子密度最大值和距离飞行器表面的距离。图7.2为等离子体鞘套按照高斯曲线分布的示意图,并且将等离子体鞘套划分成了N层。

将前一节中的每一层介质的ε_{ri}替换成每一层等离子体的介电系数$\tilde{\varepsilon}_p(i)$,根据前一节的计算方法,求解出N层等离子体覆盖下微带天线的辐射方向图。

仿真算例:设等离子体鞘套厚度为5 cm,取电子密度峰值分别为3×10^{16} m^{-3}、3×10^{17} m^{-3}、5×10^{18} m^{-3},碰撞频率为1 GHz,天线工作频率为1.575 GHz(GPS导航),得到图7.3所示的方向图计算结果。

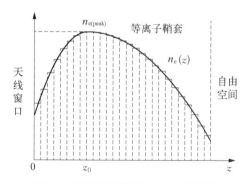

图7.2　等离子体鞘套简化分层模型

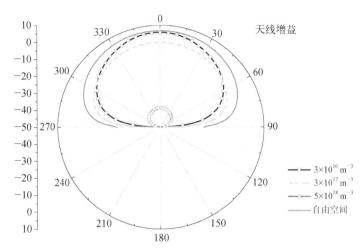

图7.3　不同等离子体鞘套覆盖下微带天线方向图理论计算结果

从图中结果可以看出,在峰值电子密度为3×10^{16} m^{-3}时,对应的特征频率小于天线工作频率,此时与自由空间方向图相比,天线主瓣增益没有降低,但是由于电磁波斜入射的附加衰减导致天线旁瓣增益的降低。

当峰值电子密度为3×10^{17} m^{-3}时,对应的特征频率略大于天线工作频率,等离子体鞘套对电磁波的吸收作用导致天线主瓣增益降低大约5 dB,同时,等离子体鞘套对电磁波的反射作用也较强,导致天线接收到反射波而产生向旁瓣方向的二次辐射,因此,相比于前一种情况,天线旁瓣增益的降低相对较小。

峰值电子密度为5×10^{18} m^{-3}时,对应的特征频率已经远大于天线工作频率,等离子体鞘套对电磁波的吸收作用导致天线方向图大幅度的变化,天线主瓣和旁瓣增益大幅度的降低,此时,天线无法工作,等于进入"黑障"现象。因此,等离子体鞘套的电子密度是影响天线方向图和增益的主要因素。

7.2　等离子体鞘套下天线电磁计算模型与计算方法

7.1节多层有耗介质覆盖下天线特性的计算方法,仅适用于多层介质一维空间分布以及均匀无限大,并且能求解的物理场景有限,因此,需要通过数值计算方法计算等离子体鞘套下的天线特性。

7.2.1　等离子体鞘套下天线特性计算模型

根据NASA给出的RAM-C钝锥体再入过程中的等离子体鞘套电子密度分布数据,本文采用的非均匀等离子体鞘套分层模型建模方法[5],其基本原理是按照非均匀等离子体鞘套的电子密度分布曲线将其分成多层均匀分布的薄层等离子体,当某一处电子密度梯度较大时,可以减小该处薄层等离子体的厚度,也即在电子密度变化较大的局部增加薄层等离子体的层数,采用上述方法可以实现用均匀薄层等离子体的组合来近似模拟非均匀等离子体鞘套。假设将等离子体鞘套分成N层均匀薄层等离子体,则第m个薄层等离子体的相对复介电系数为

$$\varepsilon_r^m = \left[1 - \frac{\omega_{p,m}^2}{\omega^2 + \nu^2} + j \cdot \frac{\omega_{p,m}^2(\nu/\omega)}{\omega^2 + \nu^2} \right] \tag{7-23}$$

其中,$\omega_{p,m}$为第m层等离子体的特征角频率;ν为等离子体碰撞角频率。

以典型再入过程中高度为76 km时的等离子体鞘套分布为例,在电子密度梯度较大的区域(如0～3 cm和12～14 cm处)适当增加薄层等离子体的层数,在电子密度梯度较小的区域(如3～12 cm处)适当减小薄层等离子体的层数,为了既能较精确地模拟非均匀等离子体鞘套又能防止仿真计算的网格数过大,按照相邻两个均匀薄层等离子体电子密度相差不超过10%来划分,将该非均匀等离子体鞘套分成40个等离子薄层,如图7.4所示。再入过程中其他高度的非均匀等离子体鞘套也同样采用分层建模的方法建立等离子体鞘套分层模型来近似模拟。

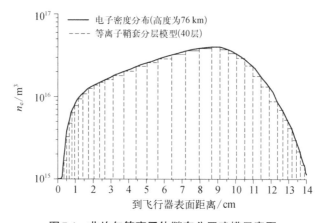

图7.4　非均匀等离子体鞘套分层建模示意图

根据第二章中对再入等离子体碰撞频率的详细描述,等离子体碰撞频率沿垂直于飞行器表面通常认为是近似于均匀分布的[2],因此,分层等离子体模型中不同位置的碰撞频率是一致的。按照Bachynski等人给出了不同高度下不同气体温度的碰撞频率曲线,每个高度下碰撞频率的数值与气体温度有关,本文根据文献[5]选择在气体温度为2 000 K的情况下进行仿真计算,不同高度下选取的碰撞频率如表7.1所示。

表7.1　气体温度为2 000 K时不同高度下的碰撞频率

高度/km	碰撞频率/MHz	高度/km	碰撞频率/MHz
21	23.00	53	175
25	12.87	61	49.92
30	5.58	71	11.82
47	0.423	76	4.25

以微带天线为例,图7.5(a)中给出了仿真所用到的L频段平板微带天线的结构与尺寸,其他测控频段的天线尺寸如表7.2所示。将天线与前述的等离子体鞘套分层模型一同建立电磁仿真模型,如图7.5(b)所示。采用时域有限积分算法对典型再入过程中不同高度的等离子体鞘套覆盖下的天线性能进行仿真计算,得到天线阻抗和方向图在不同高度下的结果,下一节对仿真结果进行详细讨论。

表7.2　L～Ka频段测控天线尺寸

频段	L(1.575 GHz)	S(2.3 GHz)	C(5.6 GHz)	Ka(27 GHz)
贴片尺寸	54.4 mm × 54.4 mm	32 mm × 32 mm	15 mm × 15 mm	4.5 mm × 4.5 mm
馈电点距离中心	10.7 mm	5.1 mm	2.2 mm	1 mm
介质层基板厚度	1.54 mm	1.54 mm	1.54 mm	1.54 mm

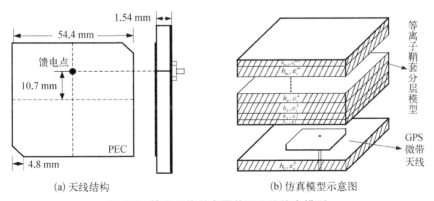

(a) 天线结构　　　　　　　　(b) 仿真模型示意图

图7.5　等离子体鞘套覆盖下天线仿真模型

7.2.2 等离子体鞘套下天线特性计算方法

微带天线因体积小、剖面低、能与飞行器共形等优点,已大量用于飞行器的测控通信天线。本文主要对再入等离子体鞘套覆盖下的微带天线性能进行研究。传统的微带天线分析方法有传输线法(transmission line, TML)、格林函数法、腔体理论(cavity model, CM)、矩形法、全波分析方法(full wave, FW),但是这些方法大都处理微带天线的简化模型,对于含有频率色散有耗等离子体介质的复杂结构不再适用。本文介绍有限积分算法(finite integration technique, FIT)的数值计算方法在等离子体鞘套下微带天线特性的计算应用。

FIT算法[6-9]由 Weiland 教授于1977年首先提出,具备一套完备的数学理论,是麦克斯韦积分方程在网格空间上的离散形式,而非其他算法常用的将微分形式麦氏方程离散化。FIT算法提供了一种通用的空间离散化方案,可处理几乎所有频段的电磁场仿真问题,包括从静态求解计算到时域和频域的仿真计算,特别是在处理色散介质的电磁问题方面十分有效。

FIT算法对积分形式的麦克斯韦方程式(7-24)进行离散化:

$$
\begin{aligned}
&\oint_{\partial A} \boldsymbol{E} \cdot \mathrm{d}\boldsymbol{s} = -\frac{\partial}{\partial t}\iint_A \boldsymbol{B} \cdot \mathrm{d}\boldsymbol{A} \\
&\oint_{\partial A} \boldsymbol{H} \cdot \mathrm{d}\boldsymbol{s} = \iint_A \left(\frac{\partial \boldsymbol{D}}{\partial t} + \boldsymbol{J}\right) \cdot \mathrm{d}\boldsymbol{A} \\
&\oint_{\partial V} \boldsymbol{B} \cdot \mathrm{d}\boldsymbol{A} = 0 \\
&\oint_{\partial V} \boldsymbol{D} \cdot \mathrm{d}\boldsymbol{A} = \int_V \rho \mathrm{d}V
\end{aligned}
\tag{7-24}
$$

如图7.6所示,采用六面体网格剖分体系,将麦克斯韦方程在Yee网格的每个面上进行离散,其中Yee网格包含两套相互嵌套、相互正交的网格:基网格(base grid)和伴随网格(dual grid)。通过这两个网格,麦克斯韦方程在三维空间内进行离散化,在基网格G的棱边上定义电压e、在基网格的面上定义磁通b;在伴随网格$\tilde{G}$的棱边上定义磁压h;在伴随网络的面上定义电通d。

用上述离散方法将所有的基网格离散化,以对法拉第电磁感应定律离散为例,如图7.6所示,将其写成矩阵形式,同时定义一个与解析旋度算子相对应的矩阵$\boldsymbol{C}$,矩阵$\boldsymbol{C}$称为离散旋度算子,该算子的拓扑结构只与结构和边界相关,其元

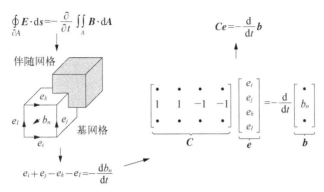

图 7.6 麦克斯韦积分方程离散化示意图

素只包含 0、1、−1。

采用上述的离散方法,将安培环路定理在网格上进行离散,便可得到相应的伴随离散旋度算子 $\tilde{C}$,采用同样的方法将两个散度方程离散化,得到分别作用于基网格和伴随网格的两个离散散度算子 S 和 $\tilde{S}$,最终得到完全离散化的麦克斯韦网格方程为

$$Ce = -\frac{\mathrm{d}}{\mathrm{d}t}b, \quad \tilde{C}h = \frac{\mathrm{d}}{\mathrm{d}t}d + j$$

$$\tilde{S}d = q, \quad Sb = 0 \tag{7-25}$$

与其他各类计算电磁学算法相比,有限积分方法离散化的过程中,并没有引入任何差分近似,而且,离散麦克斯韦网格方程组中旋度的散度恒等于零,梯度的旋度也恒等于零,这就说明离散麦克斯韦网格方程组自身能保持能量和电荷的守恒。因此,有限积分方法不会因空间离散而导致迭代的不稳定。

对空间进行离散后,介质本构方程可以表示为

$$\begin{aligned}
D &= \varepsilon E & d &= M_\varepsilon e \\
B &= \mu H & \Rightarrow \quad b &= M_\mu h \\
J &= \sigma E + J_S & j &= M_\sigma e + j_S
\end{aligned} \tag{7-26}$$

其中,M_ε、M_μ 和 M_σ 为材料的电磁参数空间离散矩阵。

天线介质基板占据的空间网格采用一般的介质模型填充,其 M_ε 和 M_μ 的大小不随频率变化,金属贴片则采用理想电导体模型填充。

对于等离子体占据的空间网格用 Drude 频率色散模型填充,$M_\mu = 1$,M_ε 可以

表示为

$$M_\varepsilon = 1 - \frac{\omega_p^2}{\omega^2 + \nu^2} - j \cdot \frac{\nu}{\omega} \cdot \frac{\omega_p^2}{\omega^2 + \nu^2} \qquad (7-27)$$

其中，ω_p 为等离子体的特征角频率；ν 为等离子体碰撞角频率；ω 为电磁波角频率。可以看出，等离子体的频率色散特性将导致不同频率下具有不同的电磁特性，因此，即使被相同参数的等离子体所覆盖，不同频段天线也具有不同的特性。

通过将空间网格的电磁参数确定后，对麦克斯韦方程中四个积分方程和三个介质方程进行离散，使用 FIT 方法在离散网格空间中求解任意的电磁场问题。

7.3 典型再入等离子体鞘套覆盖下的天线特性

由于全程飞行过程中的等离子体鞘套是动态变化的，导致天线性能在全程不断改变。目前飞行器绝大部分测控、导航系统天线都属于窄带天线，变化介质引起的偏频、阻抗失配一旦超出了天线带宽范围，将引起驻波比恶化[10-14]：一方面导致收/发效率急剧下降，引起额外的信号衰减；另一方面反射回波的增强可能触发信号发射机的保护状态或迫使其自动降低发射功率。除此以外，再入等离子体对天线近场球面波的折射和衰减作用，还会导致天线远场辐射方向图的畸变及增益的降低[15-28]。本节研究典型再入等离子体鞘套覆盖下的天线阻抗、功率方向图和极化方向图特性。

7.3.1 阻抗与工作频点偏移特性

由于等离子体鞘套存在于飞行器天线的近场，导致天线的电流分布和近场分布发生变化，因此天线的阻抗特性会发生变化。下面分别对再入等离子体鞘套下 L、S、Ka 频段天线的阻抗特性进行计算。

1. L 频段导航天线

图 7.7 为典型再入全程中不同高度时天线阻抗的 Smith 圆图，图中标出的圆点为典型高度下天线的仿真阻抗，虚线连接这些典型高度下天线的阻抗，显示出再入全程中随高度的变化天线阻抗的变化趋势。

从 Smith 圆图可以看出，随着高度的降低，天线阻抗呈逆时针方向旋转，天线阻抗中的电阻分量开始增加，同时电抗分量呈现电容特性，随着等离子体鞘套

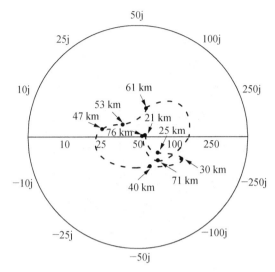

图7.7 不同高度下L频段导航天线阻抗Smith圆图

电子密度的继续增大而厚度减小,直至天线呈现纯电阻特性后,天线阻抗中的电阻分量减小同时电抗分量呈现电感特性。随后,天线电阻分量和电感特性逐渐减小,直至天线阻抗又变成容性,当再入高度为30 km时,等离子体最为严重,此时天线阻抗电阻分量和电容分量都是最大的。此后等离子电子密度开始减小,天线阻抗中的电阻分量最终回到50 Ω同时电抗分量也将近似消失。

由于再入全程中天线阻抗特性发生了变化,因此天线谐振频点也会发生一定的偏移,不同高度下天线的谐振频点如图7.8所示。

结合再入全程不同高度下电子密度分布和碰撞频率的变化,可以得出:在

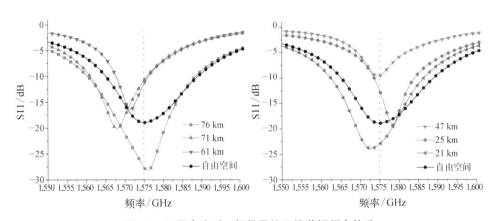

图7.8 不同高度时L频段导航天线谐振频点偏移

高度为76 km和21 km时,等离子体鞘套峰值电子密度对应的特征频率没有超过天线的工作频率而且碰撞频率很小,因此等离子体鞘套相当于储能介质覆盖着天线,反而降低了天线工作频点处的回波损耗;当高度在71 km与25 km之间时,等离子体鞘套峰值电子密度对应的特征频率均超过天线的工作频率,造成天线工作频点处的回波损耗严重恶化,且随着高度的降低等离子体鞘套的电子密度和碰撞频率逐渐增大,天线谐振频点先是向低频方向偏移,随后逐渐向高频方向偏移,从图中看出,再入全程中天线最大频偏可以达到10 MHz。

2. S频段天线

图7.9为典型再入全程中不同高度时S频段天线阻抗的Smith圆图。天线的工作谐振频点为2.3 GHz。图中标出的圆点为典型高度下天线的仿真阻抗,虚线连接这些典型高度下天线的阻抗,显示出再入全程中随高度的不同天线阻抗的变化趋势。

从Smith圆图可以看出,随着高度的降低,总体上来看天线阻抗呈逆时针方向旋转。在高度为71 km到53 km之间时,天线呈现电容特性,且天线阻抗中的电阻分量和电抗分量都在逐渐增加。高度在53 km到47 km之间时,随着等离子体鞘套电子密度的继续增大而厚度减小,天线呈现纯电阻特性。之后,从高度47 km到30 km,等离子体鞘套电子密度达到最大值,天线阻抗中的电阻分量逐渐减小同时电抗分量呈现电感特性,天线阻抗达到距离Smith圆图中心最远的位置。随后,随着再入高度的降低等离子体电子密度迅速减弱,天线阻抗中的电

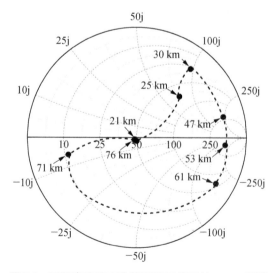

图7.9 不同高度下S波段测控天线阻抗Smith圆图

阻分量最终回到50 Ω,同时电抗分量也将近似消失。

由于再入全程中天线阻抗特性发生了变化,因此S波段测控天线谐振频点也会发生一定的偏移,不同高度下天线的谐振频点如图7.10所示。

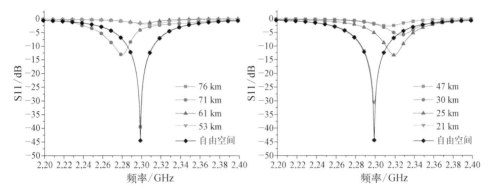

图7.10 不同高度时S波段测控天线谐振频点偏移

结合再入全程不同高度下电子密度分布和碰撞频率的变化,可以得出:在高度为76 km和21 km时,等离子体鞘套峰值电子密度对应的特征频率没有超过天线的工作频率而且碰撞频率很小,等离子体鞘套对天线谐振频点影响很小;当高度在71 km与25 km之间时,等离子体鞘套峰值电子密度对应的特征频率均超过天线的工作频率,造成天线工作频点处的回波损耗严重恶化,且随着高度的降低等离子体鞘套的电子密度和碰撞频率逐渐增大,天线谐振频点先是向低频方向偏移,随后逐渐向高频方向偏移,直到高度为30 km时,天线谐振频点向高频方向偏移最大,随后等离子体鞘套电子密度降低,天线谐振频率逐渐恢复正常。从图中看出,再入全程中S波段测控天线最大频偏可以达到25 MHz,并且天线工作频点处S11参数在61 km时降低至-2 dB。

3. Ka频段天线

图7.11为计算得出典型再入全程中不同高度时Ka波段天线阻抗的Smith圆图,图中标出的圆点为典型高度下天线的仿真阻抗。从图中可以看出,受等离子体鞘套的影响,天线阻抗偏离了自由空间时的状态,同时由于再入全程中等离子体鞘套的电子密度都低于天线的工作频率,因此,再入全程中不同高度下天线阻抗变化没有其他测控频段那样剧烈,均在$(60+j \times 35)$ Ω附近。

由于再入全程中天线阻抗受等离子体影响发生了变化,因此Ka波段测控天线谐振频点也会发生一定的偏移,如图7.12所示为不同高度下天线的S11参数。

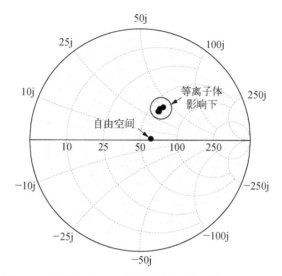

图7.11 不同高度下 Ka 波段测控天线阻抗 Smith 圆图

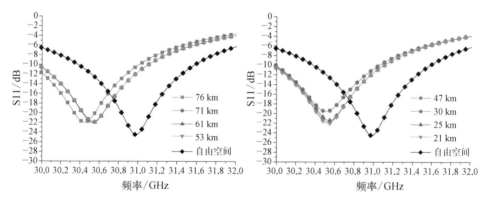

图7.12 不同高度时 Ka 波段测控天线谐振频点偏移

从图中看出，由于等离子体鞘套覆盖在 Ka 天线近场区，天线电尺寸发生变化，天线谐振频点发生一定的偏移，最大频偏可以达到50 MHz。当再入高度为76 km 时，等离子体鞘套最厚，对天线电参数改变最大。对于天线工作频点（31 GHz）处的 S11 参数均在−10 dB 左右，因此，频偏引起的失配问题还不是很严重。

7.3.2 空域辐射功率特性

再入等离子体鞘套对电磁波的反射、吸收和折射作用，导致天线各个方向角的辐射特性发生改变，因此等离子体鞘套使得测控导航天线空域辐射方向图

发生畸变。下面分别对再入等离子体鞘套下L、S、Ka频段测控导航天线的空域
辐射方向图进行仿真。

1. L频段导航天线

图7.13分别给出了8个典型高度的等离子体鞘套覆盖下GPS平板微带天线
的赤道面辐射方向图。

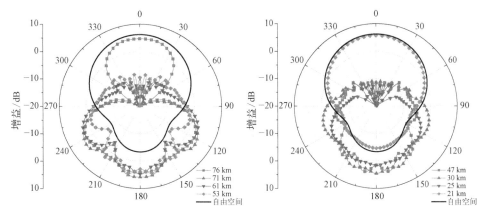

图7.13　不同高度时GPS导航天线赤道面辐射方向图

从图中结果可以看出,当高度为76 km和21 km时,等离子体鞘套电子密度
峰值对应的特征频率没有超过L频段天线工作频率,因此天线前向增益衰减很
小,但是由于碰撞频率越大反射波越小,且21 km碰撞频率大于76 km的碰撞频
率,因此21 km的主瓣受影响很小且后瓣也很小,而76 km由于等离子体鞘套对
电波的反射作用导致其主瓣宽度减小后瓣变大;当高度为71 km和25 km之间
时,等离子体鞘套电子密度峰值对应的特征频率已经超过GPS天线工作频率,
因此天线前向增益都被衰减至−15 dB以下,而且天线原主瓣方向图已经消失,
同时由于25 km的碰撞频率大于71 km的碰撞频率,因此25 km的后瓣小于71
km的后瓣。从以上分析可以看出,在高度为76 km和21 km时天线还可以接收
电磁波,而在高度为71 km和25 km之间时天线无法接收电磁波。

2. S频段天线

图7.14分别给出了8个典型高度的等离子体鞘套覆盖下S波段平板微带天
线的半开空间赤道面辐射方向图。

从图中结果可以看出,当高度为76 km和21 km时,等离子体鞘套电子密度
峰值对应的特征频率没有超过S波段天线工作频率,因此天线前向增益衰减很

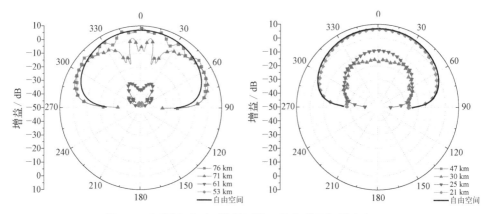

图7.14 不同高度时S波段测控天线赤道面辐射方向图

小,但是由于等离子体鞘套的折射作用,导致76 km时天线的方向图在不同方向角上发生了一定的畸变;当高度为71 km时,由于等离子体鞘套还不够严重,天线前向增益衰减10 dB左右,这时还不至于出现"黑障",但是可以看出方向图在各个方向角存在明显的畸变,尤其在−15°~+15°方向角,天线增益变化较为剧烈,导致飞行器运动时接收信号的剧烈起伏。当高度在61 km和25 km之间时,等离子体鞘套电子密度峰值对应的特征频率已经超过S波段天线工作频率,因此天线前向增益都被衰减至−15 dB以下,天线的辐射性能急剧下降。

3. Ka频段天线

由于飞行器表面对于Ka波段(31 GHz)来说已经是电大尺寸的平面,因而,建立仿真模型时考虑飞行器电大尺寸表面的影响,在天线背部加上无限大导体平面。图7.15分别给出了8个典型高度的等离子体鞘套覆盖下Ka波段平板微

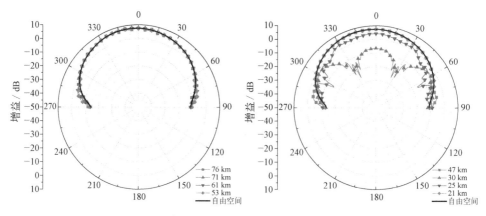

图7.15 不同高度时Ka波段测控天线赤道面辐射方向图

带天线的半开空间赤道面辐射方向图。

从图中结果可以看出,当高度为30 km时,等离子体鞘套电子密度峰值对应的特征频率与Ka波段天线工作频率相接近,因此天线前向增益衰减为−7 dB,而且天线的方向图在方向角为−30°和+30°附近出现明显畸变,天线的辐射性能急剧下降。在其他再入高度时,由于等离子体鞘套电子密度对应的特征频率远小于天线工作频率,等离子体鞘套对天线辐射方向图影响非常小。

7.3.3　空域极化特性

再入等离子体鞘套对电磁波的去极化作用还会导致天线各个方向角辐射波的极化特性发生改变,因此等离子体鞘套使得空域辐射极化特性发生恶化。下面分别对再入等离子体鞘套下L、S、Ka频段测控导航天线的空域极化方向图进行仿真。

1. L频段导航天线

图7.16分别给出了典型再入8个高度的等离子体鞘套覆盖下GPS平板微带天线不同方向角的极化特性曲线。

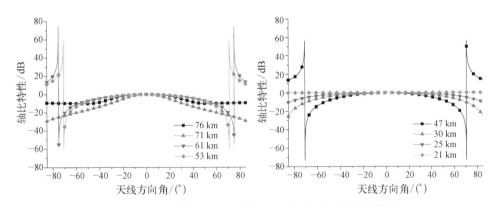

图7.16　不同高度时GPS导航天线不同方向角的极化特性

从图中结果可以看出,首先随着天线方向角的增大,天线极化特性逐渐恶化,在某些高度天线极化特性从右旋圆极化变为了左旋椭圆极化;方向角小于65°时,再入高度为71 km时的天线极化恶化最为严重;方向角大于65°时,再入高度为53 km时的天线极化恶化最为严重。

2. S频段天线

图7.17分别给出了典型再入8个高度的等离子体鞘套覆盖下S波段平板微

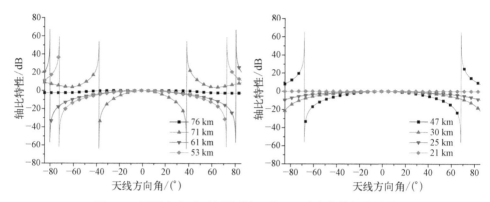

图7.17　不同高度时S波段测控天线不同方向角的极化特性

带天线不同方向角的极化特性曲线。

从图中结果可以看出,首先随着天线方向角的增大,天线极化特性逐渐恶化,在某些高度天线极化特性从右旋圆极化变为了左旋椭圆极化,且再入高度为71 km时的天线在各个方向角上的极化特性恶化最为严重。

3. Ka频段天线

图7.18分别给出了典型再入8个高度的等离子体鞘套覆盖下Ka平板微带天线不同方向角的极化特性曲线。

对于Ka波段,再入过程中天线的极化特性受等离子体鞘套影响变化不大。

从本节的仿真结果中可以得到,再入过程中天线阻抗在Smith圆图上逆时针方向旋转,经历了在电容性和电感性电抗之间大幅度的变化,天线谐振频点也出现了明显的偏移问题,对于GPS导航天线最大频偏10 MHz,S波段最大频偏25 MHz,Ka波段50 MHz。因此,开展对等离子覆盖下天线阻抗匹配

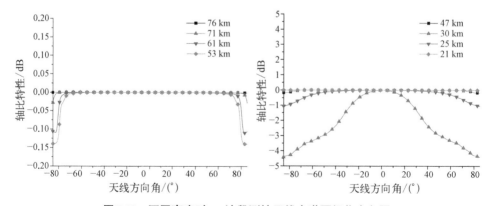

图7.18　不同高度时Ka波段测控天线赤道面极化方向图

的研究,改善再入全程中天线与馈电系统之间的失配,是削弱等离子影响的手段之一。

根据天线方向图仿真结果,当高度在71 km与25 km之间时,GPS导航天线无法接收电磁波;当高度在61 km与25 km之间时,S波段测控天线无法发射和接收电磁波;对于Ka波段,只有在高度为30 km时,可能会出现天线增益衰减大于10 dB的情况,而在其他高度时,天线辐射性能不会有明显变化。

再入过程中随着天线方向角的增大,天线极化特性逐渐恶化,在某些高度时天线极化特性从右旋圆极化变为了左旋椭圆极化。对于GPS导航和S波段,再入高度为71 km时天线极化特性恶化最为严重,对于Ka波段,再入过程中天线的极化特性受等离子体鞘套影响变化不大。

7.4　等离子体鞘套下天线阻抗自适应补偿技术

根据研究结果可知,再入全程中GPS导航、S波段、C波段天线阻抗变化十分剧烈,这就导致天线与馈电系统之间存在严重的失配问题,降低天线辐射出的信号功率。同时,再入飞行全程中的等离子体鞘套是不断变化的,导致天线性能也是不断变化的,因此,有必要研究再入过程中天线阻抗自适应补偿技术。

对于S波段和C波段测控系统,飞行器天线主动发射信号,可以通过将失配回波信号直接耦合来监测天线的阻抗与驻波情况,如图7.19所示,天线自适应补偿系统主要包括阻抗测量系统、定向耦合器、调谐网络、控制系统、外部控制等关键模块。阻抗测量系统对天线的工作状态进行监视测量,当天线工作的状态发生偏移时,输出控制参量给控制系统控制调谐网络对天线阻抗进行补偿,使天线恢复到正常的工作状态。

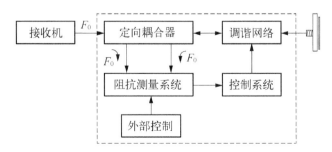

图7.19　天线阻抗自适应补偿系统组成示意图

但是,对于GPS导航系统天线具有单工全勤接收(不能发射信号)的特点,如果外加GPS工作频点测试信号对天线的阻抗与驻波情况进行监测,将会阻塞和干扰导航信号的正常接收,影响导航系统的正常工作。针对此问题,提出一种不会干扰接收机的"双邻频点"天线阻抗测量方法,"双邻频点"为接收机带外而与工作频点相差5 MHz的两个邻频点,经过仿真验证,该方法可以有效测量GPS天线工作频点的阻抗状态,并且在此基础上可以有效地补偿天线阻抗失配问题。

7.4.1 基于"双邻频点"的天线阻抗补偿的原理

图7.20为提出的"双邻频点"天线阻抗测量方法的示意图。在工作频点附近选择两个接收机带外的邻频点F_1和F_2,通过测量得到两个频点的天线阻抗,利用一定的算法推算出天线工作频点F_0处较准确的阻抗并进行补偿,能将补偿点准确匹配至工作频点上,从而发挥自动匹配补偿的最好效果。

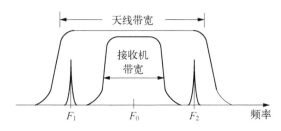

图7.20 "双邻频点"天线阻抗补偿方法示意图

7.4.2 等离子体鞘套下天线阻抗在线测量方法

天线的阻抗变化与等离子体对电磁波的反射作用相关,并且由电磁波在等离子体中的传播特性可知,在天线带宽内(±10 MHz)电磁波反射系数的幅值和相位几乎线性变化,天线上下邻频点的反射特性相对于工作频点正好呈相反的变化趋势,因此可以近似认为天线工作频点的反射系数的幅度为上下邻频点的平均值,而反射系数的相角也为上下邻频点的平均值,进而推算出天线工作频点的反射系数,具体方法如图7.21所示,其中,Z_1和Z_2分别表示上下邻频点阻抗,Z_0表示天线工作频点实际阻抗值,Z_0'表示由上下邻频点阻抗推算得到的工作频点阻抗。

某一时刻先后测量得到天线下邻频点F_1和上邻频点F_2的反射系数和阻抗分别为(R_1,Z_1)和(R_2,Z_2),其中$R_1=|R_1|e^{j\varphi_1}$,$R_2=|R_2|e^{j\varphi_2}$。由双邻频点计算得到的工作频点阻抗值Z_0',在Smith圆图上位于与Z_1和Z_2两个等驻波圆等距的等驻波圆

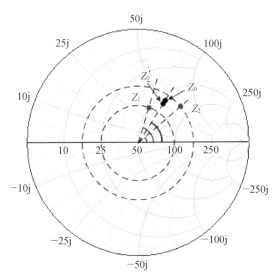

图 7.21 双邻频点推算天线工作频点阻抗方法的 Smith 圆图示意图

上，相角为 Z_1 和 Z_2 两个相角的平均值。根据上述推算方法，天线工作频点的反射系数可以近似表示为

$$R'_0 = \frac{(\mid R_1 \mid + \mid R_2 \mid)}{2} e^{j(\varphi_1 + \varphi_2)/2} \tag{7-28}$$

由双邻频点阻抗可以得到天线工作频点的近似阻抗值为

$$Z'_0 = 50 \frac{1 + R'_0}{1 - R'_0} \tag{7-29}$$

从图 7.21 可以看出，由双邻频点阻抗推算出的天线工作频点阻抗 Z'_0 比任意一个邻频点阻抗（Z_1, Z_2）都更接近于实际天线工作频点阻抗 Z_0，因此，相比于单邻频点匹配补偿方法，改进的双邻频点在线测试方法可以比较准确地获得天线工作频点的阻抗值，并且不影响导航系统的接收功能。

为了验证由双邻频点阻抗推算出的工作频点阻抗值与实际的工作频点阻抗值的一致性，并设置天线上下邻频点分别为（F_1=1.570 GHz，F_2=1.580 GHz），根据式（7-28）和式（7-29），由上下邻频点阻抗和反射系数可以计算出天线工作频点的阻抗值，对该推算方法进行仿真验证，仿真与计算结果如表 7.3 所示。

表7.3 双频点推算工作频点阻抗值方法验证结果

高度/km	工作频点阻抗/Ω （实际仿真结果）	工作频点阻抗/Ω （双邻频点阻抗推算）	功率反射 系数误差
自由空间	$54.8+j \times 0.8$	$59.5-j \times 4.6$	0.73%
76	$50.6+j \times 15.8$	$49.5-j \times 18.2$	0.83%
71	$24.1+j \times 17.8$	$24.3+j \times 17.9$	0.21%
61	$23.8+j \times 9.5$	$23.4+j \times 9.8$	0.63%
47	$17.1-j \times 4.3$	$17.5-j \times 4.4$	0.84%
30	$29.3-j \times 25.7$	$31.5-j \times 27.7$	0.78%
25	$34.8-j \times 9.6$	$34.1-j \times 8.7$	0.16%
21	$40.1+j \times 6.3$	$38.3+j \times 7.7$	0.81%

　　将上述仿真的再入全程中天线工作频点阻抗和由双邻频点阻抗推算出的阻抗进行比较,如图7.22(a)和(b)所示分别为GPS天线阻抗实部(即电阻分量)和天线阻抗虚部(即电抗分量)。

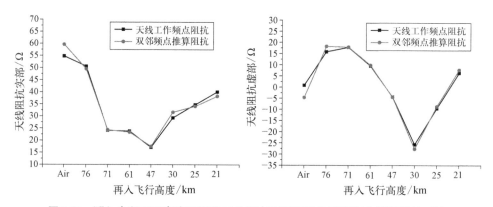

图7.22　再入全程不同高度下天线工作频点实际阻抗与双邻频点推算阻抗对比

　　从图7.22和表7.3中的结果可以看出,再入全程中通过双邻频点阻抗推算方法得到的天线阻抗与实际阻抗值的功率反射系数误差不超过1%,因此利用该方法可以有效替代常规的阻抗测量方法,得到单工全勤接收天线工作频点处得阻抗信息,为天线邻频点自动补偿技术提供匹配信息。

7.4.3　等离子体鞘套下天线阻抗自动匹配方法

　　根据天线双邻频点推算出的工作频点阻抗进行天线阻抗匹配,得到再入全程中的补偿效果,如图7.23所示。

从仿真结果可以看出,再入全程中天线被补偿调谐至1.575 GHz,同时保证天线工作频点1.575 GHz处的反射系数S11小于−30 dB。对上述邻频点补偿效果进行计算,结果如表7.4所示。

表7.4 再入全程中天线自动补偿效果计算

高度/km	补偿前/后 S11/dB	补偿前/后 功率输出效率	提高功率 输出效率	提高输出功率/dB
76	−15/−36	96.8%/99.9%	3.2%	0.15
71	−6.2/−30	76.0%/99.9%	24%	1.2
61	−8.3/−36	85.2%/99.9%	14.8%	0.7
53	−5.1/−42	69.1%/99.9%	29.9%	1.6
47	−3.9/−40	59.3%/99.9%	41.7%	2.3
30	−5.2/−32	69.8%/99.9%	31.2%	1.6
25	−12/−34.5	93.7%/99.9%	6.3%	0.3
21	−15/−30.5	96.8%/99.9%	3.2%	0.15

从表7.4中的邻频补偿效果可以得出,利用天线阻抗邻频自动补偿技术可以保证再入全程中天线工作频点处的S11参数小于−30 dB,保证天线端口反射损耗始终小于0.1 dB。由于再入过程中等离子体鞘套连续变化的,而上述仿真仅是几个典型情况,有可能出现等离子体对天线阻抗特性影响比上述仿真情况更加严重的情况,如天线S11参数为−2～−1 dB时,但是该技术仍可以保证天线反射损耗小于0.1 dB,确保4.3～6.9 dB的信号功率增益,因此该技术对于缓解"黑障"、提高信号强度具有一定的意义。

7.4.4 天线阻抗自适应补偿实验

1. 实验组成与配置

等离子体覆盖下天线实验系统最为核心的是等离子体发生装置,其采用低气压辉光放电,主体是一只厚度18 cm、直径50 cm的金属密封腔体,由真空泵将内部气压抽至10 Pa以下,形成辉光放电所需的低气压环境。放电电极采用了直径30 cm的环形多孔电极,与金属外壁间形成了5 cm左右的放电间隙。等离子电源加在金属外壁与环形多孔电极之间,强电场使放电间隙内的空气电离,从而产生等离子体,再通过电极上的孔洞扩散至腔体内部,均匀填充满整个腔体空间,从而形成一块厚度18 cm、直径30 cm的大面积均匀等离子体介质,为天线与

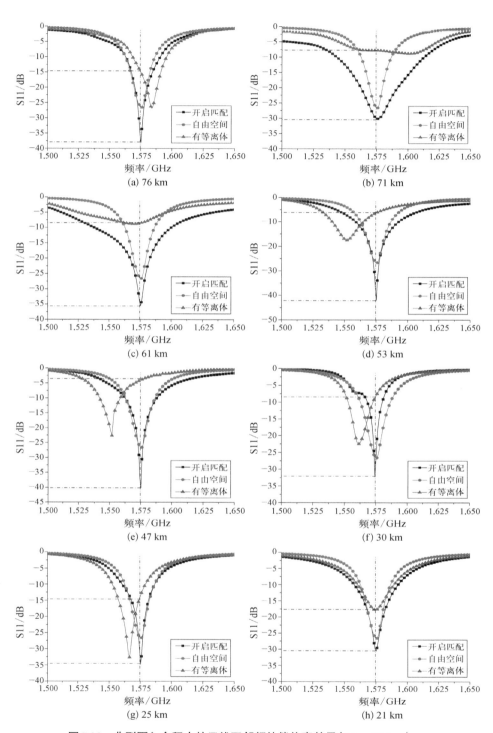

图 7.23　典型再入全程中的天线双邻频补偿仿真效果（76 ～ 21 km）

等离子体的相互作用研究提供实验环境。

图7.24为等离子体覆盖下导航天线阻抗自动补偿实验配置原理图。本次实验对实验室已有等离子体发生装置进行改造,加装内壁贴有5 cm厚泡沫吸波材料的屏蔽舱,一方面模拟了飞行器天线舱结构,另一方面起到了防止绕射和反射的作用。导航天线紧贴于等离子体发生装置观测窗,观测窗可以近似模拟飞行器的天线窗口特性,由等离子体产生与控制系统产生等离体,并对等离子体电子密度进行测量,由矢量网络分析仪对导航天线的阻抗特性进行测量,通过该实验可以在不同等离子体电子密度情况下,验证导航天线双邻频点阻抗自动匹配器的匹配效果。

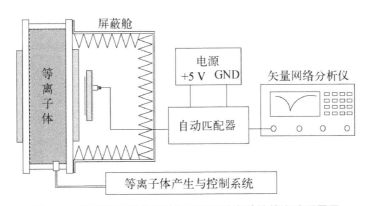

图7.24　等离子体覆盖下导航天线阻抗自动补偿实验配置图

2. 实验步骤

实验开始前,关闭等离子发生器,记录等离子体电子密度为零时天线阻抗和S11参数的初始状态。

首先测量未接入匹配器的情况,在实验过程中,通过增加放电功率,使电子密度由低到高逐渐变化。在变化全程中,间隔取10～15个工作状态,每个工作状态下保持注入电功率恒定,持续30 s。在这段持续时间内,待等离子体稳定后每2 s记录一次天线阻抗和S11参数,一般记录10次数据。因为等离子相关的实验大多伴随不确定性和偶然性因素,采用这种实验方法的目的在于消除实验中的偶然性,根据10个数据间的离散度可以判断数据的有效性并剔除坏点。

其次,测量接入匹配器的情况,等离子体发生装置选取与之前相同的10～15个工作状态,同样在每种状态下,每2 s记录一次天线阻抗和S11参数,记

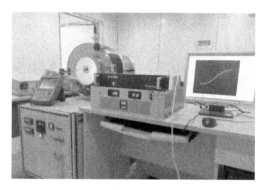

图7.25 实验现场照片

录10次数据。图7.25为实验现场实测照片。

3. 天线阻抗自适应补偿实验结果

不同电子密度情况下的天线阻抗测试结果和S11参数测试结果分别如图7.26～图7.28所示。

从天线阻抗的实验结果可以看出：在不进行阻抗匹配的情况下，天线阻抗实部随着电子密度的增加，先是由55 Ω逐渐减小至最小值33 Ω，随后逐渐增大至40 Ω；天线阻抗虚部随着电子密度的增加，先是迅速变为最小值−60 Ω，天线呈现较强的容性特征，随后与电子密度增大呈线性增大至−10 Ω，天线仍然呈现容性特征。

而在进行阻抗匹配的情况下，天线阻抗实部随着电子密度的增加，先是由57 Ω逐渐减小至最小值37 Ω，随后逐渐增大至70 Ω；天线阻抗虚部随着电子密度的增加，在0 Ω附近小范围波动，只有在天线阻抗实部变为最小值时，天线阻抗虚部波动最大为−10 Ω。从天线阻抗Smith圆图上看，如图7.27所示，天线的阻抗经过匹配后明显接近于50 Ω，说明天线阻抗匹配状态改善较为明显。从结果可以看出，实验中天线匹配器的阻抗补偿范围为(20～70)+(−60～20)jΩ。

从天线S11参数的实验结果可以看出：在不进行阻抗匹配的情况下，天线S11

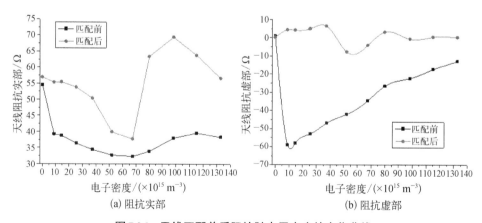

(a) 阻抗实部   (b) 阻抗虚部

图7.26 天线匹配前后阻抗随电子密度的变化曲线

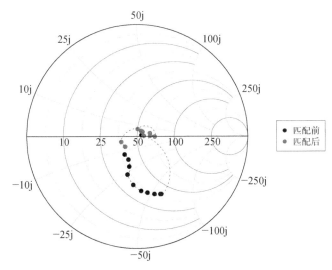

图 7.27 天线匹配前后 Smith 圆图

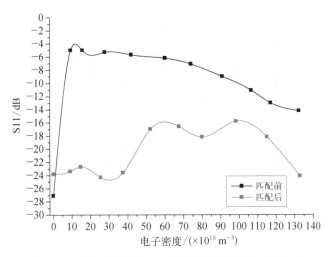

图 7.28 天线匹配前后 S11 参数随电子密度的变化曲线

参数随着电子密度的增加,先是迅速变为最大值-4 dB,随后逐渐减小至-14 dB。在电子密度区间 $10^{16} \sim 10^{17}$ m^{-3},天线受等离子体影响较为严重。

而在进行阻抗匹配的情况下,天线 S11 参数在整个实验电子密度区间都小于-16 dB,说明天线匹配状态较为良好,较不匹配情况 S11 参数改善 10~20 dB,因此,天线双邻频点阻抗自动匹配器的性能良好,能够较好地补偿等离子体对天线阻抗产生的影响。

参考文献

[1]　Golden K E, Mcpherson D A. Analysis of VHF and X-band telemetry systems degradation by reentry environment[C]. NASA, SP-252, 1971: 359-377.

[2]　Dunn M G, Kang S W. Theoretical and experimental studies of reentry plasmas[R]. Washington: NASA, CR-2232, 1973: 1-111.

[3]　Piorier J L, Rotman W, Heyes D T. Effects of the reentry plasma sheath on microwave antenna performance: Trailblazer II rocket results of 18 June 1967[R]. Microwave Physics Laboratory, AD865522, 1969.

[4]　刘刚. 多层介质单频和多频微带天线研究[D]. 上海：上海大学, 1995.

[5]　Rybak J P, Churchill R. Progress in reentry communications[J]. IEEE Transactions on Aerospace and Electronic Systems, 1971, 7(5): 879-894.

[6]　Weiland T. A discretization method for the solution of Maxwell's equations for six-component fields[J]. Electronics and Communications AEU, 1977, 31(3): 115-120.

[7]　Weiland T. On the unique numerical solution of Maxwellian eigen value problems in three dimensions[J]. Particle Accelerators, 1985, 17: 227-242.

[8]　Clemens M, Weiland T. Transient eddy current calculation with the FI-method[J]. IEEE Transactions on Magnetics, 1999, 35: 1163-1166.

[9]　Clemens M, Weiland T. Discrete electromagnetism with the Finite integration technique[J]. Progress in Electromagnetics Research, 2001, 32: 65-87.

[10]　Galejs J. Slot antenna impedance for plasma layers[J]. IEEE Transactions on Antennas and Propagation, 1964, 12(6): 738-745.

[11]　Galejs J. Admittance of a waveguide radiating into stratified plasma[J]. IEEE Transactions on Antennas and Propagation, 1965, 13(1): 64-70.

[12]　Galejs J, Mentzoni M. Waveguide admittance for radiation into plasma layers-Theory and experiment[J]. IEEE Transactions on Antennas and Propagation, 1967, 15(3): 465-470.

[13]　Villeneuve A. Admittance of waveguide radiating into plasma environment[J]. IEEE Transactions on Antennas and Propagation, 1964, 13(1): 115-121.

[14]　Croswell W, Taylor W, Swift C T, et al. The input admittance of a rectangular waveguide-fed aperture under an inhomogeneous plasma: theory and experiment[J]. IEEE Transactions on Antennas and Propagation, 1968, 16(4): 475-487.

[15]　Swift C T. Radiation patterns of a slotted-cylinder antenna in the presence of an inhomogeneous lossy plasma[J]. IEEE Transactions on Antennas and Propagation, 1964, 12(6): 728-738.

[16]　Swift C T. Admittance of a waveguide-fed aperture loaded with a dielectric plug[J]. IEEE Transactions on Antennas and Propagation, 1969, 17(3): 356-359.

[17]　Swift C T, Gooderum P, Castellow S Jr. Experimental investigation of a plasma covered, axially slotted cylinder antenna[J]. IEEE Transactions on Antennas and Propagation, 1969, 17(5): 598-605.

[18]　Isakov M V, Permyakov V A. Radiation from slot antennas through a nonlinear plasma layer[J]. Radiophysics and Quantum Electronics, 1995, 38(5): 284-289.

[19] Qian Z H, Chen R S. FDTD analysis of microstrip patch antenna covered by plasma sheath[C]. ICMMT 4th International Conference on Microwave and Millimeter Wave Technology, 2004: 983−986.

[20] 杨晓梅,裴维炎.等离子体环境下圆柱开槽天线特性的研究[J].宇航学报,1988(2): 66−73.

[21] 王文清,肖佐,冀相任,等.等离子体鞘套对天线性能影响的研究[J].北京大学学报(自然科学版),1980(2): 54−65.

[22] 董乃涵,夏诗瑶.高碰撞等离子体被盖金属圆柱纵槽天线方向图分析[J].宇航学报, 1984(3): 76−84.

[23] 李伟.飞行器再入段电磁波传播与天线特性研究[D].哈尔滨:哈尔滨工业大学,2010.

[24] 许斌.等离子体鞘套对测控导航天线性能影响研究[D].西安:西安电子科技大学, 2013.

[25] Shi L, Bai B, Liu Y, et al. Navigation antenna performance degradation caused by plasma sheath[J]. Journal of Electromagnetic Waves and Applications, 2013, 27(4): 518−528.

[26] Lundstrom R R, Henning A B, Hook W R. Description and performance of three trailblazer II reentry research vehicles[R]. NASA, TN D−1866, 1964.

[27] 金显盛.再入飞行器天线[M].北京:国防工业出版社,2000.

[28] Croswell W F, Jones W L. Effects of reentry plasma on RAM C−I VHF telemetry antennas [C]. Washington: NASA, SP−252, 1971: 183−201.

[29] Ports J S, Hart W M, Bocian E S. An automatic antenna impedance matcher for reentry vehicle applications[C]. Washington: NASA, SP−252, 1971: 449−463.

第八章

等离子体鞘套电磁调控削弱方法

利用电磁调控方法主动干预等离子体鞘套从而打开通信窗口一直被认为是一种有效的方法。磁窗法通过施加强磁场约束电子运动,改变等离子体介电特性,使右旋圆极化波在磁化等离子体中形成一个小于电子回旋频率的频率窗口[1,2]。电磁二维窗方法是通过正交的稳态电场和磁场影响等离子体鞘套中带电粒子的运动来降低局部区域的电子密度,进而打开一个通信窗口[3]。时变电磁场方法是利用时变的电/磁场来削弱等离子体鞘套局部区域的电子密度的方法[4,5]。三种方法各有优缺点。

本章论述磁化等离子体与电磁波相互作用的机理、打开频率窗口的机理、模型建立及数值模拟工作,计算磁化等离子体的电磁波传播特性,介绍了三种利用电磁调控手段来削弱等离子体鞘套中局部区域电子密度的方法,阐述由于自然条件下磁场非均匀引起的带阻效应、电磁二维窗效应及时变电磁场削弱等离子体鞘套电子密度的新方法。

8.1 等离子体鞘套磁场抑制方法

8.1.1 磁化等离子体的电磁波传播机理及介质特性

当存在静磁场 $\boldsymbol{B}_0$ 时,等离子体中带电粒子的运动矢量关系中增加了 $q\boldsymbol{v} \times \boldsymbol{B}$ 项,使电磁波在等离子体中的传播特性更复杂。磁化等离子体中正离子对电导率和介电系数间的贡献可以忽略,则磁化等离子体中的电子运动方程为[6]

$$m_e \frac{\mathrm{d}\boldsymbol{v}_e}{\mathrm{d}t} = -e\boldsymbol{E} - e\boldsymbol{v}_e \times \boldsymbol{B}_0 - \nu_e m \boldsymbol{v}_e \qquad (8-1)$$

其中，v_e 为电子速度矢量；ν_e 为电子碰撞频率；m_e 为电子质量。

考虑电磁波沿 $+z$ 方向传播，静磁场方向与电磁波传播方向相同。对于时谐电磁场，式（8-1）可展开成 3 个标量方程：

$$(j\omega + \nu_e)v_x + \left(\frac{eB_0}{m_e}\right)v_y = -\frac{e}{m_e}E_x$$

$$\left(-\frac{eB_0}{m_e}\right)v_x + (j\omega + \nu_e)v_y = -\frac{e}{m_e}E_y \qquad (8-2)$$

$$(j\omega + \nu_e)v_z = -\frac{e}{m_e}E_z$$

其中，v_x、v_y、v_z 和 E_x、E_y、E_z 分别为电子速度和电场强度在 x、y、z 方向的分量。

利用欧姆定律 $-nev=J=\sigma E$，式（8-2）可写成矩阵形式：

$$\frac{m_e}{ne^2}\begin{bmatrix} j\omega + \nu_e & \omega_b & 0 \\ -\omega_b & j\omega + \nu_e & 0 \\ 0 & 0 & j\omega + \nu_e \end{bmatrix}\begin{bmatrix} J_x \\ J_y \\ J_z \end{bmatrix} = \begin{bmatrix} E_x \\ E_y \\ E_z \end{bmatrix} \qquad (8-3)$$

其中，$\omega_b=eB_0/m_e$ 为电子回旋角频率，单位为 rad/s。

式（8-3）可表示为 $\boldsymbol{\sigma}^{-1} \cdot \boldsymbol{J}=\boldsymbol{E}$，则磁化等离子体的电导率矩阵为

$$\boldsymbol{\sigma} = (\boldsymbol{\sigma}^{-1})^{-1} = \frac{ne^2/m_e}{(j\omega + \nu_e)\left[(j\omega + \nu_e)^2 + \omega_b\right]}$$

$$\cdot \begin{bmatrix} (j\omega + \nu_e)^2 & -\omega_b(j\omega + \nu_e) & 0 \\ \omega_b(j\omega + \nu_e) & (j\omega + \nu_e)^2 & 0 \\ 0 & 0 & (j\omega + \nu_e)^2 + \omega_b \end{bmatrix} \quad (8-4)$$

为简化表达式，电导率矩阵可定义为

$$\boldsymbol{\sigma} = \begin{bmatrix} \sigma_\perp & j\sigma_\times & 0 \\ -j\sigma_\times & \sigma_\perp & 0 \\ 0 & 0 & \sigma_\parallel \end{bmatrix} \qquad (8-5)$$

其中,

$$\sigma_\perp = -\mathrm{j}\,\frac{ne^2}{m}\,\frac{\omega - \mathrm{j}\nu_e}{(\omega - \mathrm{j}\nu_e)^2 - \omega_b^2} \tag{8-6}$$

$$\sigma_\times = -\mathrm{j}\,\frac{ne^2}{m}\,\frac{\omega_b}{(\omega - \mathrm{j}\nu_e)^2 - \omega_b^2} \tag{8-7}$$

$$\sigma_\parallel = -\mathrm{j}\,\frac{ne^2}{m_e}\,\frac{1}{\omega - \mathrm{j}\nu_e} \tag{8-8}$$

由式(8-5)可知磁化等离子体为各向异性介质,则等离子体等效相对介电张量可表示为[6]

$$\tilde{\boldsymbol{\varepsilon}}_r = \mathbf{1} - \mathrm{j}\,\frac{\boldsymbol{\sigma}}{\omega\varepsilon_0} = \begin{bmatrix} \tilde{\varepsilon}_\perp & -\mathrm{j}\tilde{\varepsilon}_\times & 0 \\ \mathrm{j}\tilde{\varepsilon}_\times & \tilde{\varepsilon}_\perp & 0 \\ 0 & 0 & \tilde{\varepsilon}_\parallel \end{bmatrix} \tag{8-9}$$

其中,**1**为单位矩阵。其他符号表达式如下:

$$\tilde{\varepsilon}_\perp = 1 - \frac{(\omega_p^2/\omega^2)(1 - \mathrm{j}\nu_e/\omega)}{(1 - \mathrm{j}\nu_e/\omega)^2 - \omega_b^2/\omega^2} \tag{8-10}$$

$$\tilde{\varepsilon}_\times = 1 - \frac{(\omega_p^2/\omega^2)(\omega_b/\omega)}{(1 - \mathrm{j}\nu_e/\omega)^2 - \omega_b^2/\omega^2} \tag{8-11}$$

$$\tilde{\varepsilon}_\parallel = 1 - \frac{\omega_p^2/\omega^2}{1 - \mathrm{j}\nu_e/\omega} \tag{8-12}$$

8.1.2 磁化等离子体的电磁波传播特性

磁化等离子体的各向异性特性,使得磁化等离子体的衰减常数和相移常数变得更为复杂。考虑到式(8-2)中x和y分量在方程上的对称性,通常以圆极化波作为入射波,研究磁化等离子体中的电磁波传播特性。右旋圆极化波y方向电场分量与x方向电场分量幅值相等、相位落后$\pi/2$,可表示为

$$\begin{aligned} E_x &= E_0 \exp(\mathrm{j}\omega t) \\ E_y &= -\mathrm{j}E_0 \exp(\mathrm{j}\omega t) \end{aligned} \tag{8-13}$$

左旋圆极化波与右旋圆极化波的极化方向相反,x方向电场分量与y方向电场分量幅值相等、相位落后 $\pi/2$。因此,左旋圆极化单位矢量$\boldsymbol{a}_l$和右旋圆极化单位矢量$\boldsymbol{a}_r$可表示为

$$\boldsymbol{a}_l = \boldsymbol{a}_x + \mathrm{j}\boldsymbol{a}_y$$
$$\boldsymbol{a}_r = \boldsymbol{a}_x - \mathrm{j}\boldsymbol{a}_y \tag{8-14}$$

其中,$\boldsymbol{a}_x$和$\boldsymbol{a}_y$分别为x、y方向的单位矢量,且式中任意量都含有时谐因数 $\exp(\mathrm{j}\omega t)$。

任意电场矢量可以用圆极化单位矢量表示:

$$\begin{aligned}
\boldsymbol{E} &= \boldsymbol{a}_x E_x + \boldsymbol{a}_y E_y + \boldsymbol{a}_z E_z \\
&= \boldsymbol{a}_l \frac{E_l}{\sqrt{2}} + \boldsymbol{a}_r \frac{E_r}{\sqrt{2}} + \boldsymbol{a}_z E_z
\end{aligned} \tag{8-15}$$

其中,

$$E_l = \frac{E_x - \mathrm{j}E_y}{\sqrt{2}} \quad E_r = \frac{E_x + \mathrm{j}E_y}{\sqrt{2}} \tag{8-16}$$

在稳定状态下,等离子体中电子受到电磁波中圆极化电场的影响,其电子速度也变为圆极化方式:

$$\boldsymbol{v}_l = (\boldsymbol{a}_x + \mathrm{j}\boldsymbol{a}_y)\frac{v_l}{\sqrt{2}}$$
$$\boldsymbol{v}_r = (\boldsymbol{a}_x - \mathrm{j}\boldsymbol{a}_y)\frac{v_l}{\sqrt{2}} \tag{8-17}$$

在这种圆极化速度作用下,$\boldsymbol{v} \times \boldsymbol{B}_0$可以化简为

$$\begin{aligned}
\boldsymbol{v} \times \boldsymbol{B}_0 &= \frac{vB_0}{\sqrt{2}}(\boldsymbol{a}_x \pm \mathrm{j}\boldsymbol{a}_y) \times \boldsymbol{a}_z = \frac{vB_0}{\sqrt{2}}(-\boldsymbol{a}_y \pm \mathrm{j}\boldsymbol{a}_x) \\
&= \pm \mathrm{j}\frac{vB_0}{\sqrt{2}}(\boldsymbol{a}_x \pm \mathrm{j}\boldsymbol{a}_y) = \pm \mathrm{j}B_0 \boldsymbol{v}
\end{aligned} \tag{8-18}$$

将式(8-18)代入式(8-1),并用圆极化坐标展开得

$$\left(j\omega + \nu_e + j\frac{eB_0}{m_e} \right) v_l = -\frac{e}{m_e}E_l \tag{8-19}$$

$$\left(j\omega + \nu_e - j\frac{eB_0}{m_e} \right) v_r = -\frac{e}{m_e}E_r \tag{8-20}$$

利用欧姆定律,磁化等离子体中圆极化场的电导率可表示为

$$\sigma_l = \frac{ne^2}{m_e} \frac{1}{\nu_e + j(\omega + j\omega_b)} \tag{8-21}$$

$$\sigma_r = \frac{ne^2}{m_e} \frac{1}{\nu_e + j(\omega - j\omega_b)} \tag{8-22}$$

此时磁化等离子体的电导率不再是矩阵形式,其圆极化场对应的复相对介电系数 $\tilde{\varepsilon}_{l,r}$ 衰减常数 $\alpha_{l,r}$ 和相移常数 $\beta_{l,r}$ 可求得

$$
\begin{aligned}
\tilde{\varepsilon}_{l,r} &= 1 - \frac{\omega_p^2/\omega}{(\omega \pm \omega_b) - j\nu_e} \\
&= \left\{ 1 - \frac{\omega_p^2(\omega \pm \omega_b)}{\omega[(\omega \pm \omega_b)^2 + \nu_e^2]} \right\} - j\left\{ \frac{\omega_p^2\nu_e}{\omega[(\omega \pm \omega_b)^2 + \nu_e^2]} \right\}
\end{aligned}
\tag{8-23}
$$

$$
\alpha_{l,r} = \frac{\omega}{c}\left[-\frac{1}{2}\left\{ 1 - \frac{\omega_p^2(\omega \pm \omega_b)}{\omega[(\omega \pm \omega_b)^2 + \nu_e^2]} \right\} + \frac{1}{2}\left(\left\{ 1 - \frac{\omega_p^2(\omega \pm \omega_b)}{\omega[(\omega \pm \omega_b)^2 + \nu_e^2]} \right\}^2 + \left\{ \frac{\omega_p^2\nu_e}{\omega[(\omega \pm \omega_b)^2 + \nu_e^2]} \right\}^2 \right)^{1/2} \right]^{1/2}
\tag{8-24}
$$

$$
\beta_{l,r} = \frac{\omega}{c}\left[\frac{1}{2}\left\{ 1 - \frac{\omega_p^2(\omega \pm \omega_b)}{\omega[(\omega \pm \omega_b)^2 + \nu_e^2]} \right\} + \frac{1}{2}\left(\left\{ 1 - \frac{\omega_p^2(\omega \pm \omega_b)}{\omega[(\omega \pm \omega_b)^2 + \nu_e^2]} \right\}^2 + \left\{ \frac{\omega_p^2\nu_e}{\omega[(\omega \pm \omega_b)^2 + \nu_e^2]} \right\}^2 \right)^{1/2} \right]^{1/2}
\tag{8-25}
$$

其中,下标 l 和 "+"、下标 r 和 "−" 分别代表左旋圆极化波和右旋圆极化波;c 为光速。

图8.1为频率归一化后左旋圆极化波在磁化等离子体中传播的衰减常数和相移常数。当等离子体频率ω_p较小时，左旋圆极化波衰减常数α_l随电磁波频率的增大而减小，相移常数β_l随电磁波频率的增大而增大；当ω_p较大时，左旋圆极化波衰减常数α_l随电磁波频率增大，先缓慢变化后迅速减小，最大可下降两个数量级。此时，相移常数β_l随电磁波增长变化趋势与α_l相反，但都存在一个值突变的频率。另一方面，相同电磁波频率下，随等离子体频率增大，衰减常数α_l也增大。当电磁波频率ω增至一定程度时，相移常数基本重合。

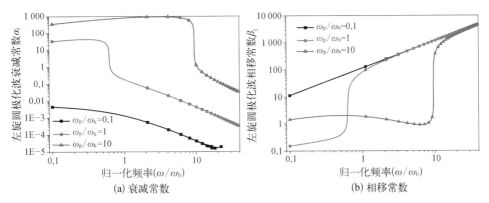

图8.1　频率归一化下左旋圆极化波在磁化等离子体中的衰减和相移常数

图8.2为频率归一化后，右旋圆极化波在磁化等离子体中传播的衰减常数和相移常数。由图8.2（a）所示，当$\omega=\omega_b$时，右旋圆极化波的衰减常数α_r存在一个最大值，此时衰减常数α_r极大，电磁波被完全衰减；当$\omega<\omega_b$时，随电磁波频率的增大，衰减常数增大，该区域内的衰减常数α_r低于最大值$2\sim4$个数量级，代表电磁波在此区域有较低的衰减；当$\omega>\omega_b$，随电磁波频率的增大，衰减常数先

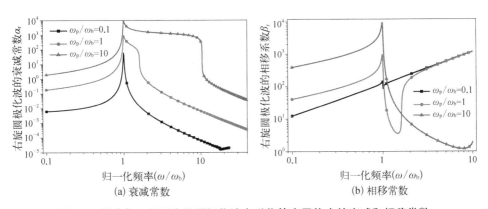

图8.2　频率归一化下右旋圆极化波在磁化等离子体中的衰减和相移常数

基本保持不变,后迅速降低,且等离子体频率越大,此趋势越明显。相同电磁波频率下,等离子体频率越大,衰减常数越大,具有较大衰减的频率范围越大。由图8.2(b)所示,右旋圆极化波的相移常数β_1随电磁波频率增大,先增大后减小。当频率增至ω_b时,达到最大值。随后,电磁波频率继续增加,相移常数减小至谷点,然后再增大,即相移常数存在最大值和最小值。当$\omega < \omega_b$,相同电磁波频率下,等离子体频率越大,相移常数越大。当$\omega > \omega_b$,在谷点外,不同等离子体频率下电磁波相移常数基本重合。

一般的,当碰撞频率ν_e足够小,式(8-24)、式(8-25)化简为

$$\alpha_{1,r} \approx \frac{\omega}{c} \frac{\omega_p^2 \nu_e}{2\omega (\omega \pm \omega_b)^{3/2} \left(\omega \pm \omega_b - \frac{\omega_p^2}{\omega}\right)^{1/2}} \tag{8-26}$$

$$\beta_{1,r} \approx \frac{\omega}{c} \left\{ 1 - \frac{\omega_p^2}{\omega [(\omega \pm \omega_b)]} \right\}^{1/2} \tag{8-27}$$

此时ν_e应满足下式:

$$\nu_e^2 = \begin{cases} (\omega \pm \omega_b)^2 \\ |\omega(\omega \pm \omega_b) - \omega_p^2| \end{cases} \tag{8-28}$$

由式(8-27)知$\beta_{1,r}$存在零点,当$\beta_{1,r}=0$时,在等离子体中出现波的截止,此时式(8-27)中的参数应满足:

$$\omega_p^2/\omega^2 = 1 \pm \omega_b/\omega \tag{8-29}$$

式(8-29)可以求解两个不同的根:

$$\omega_R = \frac{\omega_b}{2} + \sqrt{\omega_p^2 + \frac{\omega_b^2}{4}} \tag{8-30}$$

$$\omega_L = -\frac{\omega_b}{2} + \sqrt{\omega_p^2 + \frac{\omega_b^2}{4}} \tag{8-31}$$

其中,ω_R和ω_L分别为右旋截止角频率和左旋截止角频率。由于左旋圆极化波的旋转方向与等离子体中电子回旋方向相反,左旋圆极化波在等离子体中传播不会出现回旋共振现象。因此,左旋圆极化波仅存在一个传播通带,即$\omega > \omega_L$。

右旋圆极化波旋转方向与等离子体中电子回旋方向相同,电场不断加速电子回旋,电磁波能量转化为电子动能,发生回旋共振吸收现象,共振频率为$\omega=\omega_b$。当$\omega<\omega_b$(即哨声波模式),右旋圆极化波在等离子体中传播有较小的衰减,形成一个传播通带。此外,另一个传播通带为$\omega>\omega_R$。因此,在施加磁场应对通信中断问题时通常选用右旋圆极化波作为通信电磁波,可以使低频电磁波穿透等离子体。

8.1.3 非均匀磁场引起的带阻效应

根据毕奥-萨法尔定律,磁体产生的磁场空间分布为非均匀的,即

$$
\mathrm{d}\boldsymbol{B} = \frac{\mu_0}{4\pi} \frac{I\mathrm{d}\boldsymbol{l} \times \boldsymbol{r}}{r^3}
$$
$$
\boldsymbol{B} = \int_L \frac{\mu_0 I}{4\pi} \frac{\mathrm{d}\boldsymbol{l} \times \boldsymbol{e}_r}{r^2}
$$
$$\tag{8-32}$$

其中,I是源电流;L是积分路径;$\mathrm{d}\boldsymbol{l}$是源电流的微小线元素;$\boldsymbol{e}_r$为电流元指向待求场点的单位向量;μ_0为真空磁导率。磁场强度和距离的平方成反比,即随着距离增加,磁场强度降低。为研究非均匀磁场对电磁波传播特性的影响,需建立非均匀磁场下等离子体中电磁波传播模型,计算电磁波在非均匀磁场情况下的电磁波传播特性。

1. 分层磁化等离子体中的电磁波传播计算方法

首先建立非均匀磁场分层模型,如图8.3所示,d是到永磁体上表面的距离。当分层足够大时,每层内可看作匀强磁场,第m层磁感应强度大小用B_m表示。因此,第m层中的等离子体相对介电张量可表示为

$$
\boldsymbol{\varepsilon}_r^m = \begin{bmatrix} \varepsilon_{xx}^m & -\mathrm{j}\varepsilon_{xy}^m & 0 \\ \mathrm{j}\varepsilon_{yx}^m & \varepsilon_{yy}^m & 0 \\ 0 & 0 & \varepsilon_{zz}^m \end{bmatrix}
$$
$$\tag{8-33}$$

其中,$\varepsilon_{xx}^m = \varepsilon_{yy}^m = 1 - \dfrac{(\omega_{p,m}^2/\omega^2)(1-\mathrm{j}\nu/\omega)}{(1-\mathrm{j}\nu/\omega)^2 - \omega_{b,m}^2/\omega^2}$,$\varepsilon_{xy}^m = -\varepsilon_{yx}^m = -\mathrm{j}\dfrac{(\omega_{p,m}^2/\omega^2)(\omega_{b,m}/\omega)}{(1-\mathrm{j}\nu/\omega)^2 - \omega_{b,m}^2/\omega^2}$,

$\varepsilon_{zz}^m = 1 - \dfrac{\omega_{p,m}^2/\omega^2}{1-\mathrm{j}\nu/\omega}$,$\omega_{b,m} = \dfrac{q_e B_m}{m_e}$,$\omega_{p,m} = \sqrt{\dfrac{n_{e,m} e^2}{\varepsilon_0 m_{e,m}}}$,$\omega_{b,m}$为第$m$层等离子体内

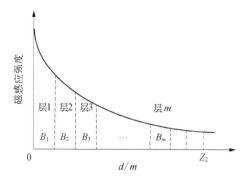

图8.3 非均匀磁场分层模型

的电子回旋频率。

根据各层的电子密度等离子体介电张量,建立如图8.4所示的分层计算模型,图中电磁波传播方向和磁场方向均沿z轴正方向。

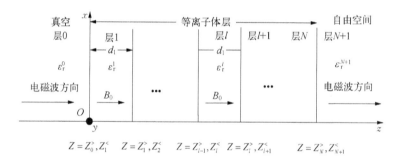

图8.4 磁化非均匀等离子体中电磁波传播的分层计算模型

在磁化等离子体中,可将麦克斯韦方程组展开为矩阵形式[7]:

$$\begin{bmatrix} 0 & 0 & 0 & 0 & -\dfrac{\partial}{\partial z} & \dfrac{\partial}{\partial y} \\ 0 & 0 & 0 & \dfrac{\partial}{\partial z} & 0 & -\dfrac{\partial}{\partial x} \\ 0 & 0 & 0 & -\dfrac{\partial}{\partial y} & \dfrac{\partial}{\partial x} & 0 \\ 0 & \dfrac{\partial}{\partial z} & -\dfrac{\partial}{\partial y} & 0 & 0 & 0 \\ -\dfrac{\partial}{\partial z} & 0 & \dfrac{\partial}{\partial x} & 0 & 0 & 0 \\ \dfrac{\partial}{\partial y} & -\dfrac{\partial}{\partial x} & 0 & 0 & 0 & 0 \end{bmatrix} \begin{bmatrix} E_x \\ E_y \\ E_z \\ H_x \\ H_y \\ H_z \end{bmatrix} = \dfrac{\partial}{\partial t} \begin{bmatrix} \varepsilon_{xx} & -j\varepsilon_{xy} & 0 & 0 & 0 & 0 \\ j\varepsilon_{yx} & \varepsilon_{yy} & 0 & 0 & 0 & 0 \\ 0 & 0 & \varepsilon_{zz} & 0 & 0 & 0 \\ 0 & 0 & 0 & \mu_0 & 0 & 0 \\ 0 & 0 & 0 & 0 & \mu_0 & 0 \\ 0 & 0 & 0 & 0 & 0 & \mu_0 \end{bmatrix} \begin{bmatrix} E_x \\ E_y \\ E_z \\ H_x \\ H_y \\ H_z \end{bmatrix}$$

$$(8-34)$$

由于电磁波中的电场和磁场是时谐场，即包含 $e^{j\omega t}$ 和 e^{-jkr} 项，因此上式中 $\dfrac{\partial}{\partial x}$、$\dfrac{\partial}{\partial y}$、$\dfrac{\partial}{\partial z}$ 和 $\dfrac{\partial}{\partial t}$ 可用 $-jk_x x$、$-jk_y y$、$-jk_z z$ 和 $j\omega$ 代替，其中，k_x、k_y 和 k_z 分别为 x、y、z 方向上的传播常数，若电磁波入射面为 xoz 平面，则 $k_y = 0$。

则将式（8-34）简化可得切向电场 $\boldsymbol{E}_t$ 和切向磁场 $\boldsymbol{H}_t$ 的矩阵关系：

$$\frac{\mathrm{d}}{\mathrm{d}z}\begin{bmatrix} \boldsymbol{E}_t \\ \boldsymbol{H}_t \end{bmatrix} = j\omega \boldsymbol{A} \begin{bmatrix} \boldsymbol{E}_t \\ \boldsymbol{H}_t \end{bmatrix} \tag{8-35}$$

其中，$[\boldsymbol{E}_t, \boldsymbol{H}_t]^{\mathrm{T}} = [E_x, E_y, H_x, H_y]^{\mathrm{T}}$，$\boldsymbol{A}$ 是与电磁波频率和等离子体参数有关的 4×4 矩阵，可表示为

$$\boldsymbol{A}^{(4 \times 4)} = \begin{bmatrix} \boldsymbol{A}_{11}^{(2 \times 2)} & \boldsymbol{A}_{12}^{(2 \times 2)} \\ \boldsymbol{A}_{21}^{(2 \times 2)} & \boldsymbol{A}_{22}^{(2 \times 2)} \end{bmatrix} = \boldsymbol{\Gamma} \cdot \left[\boldsymbol{M}_{tt} + (\boldsymbol{M}_{tz} - \boldsymbol{K}_{tz}) \cdot \boldsymbol{M}_{zz}^{-1} \cdot (\boldsymbol{K}_{zt} - \boldsymbol{M}_{zt}) \right] \tag{8-36}$$

式中各项可表示为

$$\boldsymbol{\Gamma} = \begin{bmatrix} 0 & 0 & 0 & -1 \\ 0 & 0 & 1 & 0 \\ 0 & 1 & 0 & 0 \\ -1 & 0 & 0 & 0 \end{bmatrix}, \quad \boldsymbol{M}_{tt} = \begin{bmatrix} \varepsilon_{xx} & \varepsilon_{xy} & 0 & -1 \\ \varepsilon_{yx} & \varepsilon_{yy} & 1 & 0 \\ 0 & 1 & \mu & 0 \\ -1 & 0 & 0 & \mu \end{bmatrix}, \quad \boldsymbol{M}_{zz} = \begin{bmatrix} \varepsilon_{zz} & 0 \\ 0 & \mu_0 \end{bmatrix}$$

$$\boldsymbol{M}_{tz} = \begin{bmatrix} \varepsilon_{xz} & 0 \\ \varepsilon_{yz} & 0 \\ 0 & 0 \\ 0 & 0 \end{bmatrix}, \quad \boldsymbol{M}_{zt} = \begin{bmatrix} \varepsilon_{zx} & \varepsilon_{zy} & 0 & 0 \\ 0 & 0 & 0 & 0 \end{bmatrix}$$

$$\boldsymbol{K}_{tz} = \frac{1}{\omega}\begin{bmatrix} 0 & 0 \\ 0 & k_x \\ 0 & 0 \\ -k_x & 0 \end{bmatrix}, \quad \boldsymbol{K}_{zt} = \frac{1}{\omega}\begin{bmatrix} 0 & 0 & 0 & -k_x \\ 0 & k_x & 0 & 0 \end{bmatrix}$$

$$\tag{8-37}$$

通过求解式(8-35),第l层切向电场和磁场可表示为[8]

$$\begin{bmatrix} E_t \\ H_t \end{bmatrix} = \boldsymbol{\psi}_l \cdot \boldsymbol{P}_l(z) \cdot \boldsymbol{c}_l = \boldsymbol{\psi}_l w_l(z) \tag{8-38}$$

其中,

$$\psi_l = \begin{bmatrix} \boldsymbol{e}_l^> & \boldsymbol{e}_l^< \\ \boldsymbol{h}_l^> & \boldsymbol{h}_l^< \end{bmatrix}, \quad \boldsymbol{P}_l = \mathrm{diag}\left[\, \mathrm{e}^{-\mathrm{j}k_{pi}z} \,\right] \tag{8-39}$$

其中,c_l是与边界和初值有关的4×1系数矩阵;ψ_l是第l层的矩阵A的本征矢量矩阵;P_l是第l层矩阵A的本征值对角阵;k_{p1}、k_{p2}为沿z正轴方向的传播矢量,包含正虚部;k_{p3}、k_{p4}为沿z负轴方向的传播矢量;$>$、$<$分别表示沿z轴正向和反向传播。

根据式(8-38),得到第l层间电场和磁场切向分量之间的关系[9]:

$$\begin{bmatrix} \bar{E}_t(z_l^<) \\ \bar{H}_t(z_l^>) \end{bmatrix} = \boldsymbol{H}^l \begin{bmatrix} \bar{H}_t(z_l^<) \\ \bar{E}_t(z_l^>) \end{bmatrix} \tag{8-40}$$

根据式(8-38)和式(8-39)推导出$\boldsymbol{H}^l$:

$$\boldsymbol{H}^l = \begin{bmatrix} \boldsymbol{H}_{11}^l & \boldsymbol{H}_{12}^l \\ \boldsymbol{H}_{21}^l & \boldsymbol{H}_{22}^l \end{bmatrix} = \begin{bmatrix} \boldsymbol{e}_l^> & \boldsymbol{e}_l^< \boldsymbol{P}_l^<(-d_l) \\ \boldsymbol{h}_l^> \boldsymbol{P}_l^>(d_l) & \boldsymbol{h}_l^< \end{bmatrix} \begin{bmatrix} \boldsymbol{h}_l^> & \boldsymbol{h}_l^< \boldsymbol{P}_l^<(-d_l) \\ \boldsymbol{e}_l^> \boldsymbol{P}_l^>(d_l) & \boldsymbol{e}_l^< \end{bmatrix}^{-1} \tag{8-41}$$

$\boldsymbol{H}$是由电场和磁场的阻抗、电场的后向转移量、磁场的前向转移量和场的导纳组成的混合矩阵。

第l层和第N层间切向电场和磁场的关系可表示为

$$\begin{bmatrix} \bar{E}_t(z_l^<) \\ \bar{H}_t(z_N^>) \end{bmatrix} = \boldsymbol{H}^{(l,N)} \begin{bmatrix} \bar{H}_t(z_l^<) \\ \bar{E}_t(z_N^>) \end{bmatrix} \tag{8-42}$$

其中,$\boldsymbol{H}^{(l,N)}$表示从第l层到第N层间电磁场关系的层间混合矩阵,通常$l < N$。

由于通过求解微分方程的特征值矩阵和本征向量矩阵得到混合矩阵较为复杂，$\boldsymbol{H}^l$ 和 $\boldsymbol{H}^{(l,N)}$ 均可用递归近似法来求解。为求解第 l 层的混合矩阵 $\boldsymbol{H}^l$，可将第 l 层细分为 $n+1$ 个子层，每层的厚度可定义为 $h_i = d_l/2^i (i=1, 2, \cdots, n)$ 和 $h_{n+1} = d_l/2^n$。循环递归从第 $n+1$ 子层的混合矩阵 $\boldsymbol{H}^{l(n+1)}$ 开始，当 h_{n+1} 足够小时，该子层的混合矩阵可近似表示为

$$\boldsymbol{H}^{l(n+1)} = \begin{bmatrix} \boldsymbol{H}_{11}^{l(n+1)} & \boldsymbol{H}_{12}^{l(n+1)} \\ \boldsymbol{H}_{21}^{l(n+1)} & \boldsymbol{H}_{22}^{l(n+1)} \end{bmatrix}$$

$$\approx \begin{bmatrix} \boldsymbol{I} + \dfrac{h_{n+1}}{2}\boldsymbol{A}_{11}^l & \dfrac{h_{n+1}}{2}\boldsymbol{A}_{12}^l \\[2mm] \dfrac{h_{n+1}}{2}\boldsymbol{A}_{21}^l & -\boldsymbol{I} + \dfrac{h_{n+1}}{2}\boldsymbol{A}_{22}^l \end{bmatrix}^{-1} \begin{bmatrix} -\dfrac{h_{n+1}}{2}\boldsymbol{A}_{12}^l & \boldsymbol{I} - \dfrac{h_{n+1}}{2}\boldsymbol{A}_{11}^l \\[2mm] -\boldsymbol{I} - \dfrac{h_{n+1}}{2}\boldsymbol{A}_{22}^l & -\dfrac{h_{n+1}}{2}\boldsymbol{A}_{21}^l \end{bmatrix}$$

$$(8\text{-}43)$$

其中，$\boldsymbol{I}$ 为 2×2 单位矩阵；$\boldsymbol{A}_{mn}$ 可由式（8-36）求得。则从 $i=n$ 时，递归关系可表示为

$$\boldsymbol{H}_{11}^{l(i)} = \boldsymbol{H}_{11}^{l(i+1)} + \boldsymbol{H}_{12}^{l(i+1)} \cdot \boldsymbol{H}_{11}^{l(i+1)} \cdot [\boldsymbol{I} - \boldsymbol{H}_{22}^{l(i+1)} \cdot \boldsymbol{H}_{11}^{l(i+1)}]^{-1} \cdot \boldsymbol{H}_{21}^{l(i+1)}$$

$$\boldsymbol{H}_{12}^{l(i)} = \boldsymbol{H}_{12}^{l(i+1)} \cdot [\boldsymbol{I} - \boldsymbol{H}_{11}^{l(i+1)} \cdot \boldsymbol{H}_{22}^{l(i+1)}]^{-1} \cdot \boldsymbol{H}_{12}^{l(i+1)}$$

$$\boldsymbol{H}_{21}^{l(i)} = \boldsymbol{H}_{21}^{l(i+1)} \cdot [\boldsymbol{I} - \boldsymbol{H}_{22}^{l(i+1)} \cdot \boldsymbol{H}_{11}^{l(i+1)}]^{-1} \cdot \boldsymbol{H}_{21}^{l(i+1)}$$

$$\boldsymbol{H}_{22}^{l(i)} = \boldsymbol{H}_{22}^{l(i+1)} + \boldsymbol{H}_{21}^{l(i+1)} \cdot \boldsymbol{H}_{22}^{l(i+1)} \cdot [\boldsymbol{I} - \boldsymbol{H}_{11}^{l(i+1)} \cdot \boldsymbol{H}_{22}^{l(i+1)}]^{-1} \cdot \boldsymbol{H}_{12}^{l(i+1)}$$

$$(8\text{-}44)$$

递归运算到 $i=1$ 结束，此时第 l 层的混合矩阵 $\boldsymbol{H}^l = \boldsymbol{H}^{l(1)}$。

为得到层间混合矩阵，考虑图8.4中由左到右递归。由式（8-40）和式（8-42）中对单层和层间混合矩阵的定义及相邻两层间场连续性得

$$E_t(z_{l-1}^>) = E_t(z_f^<)$$
$$H_t(z_{l-1}^>) = H_t(z_f^<)$$

$$(8\text{-}45)$$

可得层间混合矩阵的递归关系为

$$H_{11}^{(l, N)} = H_{11}^l + H_{12}^l \cdot H_{11}^{(l+1, N)} \cdot \left[I - H_{22}^l H_{11}^{(l, N)} \right]^{-1} \cdot H_{21}^l$$

$$H_{12}^{(l, N)} = H_{12}^l \cdot \left[I - H_{11}^{(l+1, N)} \cdot H_{22}^l \right]^{-1} \cdot H_{12}^{(l+1, N)}$$

$$H_{21}^{(l, M)} = H_{21}^{(l+1, N)} \cdot \left[I - H_{22}^l \cdot H_{11}^{(l+1, N)} \right]^{-1} \cdot H_{21}^l$$

$$H_{22}^{(l, M)} = H_{22}^{(l+1, N)} + H_{21}^{(l+1, N)} \cdot H_{22}^l \cdot \left[I - H_{11}^{(l+1, N)} \cdot H_{22}^l \right]^{-1} \cdot H_{12}^{(l+1, M)} \tag{8-46}$$

递归顺序从$l=N-1$开始,到$l=1$结束,则电磁波从第0层入射,反射系数$R_{0,1}$和透射系数$T_{0,N+1}$可表示为

$$\bar{w}_0^< (z_0^>) = R_{0,1} \bar{w}_0^> (z_0^>)$$

$$\bar{w}_{N+1}^> (z_{N+1}^<) = T_{0, N+1} \bar{w}_0^> (z_0^>) \tag{8-47}$$

第$N+1$层是一个半平面无限大的自由空间,$\bar{w}_{N+1}^< (z_{N+1}^<) = 0$,则利用边界条件和多层等离子层间混合矩阵可以推导出反射和透射矩阵为

$$R_{0,1} = (H_s \cdot h_0^< - e_0^<)^{-1} (e_0^> - H_s \cdot h_0^>) \tag{8-48}$$

$$T_{0, N+1} = \left[h_{N+1}^> - H_{22}^{(1, N)} \cdot e_{N+1}^> \right]^{-1} H_{21}^{(1, N)} \cdot (h_0^> + h_0^< R_{0,1}) \tag{8-49}$$

$$H_s = H_{11}^{(1, N)} + H_{12}^{(1, N)} \cdot \left[h_{N+1}^> (e_{N+1}^>)^{-1} - H_{22}^{(1, N)} \right] \cdot H_{21}^{(1, N)} \tag{8-50}$$

其中,$e_0^{<>}$、$h_0^{<>}$和$e_{N+1}^{<>}$、$h_{N+1}^{<>}$分别是第0层和第$N+1$层场分量的特征矢量,由于第0层和第$N+1$为真空和自由空间,其特征矢量可表示为

$$\psi_0 = \begin{bmatrix} e_0^> & e_0^< \\ h_0^> & h_0^< \end{bmatrix} = \begin{bmatrix} \dfrac{k_z}{k_0} & 0 & -\dfrac{k_z}{k_0} & 0 \\ 0 & -1 & 0 & -1 \\ 0 & \sqrt{\dfrac{\varepsilon_0}{\mu_0}} \dfrac{k_z}{k_0} & 0 & -\sqrt{\dfrac{\varepsilon_0}{\mu_0}} \dfrac{k_z}{k_0} \\ \sqrt{\dfrac{\varepsilon_0}{\mu_0}} & 0 & \sqrt{\dfrac{\varepsilon_0}{\mu_0}} & 0 \end{bmatrix} \tag{8-51}$$

反射系数$R_{0,1}$和透射系数$T_{0,N+1}$可写成

$$\boldsymbol{R}_{0,1} = \begin{bmatrix} (R_{0,1})_{11} & (R_{0,1})_{12} \\ (R_{0,1})_{21} & (R_{0,1})_{22} \end{bmatrix}$$

$$\boldsymbol{T}_{0,N+1} = \begin{bmatrix} (T_{0,N+1})_{11} & (T_{0,N+1})_{12} \\ (T_{0,N+1})_{21} & (T_{0,N+1})_{22} \end{bmatrix} \tag{8-52}$$

对 TE 波入射波则有

$$(R_{0,1})_{11} = R_{co} \qquad (R_{0,1})_{21} = R_{cross} \tag{8-53}$$

$$(T_{0,N+1})_{11} = T_{co} \qquad (T_{0,N+1})_{21} = T_{cross} \tag{8-54}$$

对 TM 波入射波则有

$$\begin{cases} (R_{0,1})_{22} = R_{co} \qquad (R_{0,1})_{12} = R_{cross} \\ (T_{0,N+1})_{22} = T_{co} \qquad (T_{0,N+1})_{12} = T_{cross} \end{cases} \tag{8-55}$$

其中,入射波为线极化波 TE 波和 TM 波;R_{co} 和 T_{co} 表示共极化的反射系数和透射系数;R_{cross} 和 T_{cross} 表示交叉极化的反射系数和透射系数。

若入射波为圆极化波,右旋圆极化波的电场矢量可表示为 $\boldsymbol{E}_r = (\boldsymbol{E}_{TE} + j\boldsymbol{E}_{TM})/\sqrt{2}$,左旋圆极化波的电场矢量可表示 $\boldsymbol{E}_l = (\boldsymbol{E}_{TE} - j\boldsymbol{E}_{TM})/\sqrt{2}$。以圆极化波入射为例,当圆极化波入射磁化等离子体时,出射波可分解为左旋圆极化波和右旋圆极化波的叠加,即[10]

$$\boldsymbol{E}_T = T_r \boldsymbol{E}_r + T_l \boldsymbol{E}_l \tag{8-56}$$

其中,T_r 和 T_l 分别为右旋圆极化波和左旋圆极化波的透射系数。将式(8-56)展开可得

$$\boldsymbol{E}_T = [(T_r + T_l)\boldsymbol{E}_{TE} + j(T_r - T_l)\boldsymbol{E}_{TM}]/\sqrt{2} \tag{8-57}$$

同时,当入射波为右旋圆极化波时,单位右旋圆极化波可表示为 $\boldsymbol{E}_r = [1, j]^T$由式(8-47)可知

$$\boldsymbol{E}_T = \boldsymbol{T}_{0,N+1}\boldsymbol{E} = [E_{T1}, E_{T2}]^T \tag{8-58}$$

通过式(8-57)和式(8-58)可得到右旋圆极化波透射系数为

$$T_r = (E_{T1} - jE_{T2})/\sqrt{2} \qquad (8 \ 59)$$

同理,当入射波为左旋圆极化波时,单位左旋圆极化波可表示为 $\boldsymbol{E}_r = [1, -j]^T$则左旋圆极化波透射系数为

$$T_r = (E_{T1} + jE_{T2})/\sqrt{2} \qquad (8-60)$$

2. 非均匀磁场引起的带阻效应

本节中非均匀磁场由3种不同尺寸的矩形磁体产生[10],其规格分别为永磁体A(30 mm × 40 mm × 50 mm)、永磁体B(150 mm × 150 mm × 100 mm)和永磁体C(300 mm × 200 mm × 100 mm),磁体中心轴向磁场分布如图8.5所示,磁场方向为 z 轴正方向,飞行器表面为 $z=0$。表8.1为不同磁体在 $z=0$ 和 $z=10$ cm 处的磁感应强度和电子回旋频率。

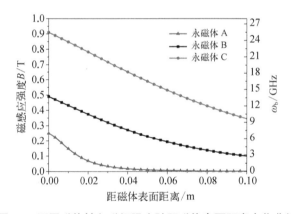

图8.5　不同磁体轴向磁场强度随距磁体表面距离变化曲线

表8.1　不同磁体在 $z=0$ 和 $z=10$ cm 处的磁感应强度和电子回旋频率

永磁体	永磁体尺寸	$z=0$ 处磁场强度 (电子回旋频率 $f_{b,0}$)	$z=10$ cm 处磁场强度 (电子回旋频率 $f_{b,10}$)
永磁体A	30 mm × 40 mm × 50 mm	0.25 T(7.0 GHz)	0.001 7 T(0.046 GHz)
永磁体B	150 mm × 150 mm × 100 mm	0.49 T(13.7 GHz)	0.1 T(2.8 GHz)
永磁体C	300 mm × 200 mm × 100 mm	0.91 T(25.47 GHz)	0.35 T(9.7 GHz)

根据RAM-C典型数据,以下仿真中,为了简化研究中可变的参数,等离子体厚度设为固定为10 cm,等离子体模型为双高斯分布模型,其中 $\alpha_1 = 1\,000$,$\alpha_2 = 500$,$z_0 = 0.03$。等离子体峰值电子密度分别为 1×10^{17} m^{-3}、5×10^{17} m^{-3}、1×10^{18} m^{-3} 和

5×10^{18} m^{-3}，碰撞频率选为 0.3 GHz，仿真中电磁波为右旋圆极化波。

图 8.6 为均匀磁场和非均匀磁场下等离子体中右旋圆极化波透射幅频特性曲线，其中非均匀磁场由永磁体 B 产生。为便于与均匀磁场情况下透射系数对比，根据表 8.1，均匀磁场可选代表永磁体 B 产生磁场的最小值、中值和最大值，即 0.1 T、0.3 T 和 0.49 T。由图 8.6 可知，在均匀磁场情况下，电磁波幅频特性曲线呈现带阻特性，其阻带范围与电子回旋频率 f_b 和右旋截止频率 f_R 有关，类似于带阻滤波器。施加非均匀磁场后，电磁波的传播阻带变宽，这是由于等离子体施加非均匀磁场，导致每一层的磁场出现一个传播阻带，各阻带叠加在频域上形成一个较宽的传播阻带，即"带阻效应"。例如，图 8.6（a）中，非均匀磁场情况下透射电磁波幅频特性曲线阻带范围为 $2.7 \sim 14$ GHz，对应表 8.1 中永磁体 B 的 $f_{b,10}$ 和 $f_{b,0}$，同时也是 0.1 T 和 0.49 T 均匀磁场下的电子密度回旋频率。由图 8.6（a）～（d）知，在相同非均匀磁场的情况下，峰值电子密度增大导致阻带增宽，同时阻带内

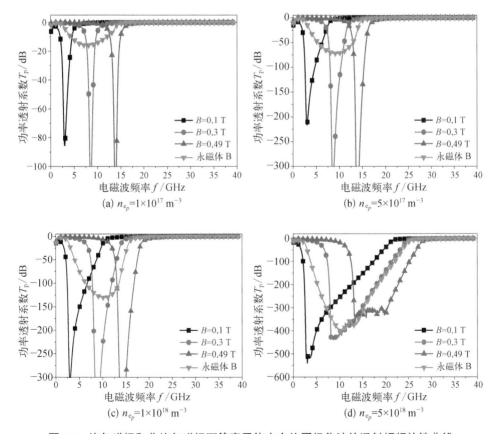

图 8.6　均匀磁场和非均匀磁场下等离子体中右旋圆极化波的透射幅频特性曲线

透射系数越小。在阻带之外,电子密度的改变对电磁波透射系数影响较小。

由上文分析知,静磁场的非均匀特性会导致电磁波透射幅频特性曲线的阻带变宽,为研究此特性,计算了不同非均匀磁场下等离子体中右旋圆极化波的透射系数,其计算结果如图8.7所示。仿真中,等离子体峰值电子密度分别为 $1\times10^{17}\,\mathrm{m^{-3}}$、$5\times10^{17}\,\mathrm{m^{-3}}$、$1\times10^{18}\,\mathrm{m^{-3}}$ 和 $5\times10^{18}\,\mathrm{m^{-3}}$,碰撞频率选为 0.3 GHz,仿真中电磁波为右旋圆极化波,非均匀磁场由表8.1的永磁体产生。

由图8.7可知,不同非均匀磁场分布和等离子体电子密度下,电磁波透射幅频特性曲线阻带的位置与宽度不同。例如,在永磁体A作用下,幅频特性曲线阻带右侧截止频率随电子密度的增大而增大,当峰值电子密度为 $1\times10^{17}\,\mathrm{m^{-3}}$ 时,其右侧截止频率为 5 GHz,峰值电子密度为 $5\times10^{18}\,\mathrm{m^{-3}}$ 时,其右侧截止频率为 17.5 GHz;在永磁体B、C作用下,电磁波透射系数的阻带宽度和位置受等离子体电子密度影响降低。左侧截止频率仅与距磁体最远处磁场有关,即左侧截

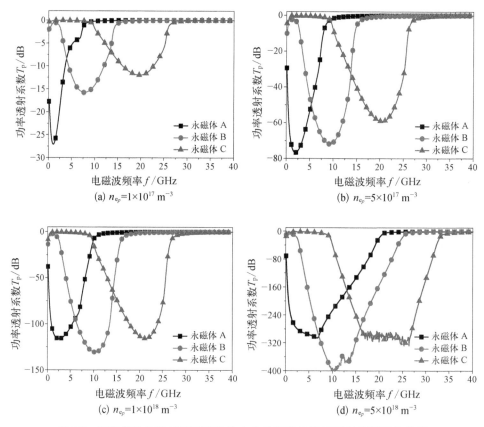

图8.7　不同非均匀磁场下等离子体中右旋圆极化波的透射幅频特性曲线

止频率与$f_{b,10}$接近。例如,在永磁体C作用下,图8.7(a)~(d)中幅频特性曲线阻带左侧截止频率均为9.7 GHz,对应表8.1中的$f_{b,10}$。因此,非均匀磁场下电磁波透射幅频特性曲线的阻带位置和宽度与磁感应强度和电子密度有关,其左侧和右侧截止频率分别为$f_{b,min}$(最小电子回旋频率)和$f_{R,max}$(最大右旋截止频率)。若$f_{b,max}<f_{p,max}$或$f_{b,max}\approx f_{p,max}$,等离子体电子密度越大,阻带带宽越大,此种情况下,右旋截止频率f_R受电子密度影响不可忽略。当$f_{b,max}\gg f_{p,max}$时,阻带宽度受电子密度影响明显减小,即电子密度对f_R的影响可忽略,此时阻带宽度可近似由最大和最小的磁感应强度决定。

综上所述,在应用静磁场降低等离子体中的电磁波衰减时,尤其在电磁波频率较低情况下,非均匀磁场会使幅频特性曲线的通带变窄,可能使预期在通带内的频段处于阻带内,影响磁场对电磁波衰减的抑制效果,增加了对磁体设计要求。

8.2　基于正交电磁二维场的等离子体鞘套局部削弱方法

8.2.1　正交电磁二维场与等离子体的作用机理

1. 电场对降低电子密度的影响机理分析

等离子体中包含大量的自由电子和正离子,而自由电子和正离子都对电场十分敏感,因此当等离子体中存在电场时,等离子体中的电子和离子将会在电场的作用下产生定向运动,其中正离子沿电场的方向运动,电子则沿电场的反方向运动。一般情况下,电场的方向都是由阳极指向阴极,因此正离子将会被阴极吸引,而电子则被从阴极排开,在阴极附近形成一个低电子密度的区域,称为等离子体鞘层[11],如图8.8所示。在等离子体鞘层内,等离子体不再为电中性,而是正离子的密度高于电子密度,若阴极的电势远小于等离子体的电势,那么在阴极附近,电子将几乎被全部排开,只剩下正离子。由电磁波与等离子体相互作用的机理可知,等离子体中对电磁波产生吸收和反射的主要因素是电子,因此在阴极附近的电子真空区域就形成了一个电磁波穿透等离子体鞘套的"窗口"。

另一方面,由于等离子体对电场的屏蔽作

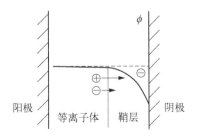

图8.8　等离子体鞘层示意图

用,在阳极和阴极之间的电压差将大部分集中在鞘层区域内,因此在鞘层区域内形成很强的指向阴极的电场。正离子在电场的作用下被加速飞向阴极,由粒子的质量守恒定律可知,当粒子的速度增大时,其密度必然会降低,因此鞘层区域内的等离子体的正离子密度也将会低于准中性区域内的离子密度。由于电子的惯性很小,因此其在电场的作用将会很快达到平衡态(电子密度梯度产生的压力与电场力达到平衡),在阳极和阴极空间区域内,电子密度的分布服从波尔兹曼分布

$$n_e = n_{e0}\exp\left(\frac{e\phi}{k_B T_e}\right) \tag{8-61}$$

其中,n_{e0}为初始电子密度值,亦即电势为0时的电子密度;T_e为电子密度的温度;k_B为波尔兹曼常数。由上式也可以看出,阳极和阴极区域内的电势分布也可以表征等离子体的电子密度分布。

2. 磁场对降低电子密度的影响机理分析

磁场对带电粒子的影响主要体现在滞止作用上。众所周知,带电粒子在磁场的作用下,会发生回旋运动,在无碰撞和其他作用力条件下,带电粒子将无法逃脱磁场的约束,即被滞止了。如果在整个空间内磁场都是均匀分布的,由于磁场对所有带电粒子的滞止效果相同,将不会对电子密度起到削弱作用,因此前人的研究中,在只是施加磁场的情况下,对电子密度的降低效果很弱。真正对电子密度起到削弱作用的实际上是非均匀磁场,如图8.9所示,考虑极限情况,在$x<0$或$y>y_0$区域内,磁场为0;在$x>0$且$y<y_0$区域内,磁场为B_0。带电粒子由$x<0$区域向$x>0$区域入射,当带电粒子入射到有磁场的位置时,由于离子的质量比较大,因此其回旋半径也比较大。一般情况下,离子在磁场的作用下只发生偏转运动,而电子的质量比较小,其回旋半径也比较小,因此会在磁场的作用下做回旋运动;另一方面,由于正离子和电子的分离作用,将会在等离子体内部形成内建电场,电子将会在内建电场的作用下,与正离子一起运动。在无磁场的区域内,电子和正离子都按原轨迹前进,因此在右上角将会产生一个较低离子密度的区域,由等离子体的准电中性特性可知,电子密度在右上角区域也将降低。

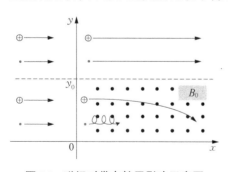

图8.9 磁场对带电粒子影响示意图

3. 正交电磁二维场对降低电子密度的影响机理分析

如果在与电场垂直的方向上施加一个磁场,就构成了正交电磁二维场,与单独施加电场或单独施加磁场相比,电磁二维场兼具了两者的优势,既可以通过电场对正离子进行加速,又可以利用非均匀分布的磁场使正离子发生偏转。另一方面,由于电场对离子的加速作用,使得磁偏转力增大,因此磁场对离子的作用更强。在极限情况下,电场对离子的作用力与磁场对离子的向心力达到平衡,此时离子将会沿着与磁场和磁场垂直的方向匀速运动,如图8.10所示。由等离子体的准电中性可知,在离子密度降低的位置,其电子密度也必将有所降低,在正交电磁二维场的作用下,离子的速度分布梯度较单独施加电场或单独施加磁场时更大,由离子守恒可知,离子密度的降低程度越高,对应的电子密度降低程度也将会越高。

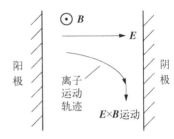

图8.10　正交电磁二维场对正离子影响示意图

8.2.2　正交电磁二维场的物理模型建立

正交电磁二维场的结构配置如图8.11所示。在天线窗口的上游区域安装一对电极,将天线放置在阴极附近,而在电极的正下方安装一个磁铁。当从上游流过来的等离子体经过天线窗口时,将会受到电场和磁场的双重影响,在阴极的附近产生一个电子密度相对较低的区域,电子密度的降低将会使得电子密度和碰撞频率的比值降低,从而使得电磁波的衰减降低。

1. 正交电磁二维场的控制方程

根据正交电磁二维场中电场和磁场对降低电子密度的影响机理分析可知,由于电子的惯性较小,因此电子服从波尔兹曼分布[式(8-61)],因此求解等离子体中的电子密度分布必须首先求解等离子体的电势分布。而等离子体的电势分布一般由等离子体中的带电电荷(正离子和负电子)分布状态和边界条件决

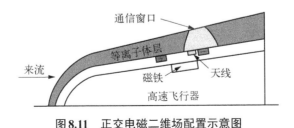

图8.11　正交电磁二维场配置示意图

定,对于电势分布的求解可以通过泊松方程来求解,即

$$\nabla^2 \phi = -\frac{e}{\varepsilon_0}(n_i - n_e) \qquad (8-62)$$

其中,e是单位电荷量;ε_0是真空中的介电常数;n_i是正离子密度。由式(8-62)可知,要求解出电势分布必须求解出正离子的分布。

正离子的分布主要由粒子的运动规律决定,其运动规律可以应用流体力学中的质量守恒方程和动量守恒方程来求解得到。其中质量守恒方程为

$$\frac{\mathrm{d}n_i}{\mathrm{d}t} + \nabla \cdot (n_i \boldsymbol{V}_i) = S_i \qquad (8-63)$$

其中,左侧第一项表示单位体积内离子密度随时间的变化量;左侧第二项表示由于正离子运动流出单位体积内的离子密度变化量;S_i表示由化学反应过程引起的离子密度的变化量,考虑化学非平衡过程,即在仿真区域内不存在电离、复合等过程,因此将化学反应源项S_i设为0。

动量守恒方程表示的是正离子的运动速度在外力作用下的改变情况,可以表示为

$$M_i \frac{\mathrm{d}(n_i \boldsymbol{V}_i)}{\mathrm{d}t} + M_i \nabla \cdot (n_i \boldsymbol{V}_i \boldsymbol{V}_i) = en_i \boldsymbol{E} + en_i \boldsymbol{V}_i \times \boldsymbol{B} - \nu_c M_i n_i (\boldsymbol{V}_i - \boldsymbol{V}_0)$$

$$(8-64)$$

其中,$\boldsymbol{V}_i$为离子速度;$\boldsymbol{V}_0$为中性粒子速度,即来流速度;M_i为离子质量;e为单位电荷;$\boldsymbol{E}$为电场强度;ν_c为离子的碰撞频率。左侧第一项为单位体积内离子动量随时间的变化;左侧第二项为离子流动引起的单位体积内的离子动量变化;右侧第一项为电场对离子施加电场力引起的离子动量变化;右侧第二项为磁场对离子施加的洛仑兹力引起的离子动量变化;右侧第三项为离子与中性粒子的碰撞引起的离子动量变化。

由于中性粒子不受电场力或磁场力的影响,因此可以假设在整个区域内的中性粒子是均匀分布的,而离子与中性粒子的碰撞频率由下式获得:

$$\nu_c = \frac{1}{\lambda_i}\sqrt{\frac{8k_B T}{\pi M_i}} \qquad (8-65)$$

其中,T是离子的温度(与中性粒子温度相同);λ_i是离子的平均自由程,与中性气体的温度成正比,而与气体的气压成反比,$\lambda_i = 0.005 \times 1.33 \times T/(300 \times p)$。

电场强度为一个矢量,可通过对电势分布沿空间进行梯度求解得到

$$\boldsymbol{E} = -\nabla\phi \tag{8-66}$$

联立式(8-61)~式(8-66)即可以得出正交电磁二维场的控制方程为

$$
\begin{cases}
\dfrac{\mathrm{d}n_i}{\mathrm{d}t} + \nabla \cdot (n_i \boldsymbol{V}_i) = 0 \\[3mm]
M_i \dfrac{\mathrm{d}(n_i \boldsymbol{V}_i)}{\mathrm{d}t} + M_i \nabla \cdot (n_i \boldsymbol{V}_i \boldsymbol{V}_i) = en_i(\boldsymbol{E} + \boldsymbol{V}_i \times \boldsymbol{B}) - \nu_c M_i n_i(\boldsymbol{V}_i - \boldsymbol{V}_0) \\[3mm]
n_e = n_{e0}\exp\left(\dfrac{e\phi}{k_B T_e}\right) \\[3mm]
\nabla^2\phi = -\dfrac{e}{\varepsilon_0}(n_i - n_e) \\[3mm]
\boldsymbol{E} = -\nabla\phi \\[3mm]
\nu_c = \dfrac{1}{\lambda_i}\sqrt{\dfrac{8k_B T}{\pi M_i}}
\end{cases}
\tag{8-67}
$$

2. 初始与边界条件分析

正交电磁二维场的控制方程描述了正离子和电子的运动规律,但要得出具体的电子密度分布,还需要设定仿真区域的初始与边界条件,其中初始条件一般设为无外界干扰时的等离子体流场状态,边界条件则可以分为电场边界条件和流场边界条件两类。电场边界条件用于求解仿真区域内的电势分布,其中在电极上的电势为固定值,而在开放边界上的电势无需进行特殊设置,可以通过基本的泊松方程求解。流场边界条件主要有离子的密度和速度两类:一般情况下,来流边界上的离子密度和离子速度设置为固定值,而在出口处的离子密度和速度梯度设置为0。在本文考虑的由磁场引起离子偏转的情况,由于仿真区域以外不再有离子偏转效应(无磁场),因此可以将离子的速度设置为固定值(来流速度),而离子密度梯度设置为0。

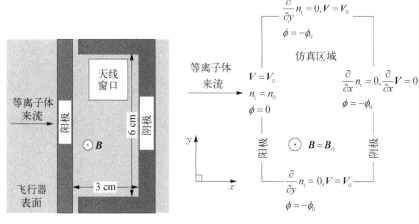

图8.12 U形电极结构示意图　　图8.13 U形电极边界条件设定

本文采用U形电极分布形式,其电极分布如图8.12所示。在飞行器的表面布置两个电极,其中阳极的方向与来流方向垂直,位于天线窗口的上游,电势设置为0,U形阴极位于天线窗口的下游,在阴极上施加负高压。电极的长度为6 cm,两个电极间距3 cm。在垂直于飞行器表面的方向施加一个向外的均匀磁场。预期在U形阴极的拐角处将产生更大面积的电子密度削弱区域,因此将天线窗口开设在该区域。

U形电极配置的初始条件和边界条件设置如图8.13所示。初始条件为:电子密度和离子密度均匀分布,与来流条件相同,电势分布为0。边界条件为:阳极上的电势为0,离子密度为n_0,离子速度为V_0,阴极上的电势为$-\phi_0$,在与阳极正对的阴极边界上,离子密度和离子速度都满足沿x方向梯度为0的条件。在仿真区域上下边界处的阴极边界上,离子密度满足沿y方向梯度为0的条件,离子速度为V_0。磁场为均匀分布。

分别考虑在不同电压、磁场强度、流场速度、气压和电子密度下的电子密度削弱效果。仿真条件如表8.2中所示,电子密度范围为$10^{16} \sim 10^{18}$ m^{-3},电压为$-3\,000 \sim -1\,000$ V,磁场强度为$0 \sim 0.2$ T,气压为$5 \sim 500$ Pa,流场速度为$1\,000 \sim 3\,000$ m/s,其中固定气体温度为$2\,000$ K。

表8.2　正交电磁二维场仿真条件

电子密度/m^{-3}	电压/V	磁场/T	气压/Pa	流场速度/(m · s)
1×10^{16}	$-1\,000$	0	5	1 000
1×10^{17}	$-2\,000$	0.1	50	2 000
1×10^{18}	$-3\,000$	0.2	500	3 000

8.2.3　正交电磁二维场抑制效果数值模拟与分析

1. 数值模拟求解过程

式（8-67）的求解过程如图8.14所示，首先，对求解区域进行网格剖分，本文中采用均匀的矩形网格剖分，设定好左侧边界处的来流速度、密度、阴极的电势等边界条件；然后根据边界条件设置合理的初始密度分布、速度分布、电势分布和磁场强度，其中密度和速度分布一般设为来流的密度和速度，且均匀分布，电势分布则一般在无等离子体时首先进行一次解算作为其初始分布；在设定好边界条件和初始参数分布后，用迭代的方法求解出稳态时的参数分布。迭代中，用上一次的电势分布计算出电场分布，然后以上一时刻的密度、速度分布等参数为基础，利用方程（8-67-1）和（8-67-2）计算出下一时刻的密度、速度等参数分布；再由新得出的离子密度分布，联立求解方程（8-67-3）和方程（8-67-4），得出新的电势分布和电子密度分布；得出新的电势分布后，通过方程（8-67-5）更新电场分布，由得出的电场分布再求解下一时刻的密度、速度等参数分布。经过有限次的迭代后，各个参数即可达到稳态。

对正交电磁二维场进行二维的仿真计算。将式（8-67）按x、y二维空间进行离散，并假设沿z方向的参数不变。其中泊松方程采用传统的ADI方法进行求解，在此不再赘述。本节主要分析离子密度和离子速度的求解方法。离子密度和速度的求解采用有限体积法，空间离散采用HLL格式[12,13]。在有限体积法中，将离子密度n_i及离子在x、y两个方向的动量n_iv_x和n_iv_y作为三个求解的基本单元，分别用$U1$、$U2$和$U3$表示，上标表示时间，下标表示空间[14]。空间离散的网格剖分及参数定义如图8.15所示。图中阴影覆盖区域为体积积分单元，位于体积中心的圆圈代表体积单元内的平均参数$U_{i,j}$，边界处的圆圈也代表参数$U_{i,j}$，但是一般情况下不需要进行求解，只作为一种输入参数。$u_{i,j}$是定义在体积积分单元边界上的速度，如此定义的好处是使得在边界处的通量求解具有更高的精度。

以体积单元(i,j)为例，式（8-67-1）展开后为

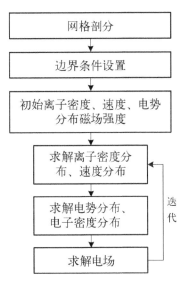

图8.14　等离子体鞘层动力学模型求解过程

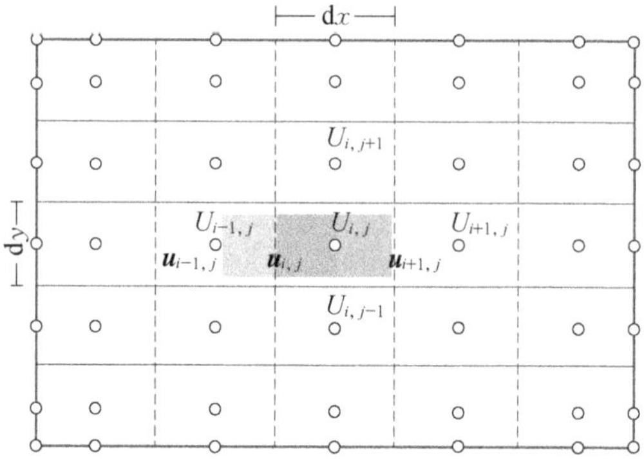

图8.15 有限体积法网格剖分与参数定义

$$U1_{i,j}^{t+\Delta t} = U1_{i,j}^{t} - \frac{\Delta t}{dx} \times (Fh_{iR} - Fh_{iL}) - \frac{\Delta t}{dy} \times (Fv_{iU} - Fv_{iD}) \qquad (8-68)$$

其中，Fh_{iL} 和 Fh_{iR} 分别为体积单元的左边界和右边界通量；Fv_{iU} 和 Fv_{iD} 分别为体积单元的上边界和下边界通量。

式(8-67-2)展开后为两个方程：

$$
\begin{cases}
U2_{i,j}^{t+\Delta t} = U2_{i,j}^{t} - \dfrac{\Delta t}{dx} \cdot (Fh_{iR} - Fh_{iL}) - \dfrac{\Delta t}{dy} \cdot (Fv_{iU} - Fv_{iD}) \\
\qquad - \Delta t \cdot \dfrac{eU1_{i,j}}{m_i} \cdot \dfrac{\phi_{i+1,j} - \phi_{i-1,j}}{2dx} + \Delta t \cdot \dfrac{eU1_i}{m_i} \cdot v_{i,j} \cdot B_0 \\
\qquad - \Delta t \cdot \nu_c \cdot U1_{i,j} \cdot (u_{i,j} - u_0) \\
U3_{i,j}^{t+\Delta t} = U3_{i,j}^{t} - \dfrac{\Delta t}{dx} \cdot (Fh_{iR} - Fh_{iL}) - \dfrac{\Delta t}{dy} \cdot (Fv_{iU} - Fv_{iD}) \\
\qquad - \Delta t \cdot \dfrac{eU1_{i,j}}{m_i} \cdot \dfrac{\phi_{i,j+1} - \phi_{i,j-1}}{2dy} + \Delta t \cdot \dfrac{eU1_i}{m_i} \cdot u_{i,j} \cdot B_0 \\
\qquad - \Delta t \cdot \nu_c \cdot U1_{i,j} \cdot (v_{i,j} - v_0)
\end{cases} \qquad (8-69)
$$

其中，用电势的差值表示电场 E；$u_{i,j}$ 和 $v_{i,j}$ 分别代表 x 和 y 方向的离子速度；u_0 和 v_0 分别代表 x 方向和 y 方向的流场速度（中性粒子速度）；B_0 为沿 z 方向的磁场强度。在求出 $U2$ 和 $U3$ 后，除以 $U1$ 即可得出速度值，利用式(8-68)和式(8-69)进行有限次的迭代后，即可达到稳态，通过此时求解出的参数分布即可得出正交电磁二维场对电子密度的削弱效果。

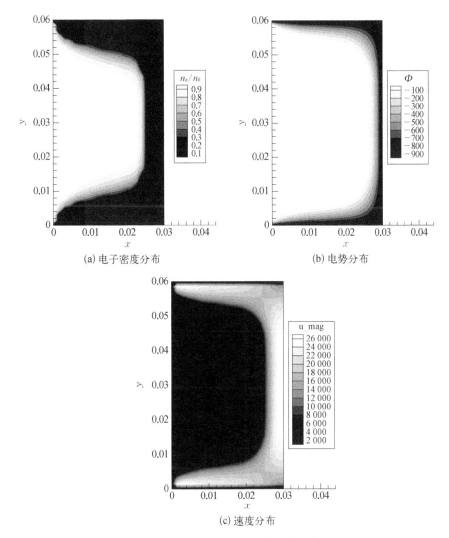

(a) 电子密度分布 　　　　　　　(b) 电势分布

(c) 速度分布

图8.16　单独施加电场时U形电极的电子密度削弱仿真结果

考虑在单独施加电场时的电子密度削弱效果,仿真条件为:电子密度为 $10^{17}\,\mathrm{m^{-3}}$,电压为 $-1\,000\,\mathrm{V}$,气压为5 Pa,流场速度为1 000 m/s。仿真结果如图8.16所示。从图中可以看出,与平板型电极相比,U形电极在拐角处的电子密度削弱效果明显有所增加,沿 y 方向的电子密度削弱区域可达1 cm左右,且上下对称,在 x 方向中间部位的电子密度削弱效果则与平板型电极相同。

考虑单独施加磁场时的电子密度削弱效果,仿真条件为:电子密度为 $10^{17}\,\mathrm{m^{-3}}$,磁场强度为0.1 T,气压为5 Pa,流场速度为1 000 m/s。仿真结果如图8.17所示。

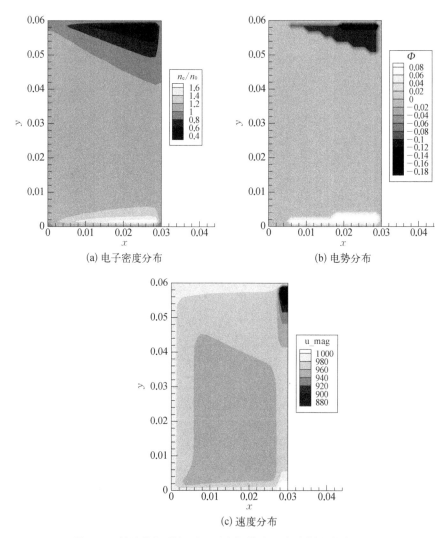

(a) 电子密度分布　　　(b) 电势分布

(c) 速度分布

图8.17　单独施加磁场时U形电极的电子密度削弱仿真结果

　　考虑同时施加电场和磁场时的电子密度削弱效果,仿真条件为:电子密度为 $10^{17}\ \mathrm{m}^{-3}$,电压为$-1\ 000\ \mathrm{V}$,磁场强度为0.1 T,气压为5 Pa,流场速度为1 000 m/s。仿真结果如图8.18所示。如图中所示,在靠近U形阴极的位置,电子密度明显降低,电子密度可达到原值的20%以下,长度可达1~2 cm,且在U形阴极的拐角处,面积更大,这与理论预期一致。图中还显示U形电极的右上角的面积较右下角的电子密度削弱区域面积更大,这是由于正离子在向右方运动过程中,受到磁场力的作用逐渐向下偏转引起的。在速度分布图中,可以看出越靠近阴

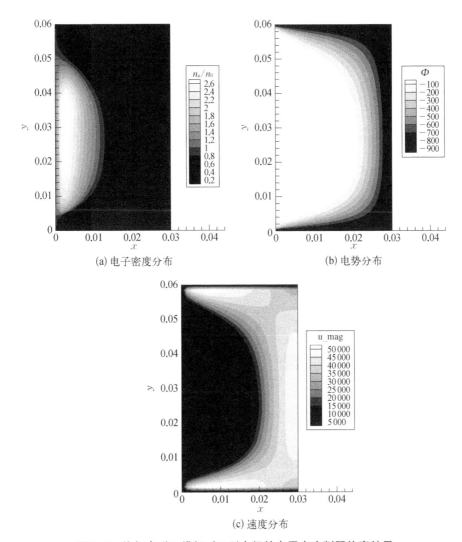

(a) 电子密度分布　　　　　　　　(b) 电势分布

(c) 速度分布

图8.18　施加电磁二维场时U形电极的电子密度削弱仿真结果

极,离子的速度越大,而速度分布在仿真区域的中间部位存在较为明显的界限,且与电子密度分布近似,这说明离子的速度分布梯度是引起电子密度降低的主要原因。

2. 不同等离子体参数下U形电极的电磁二维场仿真结果与分析

仿真结果表明,施加电磁二维场的效果要优于单独施加电场或单独施加磁场时的效果。本节分析在不同参数条件下等离子体电子密度削弱的效果。仿真结果如图8.19～图8.23所示。

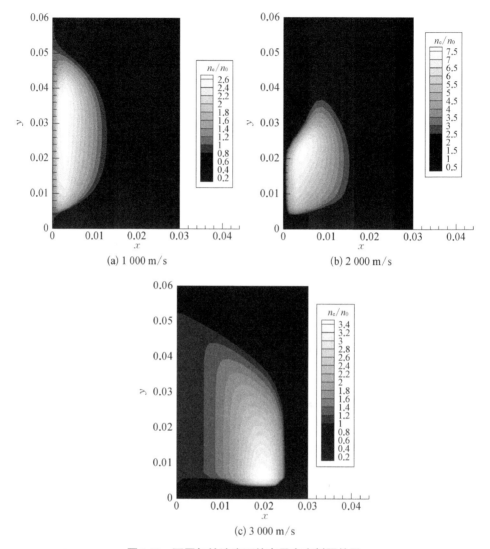

图8.19   不同初始速度下的电子密度削弱效果

（电压：−1 000 V；磁场：0.1 T；电子密度：1×10^{17} m^{-3}；气压：5 Pa）

从图 8.19 中可以看出，在其他条件不变的情况下，随着速度的增大，电子密度的削弱区域逐渐减小，但是由于磁场的存在，在 U 形电极的右上角仍保留了较大面积的一块电子密度削弱区域，这说明磁场在正交电磁二维场中的重要性；另一方面，随着速度的增大，离子的偏转效应越来越明显，在 U 形电极右下角区域电子密度存在明显的增大特性，离子密度的增大加大了右下角区域的电场强度，因此也增大了产生二次放电的可能性。在沿飞行器表面法线方向，流场的速

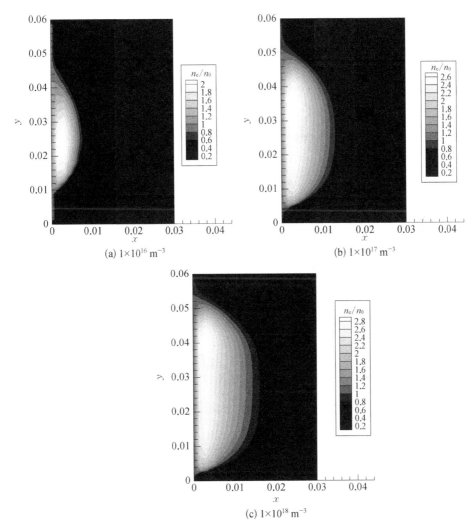

(a) 1×10^{16} m^{-3}

(b) 1×10^{17} m^{-3}

(c) 1×10^{18} m^{-3}

图8.20　不同电子密度下的电子密度削弱效果

(电压: $-1\,000$ V; 磁场: 0.1 T; 流场速度: $1\,000$ m/s; 气压: 5 Pa)

度逐步增大,当达到激波边界层时,流场速度与来流速度相同,因此沿飞行器表面越向外,电子密度的削弱效果将会越差。

从图8.20中可以看出,在其他条件不变的情况下,电子密度越低,电子密度削弱的效果越明显,这是由于在低电子密度的情况下,电场将更容易侵入到等离子体内部,从而在更大的范围内对离子进行加速,进而降低电子密度值。一般情况下,电子密度在高空时较低,在低空时较高,因此正交电磁二维场在高空时的效果将优于在低空时的效果。尽管如此,从仿真中可以看到,在电子密度达到

10^{18} m^{-3} 的情况下, 仍然可以在 U 形电极的拐角处产生 1 ~ 2 cm 的低电子密度区域, 说明在 40 km 高空以上时, 正交电磁二维场仍然有比较明显的电子密度削弱效果。

从图 8.21 中可以看出, 在其他条件不变的情况下, 随着阴极电压的增大, 电子密度的削弱效果有所增加, 但是电子密度的削弱效果并不明显, 当电压从 $-1\,000$ V 增大到 $-3\,000$ V 时, 电子密度削弱的区域, 在 x 方向上只增大了约 5 mm,

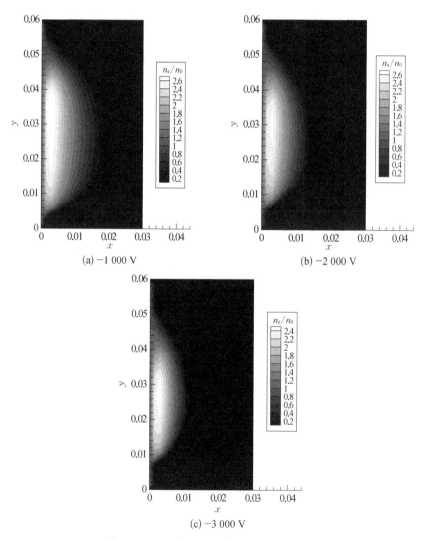

(a) $-1\,000$ V

(b) $-2\,000$ V

(c) $-3\,000$ V

图8.21 不同电压下的电子密度削弱效果

(磁场: 0.1 T; 电子密度: 1×10^{17} m^{-3}; 流场速度: 1 000 m/s; 气压: 5 Pa)

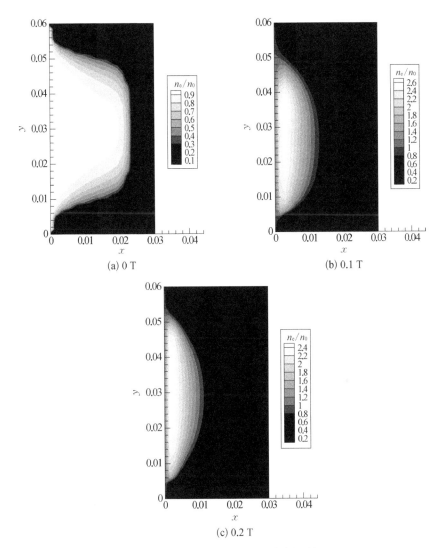

图8.22　不同磁场下的电子密度削弱效果

（电压：$-1\,000\,\mathrm{V}$；电子密度：$1\times10^{17}\,\mathrm{m}^{-3}$；流场速度：$1\,000\,\mathrm{m/s}$；气压：$5\,\mathrm{Pa}$）

而电压的增大不仅会增加系统的成本，而且产生二次放电的可能性也大大增加，因此并不建议通过增大电压来增强电子密度的削弱效果。

从图8.22中可以看出，当没有磁场时，电子密度在y方向的削弱效果具有对称性，在x方向上，仅在靠近阴极约$5\,\mathrm{mm}$内的空间内出现电子密度降低的效果，在y方向靠近阴极处的电子密度削弱区域较大，约为x方向上的两倍。当施加的磁场强度为$0.1\,\mathrm{T}$时，电子密度的削弱效果有很大的改善，在x方向的电子密度削弱区域增大到 1 cm 以上,在 y 方向的电子密度削弱区域则增大到 2 cm 左右。但是继续增大磁场强度到 0.2 T 时,电子密度削弱的效果并没有得到明显的改善。由于磁场强度的大小与成本呈近似指数增加关系,且在飞行器上实际应用时,还必须考虑磁场产生装置的重量问题,因此磁场强度并不是越大越好。

从图 8.23 中可以看出,在其他条件不变的情况下,随着气压的增大,电子密度的削弱效果将会显著降低。当气压增大到 50 Pa 时,仍可观察出电子密度在右

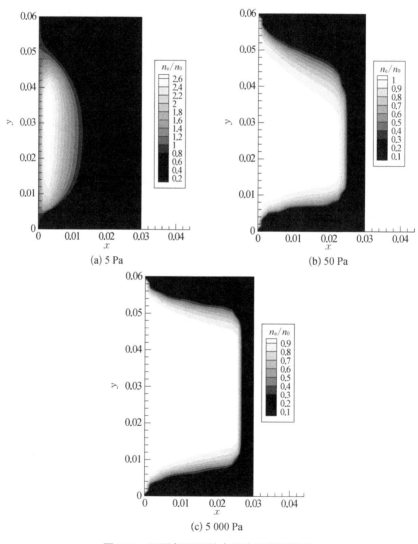

图 8.23　不同气压下的电子密度削弱效果

(电压: $-1\,000$ V; 磁场: 0.1 T; 电子密度: 1×10^{17} m^{-3}; 流场速度: $1\,000$ m/s)

上角较为明显的削弱效果,但是当气压增大到 5 000 Pa 时,电子密度的削弱效果很差,且磁场引起的离子偏转效应也很弱,主要原因是随着气压的增大,离子与中性粒子的碰撞作用越来越频繁,碰撞作用超过了磁场对离子的作用效果。在高空时,气压随着高度的增加按照指数关系下降,因此正交电磁二维场在高空时效果优于在低空时的效果,其中 50 Pa 对应的高度为 53 km 左右,因此正交电磁二维场在 53 km 以上会有较好的电子密度削弱效果。

8.3　基于时变电磁场的等离子体鞘套局部削弱方法

前两节分别介绍了磁窗法和电磁二维窗法削弱等离子体鞘套的原理,虽然两种方法均可减缓"黑障",但是磁窗法由于带阻效应,所需的初始表面磁场强度非常大,可能导致磁体重量很大,而电磁二维窗法则必须使电极暴露于上千开的高温等离子体中,难以实现,为此研究者提出了利用时变电磁场来削弱等离子体鞘套的方法。

8.3.1　基于脉冲磁场的等离子体鞘套削弱方法

根据电磁感应定律,变化的磁场会产生感应电场,而在导电介质中,带电粒子将会在感应电场的推动下发生定向运动,从而产生传导电流。当磁场存在时,定向运动的带电粒子受到洛伦兹力的作用,当带电粒子存在于固体中时,表现为整个固体受到洛伦兹力,而当带电粒子存在于气体中时,带电粒子将会在洛伦兹力的作用下在气体中运动,从而造成带电粒子密度的分布变化。等离子体是一种带有正负电荷的气体,因此通过设置合适的磁场变化规律,有希望使局部区域的电子密度降低。

如图 8.24 所示,利用电磁线圈产生垂直于飞行器表面的磁场 $\boldsymbol{B}_z$,并通过施加到线圈的电流大小改变磁场的强度,令其在 T_0 时间内由 B_0 降为 0,则根据电磁

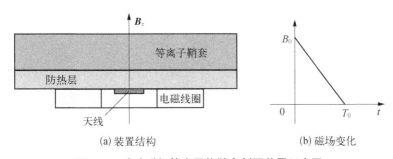

(a) 装置结构　　　　　　　　　(b) 磁场变化

图 8.24　脉冲磁场等离子体鞘套削弱装置示意图

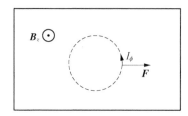 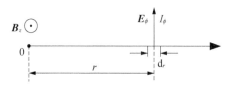

图8.25 感应电流及洛伦兹力方向(俯视图) 图8.26 局部等离子体鞘套削弱装置一维模型

感应定律,在等离子体鞘套中将产生阻止磁场减弱的电流,如图8.25所示,组成该电流的运动电子(离子)受到向外的洛伦兹力并向外运动,从而使得中心区域的电子(离子)密度降低,形成一个"通信窗口"。

由于电磁线圈产生的磁场具有轴对称性,因此可以建立起装置的一维轴对称模型,如图8.26所示。该模型的物理过程可以采用等离子体的质量(粒子)守恒方程和动量守恒方程进行描述:

$$\frac{\partial n}{\partial t} + \nabla \cdot (n\boldsymbol{u}) = 0 \tag{8-70}$$

$$m\frac{\partial(n\boldsymbol{u})}{\partial t} + m\nabla \cdot (n\boldsymbol{u}\boldsymbol{u}) = en\boldsymbol{u} \times \boldsymbol{B} - \nabla p \tag{8-71}$$

其中,n是等离子体密度;$\boldsymbol{u}$是粒子速度;m是离子的质量;e是单位电荷;$\boldsymbol{B}$是磁场强度;$p=nkT$是离子压强,k是波尔兹曼常数,T是离子温度(气体温度)。该模型中考虑低气压的情况,因此忽略了离子的碰撞项。

由于磁场具有轴对称性,因此时变磁场产生的感应电场仅具有φ方向的分量,假设磁场源的范围足够大,在所考虑范围内,沿z轴方向的磁场$\boldsymbol{B}_z$分布均匀,则在r处的电场强度为

$$\boldsymbol{E} = -\frac{\mathrm{d}\psi}{\mathrm{d}t} \cdot \frac{1}{2\pi r} = -\frac{\mathrm{d}\boldsymbol{B}}{\mathrm{d}t} \cdot \frac{\pi r^2}{2\pi r} = -\frac{\mathrm{d}\boldsymbol{B}}{\mathrm{d}t} \cdot \frac{r}{2} \tag{8-72}$$

由于$\boldsymbol{E} \times \boldsymbol{B}$过程不产生电流,即电子与离子以相同的速度向外部运动,因此电流也仅具有φ方向的分量,根据电流密度的定义,得电流密度J为

$$\boldsymbol{J} = en\boldsymbol{u}_\phi = \sigma\boldsymbol{E} \tag{8-73}$$

其中,σ为垂直于磁场方向的等离子体电导率,表示为

$$\sigma = \frac{V_c}{V_c^2 + \omega_b^2} \cdot \frac{ne^2}{m_e}, \; V_c = 2\pi\nu_c \quad\quad (8-74)$$

其中,ν_c是电子的碰撞频率;m_e是电子质量;$\omega_b=eB/m_e$是电子回旋角频率。

在磁场区域足够大的假设条件下,边界条件为

$$\frac{\partial n}{\partial r} = 0, \; \frac{\partial u}{\partial r} = 0 \quad\quad (8-75)$$

采用有限元法对式(8-70)、式(8-71)进行数值求解,即可得出等离子体不同时刻的密度分布。

8.3.2　基于行波磁场的等离子体鞘套削弱方法

行波磁场是在行波磁场产生装置上增加一定激励而形成的一种合成场,宏观上表现为定向运动的正弦磁场。行波磁场一般用在工业冶金、铸造、电磁搅拌中,用于控制液态金属的运动[15-19]。产生行波磁场的装置称为行波磁场磁感应器,其实质是直线电机。在直线电机的绕组中通入三相对称正弦电流后,会产生叠加磁场。当三相电流随时间变化时,磁场按照三相电流的相序沿直线移动,因此称之为行波磁场。

图8.27直观地阐述了行波磁场的一般产生原理。图8.27(a)为行波磁场感应器及激励源的各相绕组分布;图8.27(b)的左半部分表示行波磁场感应器中绕组各相电流的相量图,初始时间为$\omega t=\pi/2$,时间间隔为1/6周期,即$\pi/3$;而图8.27(b)右半部分表示不同时刻槽内导线的电流方向及其产生的磁场分布图。用圆圈表示导线位置,其中"."和"+"分别表示导线中电流相反的电流方向。对于确定时刻,按照右手螺旋法则,可表示出行波磁场感应器中电流激发的磁场分布图。从第一个相量图开始,此时$\omega t=\pi/2$,各相导线中的电流方向A、z、y指向图内,而B、x、C指向图外,按右手螺旋法则,可以确定相应的合成磁力线和合成磁势曲线,分别图8.27(b)右面的细实线和粗虚线。此后,电流相量在时间上每移转$\pi/3$周期,相应的磁势曲线在空间上就向右移动$\pi/3$,其峰值也向右移动$\pi/3$,即电流相量从一个瞬间过渡到另一个瞬间,磁势曲线的运动方式与波类似,从而构成行波磁场。行波磁场的运动方向和感应器绕组的相序有关,通过感应器中的激励电流的相序,可改变行波磁场的运动方向。

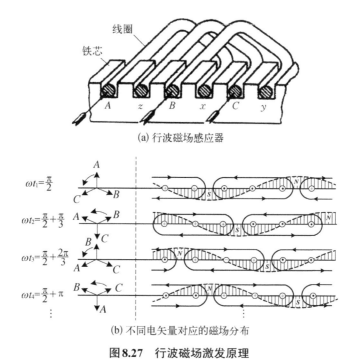

(a) 行波磁场感应器

(b) 不同电矢量对应的磁场分布

图8.27　行波磁场激发原理

理论分析表明,在理想情况下,此曲线是一条正弦曲线。行波磁场表达式可表示为[20]

$$\boldsymbol{B} = B_z \cos(\omega_s t - k_T x)\hat{z} \tag{8-76}$$

其中,ω_s为电源频率;k_T为行波磁场波数,行波磁场波速$v_b = \omega_s / k_T$。

利用行波磁场法抑制电磁波衰减的结构配置如图8.28所示。天线窗口下方放置一个行波磁感应器用于产生行波磁场。当等离子体流经过天线窗口时,将会受到行波磁场的影响,在天线窗口末端会形成一个电子密度较低的区域,从而

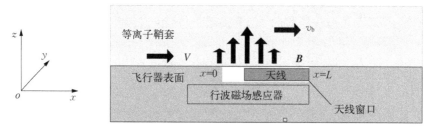

图8.28　行波磁场降低电磁波衰减配置的示意图

降低电磁波在等离子体中传播的衰减,本节从物理过程出发,分析行波磁场对电子密度影响,为理论模型的建立奠定基础。

等离子体中的带电粒子运动会受到磁场的影响,假如磁场是恒定的,等离子体中带电粒子运动方程为

$$m \frac{\mathrm{d}\boldsymbol{V}}{\mathrm{d}t} = q\boldsymbol{V} \times \boldsymbol{B} \tag{8-77}$$

取坐标 z 沿 $\boldsymbol{B}$ 的方向,得到

$$m \frac{\mathrm{d}^2 V_x}{\mathrm{d}t} = -\omega_b^2 V_x$$
$$m \frac{\mathrm{d}^2 V_y}{\mathrm{d}t} = -\omega_b^2 V_y \tag{8-78}$$

其中,ω_b 是回旋频率。式(8-78)的解为

$$V_{x,y} = V_\perp \exp(\pm \mathrm{j}\omega_b t + \delta_{x,y}) \tag{8-79}$$

其中,$\pm$ 表示 q 的符号;$V_\perp$ 是正的常数,表示垂直于 $\boldsymbol{B}$ 的平面速度。选择相位 δ,使得

$$V_x = V_\perp \exp(\mathrm{j}\omega_b t) = \frac{\mathrm{d}x}{\mathrm{d}t}$$
$$V_y = \pm \frac{1}{\omega_b} \frac{\mathrm{d}V_x}{\mathrm{d}t} = \pm \mathrm{j}V_\perp \exp(\mathrm{j}\omega_b t) = \frac{\mathrm{d}x}{\mathrm{d}t} \tag{8-80}$$

对式(8-80)两边再次积分,得到

$$x - x_0 = -\mathrm{j} \frac{V_\perp}{\omega_b} \exp(\mathrm{j}\omega_b t)$$
$$y - y_0 = \pm \mathrm{j} \frac{V_\perp}{\omega_b} \exp(\mathrm{j}\omega_b t) \tag{8-81}$$

定义 $r_\mathrm{L} \equiv V_\perp / \omega_b$ 为拉莫尔半径,取式(8-81)的实部,得

$$x - x_0 - r_L \sin \omega_b t$$

$$y - y_0 = \pm r_L \cos \omega_b t$$

(8-82)

式(8-82)描述环绕导向中心(x_0, y_0)的圆轨道,即带电粒子在磁场作用下做回旋运动,在无碰撞和其他作用力条件下,带电粒子被磁场磁力线约束做回旋运动。在施加行波磁场时,由于等离子体鞘套的特征长度大于电子、粒子的拉莫尔半径,等离子体鞘套中的带电粒子不发生偏转而是被磁场磁力线束缚,并随着行波磁场运动而迁移,使等离子体鞘套内的局部电子密度降低。

参考文献

[1] Starkey R, Lewis R, Jones C. Plasma telemetry in hypersonic flight[C]. San Diego: International Telemetering Conference Proceedings, International Foundation for Telemetering, 2002.

[2] Starkey R. Electromagnetic wave/magnetoactive plasma sheath interaction for hypersonic vehicle telemetry blackout analysis[C].AIAA Plasma dynamics and Lasers Conference, 2003.

[3] Kim M K. Electromagnetic manipulation of plasma layer for re-entry blackout mitigation [D]. Michigan: The University of Michigan, 2009.

[4] Stenzel R L, Urrutia J M. A new method for removing the blackout problem on reentry vehicles[J]. Journal of Applied Physics, 2013, 113(10): 103303-103305.

[5] Zhou H, Li X, Xie K, et al. Mitigating reentry radio blackout by using a traveling magnetic field[J]. Aip Advances, 2017, 7(10): 105314.

[6] Yee K S. Numerical solution of initial boundary value problems involving Maxwell's equationsin isotropic media[J]. IEEE Transactions on Antennas and Propagation, 1966, 14(3): 302-307.

[7] Berreman D W. Optics in stratified and anisotropic media: 4×4 -matrix formulation[J]. Journal of the Optical Society of America, 1972, 62(4): 502-510.

[8] Tan E L, Tan S Y. Concise spectral formalism in the electromagnetics of bianisotropic media [J]. Progress in Electromagnetics Research, 2000, 25(1): 309-331.

[9] Tan E L. Hybrid-matrix algorithm for rigorous coupled-wave analysis of multilayered diffraction gratings[J]. Journal of Modern Optics, 2006, 53(4): 417-428.

[10] Zhou H, Li X, Liu Y, et al. Effects of nonuniform magnetic fields on the "magnetic window" in blackout mitigation[J]. IEEE Transactions on Plasma Science, 2017, 45(1): 15-23.

[11] 利伯曼.等离子体放电原理与材料处理[M].北京:科学出版社,2007.

[12] Honkkila V, Janhunen P. HLLC solver for ideal relativistic MHD[J]. Journal of Computational Physics, 2007, 223(2): 643-656.

[13] Li S. An HLLC Riemann solver for magneto-hydrodynamics[J]. Journal of Computational Physics, 2005, 203(1): 344-357.

[14] 苏铭德.计算流体力学基础[M].北京:清华大学出版社,1997.

[15] Ueno K. Effect of turnaround lines of magnetic flux in two-dimensional MHD channel flow under a traveling sine wave magnetic field[J]. Physics of Fluids A, 1993, 5(2): 490-492.

[16] Ueno K. Inertia effect in two-dimensional MHD channel flow under a traveling sine wave magnetic field[J]. Physics of Fluids A, 1991, 3(12): 3107-3116.

[17] 徐严谨.平面行波磁场的空间分布及对金属的作用力研究[D].哈尔滨:哈尔滨工业大学,2008.

[18] 山田一.直线电机及其应用技术[M].长沙:湖南科学技术出版社,1979.

[19] Yamamura, Sakae. Theory of linear induction motors[M]. New York: Wiley, 1972.

[20] 周予生,周颖杰.相对论性电子在行波磁场中的运动[J].许昌学院学报,1999(5): 60-64.

附 录 A 符 号 说 明

符号	量的名称（英文）
A_p	探针面积（probe area）
c	真空中的光速（speed of light in vacuum）
C	离散旋度算子（discrete rotation operator）
D	电通量密度（electric flux density）
D_e	电子扩散系数（electron diffusion coefficient）
D_i	离子扩散系数（ion diffusion coefficient）
D_a	双极性扩散系数（bipolar diffusion coefficient）
$\vec{D}$	电位移（electric displacement）
e	单位电荷（unit charge）
E	匀强电场（uniform electric field）
$\boldsymbol{E}$	内建电场（built-in electric field）
f_{res}	共振频率（resonance frequency）
f_{ores}	初始共振频率（initial resonance frequency）
f_p	等离子体频率（plasma frequency）
f_{ce}	电子回旋频率（electronic cyclotron frequency）
f_0	信道相关带宽（channel coherence bandwidth）
grad_r	矢径梯度（radial gradient）
grad_v	速度梯度（speed gradient）
H	磁场强度（magnetic field strength）
I_{0+}	饱和离子电流（saturated ion current）
J	电流密度（current density）
$\boldsymbol{J}$	传导电流密度（conducted current density）
j_{i0}	离子饱和流密度（ion saturation flow density）
$\boldsymbol{j}'$	电流密度矢量（current density vector）
$\boldsymbol{J}$	角动量（angular momentum）
J_m	磁流密度（magnetic flux density）

（续表）

符号	量的名称（英文）
K	玻尔兹曼常数（Boltzmann constant）
k	电磁波传播常数（electromagnetic propagation constant）
L_p	自由空间路径传播损耗（free space path propagation loss）
m	粒子质量（particle quality）
m_i	离子质量（ion quality）
M_A	幅度调制度（amplitude modulation）
M_B	相位调制度（phase modulation）
M	液态水含量（liquid water content）
n_e	电子密度（electron density）
n_i	离子密度（ion density）
n_m	粒子密度（particle density）
N_L	洛施密特数（Loschmidt number）
n_a	基态的原子密度（atomic density of ground state）
N_p	等离子体的光学折射率（optical refractive index of plasma）
$n_{e(min)}$	中心电子密度（center electron density）
$n_{e(max)}$	边缘的电子密度（edge electron density）
p	压力（pressure）
P_E	放电功率（discharge power）
P_{air}	放电气压（discharge pressure）
P_r	反射电磁波功率（reflected electromagnetic wave power）
P_a	吸收电磁波功率（absorbed electromagnetic wave power）
P_t	透射电磁波功率（transmitted electromagnetic wave power）
P_i	入射功率（incident power）
$\boldsymbol{P}$	极化强度（polarization）
P_{loss}	极化损耗（polarization loss）
$\boldsymbol{r}$	矢径（sagittal）
r_L	拉莫半径（Lamo radius）
$\boldsymbol{r}_e$	正离子位移（positive ion displacement）
$\boldsymbol{r}_i$	电子位移（electronic displacement）
S	碰撞积分项（collision integral term）
T	绝对温度（absolute temperature）
T_{tr}	平动热力学模态（translational thermodynamic modes）
T_v	振动热力学模态（vibrational thermodynamic modes）
T_e	电离内能（ionization internal energy）
T_{el}	电子温度（electronic temperature）
T_0	信道相干时间（channel coherence time）

（续表）

符号	量的名称（英文）
U	均匀度（evenness）
ν	碰撞频率（collision frequency）
ν_{ci}	电子-离子碰撞频率（electron-ion collision frequency）
ν_{en}	电子-中性粒子碰撞频率（electron-neutral particle collision frequency）
$\bar{V}_e$	电子平均运动速度（average speed of electrons）
V_{sp}	等离子体空间电位（plasma space potential）
V_p	扫描电压（scan voltage）
V	粒子速度（particle speed）
v_m	离子碰撞项（particle collision items）
v	离子平均热运动速度（ionic average thermal velocity）
$\boldsymbol{v}$	粒子的速度矢量（particle speed vector）
Z_l	等离子体本征阻抗（plasma eigen impedance）
ε_0	真空介电常数（vacuum dielectric constant）
ε_r	等离子体相对介电常量（relative dielectric constant of plasma）
υ	动力黏滞系数（dynamic viscosity coefficient）
λ_D	德拜长度（Debye length）
λ	平均自由程（mean free path）
λ_e	电子与粒子碰撞的平均自由程（mean free path of collisions between electrons and particles）
λ_g	微波在等离子体中的波长（wavelength of microwave in plasma）
λ_0	微波在真空中的波长（wavelength of microwave in vacuum）
ρ	气体密度（gas density）
ρ_0	海平面气体密度（gas density at sea level）
σ_e	电子-中性粒子的有效碰撞截面积（electron-neutral particle effective collision cross-sectional area）
σ_m	等效离子与中性粒子碰撞截面积（equivalent ion-neutral particle collision cross-sectional area）
σ	电导率（conductivity）
σ_τ	均方时延扩展（mean square delay spread）
ω_p	等离子体角频率（plasma angular frequency）
ω_c	粒子回旋频率（particle swirl frequency）
ω_L	拉莫频率（Lamo frequency）
Γ_e	电子通量（electronic flux）
Γ_i	离子通量（ion flux）
μ_e	电子迁移率（electron mobility）
μ_i	离子迁移率（ion mobility）

（续表）

符号	量的名称（英文）
μ_0	真空磁导率（vacuum permeability）
μ	磁矩（magnetic moment）
ΔN_e	折射率变化量（change in refractive index）
∇n	等离子体密度梯度（plasma density gradient）
$\tilde{\gamma}$	电磁波复传播矢量（electromagnetic wave propagation vector）
γ	比热比（specific heat ratio）
γ_c	云雾损耗率（cloud loss rate）
β	相位常量（phase constant）
α	衰减常量（decay constant）
η_r	等离子体波阻抗（plasma wave impedance）
η_0	空气波阻抗（air wave impedance）
δ	趋肤深度（skin depth）
$\mathbf{1}$	单位矩阵（unit matrix）

附录 B 主 要 词 汇

缩略词	中文（英文）
CFD	计算流体力学（computational fluid dynamics）
CDF	累积分布函数（cumulative distribution function）
CIR	信道冲激响应（channel impulse response）
CPM	连续相位调制（continuous phase modulation）
DPSE	动态等离子模拟装置（dynamic plasma simulation equipment）
FW	全波分析方法（full wave）
FIT	有限积分算法（finite integration technique）
FDTD	时域有限差分方法（finite difference time domain method）
FIR	有限长单位冲击响应滤波器（finite impulse response）
HMM	隐马尔可夫模型（hidden Markov model）
HTV	超音速飞机（hypersonic technology vehicle）
ICP	感性耦合等离子体放电（inductively coupled plasma）
ISI	符号间干扰（inter symbol interference）
Ka	K 的正上方（K-above）
LMSC	陆地移动卫星信道（land mobile satellite channel）
MPSK	多进制数字相位调制（multiple phase shift keying）
MFSK	多进制数字频率调制（multiple frequency shift keying）
MLSD	最大似然序列检测（maximum likelihood sequence detection）
MHD	磁流体动力理论（magnetohydrodynamics）
N−S	纳维−斯托克斯方程（Navier-Stokes equations）
OFDM	正交频分复用（orthogonal frequency division multiplexing）
OSI	开放式通信系统互联参考模型（open systems interconnection reference model）
PCM	脉冲编码调制（pulse code modulation）
PDF	概率密度函数（probability density function）
PEC	理想电导体（perfect electrical conductor）
PLC	可编程逻辑控制器（programmable logic controller）

（续表）

缩略词	中文（英文）
REC	矩形脉冲（rectangular pulse）
RC	升余弦脉冲（raised cosine pulse）
RBF	径向基函数（radial basis function）
RJ−MCMC	可逆跳变马尔科夫蒙特卡洛算法（reversible jump Markov chain Monte Carlo）
RAM	无线电衰减测量（radio attenuation measurements）
RCS	雷达散射截面积（radar-cross section）
SDR	软件定义无线电（software defined radio）
SCB	半导体桥（semiconductor bridge）
SVM	支持向量机（support vector machines）
SNR	信噪比（signal to noise ratio）
TLA	等效传输线理论（transmission line analogy）
UHF	特高频（ultra high frequency）
UPML	各向异性完全匹配层（uniaxial perfectly matched layer）
VSWR	电压驻波比（voltage standing wave ratio）
VHF	甚高频（very high frequency）
WKB	几何光学近似法（Wenzel, Kramers, Brillouin）
XPD	交叉极化鉴别度（cross polarization discrimination）

附录C　RAM-C飞行器在不同高度下的电子密度分布

h=21 km		h=25 km		h=30 km		h=47 km	
距离/cm	n_e/m^{-3}	距离/cm	n_e/m^{-3}	距离/cm	n_e/m^{-3}	距离/cm	n_e/m^{-3}
0.00	1.00E+15	0.00	1.00E+15	0.00	1.00E+15	0.00	1.00E+15
0.05	2.00E+16	0.05	3.88E+18	0.29	1.00E+19	0.05	9.67E+16
0.15	4.92E+16	0.10	3.63E+18	0.49	9.35E+18	0.15	1.18E+17
0.39	5.03E+16	0.15	3.32E+18	0.63	8.94E+18	0.19	1.30E+17
0.68	4.81E+16	0.19	3.10E+18	0.78	8.54E+18	0.24	1.42E+17
1.02	4.70E+16	0.24	2.83E+18	0.88	8.35E+18	0.29	1.55E+17
1.36	4.50E+16	0.29	2.65E+18	1.02	7.98E+18	0.34	1.66E+17
1.60	4.30E+16	0.34	2.48E+18	1.17	7.63E+18	0.39	1.86E+17
1.85	4.11E+16	0.39	2.21E+18	1.26	7.46E+18	0.49	2.03E+17
2.09	3.84E+16	0.44	2.07E+18	1.36	7.30E+18	0.58	2.22E+17
2.28	3.67E+16	0.49	1.93E+18	1.51	6.97E+18	0.63	2.38E+17
2.43	3.51E+16	0.53	1.85E+18	1.65	6.67E+18	0.68	2.60E+17
3.11	2.56E+16	0.58	1.69E+18	1.94	6.09E+18	0.78	2.72E+17
3.35	2.19E+16	0.63	1.61E+18	2.09	5.82E+18	0.83	2.91E+17
3.55	1.95E+16	0.68	1.51E+18	2.19	5.70E+18	0.88	3.05E+17
3.69	1.71E+16	0.73	1.44E+18	2.38	5.32E+18	0.92	3.19E+17
3.89	1.46E+16	0.83	1.29E+18	2.53	5.09E+18	0.97	3.34E+17
4.03	1.25E+16	0.88	1.20E+18	2.67	4.86E+18	1.02	3.49E+17
4.13	1.09E+16	0.92	1.08E+18	2.82	4.65E+18	1.12	3.65E+17
4.23	9.51E+15	1.02	9.83E+17	2.92	4.45E+18	1.17	3.82E+17
4.38	7.59E+15	1.07	9.40E+17	3.11	4.06E+18	1.22	3.91E+17
4.47	6.06E+15	1.12	8.79E+17	3.21	3.88E+18	1.26	4.09E+17
4.57	5.06E+15	1.17	8.59E+17	3.31	3.71E+18	1.31	4.18E+17
4.67	4.23E+15	1.26	7.50E+17	3.50	3.32E+18	1.41	4.37E+17

（续表）

\(h\)=21 km		\(h\)=25 km		\(h\)=30 km		\(h\)=47 km	
距离/cm	\(n_e\)/m\(^{-3}\)	距离/cm	\(n_e\)/m\(^{-3}\)	距离/cm	\(n_e\)/m\(^{-3}\)	距离/cm	\(n_e\)/m\(^{-3}\)
4.81	3.30E+15	1.31	7.17E+17	3.60	3.10E+18	1.46	4.57E+17
4.91	2.69E+15	1.36	6.86E+17	3.65	2.96E+18	1.51	4.68E+17
5.01	2.20E+15	1.41	6.56E+17	3.79	2.65E+18	1.56	4.78E+17
5.10	1.68E+15	1.46	6.41E+17	3.89	2.48E+18	1.60	4.89E+17
5.15	1.34E+15	1.56	5.73E+17	3.94	2.31E+18	1.75	5.35E+17
		1.60	5.35E+17	4.03	2.11E+18	1.90	5.73E+17
		1.65	5.12E+17	4.08	2.02E+18	1.99	5.99E+17
		1.70	4.89E+17	4.13	1.89E+18	2.19	6.56E+17
		1.85	4.37E+17	4.23	1.69E+18	2.33	7.01E+17
		1.94	4.09E+17	4.28	1.58E+18	2.92	8.99E+17
		1.99	3.91E+17	4.33	1.47E+18	3.26	9.19E+17
		2.04	3.82E+17	4.38	1.29E+18	3.50	9.19E+17
		2.19	3.41E+17	4.42	1.20E+18	3.74	8.99E+17
		2.24	3.26E+17	4.47	1.13E+18	3.94	8.59E+17
		2.38	2.98E+17	4.52	9.61E+17	3.99	8.40E+17
		2.63	2.66E+17	4.57	8.99E+17	4.13	8.03E+17
		2.77	2.49E+17	4.62	7.68E+17	4.18	7.85E+17
		3.06	2.13E+17	4.67	6.86E+17	4.23	7.68E+17
		3.31	1.90E+17	4.72	6.13E+17	4.28	7.50E+17
		3.50	1.74E+17	4.76	5.48E+17	4.33	7.34E+17
		3.69	1.62E+17	4.86	4.78E+17	4.42	7.01E+17
		4.03	1.45E+17	4.96	4.09E+17	4.47	6.86E+17
		4.28	1.36E+17	5.01	3.65E+17	4.57	6.41E+17
		4.57	1.27E+17	5.15	3.26E+17	4.72	5.86E+17
		4.81	1.21E+17	5.30	2.98E+17	4.81	5.35E+17
		5.10	1.11E+17	5.54	2.72E+17	4.91	5.00E+17
		5.44	1.03E+17	5.74	2.55E+17	5.15	4.09E+17
		5.74	9.89E+16	5.98	2.33E+17	5.40	3.34E+11
		6.17	9.04E+16	6.22	2.03E+17	5.69	2.79E+17
		6.47	8.84E+16	6.47	1.86E+17	5.93	2.38E+17
		6.76	8.45E+16	6.56	1.78E+17	6.37	1.86E+17
		7.05	8.26E+16	6.76	1.70E+17		
				6.85	1.62E+17		
				6.95	1.59E+17		

（续表）

h=53 km		h=61 km		h=71 km		h=76 km	
距离/cm	n_e/m^{-3}	距离/cm	n_e/m^{-3}	距离/cm	n_e/m^{-3}	距离/cm	n_e/m^{-3}
0.00	1.00E+15	0.00	1.00E+15	0.00	1.00E+15	0.00	1.00E+15
0.19	6.02E+16	0.19	9.94E+15	0.05	1.05E+15	0.24	1.02E+15
0.24	7.21E+16	0.24	1.33E+16	0.10	1.47E+15	0.29	1.43E+15
0.29	8.45E+16	0.29	1.63E+16	0.15	2.20E+15	0.39	2.15E+15
0.34	9.89E+16	0.34	1.95E+16	0.24	4.42E+15	0.44	2.75E+15
0.39	1.08E+17	0.39	2.39E+16	0.29	5.92E+15	0.49	3.61E+15
0.44	1.13E+17	0.49	3.21E+16	0.34	7.94E+15	0.58	4.52E+15
0.49	1.24E+17	0.53	3.75E+16	0.44	9.94E+15	0.68	5.29E+15
0.54	1.33E+17	0.58	4.30E+16	0.49	1.16E+16	0.73	6.20E+15
0.58	1.42E+17	0.63	5.15E+16	0.58	1.33E+16	0.83	6.94E+15
0.63	1.52E+17	0.73	5.89E+16	0.63	1.53E+16	0.92	7.59E+15
0.68	1.62E+17	0.83	7.72E+16	0.68	1.71E+16	1.02	8.49E+15
0.73	1.70E+17	0.97	9.04E+16	0.78	1.87E+16	1.12	9.29E+15
0.78	1.78E+17	1.07	1.03E+17	0.92	2.19E+16	1.31	1.04E+15
0.83	1.90E+17	1.17	1.16E+17	1.22	2.68E+16	1.51	1.14E+16
0.88	1.99E+17	1.26	1.27E+17	1.46	3.14E+16	1.70	1.25E+16
0.92	2.08E+17	1.36	1.39E+17	1.75	3.67E+16	1.99	1.36E+16
0.97	2.17E+17	1.51	1.62E+17	1.94	4.11E+16	2.38	1.49E+16
1.02	2.27E+17	1.65	1.82E+17	2.19	4.60E+16	2.67	1.60E+16
1.07	2.38E+17	1.80	2.03E+17	2.38	5.03E+16	2.97	1.71E+16
1.12	2.49E+17	1.94	2.27E+17	2.58	5.38E+16	3.21	1.83E+16
1.17	2.60E+17	2.09	2.49E+17	2.92	6.02E+16	3.45	1.91E+16
1.22	2.72E+17	2.19	2.66E+17	3.16	6.59E+16	3.69	2.00E+16
1.26	2.79E+17	2.48	3.12E+17	3.45	7.21E+16	4.08	2.14E+16
1.31	2.91E+17	2.67	3.41E+17	3.69	7.72E+16	4.38	2.29E+16
1.36	3.05E+17	2.87	3.65E+17	3.94	8.26E+16	4.72	2.45E+16
1.41	3.19E+17	3.31	4.09E+17	4.33	9.24E+16	5.01	2.56E+16
1.51	3.34E+17	3.65	4.27E+17	4.62	9.89E+16	5.30	2.68E+16
1.56	3.49E+17	3.89	4.37E+17	4.86	1.06E+17	5.78	2.93E+16
1.60	3.57E+17	4.18	4.37E+17	5.35	1.18E+17	6.22	3.14E+16
1.70	3.73E+17	4.42	4.27E+17	5.64	1.24E+17	6.71	3.35E+16
1.80	3.91E+17	4.62	4.09E+17	5.83	1.30E+17	7.19	3.59E+16
1.99	4.37E+17	4.81	3.91E+17	6.08	1.36E+17	7.53	3.75E+16
2.04	4.57E+17	5.01	3.73E+17	6.32	1.39E+17	8.17	3.93E+16
2.09	4.68E+17	5.49	3.05E+17	6.71	1.45E+17	8.65	4.02E+16

（续表）

||| h=53 km		h=61 km		h=71 km		h=76 km	
距离/cm	n_e/m^{-3}	距离/cm	n_e/m^{-3}	距离/cm	n_e/m^{-3}	距离/cm	n_e/m^{-3}
2.14	4.78E+17	5.83	2.43E+17	7.15	1.48E+17	9.14	4.02E+16
2.19	4.89E+17	6.27	1.70E+17	7.78	1.52E+17	9.43	3.84E+16
2.24	5.00E+17	6.56	1.16E+17	8.22	1.48E+17	9.77	3.59E+16
2.28	5.12E+17	6.71	8.45E+16	8.41	1.42E+17	10.00	3.35E+16
2.33	5.23E+17	6.85	5.89E+16	8.65	1.36E+17	10.30	3.07E+16
2.38	5.35E+17	6.95	4.40E+16	8.90	1.24E+17	10.60	2.74E+16
2.48	5.48E+17	7.10	2.62E+16	9.09	1.16E+17	10.80	2.50E+16
2.58	5.60E+17	7.19	1.91E+16	9.28	1.06E+17	11.10	2.19E+16
2.63	5.73E+17	7.24	1.46E+16	9.43	9.89E+16	11.30	1.91E+16
2.72	5.86E+17	7.34	1.14E+16	9.53	9.24E+16	11.50	1.67E+16
2.77	5.99E+17	7.39	9.09E+15	9.72	8.45E+16	11.70	1.49E+16
2.82	6.13E+17	7.44	6.78E+15	9.87	7.55E+16	11.90	1.30E+16
2.87	6.27E+17	7.49	4.95E+15	10.06	6.59E+16	12.10	1.14E+16
2.97	6.41E+17	7.58	2.88E+15	10.21	5.76E+16	12.20	1.02E+16
3.01	6.56E+17	7.63	1.97E+15	10.35	4.92E+16	12.30	9.09E+15
3.11	6.71E+17	7.73	1.28E+15	10.50	4.11E+16	12.40	8.30E+15
3.31	6.86E+17	7.78	1.00E+15	10.65	3.51E+16	12.90	5.29E+15
3.55	6.71E+17			10.74	3.07E+16	13.00	4.84E+15
3.69	6.56E+17			10.84	2.56E+16	13.10	4.42E+15
3.84	6.41E+17			10.99	2.09E+16	13.20	3.95E+15
4.03	6.27E+17			11.13	1.75E+16	13.30	3.37E+15
4.13	5.99E+17			11.23	1.46E+16	13.40	2.95E+15
4.33	5.73E+17			11.33	1.25E+16	13.50	2.57E+15
4.47	5.48E+17			11.38	1.11E+16	13.60	2.25E+15
4.62	5.23E+17			11.47	9.09E+15	13.70	1.88E+15
4.67	5.00E+17			11.57	7.42E+15	13.80	1.60E+15
4.81	4.78E+17			11.62	6.48E+15	13.90	1.43E+15
5.10	4.27E+17			11.67	5.79E+15	13.90	1.28E+15
5.30	3.73E+17			11.72	5.06E+15	14.00	1.14E+15
5.44	3.34E+17			11.76	4.52E+15		
5.64	2.98E+17			11.81	3.86E+15		
5.78	2.66E+17			11.86	3.30E+15		
5.98	2.33E+17			11.91	2.75E+15		
6.17	2.08E+17			11.96	2.15E+15		
6.37	1.78E+17			12.01	1.72E+15		

（续表）

h=53 km		h=61 km		h=71 km		h=76 km	
距离 /cm	n_e/m^{-3}	距离 /cm	n_e/m^{-3}	距离 /cm	n_e/m^{-3}	距离 /cm	n_e/m^{-3}
6.51	1.55E+17			12.06	1.34E+15		
6.61	1.36E+17			12.10	1.00E+15		
6.66	1.13E+17						
6.71	8.45E+16						
6.76	6.90E+16						
6.90	5.26E+16						
6.95	4.02E+16						
7.00	1.02E+16						

彩　　图

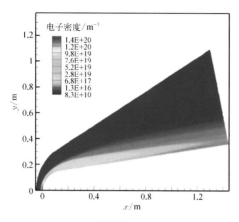

彩图 2.9

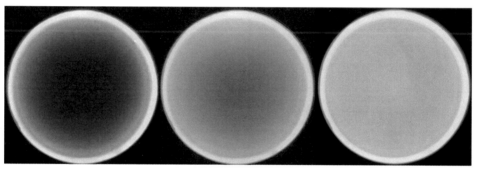

(a) p =59 Pa　　　　(b) p =33 Pa　　　　(c) p =10 Pa

彩图 2.30

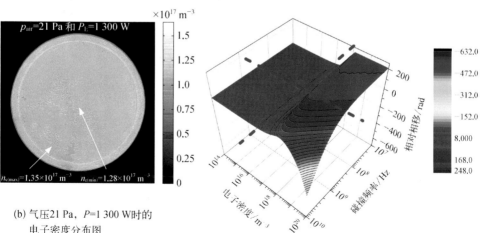

(b) 气压21 Pa，P=1 300 W时的
电子密度分布图

彩图 2.41（b）

彩图 3.3

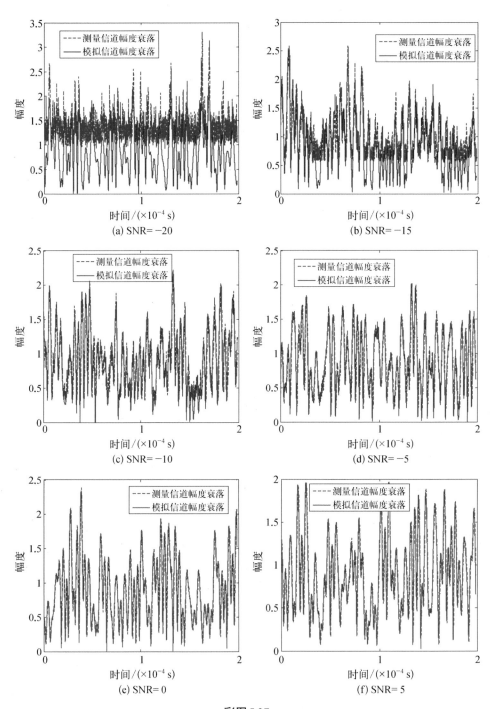

彩图 5.27

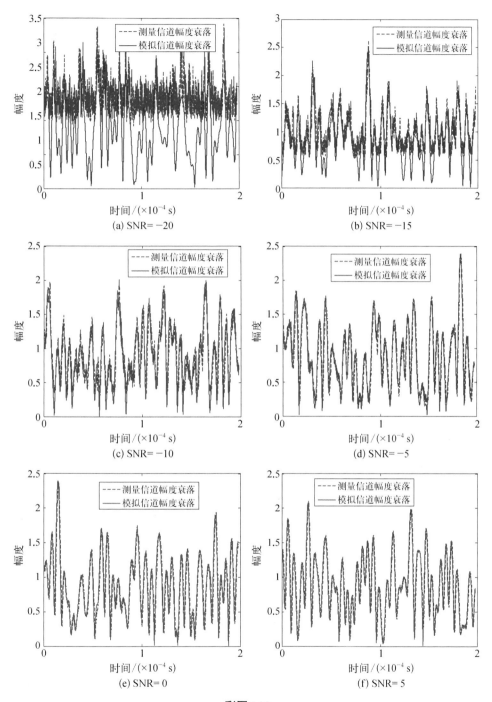

彩图 5.28

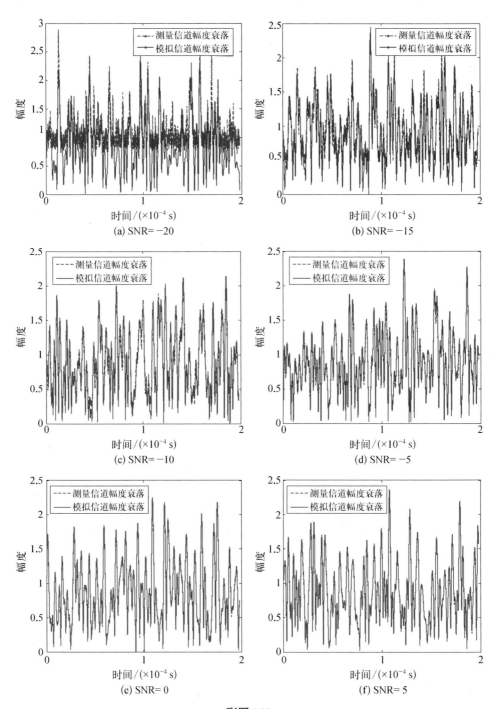

彩图 5.29

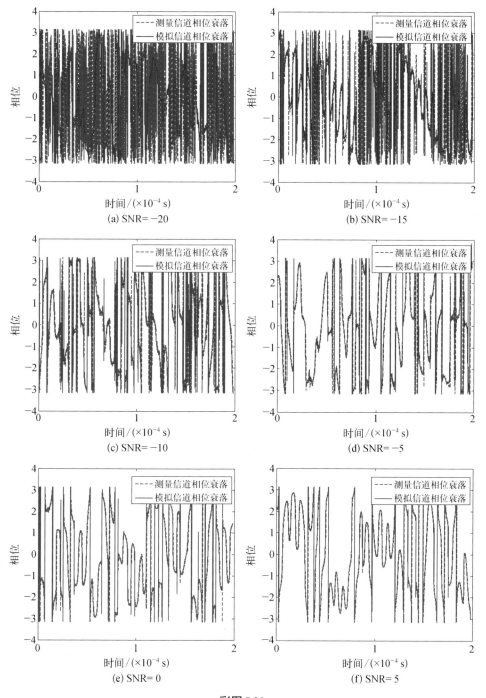

彩图 5.30

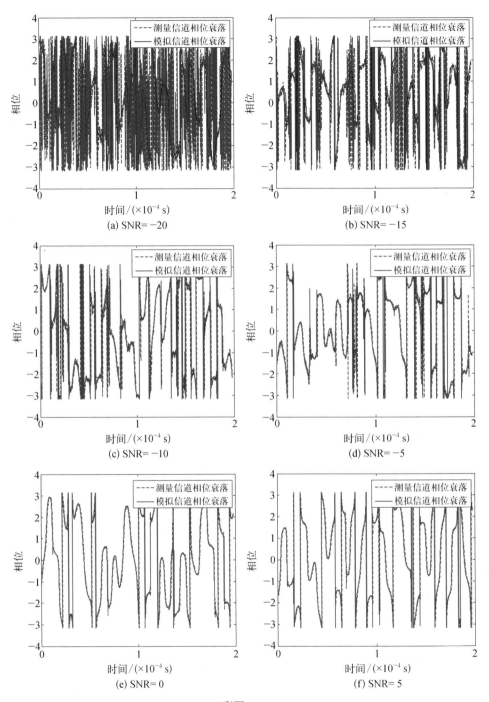

彩图 5.31

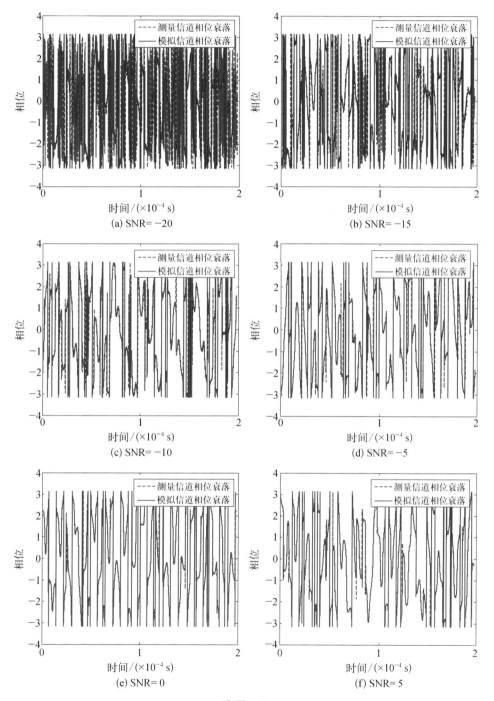

彩图 5.32

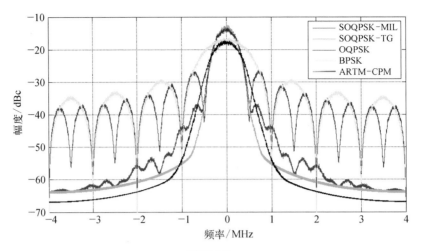

彩图 6.10

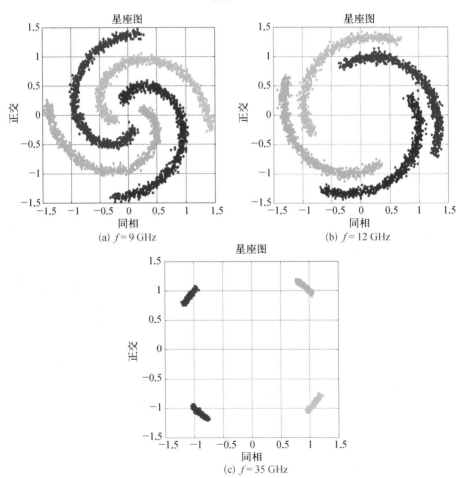

(a) $f = 9\,\mathrm{GHz}$

(b) $f = 12\,\mathrm{GHz}$

(c) $f = 35\,\mathrm{GHz}$

彩图 6.41